ロボットと生きる社会

法はAIとどう付き合う？

編著　角田美穂子
工藤俊亮

弘文堂

はしがき

この本は、シンポジウムや研究会の記録でもなく、依頼した原稿を集めたものでもない。ロボット工学者と民法学者がホスト役になって、その分野で、今、一番、会って話を聞きたい人をゲストに迎え、何が起きていて何が問題なのかについて話を聞いた上で、ロボット工学と法律学の観点から問題に切り込み、議論をする。それでもなお残る疑問や課題を、次に迎えたゲストに投げ、違った角度から検討を加えたりもする。そうすることによって、ロボットと生きる社会の法はどうあるべきかを考えるにしても、そもそも何が問題なのかについての整理が、ようやく見えてきた——という、そういう本である。敢えて言えば、新しい分野に挑戦しようと、ロボット工学者と民法学者がはじめた冒険の記録、とでも言えようか。

そのねらいはこうだ。AI研究やFinTechの最前線に身を置く方、最新鋭ロボットを使って「ロボットと生きる社会」を演出している劇作家、経済学や法律学でも情報法から宇宙法、医事法まで、様々な分野の研究者をたずね歩き、今何が起きているのかを伝えるルポルタージュの役目はゲストにお願いする。それが情報の鮮度管理上もベストのはずだから。そして、ホストが文系と理系であることから、すべてのゲストにとって聞き手に門外漢がいることになる。当初は、これによって噛み砕いた説明となることを期待していた位だったのだが、この期待は嬉しい方向に大いに裏切られた――それは鼎談本文でご確認いただくことを乞うしかない。それから、我々も研究者としてゲストをお迎えしている以上、それぞれの専門分野において、今起きていることのインパクト、課題を議論の俎上に載せられるように整理を試みている。こういった学習を繰り返しながら、「ロボットと生きる社会」を考えるために必要な領域を一巡できるよう、ある程度は網羅できたと考えている。なにしろ、ゲストに関する我々の希望はすべて叶えていただいたのだから。このような螺旋階段を昇っていくことによってはじめて、問題や課題を立体的に浮かび上がらせることができたように思う。

ところで、我々には、実は、隠れた共通点がある――合気道の多田宏先生に師事していることだ。その教えの中に、次のようなものがある――鏡のように心を磨け　感覚を研ぎ澄ませ　そのためには一流のモノしか見てはいけない。例としてしばしば引かれるのが、日本刀でも名刀と言われる名工の魂が宿ったモノしか見ていない者は、一目で本物と偽物を見分けることができるというものだ。企画をするにあたって、羅針盤となったことばである。だから、この本に価値があるとすれば、それは一にも二にも、一流のゲスト陣にこそあるというべきだ。ゲストとしてお迎えした方々は、第一線で、広い視野から、鋭利で深いお仕事をされているという意味で、文字通り「名刀」のような方々である。

このリレー鼎談、我々としては、すべてのゲストについて希望はすべて叶えていただいた上に、当日には、素晴らしいプレゼンテーションをご準備いただき、ゲストをお見送りした後、おもわず「こんなに楽しい仕事があっていいんですかね」という言葉が出てしまう位、楽しく充実した時間を過ごさせていただき、まさに願ったり叶ったりであった。ゲストの先生方には、この場を借りて、心から厚く御礼を申し上げたい。

それから、批判的読者として丹念に原稿をチェックしてくださった山下惇也（司法修習生）、柴崎拓（司法修習生）、新井野直樹（一橋大学法学部3年生）の3氏に、記して感謝申し上げる。

考えてみたら、不思議な本である。企画段階ではコンテンツの全貌が見えるべくもない。そんな冒険にお付き合いくださり、一緒に楽しんでくださった、弘文堂編集部の北川陽子氏には、畏敬の念と共に、心からの感謝を申し上げたい。

2017年11月吉日
角田美穂子
工藤俊亮

＊　なお、本書は、2016年度～2017年度科学研究費補助金（基盤研究C）一般（15K03194、研究代表者 角田美穂子）に基づく研究成果の一部である。

第4回 ロボット社会のインフラと法……179

宇宙法・商法　東北大学　森田　果

第8回 医療・介護ロボットと法……421

民法・医事法　東京大学　米村滋人

プロローグ

ロボット・AIと共存する社会が到来しつつある——全く研究分野を異にする我々が、こういった問題について意見交換をするようになって5年余りの年月が経過した。この間、そんな感覚が、老若男女問わず、広く、深く、共有されるようになってきたように感じられる。しかし、「ロボットやAIと共存する」というのは、一体どういうことなのだろうか？

我々の暫定的な答えはこうだ。具体的な問題について、社会的な合意形成や立法などなど、社会がその問題とどう向き合うかを議論していくことこそが「共存」の本質なのではないか。共存できた社会はどんな社会かを想像したり、存在しない技術が将来できたと仮定して、それに向けて何かアクションを起こす（起こそうと提案する）なんて方向はとらない。今ある技術をどう使うべきか、あるいはどう使ってはならないかを長期的な視点で考えることは意味があるが、技術の進歩は早く、専門家にも未来予測は難しい。だから、その都度その都度、新しい技術に対してそれをどう受け入れるかを議論する。そういうことを持続的にしなければならないし、そうできたときに、それがまさに「共存できている」ということなのではないか——ただ、これらの進歩が広範囲で同時多発的に起こっているため、何が起こっているのかを見通すことが非常に難しい。何か、そういった議論のための基盤が必要ではないか。技術、それを受け入れる現場、社会の制度に精通している方々をゲストにお迎えして、何が起きているのかをうかがい、どのような課題に直面しているのかを率直に語っていただくというリレー鼎談という形式をとったのは、こういった考えによる。

もうひとつ、我々が意識していた問題意識がある。それは、このようなロボットやAIと共存する社会のインフラとなる法制度が国際競争にさらされているというものだ。

今さら言うまでもなく、今日、経済活動はグローバル化しており、人の移動もグローバル化している。アメリカ第一主義を掲げて政権を握ったトランプ政権がはじめた入国制限に、とりわけ強く反対したのがIT業界であったことは、象徴的と言えるだろう。２０１７年5月末の世界の株式の時価総額が過去最高額を更新したが、株価上昇を牽引したIT業界こそ、まさに世界中から頭脳を集めることで発展を遂げているからだ。*

対照的に、「法」は極めてドメスティックな存在であって、社会のインフラとして社会のあり様を規定する。先例がないような新たな法的問題が起きたとして、これまでの法解釈や法原理と無関係な解決策が突然湧いて出てくるかといえば、それはＮＯである。しかしながら、グローバルな「市場間競争」が幾次にわたる証券取引所の法制度改革をもたらしてきた歴史にもまた、学ぶべきものがあると考えた。つまり、新しい技術の社会への浸透を促進しつつ、弊害については適切に規制・管理する――これらの両にらみで、ロボット・AIと共存する社会に相応しい法制度を探らなければならないのではないか。その模索をめぐって国際競争が展開されていると捉えたらどうだろう。という訳で、この本で行ったリレー鼎談のねらい・趣旨をまとめるとこうなる。

わが国の法的インフラの整備は十全か、どのような課題があるのかを明らかにする
―新たな技術が法解釈・運用にもたらすインパクト
―提起される理論的・解釈論上の課題
―立法的課題
▼「今、此処にある問題」であるが規模拡大：量的変化から質的変化へ？
▼新しい技術を実装していく上で障害となっている法制度
▼ロボット法なる立法（群）を考える必要性・合理性

＊「世界の株、時価総額最高　IT勢にマネー流入　5月末76兆ドル」日本経済新聞２０１７年6月2日。http://www.nikkei.com/article/DGXLZO17212690S7A600C1MM8000/。「入国制限でシリコンバレーの青空を曇らすな」日経電子版２０１７年3月17日 http://college.nikkei.co.jp/article/93111917.html。

第1回

AI技術の今
——何が問題か？

数学・論理学　国立情報学研究所
新井紀子

第１回目のゲストは、国立情報学研究所の新井紀子先生です。新井先生のご専門は、数理論理学、情報科学、数学教育ということですが——読者の多くも「東大入試に挑んでいるロボット」、通称「東ロボくん」の存在はおそらく聞いたこと位はあるでしょう。先生は、その東ロボプロジェクトを指揮しておられる方です。実は、その「東ロボくん」は人工知能が人間社会に及ぼす影響を明らかにするねらいがあるというので、その辺りの話から始めて、本日は人工知能とは何か、その特徴は何か、技術的な限界、そしてどんな問題があるのかといった辺りについて、幅広くお話をうかがいたいと思います。

それから実は……新井先生は、一橋大学の法学部出身です。アメリカのイリノイ大学大学院数学科も修了されているわけですが（理学博士）。人工知能研究の最先端におられながら、後輩である私たち法律を学ぶ者にちゃんと現状についてきた上で考えてみなさい、という叱咤激励を飛ばしていただこうと思っております。

第１部　**ロボットに東大入試に挑戦させているプロジェクトのねらい**

プレゼンテーション　**AIとは「統計分類器」?!**

- 「人間超え」より「精度をどう測るか」が重要

コラム　ロボットは恋をするか？

- 「機械代替・AIへのなりやすさ」と作業内容の「難易度」は無関係
- 機械が「学習」とは？

AI技術の特性と限界――自動運転を例に

- 車の動きのフレーム設定
- 自動運転の限界
- 統計と社会規範とのミスマッチ?!

第２部　**「分類＋検索機械」ワトソンの実像に迫る！**

鼎談

- クイズ番組のケース・検索
- 東大病院のケース・予想
- コールセンターでの活躍事例
- 法へのインパクト：ワトソンは法解釈を変えるか？
- 「AIの判断」と「人間の判断」の違いは本質的？
- 支援されるほど「人間」は厳しい立場に?!
- 社会にとって望ましい「自動運転」とは？

ARがもたらす社会問題

- ポケモンGOのポケストップによって権利が侵害されたといって裁判を起こせるか？
- トロッコ問題の新しさ、難しさとは……
- 統計的正義と法的正義

ロボットスーツが提起する問題

- 「筋電」は「意思」・「自由意思」か？
- 脳と機械を直結させて治療する技術に見え隠れする法的課題

参考文献

後日談

ロボットに東大入試を挑戦させているプロジェクトのねらい

私たちは2011年から「ロボットは東大に入れるか」というプロジェクトをやっているのですが、これを始めた理由からお話ししたいと思います。2010年に『コンピュータが仕事を奪う』（日本経済新聞出版社）という本の中で、2030年位には、今あるホワイトカラーの仕事の半分位は機械代替されるのではないか、そして、どうしてそうなるかということを書いたのですが、その当時、そういうことを言った人は、世界に私しか、まだ居なくて……。

MITの「機械との競争」[*1]というのが2011年、それから2013年に、Oxfordが"The Future of Employment"[*2]という報告書で、アメリカの労働の半分が機械代替されるという予測をして、それで昨年、野村総合研究所[*3]が、日本でも同様のことが起こるという予想を出したのですが、2010年当時は、誰も信じてくれませんでした。で、困ったなと思ったんですね。

どうしてかというと、2つのことを懸念したからです。ひとつは労働の機械代替による失業や、それに伴って経済が失速することですね。イノベーションには、新しい財を生み出すもの、たとえば不治の病と考えられていた病気に対して画期的な薬や治療法が開発される、というタイプのものがあります。一方で、ITやAIのようにコストを削減するもの、特に労働を代替するものがあります。人間による労働がAIとバッティングする場合、当然に失業が生じます。失業した人がAIと差別化できる能力を持っていて新しい職業につくことができ、しかもそれが以前の職と同等かそれ以上の賃金を支払われる場合はいいですが、そうできない場合には、賃金が下がるか失業したままになる。このようにイノベーションに対して、労働市場が柔軟に対応できなかったとき、AIが人間から労働を奪った結果、労働賃金の格差が拡大すると同時に消費は冷え込み、恐慌に陥りやすい。そこにはまらないための鍵となるのが「AIと差別化できる能力を人間が身につける」ということに尽きるのですが、そのためには教育であるとか、雇用のあり方とか、社会基盤を動かさなければならない。そこはなかなか動かない部分ですし、動かすのに時間がかかる。一方で、イノベーションはどんどん進む。社会が壊れる前にそれが間に合うのか、という不安がありました。

それからもうひとつ。今回のメインの話題になると思いますが、AIの特性とかロボットの特性というものがあって、そういったものが近代法の存立基盤とバッティングするであろうと。つまり、経済・法・社会・教育という4つの観点から、これは大変なことになるぞ、と思ったわけです。

AIを入れた後の社会混乱を防ぐためには、社会システムの整備が不可欠なのにもかかわらず、2010年の段階では誰もそれを準備しようとしていなかった。ほとんど気づいている人がいなかったわけです。AIが社会に導入されるとどんなことが起こるかを正確に予想ができないという状態は大変に困る。これからどういうことが起こるのかということに関して、具体的なイメージを正確に、誰も日本人が持てないということは、大変に危険を伴うことなのです。

知的労働というものにはいろいろありますね。受付業務から経営判断までいろいろあります。そのどこにどんな能力が使われていて、どれだけAIに代替されるのか予想するのは極めて煩雑な作業になります。けれども、ホワイトカラーになるための巨大スクリーニング装置が日本には実は存在する。それが大学入試です。もちろん大学を卒業しなくてもホワイトカラーに就く方も、またその逆もいます。が、概ね、ホワイトカラーになろうと思っている人が大学に進んでいるという現実があります。そこで問われる能力は、大学に入学するために必要な知識とスキルということになっていますが、同時に、ホワイトカラーに必須な能力を問うているともいえます。漢文の返り点を打つというような個別の知識のことではありません。興味がなくてもある時間内に知識をなるべく正確に覚えましょうとか、覚えた知識に基づいて論理的推論を正確に実行しましょうとか、長文を読んで要約をしましょうとか、英語を日本語に直しましょうとか、そういう能力ですね。そういういろいろな「知的」と言われる能力の有無を大学入試は試しているので、この大学入試をベンチマークとして、AIの枠をその中に注ぎ込んだら、だいたい2020年とか2030年にどのような労働代替が起こるのかがわかるのではないかと。それが「ロボットは東大に入れるか」というプロジェクトを立ち上げた理由です。

でも、理由はそれだけではありません。AIというのはこういう誤りを犯すことがあるということもわかる。たとえば98%の精度を達成したといった、数値だけを見るとすごそうに見えたりするんですけれど、では、どんなエラーをしているのか、その中身を見てみると、人間の目からは信じられないような、アッと驚くエラーがあったりするんですね。そのエラーというのは、人間社会にとって許容範囲なのか、許容範囲じゃないのかということも含めて、全部社会にお見せする。たとえば今日みたいな機会にAIの限界をお話しすることによって、どんなリスクが生じ得るのかを具体的にイメージしていただいて、AIをどこまで社会に導入してよいのか、その指針にしていただきたい。特に、法整備と、社会保障と労働市場と教育と、この4つの分野に関して、みなさんがその対策を立てるための指標になればと思って、このプロジェクトを始めました。

ですから、世の中の多くの人が思っているように、東大に入れるロボットを作るためのプロジェクトでは全然なくて、今ある、あるいは近未来に多分実装されるであろう様々な技術をこの中にとにかく盛り込んだときに、知的作業がどれ位できて、どのようなエラーを起こすのか、を見せるために始めたプロジェクトなのです。

AIとは「統計分類器」?!

「人間超え」より「精度をどう測るか」が重要

次に、AIとは何か、また、どのような特徴があって、どんな限界や問題点を抱えているのか、その辺りの話をしたいと思います。

まず理解しておいていただきたい点として、AIの精度を測ったときに、「95%」とか、「画像認識で人間を超えた」といろいろ言われている訳ですが、重要なのは精度を何で測るかなんです。たとえば95%ってすごい精度という気がしますが、別の言葉で言えば20回に1回は間違える、ということです。あるいは、95%の精度のシステムを10個つなげると、0・95の10乗ですから、精度は59%に落ちてしまうんです。セイフティクリティカルな場面にAIを導入することの妥当性は、そういう点からも考えなければならない。けれども、報道では「95%という素晴らしい精度」みたいな話になりがちです。さらに言えば、その精度をどのように測っているのかというところが、非常に重要なのです。そして、ここがポイントなのですが、精度を測るということになると、統計的に精度を測らないといけない訳です。

では、この「統計的に精度を測る」とは、どのようにするのでしょうか。簡単に言いますと、まず必ず何かフレームを決めて、入力（インプット）は「○○です」という、ルールを決めてやらないといけない。それはたとえば、将棋とか、囲碁でも同じな訳です。ただ、この入力を決めるといってもですね、じゃあ、たとえば「今日、会議をしましょう」というときに、この会議における何を「入力」にしますかと言われても、実は定義はなかなか難しい。会議をして得られるすべての情報が入力だとすると、会議は毎回違うので、入力が全然統制できなくなってしまいますし、この会議の出力（アウトプット）は「書籍です」とか「経営判断です」ということになると、統計では扱えません。こういう一期一会的な、サンプルが世の中にたった1つしかないものについては、その精度を測るのは不可能で、しかも出力として出てきた「書籍」や「経営判断」が何をもって「正解」なのかも、判断しづらい。こうなるともう精度の測りようがないのです。でも、入力を「テープレコーダーに入った音声」とすると、それで入力は決まる訳です。さらに、この入力に対して、たとえば「文字起こしをする」というような出力ならば、何が正解かは決めることができます。と、このように、最初に入力と出力を具体的に想定して、フレームを設定しないといけない訳です。

ところで、入力をこういうものだと決めるということは、同時に、それ以外のあらゆる情報を捨てるということを意味します。人間の知的作業や経済現象の多くもそうだと思いますが、世の中の入力には一期一会的なものも多い訳ですが、それを鋳型にはめなければならない。

さらに、次の点がものすごく問題となります。得られたデータがありますね。たとえば、音声データとか。研究者は、その得られたデータがランダムサンプリング（無作為抽出）の結果だと仮定します。本当はそんなことはあり得ません。だって、もし、アルバイトに謝金を出して音声入力させていたのだとしたら、ある地方のある年代のある知的レベルの人の音声ばかりという可能性が高いでしょう。ですから、ランダムサンプリングという保証はどこにもないのですが、そう仮定しないと話が始まらない、と、そういう訳です。

ごめんなさい、前提の話が長くて。でもここがとても大事なところで、あまり誰も説明をしないことなので、こういう機会だから説明をします。

ここにランダムサンプリングだと思われている、ある特殊な入力サンプルがあるとします。たとえば、この入力がテープの音声だとして、出力は文字起こしした文章だとします。つまりAIは入力されたテープの音声に対して文字起こしをした文章を出力する訳ですが、AIの出力とは別に、本来これが正しいという「正解」がある訳です。この入力に対する正解が「教師データ」と呼ばれるものになります。「開発データ」と言ったり「学習データ」と言ったりもします。問題に対して「これが正解です」と教師が言うイメージ、あるいは生徒が「これが正解か」と学習するイメージです。でも、本当は別に人間界の意味での教師でも学習でも生徒でもない。ですが、「教師」という言葉を使うと、人間は「教師が言うことならそれが正解で、学習した」という気持ちになるので、単にβデータとかα化などの用語にするよりは、学習した感じを持ってもらいやすいのでこんなネーミングにしたのでしょうね。

それはともかく、実際に文字起こしをしてみると、結果が教師データと完璧に一致するということはなく、最高でも9割位しか合っていない訳です。つまりズレが生じます。このズレが発生したときに、そのズレを測らなくてはいけません、どれ位ズレているかを。よく「90何％」みたいなことを言われますが、「90何％」と言うためには、単位となる測度を決めないといけないのです。「離れている」「近い」「ほとんど同じ」とかを測らなくてはならない。文字起こしの場合は、何文字中何文字正しいか、で測ればよいでしょう。ですが、翻訳や要約というのは「正解」がいくらでも考えられますよね。そうなると大変困る。仕方がないので、正解の翻訳や要約を1つ、せいぜい3つ位に決めて、それとの距離を測る訳です。その距離というのも数学的に決めなければならないので、「意味がどれ位近いか」は測れません。文字列としてどれ位近いか、キーワードがどれだけ入っているか、というようなことに決めざるを得ない。

このように、機械的にズレを測る測度を決めないといけないこと、入力の枠組みを決めないといけないこと、教師データを与えるときにそれがランダムサンプリングだと自然に思うこと、といくつかの「約束ごと」が、誰に言われることなく行われているということが世の中にはありまして、それを踏まえてAIの問題を考える必要があります。仕組みとしては、この入力に対して出力をこう出すと決めるだけのことなのですが、それが一期一会的なものでは統計にはならないので、何百万何千万というデータ集合になる位の規模がないと、機械としては動かないし、精度を測ることもできません。その精度を測る際にも、どれ位ズレているかは、1か0か、あたったかはずれたかという程度なら精度を測りやすいけれども、機械翻訳や機械要約みたいな話になってくると、正直に言えばどうやって精度を測ったらいいのかよくわからないという話になってしまいます。さらに、コンサルとかお客さま対応という話だと、何が正解かはお客さまによっても違うので、たとえば、対応に満足したら押す「満足ボタン」を作っておいて、お客さまがそのボタンを押してくれたら、その対応は「正解」と判断し、押してくれなかったら、「不正解」と判断するというような、何かしらの測度が必要です。つまり、AIには必ずその測度を入れてあげないとなりません。そうでないと、AIの精度が測れません。こう考えてくると、人間の知的作業が全部AIに置き換えられますという話は、実はおかしな話だということがわかります。だから、本当の意味での「人工知能」としてのAIの精度を測る方法論は存在しないのです。

ロボットは恋をするか？

たとえば、「ロボットは恋をするか」「ロボットとの間で恋愛は成立するか」のような議論が最近ホットだ。私自身は、そういうことには何の関心もない。たとえば「一目惚れ」がどのような現象かと言えば、その人にまず「初めて会う」、初めて会ったときに急に「動悸が激しくなる」「血圧が上がる」とか、「顔が赤くなる」とか、そういう現象的なものはある。そういう身体検証的なものは、センサーで取れるものだ。あと「発話」もある。発話というのも外から聞き取れるものなので、センサーで取れるような現象があって、その中の何個かがあてはまったら、たぶん、それは「一目惚れ」とする測度を決めてあげないと、機械はどうしようもない。その測度が先に決まっていれば、その測度を目指してロボットを作ることができる。「初めて会った人に、確率的にドキドキするロボット」という設定をしてあげれば、ある意味、「一目惚れ」をするロボットは作れる訳だ。でも、それが本当に人間と同じ「一目惚れ」かと聞かれると、たぶんそうではない。

「機械代替・AIへのなりやすさ」と作業内容の「難易度」は無関係

人間にとって、東京大学に入ることと囲碁の世界チャンピオンになるということ、どちらが知的に難しいかと言ったら、囲碁のチャンピオンになる方が難しいでしょう。ですが、AIにとってはそうではない。囲碁のチャンピオンを負かしたからといって、AIが東京大学に必ず入れる訳ではないのです。囲碁というものを眺めると、まずフレームが明確ですね。ルールがはっきりしている。そして勝ち負けの判定ができる。囲碁のチャンピオンに勝つことはとても難しいことではあるけれど、単に、少なくとも、囲碁を打つAIは作ることもできるし、それを強くするということが何を意味するかもわかる。その意味で着手しやすい問題だったと思います。過去の対戦のデータも大量に手に入る。着手できて、精度が測れて、十分なデータがあれば、人間を上回る可能性は十分にあった。一方、大学入試を突破するということになりますと、それは全く別の話なのです。だいたい、古文の問題なんて、今さら平安時代の文が増える訳ではないので、データ量はいつまで待っても増えませんしね。

つまり、人間にとってある問題がもうひとつの問題に比べて知的に難しいとき、機械にとってもそうであるかどうかは無関係だ、と言っていいと思います。フレームが決まっているものは着手しやすいし、いったん30%でも、40%でも精度が出れば、それを少しずつ積み上げる技術は比較的作りやすい。その意味であらゆるボードゲームにおいて、もう人間は機械には勝てないだろうと思います。ですので、AIの「鍵」は、入力と出力が決まって、それの正解が何かも決まっていて、その正解と出力との距離を測る方法が決まっているかどうかです。これさえ決まれば、その分野のAIは向上する、と、私は認識しています。

シンギュラリティ（技術的特異点）とか、人間の気持ちを持つということについては、このような仕組みを見ている限り、「近未来にはできない」と私は感じます。「近未来にはできない」というと、すぐに「もう少し先ならばできますか？」と聞かれます。が、それは、もしかしたら地球以外の星にも知的生命体がいて、地球征服を検討しているかもしれない、ということを検討するのとあまり変わらない。少なくとも先ほどからお話ししているようなAIというか計算の枠組みの上では、人間と同じように考える機械は作れない。作ろうという入り口に立つことができない。科学としては、アウト・オブ・スコープ（対象外）だと思っています。

機械が「学習」とは？

私が講演でよく出すたとえですが、たとえば、犬と猫の写真データが大量にあるという状態があったとします。その写真データをパッと見て、人はどれが犬で、どれが猫か、一瞬で見分ける訳ですが、どうやって見分けるかというその判断の仕組みというのは、あまりまだ解明されていないのです。たとえば、耳の形がとがっていたら猫かといえば、耳がとがった犬もいるし、すべての写真データが今まで見たことのある犬や猫だけかといえば、全然見たことがない犬や猫でも見分けられます。犬や猫の目の部分だけで判断している訳ではなく、目をつぶっていてもどちらかわかるので、判断する決め手になるものが見つからなかったのです。

では、現在のAIはどうやって犬猫を区別するのか。まず、犬と猫の写真データを大量にまず機械に入れていきます。機械はそれらの「意味」は考えずに、どんなものでも0と1の列に変換します。画像でも音声でも、０１１０１１のような数字に置き換えて入ってくる訳です。画像の場合は、どの位置にどの色がどの輝度で入っているか、という情報の列ですね。そのデータの特徴をAIは見るのです。見るといっても、人間が画像を見るときのように「ぱっ」と、見ることはできない。列として順番に頭から見る。その特徴も0、1で構成されている数字に変換された写真のデータから、この辺りにこういう形が入っているとか、こういう色が入っているとか、細部の特徴をAIは見るのです。そのような極小部分が集積した結果として、画像はできているのです。画像というのは、部分の集合から全体が成り立ってい

17

るという階層構造をしていますよね。すごくあたり前のことを言っているのですが、それが統計によって画像認識の精度がこれほど高まった主たる理由なのです。

この写真を例にとると、猫の目は猫の顔の一部になっていて、猫の顔が猫の体の一部になっている、という構造ですね。猫の目が犬や車の一部になっているということは、ない訳です。つまり、画像は小さな部品に分解することができて、「猫の部品」をたくさん持っているような画像には猫が写っているに違いないんですね。しかも、画像には上下左右に移動させても、回転しても拡大縮小しても、猫に変わりないという特徴を有しています。つまり、1枚の猫の写真にこのような加工を自動的にほどこして、全く異なる0、1の列を作っても、それは同じ猫の写真であり続けるのです。これは、「猫の写真」の教師データを大量に作る上で、とても有利な性質でした。これが、様々な知的作業の中でも一番早く、機械が人間の精度に迫る状況になった理由です。音も、画像とは違うのですが、機械が特徴を捉えやすい性質を持っています。

「脳はこんなふうに認識しているのではないか」というニューラルネットワークという数学モデルがあります。それを発展させたのが、ディープラーニングと呼ばれる技術です。画像認識や音声認識ではその手法が比較的よく効いた。ですが、それは、あくまでも脳のある機能をモデル化しただけで、人間の脳のモデルという訳ではないんです。

そして、ここがとても大事なところですが、機械は、意味については何も「考えない」。だから、「正しさは保証できない。でも、結構正しい。しかも、人間よりも高い精度で正しいことも多い」。そこに問題の根源があるのです。

この方法で、機械に犬か猫かの判断させられるようになりましたが、別に、機械は、犬とか猫とかの意味は何も考えていない訳です。だから、犬か猫かという判断は下せてもその正しさは当然保証できないのですが、それでもその判断が結構正しいという事態が今起こってきています。これがすべてなんですよ、現時点でのAIの。

AI技術の特性と限界――自動運転を例に

車の動きのフレーム設定

続けて、具体例として自動運転を取り上げながらAIの特性をもう少し掘り下げてみましょう。

自動運転の場合は、まず目標を作ります。目標というのは、何をこの車はしたらいいですかということで、「車同士接触しない」「障害物と接触しない」などの目標を設定します。でも、接触しないことだけがすべてだったら、単にずっと停まっていればいい。停まっていれば何ともぶつからないので、動かないのが一番いいということになってしまいます。それでは車の機能を果たしませんね。つまり、車にはもうひとつ、大切な目標がある。それは「なるべく早くゴールに到達する」ということです。こうして、相反する2つの目標を同時に満たすように動いてください、というように車を設定する訳です。車にとっての入力は、何がどの位置に見えるか、距離はどれ位か、という外部の状態と、自分の内部状態ですね。スピードはどの位出ているか、ハンドルはどのように切っているか、今どこにいるか、ということです。それをカメラから入ってくる画像や、センサーの情報、GPS情報などで取得し、障害物と接触するかしないか等を判断して動く訳です。そういういろいろなデータがある中で、それらを最適化しなさいという目標を設定して、いい感じに動くようになるまで学習させる。簡単に説明すれば、現時点での自動運転の仕組みというのはこういうものになります。

最初からいきなり公道で学習させる訳にはいきませんから、まずはシミュレーターの上で走らせます。いわゆるゲームセンターにあるドライビングマシンみたいな感じだと思ってもらってもいいです。ただ、ゲームセンターにあるものは自分一人しか運転しないゲームですが、この場合は何台もの車にそれぞれ運転する人がいて、いっせいに動く状態を作って動かしてみる訳です。そうすると、すぐにクラッシュしまくる。そのときに、それぞれの車にはクラッシュしたらある種のペナルティを科します。一方、ゴールに到達したら報酬を与えます。一昔前の動物実験のような感じです。そうすると、最初はコロイドみたいな感じでぐじゅぐじゅと動いていたものが、段々方向性を持って動くようになっていきます。それでも、まだクラッシュはするのですが、段々どうやって動けば互いに衝突しないかとか、目的地に早く着くかということを、それぞれが学習するようになるんですね。それを早回しにして膨大な時間をかけて動かすと、報酬最大、ペナルティ最小になるように最適化していくのです。これを「強化学習」と呼んでいます。

強化学習を続けて、シミュレーター上でぶつからなくなったら、模型で試して、さらに実際の車に搭載してみる訳ですが、まずは試験場のようなある一定の閉鎖された場所で動かしてみます。たとえば風が吹いたとか、雨が降ったとか、夜になって暗くなったとか、イノシシが出てくるとか、いろいろな自然条件がありますから、そういう中で実際に動かしてみて、実地で得られた情報を再度強化学習させて、最終的に公道で実験するような感じで開発が進んでいるのだと思いますね。なのですが、車それぞれは、単に、ペナルティと言うのか、報酬と言うのか、そういう設定条件のもとで動いていて、しかも統計的に動いている訳です。

自動運転の限界

ただ、車における運転の「入力」というのをどうするか、実はそれは簡単ではない。基本的に、自動運転車の入力は、位置情報と画像とセンサーです。そして出力は「ハンドルの操作」と「ブレーキ・アクセルの操作」です。自動運転も問題のフレームを決めなくてはならないので、入出力をそう限定して開発せざるを得ない訳ですが、実際問題、人間というのは、結構それ以外のことも行っています。たとえば、焦げ臭い匂いがしたら、この先に火災があるのでは、と思って車を寄せて停めて、様子を見るとか。対向車の運転手の視線や合図を理解するとか。そういう情報は切り捨ててしまう。

それから、こちらがもっと深刻な話ですが、トロッコ問題と呼ばれているものがあります。科学誌「サイエンス」で大きな話題になった論文*4のテーマにもなりましたが、お年寄りと子どもが同時に飛び出してきたら、どちらを回避するよう設定するか、またどうしても回避できなかったらどうするのか、という問題。または別の問題では、自分が危険にさらされて、相手をひくか自分が死ぬかのどちらかだと思ったときに、やむを得ず相手をひいてしまう設定をしていいのか、ですね。人間ならば、それは咄嗟の判断であり、緊急避難でしょうが、自動運転車の場合は、予めプログラムすることになります。「こういう場合には、相手をひいて運転者（乗客）が助かるようにしよう」といったように。それは許されるのか、という議論があります。

でもそれ以前に今、一番、自動車会社が困っているのが、AIが統計的手法によるものであることから出てきてしまう問題として、未知の事象にどう対応するのか予測が不可能という問題です。見たこともないモノが道路上に入ってきたときに、それを機械学習により訓練された車が何と判断するかがまったくわからない、ということです。特に、現在台頭しているディープラーニングはどの特徴をどう学習するか、ということを機械が勝手に調整するので、何かエラーを犯したときに、なぜなのかを分析しにくい。どう修正すれば、同じエラーを起こさなくなるかわからないのです。

だから、いろいろなレベルで限界がある訳です。――ひとつは、機械向けにフレームを設定するときに切り落としてしまう、大事な問題。でも、より重要な問題として、第2の倫理的な価値判断をAIという「統計分類器」ができるか、第3のディープラーニングなどがとっている統計的手法の限界というのはもっと重大です。

では、障害物に対してはとにかく何でもいいから停まるようにすればよいかというと、それだといろいろな支障があることがわかっています。たとえば、ある自動車会社の車種Aは、急な坂道の手前に行くと必ず停まってしまうそうです。急な坂道が障害物に見えるのでしょう。あと、ＥＴＣレーンのバーも、やはり障害物と思って停まってしまうそうです。直前になればバーがあがるとは、画像認識だけでは判断できませんから、仕方のないことです。でも、ＥＴＣのレーンには、みんなＥＴＣ対応車が来ているはずだから、速度がやや落ちるにしても、停まることはないと後続の車は普通思っています。だからそれが逆に危険で、そのまま進むと思っているのに、直前で急ブレーキをかけるので、かえって追突事故を起こしやすい。そういうことがいくらでもある。特に道を譲るために対向車の運転手が送ってよこす視線とか、ちょっとしたクラクションの意味とか、考えるとフレームが広がりすぎてしまう。なので、「ここまで」とフレームを切らざるを得ない。

統計と社会規範とのミスマッチ?!

たとえば、ポテトチップスの袋と子どもが前方にいて、ポテトチップスの袋を避けるために子どもをひいてしまったという事故が起こったとします。そのときに、この場合はポテトチップスの袋をひくべきだったと、後で学習させようとしても、すでに何万時間とか何十万時間とかの中で学習した上での判断だったため、「このことだけはやめてね」というふうに、ある設定条件だけ後から加えて入れようとしても、入れる方法がないのです。このような条件は、大海の中の一滴みたいなものですし、経験から得た統計に基づいているのが自動運転なのですから。

もし仮に、それだけを無理に入れる方法が見つかったとしても、それを無理に入れたら、今度は全体の精度が落ちてしまう可能性が大きい。そうすると、かえってまた、違う条件のときに別の死亡事故が増える可能性があるのです。だから、一番の問題点は、同じような事故をもう二度と起こさないようにしますと言えないということです。こうならないように改良しますと言えないのです、そこが、非常に厳しいところだと思います。ロジックがないので、その時点ではもう設定を変えようがない。統計はロジックがないものなのです。

統計的手法に頼る限り、初めて見るモノに対して自動運転車がどう反応するか、正直言って、開発者も誰もわからないのだと思います。統計では、判断の正しさを保証できないんです。でも、高齢ドライバーによる事故が増加している中では、人間よりは結構、正しい運転ができるかもしれない。そこが悩ましいところです。人間の精度を下回っていたら、単に運転支援システムとして、今みたいに、安全の補助装置として載せておくだけでいいという話で終わる訳ですけど、人間がきちんとした意思を持っていても、突然逆走してしまったときに運転をやめさせることは、今の状況だとできない訳です。人間も急に危険な行動をしてしまうことがあるのだから、それだったら、自動運転を入れた方がいいという話になってきます。運転中にゲームをやっていて、不注意で人をひいてしまったケースも現にある。だったら、自動運転を入れた方が、きっと、統計上は交通事故死の数は減るはずです。でも、法律というのは、統計的に事故が減ればいいという話ではないところに大きな問題があります。法律判断というのは、法廷という場所で、一期一会的な問題を解決することです。自動運転を導入したら、統計的に交通事故死傷者が減ったからいいじゃないか、という話では済まないのではないでしょうか。

自動運転が実現したら、それで交通事故死が、たとえば前年比約1割減るとします。けれども、たまに異常な事故、ポテトチップスの袋を救うために子どもをひいてしまいました、といった死亡事故が起こったとすると、その事故は大きく報道され、自動車メーカーは厳しい非難にさらされます。製造物責任を問われるかもしれない。法廷では勝っても、ブランドが大きく毀損される恐れもある。そうなると、自動車メーカーは二の足を踏まざるを得ない。それでも、統計的には自動運転によって救われた命は確実にある訳ですよね。統計情報の推移から、自動運転が入った年から交通事故死亡者数が減ったことは数字で見せられるけど、その救われた人たちが、どこの誰々さんと特定できません。だから非難報道だけが注目されてしまうでしょう。そういう状況で、自動運転に対する社会合意をどうやって形成していくのかということが、今後の自動運転で一番大きな問題となると思います。

つまり、コミュニティというか、日本の社会全体として、どちらを選ぶのがいいかを考えるしかないんです。つまり、「超高齢社会になる中、人が運転するより、自動運転の方がましだろう。そのことで、もしかすると自動運転車によって自分の家族の命が失われるかもしれない。が、人の運転よりは自動運転の方が安全な可能性が高いのなら、そのリスクは我慢しよう」と国民が合意しないと、この技術は社会実装されないと思います。でも、現状では、国会議員も国民も、AIの仕組みを十分に理解して、自動運転を導入するとは思えないです。

「分類＋検索機械」ワトソンの実像に迫る！

角田：さて、いろいろな問題を提起していただきました。先ほど先生もご説明くださったので恐縮ですが、ちょっとその、ディープラーニングという技術と、教師あり／なしとか、賞罰を与えるとかで学んでいく学習の関係について、もう少し詳しくうかがいたいのですが。

新井：一般論として言いますと、機械学習には、賞罰を与えて学習させる「強化学習」というタイプのものと、分類問題と行うものと、情報検索の延長として「もっともらしい答え」をサジェストするタイプの3つがあります。最近がんの治療法の選択で成果をあげて話題になっているIBMが開発したワトソン（Watson）は、3番目のタイプですね。[*5] これについては後でお話しします。

まずは、先ほど来お話している「強化学習」タイプです。この「強化学習」というのは、主に1つの判断、1回だけの判断ではなくて、連続して判断をし続ける手法です。運転という行為は、ブレーキを踏むか踏まないか、はい、これで終わりという簡単な話ではありません。連続して正しい判断が続けられるようになって、ようやく安全な動転といえるような感じになりますね。ロボットの運動、特に物理的な動作で人間のこういう仕草をまねてくださいみたいな設定に対しては強化学習が有効です。たとえばロボットにサッカーをさせる「ロボカップ」という大会があるのですが、そういうふうに連続的にロボットを動かすときには、「強化学習」を使って、前にも述べた報酬のポイントと懲罰みたいなペナルティの設定によって一番理想的な状態にもっていくという方法が有効なのです。

クイズ番組のケース・検索

新井：それとは別に、もうひとつ、ディープラニングという機械学習を全般的に使って、精度を上げている分野が、「分類・検索問題」です。IBMの開発したワトソンに少し触れましたが、このワトソンというAIは基本的にファクトイド（factoid）なんです。ファクトイドというのは、穴埋め問題や分類問題に対して、「もっともらしい答え」をランキング付きで出力する機械です。ワトソンがその実力を初めて見せたのが、アメリカで放映されているジェパディ！（Jeopardy!）という人気クイズ番組です。そこで勝利したということで一気に注目を集めました。そのクイズ番組でワトソンが解いた問題が、どのようなものか少しご説明します。ジェパディ！の問題には特徴があるんです。たとえば「モーツアルトの最後のそしてたぶん最も力強い交響曲はこの惑星と同じ名前をしている（Mozart's last and perhaps most powerful symphony shares its name with this planet）」というような問題。解かなくてはいけないのは、「this 何々」と言って、この問題なら下線の部分「この惑星（this planet）」にあたる部分です。問題に、this planetとか、this rock musicianとか、this country とか、this 何々は何ですかと聞いてくるのです。そうすると、この問題形式の答えは、固有名詞か年号だけなんです。howとか、whyとかは聞いてこない。ファクトイドでは、入力の空間は文です。人間は文を読んだら意味を考えますが、AIには意味はわからない。ですから、文を語の集合だと考えます。つまり、文というのは語の集合なので、ワトソンにとって入力は語の集合なのです。このモーツァルトに関する問題は、13個の単語からなる集合な訳です。その中から重要そうなキーワードを選んで、検索するのです。うまく、重要キーワードである「Mozart」の「last symphony」か、「Mozart」の「last」の「symphony」で検索をかければ、ウィキペディアのモーツァルトの交響曲第41番のページが出てきます。出てきたら、これをAIが読めるか、というと、実は読めないんです。機械は、言葉を理解しないので。これはワトソンに限ったことではありません。スマートフォンに搭載されているシリ（siri）も、人型ロボットのペッパー（Pepper）も、もちろん東ロボも、どれも意味はわからないのです。意味はわからないけれども、検索によってこのページが出てきた、と。さらに、そのページ上で、キーワードである「Mozart」「last」 「symphony」がどの辺りに出てくるか検索する。キーワードがひん出する辺りに答えがあるに違いない、と見当をつけます。その上で問われているのは「this planet」なので、「planet」のカテゴリーに入っているものがないか、と調べると「Jupitar」が見つかる。たまたま、このページにはJuputar以外の惑星の名前がない。なので、かなり確信度高く、ワトソンは「Jupitar」を選べるはずです。ところが、「その交響曲はMarsでもEarthでもなく、それはJupitarと呼ばれている」と書かれていたりすると、ワトソンはMarsを選ぶ可能性がある。でも、たまたまウィキペディアにはそう書いてあっても、インターネット上の資源は山のようにありますから、他には、Marsとは書いてなくてJupitarしか書いてなければ、正しくJupitarと答える可能性はあります。統計ですので。「みんなが言っていることを、それぞれの人に信頼度の重み付けをしてから最大公約数を取るとだいたい正しい」というような感じでしょうか。ただ、悲しいかな、機械は統計を取るだけで、意味が全くわからない。

ここで取り上げた問題は、正解か不正解かはすぐわかる問題です。実は分類問題には「答えなし」の場合もあるので、後で少し「答えなし」の場合もご説明します。

東大病院のケース・予想

新井：でも、ワトソンは、不思議だと思いませんか？ ワトソンがテレビ番組でクイズ問題を解いたと思ったら、その次は、コールセンターで使われたり、さらに今度は、東大病院で珍しい白血病を見つけたと話題になったりしたじゃないですか。なぜ、そんなに違う分野で成果をあげているのか不思議に思うかもしれないですけれど、どんな分野でもワトソンは先ほど説明したのと同じ仕組みで動いているのです。だから、これほど違う分野でもすぐに適応することができるのです。

東大病院に導入されて、そこで何をするかというと、電子カルテに書かれている語をデータとして取り入れることです。書いてあることを読むのではなくて、データとして取り込むのです。後は、病院には検査結果もあります。語の群ということではないので、入力がさっきのジェパディ！の場合とは違いますけれど、たとえば、血圧や血糖値の検査結果も扱います。それが入力、ジェパディ！の場合でいうと問題文になる訳です。そして、ジェパディ！はウェブを検索しに行く訳ですが、東大病院の場合は、医学系の論文を検索に行きます。詳細は公開されていませんが、すでにワトソンを導入したアメリカの病院の症例報告も使っているかもしれませんね。東大病院の新しい電子カルテだけから珍しい白血病を探しあてられるとは到底思えません。だから、東大病院では今まで見たこともない症例だったのに診断できたのは、アメリカに症例があったか、PubMed（医学系論文データベース）に症例があったか、そのどちらかだと思っています。

でも、このやり方だけだとダメな場合があります。「何々でない」と否定文で言われると、機械には難しいんですよ。ここにシリが入ってるスマートフォンがあるから試してみましょう。まず、こうシリに呼びかけます。「この近くのイタリアンレストランは？」すると、星がたくさんついたイタリア料理店を表示する。では、次に「この近くのイタリア料理以外のレストランは？」と聞いてみましょう。やっぱり星がたくさんついたイタリア料理店を表示しましたね。「以外」の意味がわからないんです。

後は「こういうことを言っている人もいるが、それは、間違っている」というようなことも書いてあったりすると、どこまでを言っているか意味がわからないと、問題は解けない訳です。キーワード検索で解けない、なのでそれが機械の限界です。

だから、ワトソンは、問題を解くとき必ず何をしているのかというと、答えのランキングを出す訳です。東大病院でも、ワトソンがしたことは、単に関係ありそうな病名とその症例について書いた文献をランキング順に表示しただけのはずです。その中にはあり得ないような病名も混ざっていますが、比較的上位に、日本では珍しい白血病の名前と症例が出てきて、東大病院の先生が「あれ?」と気づき、そうかもしれないと思って調べた、というのが真相でしょう。つまり、診断支援検索システムということです。「あ! 想定していなかったけど、これかもしれない」と気づいた医師が診断をしたのです。ワトソンは診断をしていない。診断というのは「これこれこういう理由で、〇〇という白血病が疑われるぞ」と思い、それを慎重に確認し、確信していく、ということですからね。ワトソンにはそんな意味はわからないです。

でも、人間は、先入観で見てしまうし、安全バイアスがかかりやすい。文献でしか見たことがない症例にはリアリティを持てないかもしれないし、第一、日に数百と新しく生み出される医学論文をすべて頭に叩き込むことなんてできやしない。だから、ワトソンが導入されると、こうした人間が人間であるが故に起こるミスを減らすことはできると思うんですね。ワトソンの場合は、患者の熱が何度位で、その他の症状も入れると、「インフルエンザ」は3番目位に出してきて、1番目、2番目には、「それはあり得ない」といった病気を出してくるらしいです。論文になるような珍しい病気の症例もデータベースの中には入っているので、インフルエンザが意外に下の方に出て、「これは絶対にあり得ない」と思える病気も出てきたりすると聞いたことがあります。私、実はワトソンが実際に動いているところを見たことないんですよ。

東大病院に行って見たこともないし、白血病を見つけた経緯を詳しく聞いたこともないのです。ワトソンが動いているところを実際は一度も見たことがないんです。でもたぶん、この推理はあたっています。どうしてあたっていると私が確信するかというと、ちょっと前にこんなことがあったからなのです。

金融系の業界の講演会で、余興として、「私はワトソンの画面を見たことがないですが、これから銀行のコールセンターに導入されたワトソンの画面をあててみましょう」と言って、それが、実際の画面とほとんど一致していたんです。

コールセンターでの活躍事例

新井：コールセンターの業務において、最初にやることは、やっぱり入力と出力を決めることとです。コールセンターの業務とは何か、という定義をする訳です。「お客さまの問題解決のお手伝いに真摯に取り組むことだ」とか言われたら、お手上げなのですが、コールセンターの業務は2つに大別できます。まず、電話がかかってきたら、その内容をレコーディングし文字起こしをして、それにどう対応したかの記録を取るというのが1番目。それで2番目は、お客さまの質問がＦＡＱ（よくある質問とその回答集）のどれに一番該当するかを分別し、ＦＡＱに書いてある通りに返事をする。たとえば、「口座を開きたいんですが」という問い合わせだったら、こう答えましょうとか、「ＡＴＭに行って暗証番号を忘れたせいでカードが止まってしまった」だったら、こう答えましょうとか、ですね。たぶん、１０００件位はＦＡＱがあるだろうと思っています。コールセンターではクリエイティビティを発揮して、勝手に答えてはいけないはずなのです。そのような通り一遍の回答では問題解決に至らない場合もあります。その場合は、電話を専門部署に転送するはずなんですね。

そのうち第一の業務である「音声を文字起こしする」というところが、機械学習、特に近年のディープラーニングでかなりの精度が上がった訳です。では、本当にコールセンターにかかってくる電話を正確に文字起こしできるか、「それは実はできないはずだ」と私は言ったんです。

どうしてかと言うと、コールセンターには高齢者からの問い合わせの電話もかかってきますが、高齢者の声のデータは、うちの研究所も音声認識をやっていますからよくわかるのですが、あまりサンプルとしてのデータがないんですよ。普通、データを取る場合、アルバイトで雇いますから、せいぜい20代から40代位の成人の声しかデータが取れない。つまり、先程も申し上げたように、声というけれど、今までに取れた声のデータというのはあくまでも限定的なので、ランダムサンプリングではないのです。そこがポイントで、実際は、データの中に子どもや高齢者の声がなかったら、AIはあてることができない。では、どうするか。きっと電話を受けたら銀行のオペレーターが、お客さまの言ったことを復唱するはずだ、と私言ったんです。そうすると、オペレーターは業務効率向上のためにAIが聞き取りやすいように話すようになるんですね。それでさらに認識精度が上がります。

音声文字起こしをリアルタイムでできるようになると、それが画面の左半分に逐次表示されていきます。それを見ていると、どう話すとAIが正しく認識するかもよくわかりますから。ここでワトソンの出番です。ワトソンは、そこに出てくる文字列を入力としてＦＡＱに検索に行き、一番近そうなＦＡＱをランキングで右半分の画面に出すはずです。ＦＡＱのＱとＡを全部表示すると、一問で一画面全部使ってしまうので、ＱとＡの冒頭数十文字を見せてリスト化する。ちょうどグーグル検索の結果のようにですね。すると、右半分の画面で複数のＦＡＱを表示できる。そのランキングが入力である問い合わせの内容のテキスト化が進むにつれて逐次変動するはずです。ただし、ワトソンが1位に出したからといって、そのまま問い合わせの答えになるかどうかはわからないので、オペレーターがその画面を開いて、パッと見てその答えでいいかどうかを判断します。どうも違う内容だと思ったら、戻って別のを開く。正しそうなら、それでオペレーターはそれを答えて、正しければ「終了」ボタンを押す。これによって、教師データが増えるんですね。こういう問い合わせのときには、このＦＡＱが正解だった、不正解だったという。それを使ってワトソンは学習していくんです。

ここで重要なのは、画面の大きさですね。大きめのディスプレイだとしても、右半分の画面に表示できるＦＡＱはがんばっても10件程度でしょう。オペレーターは会話をしながら操作をするので、できれば画面スクロールさせたくない。私たちだって、グーグル検索するときに、最初の5件位しか見ないじゃないですか。

だから、最初の5件に、悪くても最初の10件に、いかに正解を出すか。そこが肝になる訳です。人間が答えをパッと見て違うと判断したらとばすので、とばしやすいようになっている。1番から1000番の答えが、ただ並んでいるのは無意味。短時間に答えるには、その全部を覚えていなければなりません。でも、ワトソンがあれば、ランキングモデルを出してくれるので、熟練者でなくてもオペレーターが務まります。後はそのランキングモデルの正解率をいかに上げるか、ということがワトソンの仕事のはずですと言ったんです。「ただし、一度も見たことがないので、本当かどうかわかりませんが」とも。そうしたら、講演の後で、とある銀行の方が私のところに来て、「本当にその通りの画面と業務フローです」とおっしゃった。

現在のAIの限界を考えると、誰が考えても同じ結論にしかならない、ということです。

法へのインパクト：ワトソンは法解釈を変えるか？

角田：東大病院の新聞記事を読んだときに、何千件の論文データと照合して、ワトソンがそのようなすごいことをしたみたいな記事だったので、これが世の中に普及したら、医者は大変だなあと思いました。ワトソンを導入しないと、訴えられる機会が増えるとか、そういうことが起こるのではないかと思いました。*6

新井：起こると思います。

角田：そういう危機感を持ったのですけど、先生のお話を聞くと意外と安価で導入できるので、入れないと訴えられる機会が増える可能性はあるということですね。

新井：AIを導入すれば避けられたはず、という診断ミスが可視化されるようになると、訴えられる可能性は高まるでしょうね。その場合、何らかの理由で導入できなかった病院は淘汰される可能性も高いですね。

角田：そういうデータベースを使いなさい、という話になる訳ですね。たとえば、法律事務所でも……。

新井：弁護士も同じことになります。

角田：そうすると、一般的に普及しているデータベースを使えば、こういう先例があることがわかったはずなのに、先例を無視したあんな戦略で、法廷で争ったので負けてしまったではないかという場合、善管注意義務違反になることが起こり得る気がします。そういうことが、専門職で起こってきますね。

新井：だから本当は、今の薬剤師のシステムよりAIを導入した方が安全面でもコスト面でもいいだろうと思います。どうしてかと言うと、今のシステムは、薬局には必ずお薬手帳を持ってきてくださいと患者さんに伝えているだけです。そのお薬手帳の中だけで、薬の飲み合わせとか、オーバーロスになっていないかを見る訳ですけれど、薬局にお薬手帳を忘れてしまったり、前にもらった薬のシールを貼ってなかったり、また別の薬局に行ったりすると、今までに処方された薬がそのお薬手帳にすべて集約されているかどうかを判断することはできないじゃないですか。そうすると、薬剤師が専門性の高い知識を持っているとしても、薬の飲み合わせを考えるとか、その飲み合わせを厳密に判断するためには、処方されている薬すべてのデータが必要なのですが。

投薬の履歴等はすでにデジタルで管理されていますし、マイナンバーも導入されたので、やろうと思えばこういうチェックは簡単にできるはずなのです。できるはずなのにやらない。健康保険証もマイナンバーもICカードではない。ただのプラスチックのカードでしかない。お薬手帳にシールを貼るなんて、時代に逆行しているとしか言いようがないです。もし、投薬に関してのデータベースができたなら、チェックが効いて医療費は今に比べて2割は減るのではないかとさえ思います。

一方で、もしそういうデータベースがあったら、たぶんもう薬剤師はほとんど代替されてしまうでしょう。もちろん、薬局で薬を調合しなければならない場合は別ですけれども。すでにパッケージ化された薬を袋に入れて出すだけならば、ドラッグストアの店舗の前に薬の自動販売機を置くようにして、マイナンバーカードをピッと入れると、その人の薬の履歴が全部わかって、「あなたは、この薬、オーバーロスになっていますから、もうこれ以上出せません」とか、「前にかかった医院から処方された薬と、今回新しい病院から処方された薬は飲み合わせが悪いので、いったん先生のところに戻ってくださ い。今ここでは出せません」みたいに機械に判断してもらう方がよほど安心ですし、コストもかかりません。

「AIの判断」と「人間の判断」の違いは本質的?

工藤:AIが下す判断と、人間が下す判断というのは、本質的に違うのですか。今は違うだけなのか、ニューラルネットなどの機械学習の技術が将来もっと進めば……。

新井:全然、関係ないと思います。

工藤:関係なく、やっぱり全然違うということですか。

新井:違います。ニューラルネットワークでも他の手法でも、基本は検索なんです。だから結局、ニューラルネットワークであるとかないとかというのは、全く本質的ではなくて、単に、ある入力に対しての解空間というのは何かを考えることなのです。人間だったら入力として、たとえば、患者さんの顔色、つらそうかどうかなど、その全体の状態を見るじゃないですか。データだけがすべてではないというのが、薬剤師など、人間がAIとは違うと主張する唯一の場所な訳です。だから、入力というものが、もしお薬手帳に書いてある履歴だけだったら、薬剤師よりAIの方が精度は高いけれど、薬剤師がどうしても必要だという理由があるとしたら、履歴だけではない入力が人間にはあり得るということです。その入力は何かと言ったら、その患者さんの顔の表情や受け答えの様子とかから、何かおかしいと思える気づきがあるということです。だから、入力が、フレームからはずれたところにあるか、ないかということです。ニューラルネットワークとは、全然関係ないことです、これは。

角田:なるほど。ただ、学習の方法とか、強化学習とかというのは、脳科学の本をちらっと読むと、論理はかなり似ているようには思うのですけれど……。

新井:あくまでも、ネズミの場合は、です。人間では実験ができませんから。脳科学の分野で言われているすべての実験結果は、あくまでもネズミ実験から得られた結果なんです。今では、サルでも実験することが禁止されてできません。言語野がある人間の脳はかなり特殊なので、ネズミの脳の実験結果として観察されたことでも、ネズミは言葉を理解しないので、ネズミ自身がどんな入力で、その結果を出しているかは、よくわからないです。

角田：そうすると、やっぱり言語を持った人間の、その知的判断というものは、AIというものとは一線を画するという、そういう整理になるのでしょうか。

新井：今のAIは少なくとも、そうです。ですが、人間と違うという理由は、単に人間では、とにかく、違うか違わないかを実験できないので、違うか違わないかを科学的に判定できない。だから、人間と似ていると言われても困るなというのが本音です。科学的ではないということに尽きます。あるモノとあるモノが同じかどうかを科学的に証明するには、実際にそれらを使って実験ができないといけないということです。この場合、人間に関する実験データがないので、ネズミのデータと同じかどうかを判定し得ないので、いつまでたってもわからない。なので、その話を続けても科学的でないので、しないようにしているという、ただ、そういう立場です。

少なくとも、今、出ている結果は、人間とは明らかに違う。明らかに違う理由が、つまりAIと人間の一番違うところですが、数千万件に及ぶようなデータの量です。東大病院のワトソンは数千に及ぶ研究論文を読んだと記事にあったと言われましたよね。

そのようなことは、時間的に医者にはできない訳です。たとえ同じくらい研究論文が読めたとしても、それをすべて暗記することはできない。ここに書いてあったなということを詳細にすぐ思い出すことはできない。人間は、そういうふうに大量にものを暗記することができないので、ただ暗記するだけではなく意味を考えながら、機械とは違う方法で、答えにたどり着こうとする訳です。システムとして、全く別物なのです。人間だから問題を解決できているものもあれば、人間だから全然解決できていないものもある訳です。地球の温暖化のような問題はいつまでたっても解決できていない訳ですけど、それはもしかしたら、大量のデータを一度に認識して何かをする以外に解決方法がないようなことが地球環境の問題にあって、人間は脳の容量が小さいしCPUがすごく遅いので、それができないために解決していないということなのかもしれない。人間には、このように解決できない問題がいっぱいあるのかもしれないのです。実際、数学の問題で「四色問題」というのがあるのですけど、人間ではこの問題、解けないんですよ[*7]。考えられ得る場合分けが膨大にありすぎて。こういう場合、こういう場合というのが、何千、何万と続いてしまうのです。あの「ケプラー問題」も同様です[*8]。この問題は、ごく最近、コンピュータが解いたというか、コンピュータの支援を得て、問題の答えは出されたそうです。ワトソンみたいなコンピュータの支援を得て、人間が問題を解いたのですが、機械が解いた答えが正しいかどうか、まだ人間が判断できないので、数学の査読付き論文としては掲載されない。あまりに場合分けが多すぎて、人間が証明しようとしても、1人の人間だったら、生涯をかけても終わらないので。人間に解けない問題で、コンピュータに解ける問題は、確実にあります。ただ、だからといって、人間よりコンピュータが優れているかということとは別の問題だと思います。コンピュータが出したものがすべて正しいかどうかを、人間が検証する手段もない場合もありますし。

　復習になりますが、ニューラルネットワークというのは「脳はこんなふうに認識しているのではないか」という数学モデルなんですね。それを発展させたのが、ディープラーニング。それは、あくまでも「脳のある機能をモデル化した」だけで、「人間の脳の」ではない。「人間の脳を真似たディープラーニング」とよく言われますが、「ネズミの脳をモデル化したディープラーニング」と言っても実は同じことです。まともな研究者は、誰も「人間の思考を模倣したディープラーニング」とは言っていない。でも、ネズミやオウムに自動運転させようとか、論文の自動採点をさせようという気はなかなか起こらないでしょう？　そこに注意が必要だと思います。

工藤：今の話からすると、人間の仕事のある部分をAIなり機械が代替することになったときに、入力と出力の関係だけで言えば代替はしているけれど、中味としては全然、代替していないということになる訳です。そういうところで何か間違いなり事故が起こったとすると、そもそも中身は全然違うものなのだから、責任とか、そういうものの考え方も同じではないように思えます。しかしその一方で、たとえば、店に行って何かが起こったときに、背後で作業していたのがたまたま人間だった場合はこうで、たまたまAIだった場合はこうだとあまりに違ってしまうのも、それはそれで変な気もします。だから、そういう入力と出力の関係だけで言えば同じだけれど、実際には中身が全然違っていて、しかしそれがあたかも人間を代替できるという感じで出てくると、どう考えればいいのかなというのが、結構、難しいように思います。

新井：でも、今までも田植えとか、機織りとかというものも、本当の緻密な作業まで考えれば人間の作業とは違うと言っても、実際は、大部分は代替されてきたので、いろいろ代替はされるだろうと思います。入力と出力の関係さえ精度が上がればいいんだ、という工学者は少なくないですよね。

角田：工藤先生の問題提起は、法律学にも向けられていると受け止めました。人間が仕事で行っているタスクをどのように法律構成するかは、関係者のリスク分担にかかわってくるものです。機械代替が起こったときの法律構成をどう考えるか、なども問題です（↓320頁以下）。

支援されるほど「人間」は厳しい立場に?!

新井：社会にとって一番問題なのが、精度が悪いときの理由が、あまりに、人間の目から見るとひどいときです。たとえば、ポテトチップスの袋を救うために人をひいてしまったみたいなことが起きて、それがあまりにも、あからさまにおかしいようなときにどうしたらいいか、ということですよね。それはどうしても避けられない。ワトソンのような判断を支援するためのシステムはいいんです。あくまで支援システムなので、人が実際見て、最終的にはこれが答えと判断する。だから、あからさまにおかしいものは排除できる。自動運転も、運転支援システムであるうちはワトソンと同じです。

しかし、あくまで支援だとしても、問題がなくなる訳ではありません。たとえば、自動運転の車種Aが急な坂道の手前で停まるという話も、画像認識だけで判断しているという車の仕組みを聞けば、それは仕方ないと納得するけれど、実際、坂道の手前で急に停まったら困る、かえって事故が起こる可能性が高まってしまったら、どう対処したらいいかという問題になるでしょう。

自家用車の場合は、そういった車種ごとの「癖」を運転者が認識して、高速道路にのる前に自動ブレーキシステムを解除してETCのバーで停まらないようにする、という工夫もできますが、レンタカーだと想定と違うので危険ですね。

レンタカーは、車種がいろいろ違うので、全部自動運転の車になったら車種ごとに違うAIの視点があるのです。車種ごとに学習したデータが違うからです。やたらと雪が降ったり鹿が出没したりするテストコースを走った車と、そうでない車とでは学習したデータも違うし、強化学習で得た報酬が違う。そうなると、同じ場面に遭遇したとしても自動運転車の車種によって判断が異なるはずです。しかも開発者にはそのことは予測できない。そうすると、こういう状況ではこう運転するはずというか、何か機械との信頼関係みたいなものが、レンタカーではあり得なくなってしまいます。そういう点がすごく大きな問題となるでしょうね。

工藤：本当にどうするのでしょうか。そもそも、運転支援と言っても、人間がとっさのときにカバーできる範囲というのは、すごく限られていると実感しています。ロボットの実験をするとき、必ずロボットに緊急停止スイッチは付けるのですけれど、学生が卒業するまでに1回や2回は、実験中、緊急停止ボタンに手を置いているのに押せなくて、コードを引きちぎったり、机にロボットを打ち付けて壊してしまったりして、すみませんと謝りに来ます。実を言うと、私自身も、何度かコードを引きちぎってしまったことがあります。緊急停止のときはここを押してと確認してから実験を始めるのですが、ロボットが動くのをそばで見ていても、「あ、やばい、遅かった」みたいなことが、結構あるのです。

角田：人間の、何と言うか、管理・監督する能力を、どこまで信頼していいのか、ということですよね。基本的に、主従関係という意味では、機械に対して「主」であるとしても……ということですよね。

新井：いつもロボットに動作をまかせていると、その切り替えというのがうまくいかないことも多いですよね。

工藤：うまくいかないし、あと、そのロボットの行動が間違っているのか、間違っていないのか、結構、ぎりぎりまでわからなかったりするので、結局、間に合わない。

新井：目の前のポテトチップスの袋を救うために、まさか自動運転車が子どもをひく気になっているなんて、人間にはわからないですものね。

工藤：だから、たとえば、前方車両や障害物など認識しているものが画面に出る場合だったら、本当はそれが出るはずなのに出なかったらおかしいと、かなり前もって

判断できるけれど、緊急回避の行動をしたときに、その判断があっているか間違っているかは、わからないです。それでも、運転支援システムの所有者だからといって、全面的に運転手に何か責任をとらせると、ちょっと、かわいそうだなと思ったりもします。

角田：そうですよね。前方注視し、プラス、高度なシステムの監視・監督する義務まで負わされるっていうのは……正直、きついですよね。

社会にとって望ましい「自動運転」とは？

新井：各自動車メーカーとお話をしていますが、今の技術を考えて一番いい自動運転は何かと言えば、その車を運転するドライバー本人の運転の履歴を取っておいて、何かいつもと違うようだ、つまり、ドライバーの異常を感知したら、その瞬間に、自動運転に切り替えて、路肩に停めて、予め設定されている緊急連絡先や警察に電話するという、それが目指すべきところなんじゃないか、と。なるべく、速やかに路肩に停めるというのが、一番

安全性が高く可能なことなのではないですかと伝えたら、そうですねえ、と同意してくれる人は多いです。だから、SF小説とか映画に出てくる、人間が本当に何もしなくても車が目的地までスイスイと走る、あのイメージとしての自動運転は、私はあまり期待していません。

特に、障害物があるような場所は、難しいですよね。今までの産業用ロボットというのは、ある一定の囲われた、人が入って来ないところで、動かしてきた訳じゃないですか。それが突然、人間との共生みたいな話になってきている訳です。

で、統計的には人より安全かもしれない、という自動運転の技術が出現したときに、そのとき、どこに導入するのがいいかといったら、人に任せていたらものすごく危険性が高い場面で、というのがいいに決まってるんですね。それはどんな場合かといったら、人間の判断能力が何かのせいで急に低下した場合だろうと思います。たとえば、まだら認知症の人が、運転中にその症状が出て、車を逆走させて事故を起こしたような場合、「どうして運転をやめさせなかったんだ」と家族は厳しい非難にさらされます。でも、まだら認知症の状態だと、普段は受け答えも結構ちゃんとしているときがあって、やめさせようにも論理的な反論をされたりすると、症状が出ていないのならまだ運転させても大丈夫かもしれないし、車がなかったら病院にも通院できないし、とか考えてためらってしまう。認知症に関しては、家族が話し合いで運転をやめさせることはできるかもしれませんが、心臓発作とか心筋梗塞とか突然発症する病気の場合もあるじゃないですか。うっかり寝てしまったときとかも。病気のあるなしだけではない話なので、いつものドライブレコーダーの状態と何か違うと判断したら、自動運転に切り替えて、路肩に停めて、どこかに知らせるようにすれば、一番重大な事故は減って、しかも、ドライバー自身もそんなに重い責任をとらずに済むのではと思います。もちろん路肩に停めるまでの間に自動運転車が事故を起こす場合もあり得ますが、その方がたぶんましだから製造物責任は問わないようにしよう、その辺りで社会的な合意を形成するべきかなと思います。一方、いつでもどこでも自由に走れる自動運転車は、AIが意味を理解しない間は難しいだろうと思います。

工藤：グーグルなどは、それをしたいと言ってはいます。毎日のようにかなりの数の自動運転車を走らせて、データを収集しています。もちろん、まだドライバーは乗っていますが。グーグルは、本気なんでしょうか。

新井：それはグーグルというよりは、テスラ（Tesla）ですね。アメリカは投資の国なので、そういう新しいことを開発しますと言って、投資が集まったら株価が上がるので、それで大きく儲けて、最後は株を全部売って逃げてしまうという噂もありますし、他の業態に動くとかいう話もあるので、現時点でのテスラが言っていることはあまり信じていません。ポケモンGOも同じですよね。ゲームの構造として明らかに危ないことが多いことがわかっているけれども、株価が上がって売り抜けられればみたいな、その位の気持ちかもしれないです、ナイアンテック（Niantic）とかは。

ARがもたらす社会問題

新井：そう、あのゲームは相当危ないと思っています。バーチャルリアリティ（VR）というか、オーグメンテッドリアリティ（AR）ですけれど、あれは一体、集団訴訟どうするのでしょうかね。あと、日本でも遂に昨日（2016年8月24日）、死者が出ましたよね。*9

角田：えっ、それはちゃんと認識していなかったです。

新井：私は、必ずあのような新しいタイプのサービスが出たら1回は経験しておくようにしているんです。ポケモンGOには調査のために2週間位は費しましたよ。

工藤：私も、イングレス（Ingress）は結構やり込みましたが、ポケモンGOは少ししかやっていません。

新井：ポケモンGOの問題は、重要ですよ。イングレスと仕組みはだいたい同じですけど、利用者の規模が全然違うので。ポケモンGOはこの夏に日本でリリースしたんですが、その直後に週刊誌に、この夏休みのうちに死者が出ないといいけれど、と、私、発言したんです。残念ながら、昨日、それが現実になってしまいました。運転中にポケモンGOをして人身事故を起こしたんです。

ポケモンGOというゲームは、携帯の画面の中に、ARという技術と、GPSの位置情報を表示する技術を使っています。まず、ゲームのユーザーの携帯画面に、ポケモンの出現した場所を地図情報で表示して、そして出現場所に近づくと、スマートフォンのカメラ機能と、配信する映像を合体させて、周囲の景色の中にポケモンが飛び込んできたような画面が見えるんです。そうしたら、球をスワイプしてポケモンにぶつけて、携帯画面上で、ポケモンに球がきちんとぶつかると、ポケモンが採れる。バーチャルな昆虫採集みたいな感じですね。ポケモンは神出鬼没なのですが、ポケストップという、周辺にポケモンが出没しやすい場所が設定されています。そのポケストップでも、常時ポケモンが出る訳ではなくて、それ以外のところにも、ポケモンが確率的に出るようにしているようです。

それで、私は何をしたかというと、ポケモンGOがいかに危険か、という証拠写真を撮るために、かなり一生懸命やりました。一番危ないと思ったのは、ポケモンが地下鉄の線路上に出てしまうことです。それをナイアンテックに指摘したのですが、定型的な返事が来ただけ。線路上にはポケモンを出してないということになっているようですね。でも、線路上にポケモンが出たという証拠写真がウェブに大量に投稿されている。地上の線路上に出さないような対処は、その後、どうにか設定したのだと思います。電車の線路というのは、地図情報があるので、線路の位置ははっきりわかりますが、地下鉄に関しては、三次元地図がないから、地下鉄がどこに通っているかは、簡単にはわかりません。それで、地上に、たまたまポケストップがあると、その下にある地下鉄の駅やら線路上でもポケモンが出現してしまいます。

角田：それは、かなりの危険性ですねえ。

新井：ええ。ゲームの仕組みがわかっているので、技術的に仕方ないことだとは思います。ポケモンがどこに出るかわからない、それに見つけたとしてもポケモンは長くても10分程度しかいないように設定されているので、ユーザーにはいつまでいるかもわからない。だからユーザーは捕まえるために走ってしまう。しかも前方に携帯画面を突き出して、ポケモンがいるかどうかを確認し続けている。つまり、携帯だけしか見ていない。周辺の状況をまるで確認していないので、駅のフォームから落ちたり、車道に飛び出すとか。実際、東京のお台場で、ラプラスというレアなポケモンが出現したということだけで、ユーザーが集団で車道に飛び出して、車にお構いなく右往左往ポケモンを探すので、110番通報が多く寄せられ、警察が出動するという事態も起こっています。

ポケモンGOのポケストップによって権利が侵害されたといって裁判を起こせるか？

新井：でも、ポケストップに関することで、一番気の毒だなと思ったことは、峰竜太さんという俳優の家がポケストップになってしまっているらしくて、そこにいっぱい珍しいポケモンが出るらしいんです。だから、人が集まってしまう、閑静な住宅街なのに。あと、ラブホテルもポケストップにされると大変なんですって。ホテルの周りにユーザーが集まってしまうと、客に入ってもらえないので、営業妨害になってしまう。でも、ナイアンテックを、そのラブホテルが営業妨害だと言って訴えられるかどうか。

角田：確か、アメリカで裁判が起きた、という新聞記事を見ましたけれど。[*10]

新井：集団訴訟を起こそうという話ではないですか。[*11]

角田：まだ起こそうという段階でしたか。

新井：でも、ナイアンテックは、そのような集団訴訟を防ぐために、必要な保険には全部入れとか、かなり細かいことまで規約に書いてあるらしいです。しかも、訴訟を起こせるのは、カリフォルニア州のどことか地裁限定で、集団訴訟を防ぐような条項が延々と書かれていて。その規約は、あの最初の画面、みんなすぐ「はい」とする、「それに同意します」という画面です。それに反論がある場合は、利用から1か月以内に、どことかの裁判所に何々の手続をするようにとまで書いてあるそうです。

角田：それはすごいですね。ただ、そもそも、その条項は有効なものとして、当事者はそれに拘束されるのか、そういう話にもなりますね。*12

新井：そうですよね。でも、本気で訴訟を起こされたら結構大変だとは思います。今、あげたような事例について、それは誰の責任なのか、どう思いますか。

工藤：仕組みの話からになりますが、そもそも、そのポケストップというのは、もともと、あのイングレスのポータルですよね。

新井：イングレスの人たちが、最初に設定した場所です。

工藤：ポケストップはイングレスのポータルをそのまま使っているものが多いです。イングレスのポータルというものは、ユーザーが申請して会社が承認すればそれがポータルになるという登録方式になっていて、ポータルを増やすと申請したユーザーの、ある種のスコアが上がるように設計されたので、みんなが競ってポータルを申請するようになって、急激に数が増えたのです。だから、ラブホテルなどは、確かに、ポータルに登録されたものが多いのではないかと思うんです。つまり、奇妙な形をした建物とか、そういう目立つものを見つけたら、すぐユーザーが登録してしまうので。確か、俳優の峰竜太さんの家も変わった建物だったので、登録されてしまったのだと思います。そして、ポータルがそのままポケストップになってしまって。だから、イングレスのユーザーが登録して作ったものを、そのまま使っていいのかなと疑問に思った位です。

新井：だから、人が集まって騒がれたら困るような場所、寺社仏閣とかにも同じ問題が起こっているんですね。伊勢神宮もそうですよね。でも、伊勢神宮はポケモンGOを禁止にしましたけど、その対処の仕方がまさに神対応と誉められています。伊勢神宮にいるポケモンは、神さまのお使いだから採らないでください、と。他の神社仏閣では、きちんとお参りしてから、節度をもってゲームをしてくださいというところもあれば、全面禁止を打ち出すところとか、ポケモンを出さないでくださいと依頼するところとか、対応はまちまちですが。あと、普段だったらいいけれど、熊本城みたいに今は困るという場所もあります。でも、熊本城はかなり珍しいポケモンが出たらしく、本当に困っているようです。こういう場合、どうすればいいのでしょうか。ユーザーを誘因することを知っていて、それで危険性のある場所にポケモンを出すということで罪に問えるのでしょうか。実際、崖から落ちて死亡した事故も起きています。

角田：ビジネスモデルとして、問題がありそうですね。

新井：閉鎖された空間というか、そこの中だけで写すみたいな、何かイベントをするようなことだったらＡＲは全然構わないと思いますが、危険性が確認されていることをそのまま世の中に出すのは、どうなのかなと疑問に思います。

たとえば、うちの庭にレアなポケモンが出たと仮定します。でも、実際うちに侵入する人たちは、ナイアンテックの人ではなくて、ポケモンを採りたい第三者が侵入するので、侵入したその人を訴えればいいというのが、今までの法律の考え方だと思うのですけれども、その侵入されやすいような原因を作ること自体を、やめて欲しい。それでないと問題解決にはならないので。

工藤：そういう行為って、住居侵入罪とか、ですよね。

角田：正当な理由がないのに、人の住居等に侵入、つまり、管理権者の意思に反して立ち入ったら、それはもう住居侵入罪（刑法１３０条）にあたることは確かです。

新井：ただ、ポケモンを出した人は、不法侵入をしていません。

角田：不法侵入を「幇助」しているとは言えないでしょうか。刑事責任は難しいとしても、民法上は過失による幇助で共同不法行為にあたるとは、考えられます。あるいは、不作為による共同不法行為っていう可能性もあるかもしれません。動機は十分に与えていて、場所は現認していて、犯罪行為の発生を予見できたなら、それを回避する措置をとるべき義務があったということで、その義務違反を問う、という話になります。*13

工藤：でもユーザーには、そういうことをしてはダメと前もって伝えてある訳ですよね。

角田：それだけで、ユーザーに権利侵害を起こさせないようにするための、適切な注意喚起といえるか、という問題です。同意書面位とって欲しいところです。

新井：でも同意書面をいちいちとっていたら、ビジネスモデルとして成り立たない。だから、ARはこわいですよ、本当に。そして、こういった問題も全くなかった訳ではないのです。イングレス位だったら、ユーザーが少ないから、ラブホテルなども我慢していたようです。それがポケモンGOになったら、どっと人が押し寄せて、看過できなくなってしまったみたいです。

工藤：そういう問題はありますよね。AIだけの問題というよりは、ネットビジネスでも起きていますが、小さい規模でやっていたうちは、問題にならなかったことでも、一気に規模が大きくなると大問題になってしまって、という話は結構あることです。イングレスではそんなに問題にはならず、ポケモンGOでは大問題というのも、ユーザーがやっていること自体はそんなに変わらないと言えば変わらないことなんですけど。

新井：イングレスのユーザーは、割合、エッジの立っている人たちだけだったから数も少なかったんだと思いますが、ポケモンGOは一般大衆がやるゲームだから。今、大変ですよ。上野の不忍池の周りが危ないんです、みんな走るから。カイリューという珍しいポケモンが比較的よく出現するようで、それを目指して、ものすごい数のユーザーが集まっています。それで出現した途端走ったりする。人が、どー、どーっと走ってきて、全員が携帯の小さい画面だけ見て周囲を注意していませんから、歩行者は突き飛ばされて危ないんですよ。散歩中の高齢者の方とかが、よく突き飛ばされてしまっています。

工藤：ルール上、ポケモンGOの方が確かに危ないです。イングレスは、突然走り出したりはしない仕組みなので、基本的には、スタンプラリー形式のゲームです。

新井：ポケモンは時間がたつと消えていなくなったりする。ゲームとしてはおもしろい点でもありますが、やはりとても危険です。

工藤：追いかけてダッシュするから、余計危ないんです。

角田：それは、そういうルールを作った側に何か責任があると考えても仕方ないのではないでしょうか。実際、社会的に影響を与えるゲームを設定している訳で。

新井：でも、幇助とか、共同不法行為というものは、今までは、誰かに何かをさせるというイメージで捉えていましたよね。そうではなくて、今回のことは、確率的に起こることなのです。

だから、誰かというターゲットが明確にある訳ではなくて、このAIにしても、このネットにしても、ＩｏＴ(Internet of Things) にしても、確率的に起こることなので、それが契約などをもとにした、近代法とすごく違うところだと思います。確率的に死亡させるとか、確率的に不法侵入を起こすようなことで、でも、誰も教唆していない。こういうことをしたら確率的にこういう結果が起こる、その確率的に起こった結果に対しては誰が責任をとるべきか。確率的にこういう結果が起こり得るということは、予想し得た。予想し得たのなら、それを認識して対応策をとるべきだった、ということになります。

ディープラーニングを始めとした機械学習を用いて開発をしている人は、みんなそれを認識している。学習データにしかないような状況でAIがどのように判断するか予期できない。それで死亡事故が起こる可能性はある、と技術者は全員が認識している。その事実を知り得ているのに、それを搭載した車を市場に出す。事故が起きることは知り得ているのに搭載したことに対する責任、つまり、その確率的に事故が起こることに対して、その責任とは何かということが問題なんです。間違いではなくて、その仕組みから考えて、確率的に起こることを知っている。その確率がある場合の責任の問題ですよね。

角田：確率をゼロにすることは、不可能ですよね。

新井：できません。あくまで統計ですから、統計は見たことがないものに対しては、何もできないことはセオリーなので。あと、入力としてフレームで切ったその外側で起こることに対して、何をするかは全然わからない。

だから、入力、つまりフレームを切らなければならない時点で、もうすでに何かを選択して、捨象している訳です。たとえば地図の上で、線路にポケモンを出してはいませんとナイアンテックは言っているけれど、詳細な地下鉄の三次元地図が揃っていないのだから、地下鉄の線路に関しては、自分たちが何もしようがないことは、言った本人たちはたぶんわかっていて、そして地下鉄が世の中に存在している、という事実も十分わかっているけれども、地下鉄がどこに通っているか各国にわたって厳密に調べようとしたら、もう予算的にビジネスモデルとして成り立たない。そのときに、まあ、地下鉄はいいか、と思って、あえて「地上」という言葉は使わないで、電車の線路には出さないように設定していますということで、言い逃れができると思っている訳です。そこのところの責任が、問われるのだと思います。確率的なことだから地下鉄のことは知りませんでした、で済ませられると思っているようなので。地下鉄があることは知っていた、三次元地図がないこともわかっていた、けれども、そのままゲームを配信したということは、確率的に地下鉄の線路にも出ることを、自分たちのシステムとしては、それを排除できないことを知っていたのに、配信した。それは、確率的に事故が起こることを予見していたのにやってしまったのでは罪があるのではないか、と言えることだと思うのです。

角田：気になるのは、地下鉄に、ポケモンを出没させないようにするためには、どの程度コストがかかるものなのか、とか。

新井：すごく、かかると思います。日本だけの話で済まないことですから。配信をしている国、全部の三次元地図を作る、ということですから、無理でしょうね。

角田：その結果回避可能性というものを期待していいかどうかで、過失の有無は決まると思うので。コストはかかるにしても、それに対応できるまで販売を待つべきだったとか、安全だとわかる範囲だけでゲームを展開するように作る可能性はなかったのか、もありますね。

新井：それは正論なのでしょうが、たぶん全然儲からないので、考えなかったと思います。でも、儲からないからといって、儲かることを、安全性を無視してまでするというのは許されるのでしょうか。

角田：それは、ちょっと、おかしいことですよね。しかし、その確率的な予見という問題、それをもう少し考えてみる必要がありそうです。

トロッコ問題の新しさ、難しさとは……

角田：新しい倫理的・法律問題としてよく言われているトロッコ問題、先ほどのプレゼンテーションでも触れていただきましたが、どうしても事故を回避できなくなったときに高齢者か子どもか、自動運転でどちらかをひいてしまう選択を事前にしなければならない、あるいは障害物に突っ込んでドライバーを危険にさらそうとかの、そういった判断の問題は、今までなかったことですよね。

新井：でもそれは、たぶん、予め決めておかないと、自動運転としては成り立たない。

角田：そういう意味で、これまでなかった新しい問題かなど。先生が指摘してくださったように、これまでですと、ドライバーである人の責任を考えてきたので、緊急避難の問題、「現在の危難を避けるため、やむを得ずにした行為」となり、「これによって生じた害が避けようとした害の程度を超えなかった場合」は罰せられないし、程度を超えても情状により、罪が軽減されたり、免除される可能性があった（刑法37条）。ですが、緊急避難って、刑事責任を負う主体がその時点で危難に直面していることが前提になっているので、完全自動運転車のようなロボットにも人のように責任を負わせるようにしない限り、緊急避難の状況にならないし、予めプログラムを設計する人が、どのように決めておくべきだったのかが問題になる。しかも、高齢者の生命の値段と、子どもの生命の値段と、ドライバー本人の生命の値段を、瞬時に計算して最も合理的なものを選択するとか、そういう判断を考えることって全くなかったと思うのです。そういう意味での新しい問題なのかなと理解しています。

新井：それもそうなんですけれど、だからこそ、科学誌サイエンスにも載ったのだと思うのですけれども。

角田：それと比べてみた場合、どうなんでしょう。ポケモンGOを、不法侵入などの権利侵害や、生命の危険が起こるかもしれないけれども、配信してしまえという、そのビジネスとして走らせてしまった判断の問題は、クラシックな「過失」の議論をどう展開させていけばよいのかという問題なのか、もっと根本的な問題提起なのか。

新井：私の感覚からすると、それ以上に重要だと思っています。

統計的正義と法的正義

新井：前に私が言ったように、いつもと違う異常な運転の状況になったならば路肩に車を停める場合でも、路肩に停めるまでに何か問題は起こるかもしれない。その間にも、誰かをひいてしまう可能性が残るなら、それはビジネスモデルとして、完璧になるまでやめた方が良かったのではという話になります。でも、現状、これだけ高齢者ドライバーが増加して、深刻な事故が起こっているのを看過するのと、異変があったらとりあえず、なるべく迅速に安全に路肩に停めるという自動運転車を開発するのと、どちらが社会正義かと言ったら、自分は後者だと思います。もちろん、それでも、ポテトチップスの袋を避けて人をひくことは起こり得ますよ。そういうことを、開発者たちは知っています。でも、社会全体としてのリスクを軽減するためにその車を開発して、社会に出したとします。それでも、子どもがひかれて亡くなる事故が起きてしまったときに、開発者たちが悪いと言えるのか。でも、法廷に出たときに、この自動運転技術のお蔭で救われたはずの命がたくさんあるはずです、実際に交通事故死亡者の統計を見てください、と主張したって、法廷では通用しない。だって、それはあくまでも統計情報でしかないので。法廷とは個別具体的なケースについて議論する場であって、統計的正義について判断する場ではない。それを、どう考えたらいいのですか。

角田：そうですね。たとえば製造物責任ですと、開発危険の抗弁というのがありまして、欠陥商品を出してしまったかもしれないけれども、開発をする時点で、そのような危険まではまだわからなかった……。

新井：いや、でも、ディープラーニングするのだから、わかってはいるのです。確率的にそういうことが起こることはわかってはいるけれども、確率的にこちらの方が、人命がより多く救われることもわかっている。そうしたときに、人数で測るんですか、みたいなことです。これは、絶対、新しい問題と思っているんです、私。

角田：うーん、少し考えたいと思います。新たな効用をもたらすもの、たとえば新薬。この新薬がうまく効けば、これ位の命が救われるはずであると。だけれども、その治療の過程で副作用があったというときに……。

新井：なるほど、新薬に少し似ているかもしれませんね。そうかもしれないですね、新薬とか、新しい手術とか。

角田：ええ、新しい手術の術式とかもそうですね。それによって、社会全体がどれ位の効用を得られるかと言えるかが問題となっている場面ですが、法律学にも一応「許された危険」という議論があります。これがその統計の問題に応用可能かといった辺りが問題になるのでしょうか……。

法益侵害の危険を伴うが社会生活上必要な行為について、その社会的有用性を根拠に、法益侵害の結果が発生した場合にも一定の範囲で許容するという考えです。工場の経営、土木建設事業、鉄道・飛行機・自動車等の高速度交通機関の運行、医療行為等の分野において、主として過失犯を正当化する事由として主張されていますが、理論的には故意犯についても妥当します。これらの行為は、その危険性を理由として全面的に禁止すれば現代の社会生活が麻痺してしまうというものです。許された危険の理論は、社会的相当性の範囲で危険な行為も許されるとして説明されていますが、行為の有用性・必要性と法益侵害の危険性の比較衡量によって前者が優越する場合に危険な行為が許容されるとする説明も有力です。

新井：でも、手術の場合は、本人だけにしか関係ないことじゃないですか。新薬も、それを飲もうと決めた本人にしか関係のないことだけれど、車の場合、被害は本人ではなくて別の人にいってしまいます……。

角田：そうですね。自動運転の導入には、個人の決断するファクターが入らない訳ですね。予めリスク分担などを合意しておく可能性がそもそもないですね。そういう意味で、社会的にはより重大な問題ということは言えるかもしれないですね。

ロボットスーツが提起する問題

「筋電」は「意思」・「自由意思」か？

新井：これ以上、角田先生を悩ませるのは申し訳ないですけれど、次はロボットスーツの問題です。

ロボットスーツは、たとえば、サイバーダイン社（CYBERDYNE）のHAL®のように、筋電を読むものが主流です。これはショベルカーを操縦するようにボタンやレバーを操作して動かすのとも違いますし、自動運転の車のようにスーツ自体がどう動くかを判断して自律的に動く訳でもありません。スーツを装着した人がこちらへ行こうと思ったらそれをサポートするし、あちらへ行こうと思ったらあちらの方向へ行けるようサポートするようにできています。要するに、スーツ自体に頭はなくて、スーツを装着した人が頭で考えた通りに動くように作られています。とは言っても、大脳というのはすごく雑音が多い。脳から直接生体電位信号を取ろうとしたら、結局、何の判断もできないそうです。人間というのは同時にたくさんのことを考えて動いているから、脳から動作に関するデータだけをより分けて取り出すことが難しいのです。ただ、脳で体を動かそうと考えると、脳から筋肉に動けという信号が送られて、それに反応して筋肉が動いている。だから、脳の状態を計測しなくても、筋肉に送られる信号をうまく計測することができればよいのではないか。それが筋電を読むということの意味です。いろいろ同時に複雑な処理をしている脳と違って、筋肉はこの部分をこう動かそうとしているだけなので、比較的雑音が少ないのです。その筋電から取れるデータを信じて、スーツを装着した人がしようと思った動作をしやすいようにスーツが補助するんですね。つまり、正確に言えば、スーツは右に動きたいという意思を読んでいるのではなくて、右に動きたいと思ったときに筋肉に送られる指令を読んでいるという訳です。

　これはすごく大きな問題をはらんでいると思います。脳を計測するのではなく、単なる筋電のデータを「意思」だと思って、ロボットスーツが動作しているんですよ。

角田：あー、こちらに行きたいのね、ということで、それで、ロボットスーツが人間の体を動かしてあげている。

新井：今、建設会社が開発を進めようとしているものに、70歳以上の高齢者でも工事現場で働けるようにするためのパワースーツみたいなものがあります。工事現場で、たとえば、重い石が投げられて事故が起きたとします。その石は、投げた70歳の人にとっては重すぎて、自分一人では持ち上げられないものだった。でも、パワースーツを着用していたから、その石を持ち上げられ、それを投げ飛ばしてしまい誰かを死傷させた。そのスーツが筋電を取って動くタイプだった場合、その行為は、本人の意思と言えるかどうか。それは機械の誤作動なのか、人間本人の意思なのかわからない、どちらなのでしょうか。

工藤：どう考えればいいんでしょうね。もし70歳の人に石を投げる気がなかったなら、可能性としては、石を投げる動作をさせる筋電データなど本当はなかったのにパワースーツが筋電のデータを読み間違えたか、石を投げようという意図がなかったにもかかわらず脳から石を投げる動作をするような指令が発せられていたかのどちらかですよね。いずれにしても、本人の意思とは違うことが起こったという訳です。前者はいわゆる装置の誤作動ですが、後者は新しいケースなのかもしれません。実際には本人が石を投げようと思ったかどうかを客観的に知ることは難しいので、問題はさらに複雑になる訳ですね。ただ、この問題は、スーツを装着していない生身の人間でも起こるのではないでしょうか。たとえば、くしゃみをした瞬間に持っていた卵を握りつぶしてしまったとか。これだって、筋肉に握りつぶす動作をせよという指令が行ったから筋肉が動いた訳ですが、それは本人の「意思」とは異なる訳です。そう考えれば、本人が意図しない動作というのは、割と起こり得ることですよね。

新井：意図しない動作を増幅したとき、事故が起きてしまったらどうするか、という問題になりますね。

工藤：意図しない体の動きというのが出てしまって、それがたまたま義手だったときに、その責任を、その機械の誤作動と言い切れるかどうかという問題はあるかもしれないです。少し話が飛躍しますが、この問題の先にはさらに複雑な問題があるように思います。認知神経科学の研究で、人間の判断は、本人が意識する前に神経的に多くの部分が決まっているというような知見がありますす。たとえば、提示された2つの写真から好みの方を選ぶという実験では、本人が選択をしたと自覚するよりも前に、眼球運動にその兆候が見られるのだそうです[*14]。逆に言えば、眼球運動を計測することで、本人が自覚するよりも前に、その人がどちらを選択しようとしているかがわかってしまうということになります。将来的にこういうデータに基づいて動くロボットが出てきたとしたら、そのロボットの動作が本人の意思の結果と言えるのか、非常に難しい問題になるのではないかと思います。

新井：私、近代法において、人間の「意思」がどこから出ているものに定義されているのか、よくわからないのです。

角田：それは私もまだよくわかっていないことですけれども、当時の科学の知見に則って、社会規範として作ってしまっただけなので、現代の科学の知見に照らして、その意思はどれ、という特定はできていないと思います。

新井：当時の哲学者たちも、「意思とは何か、それは頭の中で言えることだ」みたいなことを書いたり、いろいろ模索はしています。でも、頭の中で明らかに言えない人間の筋電をとって、何かをさせようという話になってしまった訳だから、今の技術は。

角田：そうですね。全く自信はないのですが、法律学の対応としては、意思の定義をめぐって争うとなると暗礁に乗り上げてしまいそうなので、別の議論になりそうな気がします。そこで勝負するよりは、誤作動と誤動作を有効に切り分けることができないこと、しかし、社会的に有用な技術であることを前提に、社会的な不安緩衝材として無過失責任を導入すると同時に、保険をつけさせるといった方向を探る、辺りがよさそうな気もします。

脳と機械を直結させて治療する技術に見え隠れする法的課題

新井：あと、今、脳に直接何かを働きかけることによって、たとえば、躁鬱病とか、統合失調症とか、そういう病気の人たちが、そういう病状を発症しないようにできないかという研究が進行中です。これは、ちょっと一昔前のロボトミーみたいな話に近い。その結果、起こったことに関しては、誰の責任になるのでしょう。脳に電極をさした人が示した意思は、本人の意思ですか?という問題が生じますね。

工藤：そうですよね。人間の「意思」とか「心」があると言われてきましたが、割と確率的な電位信号でしかないのではないか、と言われるようになってきたりすると、それを……。

新井：それを直接にいじったり、直接データに取ったりした中で、「意思」とはどれですか、みたいな問題が発生します。

工藤：今まで、人間の「意思」というものは、揺るぎないものだと思われていたから、社会的にいろいろ成り立っていた部分があると思います。少し無理筋かなと思うことでも、「意思」がある誰かを選んで、その人に責任をとらせるというのをひとまず落とし所にしていた部分が多くあると思うんですよ。だからこそ、やっぱり、「意思」を持った主体というのが、絶対的に大事です。責任をとらせる主体が決められれば、ちょっとやそっとの不整合は、まあ、目をつぶるしかないと思えましたから。

新井：そうそう。それで、事故を起こしたその人たちが、心神耗弱状態だったのかというのは、本当はわからないけれど、誰か専門家を連れてきて検査をして、「そのときは心神耗弱状態でした」と言ってくれれば、「ああ、事故は心神耗弱だったから起こったんだな」と納得する。そういう感じじゃないですか、今までは。

それが、心神耗弱かどうかは、日常生活の中で、ずーっとデータ取ってそれで判定できるAIが出てきたときに、どうなんだということがありますよね。ずーっとライフログを取って、そのライフログといってもたいしたデータではなくて、アップルウォッチみたいな簡単な装置を付けるだけで、こういう人が心神耗弱で、こういう人はそうではないというデータが取れるようになった研究成果が、たとえばですけれど、権威ある科学誌のネイチャーとかに載って社会的信用を得たら、その事故が起きた瞬間に、その場で本当に心神耗弱状態に陥っていたかどうかは、結局、後から精神科医が診てもその瞬間のことはわからないことだから、アップルウォッチの方を信じましょう、という話になりますよね。そちらの方がよほど科学的、とみんなが思ったときに、その簡単な装置を完全に信用してしまって、本当にそれでいいのですか、みたいな話になります。

このインタビューを受ける前に、「角田先生、この話はものすごく大変ですよ。なぜって、近代法の前提である、『意思』『責任』『所有』について全部考え直さなければならなくなりますから」って言ったじゃないですか。本当にものすごく大変なの。これまで、どの法学部の先生に「この問題考えて」とお願いしても、考えてもらえなかった。法学部でAIに関心がある人は、「AIの作品の著作権」とか、そういうところばかり行ってしまって。

何だかものすごく大きな問題を道にぶちまけただけ、みたいな感じになってしまって、本当に申し訳ないんですけど。言いっぱなし感がすごくあって……。

角田：いえいえ。AIの問題が決してSF的な未来の問題ではなく、「今、此処にある」問題であること、それも根本的な問題提起を含んでいることがよくわかりました。この問題意識、この本の企画を通して、育てていきたいと思います。

（2016年8月25日収録）

*1　エリック・ブリニョルフソン／アンドリュー・マカフィー（村井章子訳）『機械との競争』（日経 BP 社・2013 年）。
*2　Carl Benedikt Frey and Michael A.Osborne, “The Future of Employment” 10 年後になくなる職業。http://www.oxfordmartin.ox.ac.uk/downloads/academic/The_Future_of_Employment.pdf
*3　「日本の労働人口の 49%が人工知能やロボット等で代替可能に― 601 種の職業ごとに、コンピューター技術による代替確率を試算」https://www.nri.com/jp/news/2015/151202_1.aspx
*4　Jean-François Bonnefon, Azim Shariff and Iyad Rahwan, The social dilemma of autonomous vehicles, Science vol. 352, Issue 6293, pp.1573-1576, 2016.
*5　「AI、がん治療法助言 白血病のタイプ見抜く」日本経済新聞 2016 年 8 月 4 日。
*6　前提として、今の法解釈では、医療過誤における過失は、医療従事者が負う「危険防止のために実験上必要とされる最善の注意義務」を尽くさなかったこととされており、この基準となるのは「学問としての医学水準」ではなく「実践としての医療水準」だというのが判例の立場である。そこで、たとえば、被害者側で治療がなされる時点より前にこんな学術論文があった！と主張しても、必ずしも裁判で勝てる訳ではなく、かかっていた病院が大学病院か市民病院か、どこの病院かによって基準が変わる。
*7　新井紀子『コンピュータが仕事を奪う』（日本経済新聞社・2010 年）100 頁。
*8　新井・前掲＊ 7　174 頁以下。
*9　運転者には 2016 年 10 月 31 日に実刑判決が出ている（自動車運転処罰法違反（過失運転致死傷）で禁錮 1 年 2 月）。「ポケ GO 事故、実刑『ながらスマホ、過失重大』徳島地裁判決」日本経済新聞同日夕刊。
*10　「ポケモン出現は迷惑　米男性、任天堂など提訴」日本経済新聞 2016 年 8 月 3 日。
*11　「ポケモン GO に集団訴訟 ユーザーの不法侵入で」BBC NEWS JAPAN 2016 年 8 月 3 日。http://www.bbc.com/japanese/36961602
*12　ドイツの消費者団体が、ナイアンテックの利用規約の個人情報の取扱条項が EU 個人情報保護指令に違反している等を理由に、その他の不当条項とあわせて使用差止めを請求した。個人情報保護の文脈について言えば、このゲームで遊ぶ際には位置情報を取得させざるを得ない仕組みになっている点、未成年者の場合に必要なはずの親の同意について手当がないこと等が問題視された他、不当条項としては、専属管轄の合意、ダウンロード 1 か月以内での失権合意などが挙げられている。http://www.vzbv.de/pressemitteilung/vzbv-mahnt-entwickler-von-pokemon-go-ab
*13　仲間のレール上への置石を軌道敷外から見ていた者について、実行行為者と行為につき共同の認識ないし共謀がなくとも、動機形成に関与し、現場にいて事故発生を予見可能であれば「置石の存否を点検確認……除去等事故回避のための措置を講ずることが可能であったといえるときには、その措置を講じて……事故の発生を未然に防止すべき義務を負う」として、共同不法行為責任を認めた最高裁判決がある（最判昭和 62 巻 1 月 22 日民集 41 巻 1 号 17 頁）。
*14　下條信輔『サブリミナル・インパクト―情動と潜在認知の現代』（筑摩書房・2008 年）。

● 参考文献

新井紀子『コンピュータが仕事を奪う』（日本経済新聞出版社・2010 年）
小林雅一『AI が人間を殺す日―車、医療、兵器に組み込まれる人工知能』（集英社・2017 年）
甘利俊一『脳・心・人工知能―数理で脳を解き明かす』（講談社・2016 年）
西垣通『ビッグデータと人工知能―可能性と罠を見極める』（中央公論新社・2016 年）
松尾豊『人工知能は人間を超えるか―ディープラーニングの先にあるもの』（KADOKAWA／中経出版・2015 年）
川人光男『脳の情報を読み解く―BMI が開く未来』（朝日新聞出版・2010 年）
下條信輔『サブリミナル・マインド―潜在的人間観のゆくえ』（中央公論社・1996 年）

後日談

角田：では、新井先生との鼎談の復習の会と言いますか、後日談を始めたいと思います。この後日談というのは、お話しいただいた内容のポイントとか、我々に賜った宿題というか検討課題の内容確認、それから鼎談の後で気がついた問題点について自由に意見交換をする、そんな感じで進めていきたいと思います。という訳で、早速ですが、新井先生のお話、インパクト強かったですね。

工藤：強かったですね。最初が新井先生だったのは、この企画にとっても、とても良かったと思います。

角田：しっかり時間をとって、AIとは一体何なのかとか、AIがどういう仕組みで動いているのか、ということについて丁寧に説明していただいて、大変勉強になりました。

工藤：特に大事だったのは、入力と出力をちゃんと決めて、そこで初めてパターン認識や学習ができるし、精度が何％だと測ることもできるという話です。それをきちんと定めずに、ほわーっと何か結果が欲しいみたいなものでは決して動かないというのは、AIやロボットの技術を考えていく上で、大事な観点だと思いました。

角田：そうですよね。そして、精度は社会科学的な意味では問題ではない、つまり人間を超えたとかいう問題ではなくて、入力と出力という枠をどう作るかが、本当に重要なのだという点は押さえたいところですね。

工藤：そしてその部分は、やはり人がいないとできない話なんですよね。新井先生の「東ロボくん」*だってそうですよね。

角田：それは、どういうことですか。

工藤：入試というのは、予め出題範囲が定められていて、問題に対して正解も必ず存在するし、点数という形で定量的に結果が評価される。かなりしっかりと枠が与えられていて、その中でパフォーマンスを測るようにもともと設計されています。もちろん、枠といってもこのレベルでは抽象的すぎるので、実際にAIを開発するときには技術的な困難はたくさんあったでしょう。でも、もし入試問題を作成するAIを作ろうとしたら、何が入力で何が出力で、それをどう評価すればいいか、それこそ抽象的なレベルでもよくわからない訳です。だから、入試問題を作るAIを作ろうとしたら、それを解くAIよりも格段に難しいはずです。その辺の感覚は、大事だと思います。

角田：確かにそうですね。後は、AIの強みとか弱みっていう話もありましたけれども、囲碁の世界チャンピオンに勝ったということと、東大入試を突破するということとは、どちらがすごいとか、そういう問題自体が全くナンセンスだということもおっしゃいましたよね。あれも、ちょっとポイントかなという気がするのですけれども。何というか、人間が修練を積んでより高度になっていくという話と、AIをどうやって作っていくかという話は、全く無関係だということですよね。

工藤：はい。人には同じ位に難しい問題に見えても、AIにとってみたら、扱いやすいものもあれば扱いにくいものもあって、それは人間が考える難しさとは違うということですね。でも、それはAIに限らずいろいろあてはまる話で、たとえば計算を速く解くのは、人は得意ではないけれど、コンピュータはすごく得意な訳です。

角田：あと、今の囲碁つながりで言いますけれど、AlphaGoが韓国の李セドル9段を4勝1敗で破ったというニュースがかなり注目を集めたと思うのですけれど、AlphaGoが第4局でしたっけ、あたかも動揺を来して錯乱状態に陥ったかのようにして敗れ去ったと。新井先生が人工知能の限界についてお話しされた中に、ポテトチップスの袋を人間よりも貴重なものだと思って、人間の方をひいてしまう自動運転の話がありましたけれども、その話とAlphaGoが動揺した話は同じなのか違うのか、どうなんでしょうか。

工藤：たぶん、全然違う話だと思います。ちょっと専門的な話になりますが、AlphaGoは、いくつかランダムに手を選んで、そこからの展開をたどりながら良さそうな手を選ぶというやり方をとっています。** これはモンテカルロ探索といって、それ自体はAlphaGoの独創ではなく以前からある手法なのですが、いずれにしてもAlphaGoはそれを使っています。囲碁というのは、ある一手だけがすごく良くて、他は全部悪いということはあまりないそうで、そういう特性がモンテカルロ探索と相性が良かったんです。逆に、限られた長い手筋だけが正解という定石みたいなものは、モンテカルロ探索が苦手としていて、AlphaGoが負けた対戦ではそういう局面に持ち込まれたのだと言われています。*** つまり、モンテカルロ探索という、特定の手法の特徴に起因する話なんです。

それに対して、ポテトチップスの袋を大事だと思ってしまう話は、統計的な手法では学習していないものがどう判断されるかはわからない、という問題です。これはもう統計的な手法全般に言えることです。AIが正しい判断をできなかったという言い方をすると同じように見えてしまうかもしれないですけれど、なぜできなかったのかということまで考えると同じではなくて、むしろ全然違うと考えるべきだと思います。

角田：「統計的な手法の限界」というのも大事なところですね。新井先生は、「AIは統計分類器だ」と定義されました。で、その統計的な手法に依拠している点で同様の、金融リスクマネジメントの文献などでしばしば「ファットテール（fat tail）」って言葉にも出くわすのですが、これとの関係はどう整理したらいいんでしょう。

工藤：統計的な手法では、何かと正規分布を仮定することが多いです。それは、計算が容易で解析解が出やすいからでもありますが、実際に正規分布に従う現象も多いということもあります。細かい話になりますが、中心極限定理――背後にある分布が何であれ、たいていの場合は、十分に多くのサンプルを持ってきて平均すれば正規分布になる――がありますので、正規分布とみなしていい現象は世の中にたくさんあるんです。でも、これにあてはまらない、つまり正規分布を仮定して考えるとうまくいかない現象も世の中にはあって、その1つがファットテールと呼ばれる種類の確率分布に従う現象です。その特徴は、大幅な外れ値が出やすいことです。正規分布では極端な外れ値というのはまず出ないと考えていいのですが、ファットテールでは稀ではあっても極端な外れ値が生じ得るのです。正規分布であろうがなかろうが、統計的手法では未来を確定的に予測することはできないのですが、ファットテールでは大きな外れ値——想定外の事故のような——の可能性を除外できないので、未来の予測がより難しくなる訳です。金融の世界では、ファットテールを考えなくてはいけない現象がいろいろ見つかっているそうで、そういう現象に対してうっかり正規分布のモデルを適用してしまうと、リスクの見積もりなどが大幅に狂ってしまい、大変なことになる訳です。

角田：なるほど。そうするとファットテールの問題というのは、確率分布そのものが持つ厄介さという問題と、誤ったモデルで現象を扱うことにより事態にうまく対応できないという問題の、2種類あると整理できますね。

工藤：はい。そして、こういった問題はAIが統計的手法に依拠している以上は逃れようがない訳です。ただ、これについて私は、統計的手法の「限界」というよりは、統計的手法の「性質」とか「特性」だと考えています。

角田：新井先生がおっしゃった中に、ディープラーニングの限界という話がありました。教え込まれていないデータに出くわしたときに、人間からするとまるで理解不能な反応をするかもしれないという話と、1回何かやらかしてしまったときに、二度としませんということができない、修正ができないという話でした。それって何か、プログラム書き換えればいいじゃないか、という気もしないでもないのですけれど……。

工藤：大事なところです。確かに昔のシステムだと、こういう条件が満たされた場合はこう判断しろというのを人がいちいちプログラムしていたので、そのルールを書き換えればいいという話でした。しかし、最近盛んに使われているディープラーニングという手法は、膨大なデータをもってきてそれを統計的に処理して、入力に対してできるだけ正しい判断を出力するように自動的にパラメーターの調整をするというものなので、中で行われる計算の意味合いがよくわからないんです。ただブラックボックスとして、入力に対して、何%の精度で正しい出力を出すという、そういうものなんです。

角田：線引きでしたっけ……。

工藤：そうですね。問題は、何が起こっているかが作った人ですら解釈できないブラックボックスなので、一部の入力に対して出力を変えるような、そういう部分的な修正というものができないということですね。これが、最近のAIについての、押さえておかなければいけないポイントです。だから問題が起こっても、すぐにちょっと修正を加えて対処するという訳にはいかないんですね。

角田：後は、AIは文脈や意味を理解することが苦手だという話がありましたけれども、パターン認識というものと、文脈を理解するというのは、そんなに違うことなんでしょうか。そして、文脈を理解できないということは、これ人工知能だからもう無理なんですという話なのでしょうか。

工藤：それは難しい問題で、正直、私もわからない部分が多いです。というのは、たとえば、ディープラーニングは画像認識などに関してものすごくいい性能を出している訳ですけれど、その基本的なアイディア自体は結構昔からあったものなんです。ただ、コンピュータの性能が進んだり、インターネット上から膨大なデータを集めてくることができるようになったり、そういう、いわば周辺の技術的な変化によって学習にたくさんのデータを使えるようになった結果、今日のような性能を出せるようになったという面が大きいんです。本質的に新しいやり方が発明されたのではなく、単に速くなった単に多くなっただけだということもできる訳です。ただ、それはもう一千倍とか、一万倍とか、もっととか、従来は想像できないほどの多いデータを使ってみたということなので、量的な違いが質的な違いになったとも言えます。だから、今の技術でできないことが、本質的にやり方が違うからできないのか、コンピュータの能力とか集められるデータの量とか、そういうものの制約でできないだけなのか、私にはわかりません。ただ、もしも量的な問題だったとしても、量の違いが質の違いに変わる位に技術的な変化が必要になることなので、どっちにしてもまだまだ先の話です。

　そして、そもそもAIには無理なのかという質問ですが、何十年も先の未来まで考えていいなら、意味を理解できるAIが絶対にできないと考える理由はないと思います。もちろん、絶対にできると考える理由もありません。そんな先のことは誰にもわからないということです。

角田：そうだとしても、ワトソンは何もわかっていないんですと言い切られたのは、あれは印象的でしたよね。

工藤：むしろ、わかっていなくてもあれだけのことができるというのが、すごいところだと思います。

角田：ええ、確かに。あと、ワトソン関連の報道によれば、ずいぶん安い値段で買えるバージョンがあるみたいですね。人工知能ってものすごく高い、スーパーコンピュータみたいなものなのかなと思っていたのですが。

工藤：そういう高性能のコンピュータを販売する訳ではないですから。もちろん実際の計算は高性能のコンピュータで行うのだとしても、それをユーザーに売るのではなく、ユーザーはアプリ（プログラム）を使ってネットワーク越しに企業が提供する大型コンピュータに接続する訳です。アプリって単なる電子データですから、基本的にモノ自体のコストはない訳です。コンピュータそのものを売るんだとしたら、部品がいっぱいあるので最低限かかるコストというのはあるでしょうけど、プログラムは一度作ってしまえばコピーするだけですから。

角田：法律学の観点から新井先生とお話をして非常に印象に残ったのは、人工知能がもたらす法律問題というのは、SF的な未来を予測して、こうなったらどうなるのかという話ではなくて、「今、此処にある」法律問題なんだというお話です。カメラによる運転支援の技術で起こっている問題とか、急な坂道を障害物と認識してブレーキを踏んでしまうとか、もう現時点で法律問題として検討を始めなければならないという、法律家にとって喫緊の課題だというところは押さえておきたいと思います。

それから、統計的手法の話で、統計的な手法がはらんでいるリスクに対して、法律はきちんと対応ができるのか、法律の世界というものは一期一会的な問題で、統計的手法とは相容れないんじゃないかという問題提起を頂戴しました。これは大きな問題でまじめに考えなければならないように思うんですけれども、我々もそれなりに自動車が社会に普及し始めたときに、事故をまったくゼロにすることはできないけれど、社会的に有用な技術としてどうやって受け入れていくかを考える中で、「許された危険」などの理屈を考えて、責任を負わせる、負わせないの切り分けをやってきたので、そういう昔からの叡智が、今度、新しい人工知能みたいな技術が出てきたときに、もはや対応不可能なのかどうかというのは、ちょっと考えたいなと思いました。

後は、ポケモンGOの話も喫緊の課題の1つですね。

工藤：そうですね。ただ、ポケモンGO自体の流行は、すぐに終わってしまうのではないかと思いますが。

角田：確かにゲーム自体はそろそろ過去の話になりつつあるのかなという気はしますけれども、ゲームというものが、社会に普及したことによって起こってくる問題に対して、プラットフォーマーとしての責任論、こういった新しい法律問題はこれからもいろいろ出てくると思います。そういう意味では喫緊の課題として、拾っておきたいところだと思いました。

それから、ロボットスーツの問題ですけれど、あれは工藤先生が指摘してくださったように、生身の人間のミス、たとえば自動車のアクセルをブレーキと間違えて踏んでしまって事故を起こすというのはあり得る話ですが、それとの違いをどう考えるかという問題があります。生身の場合は運転ミスとして我々は扱っている訳ですが、ロボットスーツによって危険として強大化したときに、どうなっていくかという。その辺は、まさに喫緊の課題として考えなければならないところですよね。

工藤：現象としては同じに見える部分も多いかもしれな

いですけれど、ただやっぱり生身と違うのは、意図して力を強化する装置を付けている訳だから、その辺の責任をどれ位重くみるかという辺りですかね。

角田：そうですね。あと、新井先生は、その筋電は人間の意思と言っていいのですかと、すごく根本的なところを突っ込んでこられたのですが、議論してコンセンサスが得られる問題なのかわからないので、法律学的には正面から取り組むべきなのか、正直に申し上げると、ちょっと躊躇しているところでして……。人間の意思とは何かという問題に決着をつけて裁判で勝つのはおそらく厳しいと思うので、意思の有無を問わないで危険なのに対して法律学がどう向き合うのかということで、危険責任というロジックを持ち出すことによって、ある程度穏当なラインに落とし込めないだろうかと思ったところなのです。とはいえ、もちろん、法律学にとって根本的な問題提起があったということは重要で、でも問題解決を左右するというよりは指摘しておくにとどめておきたいと思います。

工藤：ただ、筋電のような生体の信号でなくても、今の話はこれから問題になってくるかもしれないと思います。というのは、人の行動からその人が何をしようとしているのかをAIの技術で推定するという研究が割と盛んなんです。アマゾンのおすすめなども、これまでの購買行動から次に買いそうなものを予測して提示する訳ですから、これに含まれます。そういう技術が進むと、ボタンを押すとかそういう明確な操作がなかったとしても、ユーザーがしたいと思っていることを予測して機械が動くというようなことが増えていくと思うんです。そうなると、ユーザーの意図を読み違えて誤動作をするというようなことも、しばしば出てくると思うんですよ。そういう場合に、たとえば、人がいかにも紛らわしいことをしたのだったら、紛らわしいことをした人が悪いのかとか、そういう話になり得ますよね。だから筋電とは違いますけど、どこまでがユーザーの操作なのかとか、結果に対してどこまで責任をとらなければいけないか、みたいな境界がどんどん曖昧になってくると思うんです。

角田：そうですね。そういう意味では、意思について、ここでちょっと再検討してみなさいという宿題は、なかなか重く、ちゃんと正面から向き合っていかなければならないかもしれません。

＊　新井先生との鼎談後の２０１６年11月14日、東ロボ開発チームは東大入試合格を断念することを発表した。高校生の8割より良い成績となり、有名私立大学入試にも合格圏に到達したが、現在のAIは読解力などに限界があり、偏差値70以上の上位1％に入ることが必要な東大合格は難しいとの判断による。報道によれば、今後は、特異な数学などの記述式試験の成績を伸ばすための研究や、子どもたちの読解力を養う研究に活かす予定とのことである。日本経済新聞２０１６年11月14日ほか。

＊＊　David Silver, Aja Huang et al, Mastering the game of Go with deep neural networks and tree search, Nature, vol.529（7587）, pp.484-489, 2016. 日本語で読める解説としては、たとえば以下が挙げられる。前田新一「3.7　深層学習を用いたQ関数の学習—Atari 2600と囲碁への応用」牧野貴樹・澁谷長史・白川真一編著『これからの強化学習』（森北出版・２０１６年）。

＊＊＊　「ＩＧＯサイエンス特別座談会・アルファ碁の驚異の序盤力と弱点に迫る」囲碁ワールド２０１６年5月号10頁以下。

＊＊＊＊　ファットテールを「確率的なAIの陥穽」と指摘し、テスラの人身事故もファットテール問題であったと説明する、小林雅一『AIが人間を殺す日—車、医療、兵器に組み込まれる人工知能』（集英社・２０１７年）98頁以下も参照。

第2回

人は機械に仕事を奪われる？

労働経済学　東京大学
川口大司

本日のゲストは、東京大学大学院経済学研究科の川口大司先生です。川口先生のご専門は労働経済学で、日本経済新聞の「経済教室」欄などでも積極的に発信されているので、ご存じの方も多いと思います。その川口先生、日本経済新聞社・日本経済研究センターが共催で気鋭の若手・中堅エコノミストの活動を顕彰する第４回円城寺次郎賞（2015年）を受賞されるなど、まさに次代を担うエコノミストでいらっしゃいます（今井賢一審査員長（https://www.jcer.or.jp/enjoji/pdf/4_imai.pdf）、藤田昌久審査員（http://www.jcer.or.jp/enjoji/pdf/4_fujita.pdf））。その審査員の評からも、欧米の最先端の研究を踏まえながら、労働市場の現場から政策立案現場にまで及ぶ豊かな人的ネットワークを駆使して鮮度のいい情報を収集し、極めて興味深い分析や提言を発表し続けておられることがわかります。これはいわば先生ご自身が、人間の知的労働のモデルを示してくださっているようでもあり、それが、元同僚としてお話をする機会に抱いた印象でした。

本日は、「労働経済学から見た《機械との競争》」というテーマでお話をお願いしております。

新しい技術は労働市場をどう変える?

今日は、AIが進歩して労働市場にどういう影響を与えるかをお話しさせていただきたいと思います。AIというのは新しい技術で、新しい技術の導入が、労働市場に与える影響ということに関しては、古くから議論があります。有名なところだと、産業革命の発展で、仕事を失った工場労働者が機械を打ち壊すというラッダイト運動などはよく知られています。

蒸気船が変えたもの

少し時代はくだるのですが、具体的な事例研究として蒸気船の例というのがあります[*1]。この研究は、19世紀の終わりから20世紀の初頭の、アメリカのデータを使っているのですけれども、船の動力が帆船から蒸気機関に変わるという技術進歩が労働者にどういう影響を与えたかということを調べた研究です。蒸気船になるとエンジンが積まれるようになるので、エンジニア(機関士)という職業ができました。その一方で、帆を操作していた甲板員たちは、かなり高い技能が必要だったらしいのですが、機関室の管理をする単純労働になってしまった。deskilling(熟練の解体)、つまり技術が要らなくなるという現象が起こったと指摘されています。

ただ、甲板員が全員いなくなったのかというと、そういう訳ではなくて、甲板員が必要とされる仕事も残っていて、残った甲板員に関して言うと、賃金が上がったことが観察されました。あと、船には船大工が乗っていて、適切な修復とかをしている訳なのですが、基本的に船自体の生産性が上がっているので、その余禄を食んで、彼らも高い賃金を得られるようになりました。航海士に関しても、動力が変わって、蒸気船に乗っている航海士に関して言うと、帆船に乗っていた航海士よりも高い賃金を得たことがわかっています。

ここで、ある種一般化できることは、新しい技術が入ってくると、もともと技能が高かった労働者には有利に働いて、あまりスキルが高くなかった労働者に対しては、機械との置き換えが起こってしまうパターンが見られることだと思います。もっともすべての技術がそうだという訳ではないのだと思います。帆船の帆を操っていた技能の高い甲板員の仕事がなくなってしまったことに現れているように影響は複雑です。いずれにせよ、新しい技術が労働者に与える影響は、労働者の技能の種類によって多様であることを示していると言えます。

情報通信技術がもたらしたもの

次に、さらに時代がくだりますが、この30年間位の情報通信技術の例があります。

この30年位の労働市場の変化を考えたときに、大きな変化が2つあると言われています。1つ目は、グローバル化です。グローバル化というときには、2種類のモードがあって、ひとつは貿易。中国とかから安いものが入ってくるということ。それともうひとつは、日本の企業が海外に出て行って現地で生産する、というような直接投資です。この2種類がありますが、総称してグローバル化と呼んでいます。

2つ目は、情報通信技術の日常生活への、あるいは職場への浸透です。グローバル化と情報通信技術の

表1　4つの職場タスク類型別にみるコンピュータ導入のインパクト予測

	繰り返し型タスク	非繰り返し型タスク
	分析的・双方向的タスク	
例	・記録作成 ・計算 ・繰り返しの多い接客 （例：銀行窓口）	・仮説の定立・検証 ・医療診察 ・法文書作成 ・セールス・勧誘 ・マネジメント
コンピュータ導入のインパクト	・本質的代替	・強度の補完性
	肉体労働的タスク	
例	・選別・仕分け ・繰り返しの多い組立作業	・管理業務（建物など） ・トラック運転
コンピュータ導入のインパクト	・本質的代替	・限定的な代替・補完性

出典：David H. Autor, Frank Levy and Richard J. Murnane, 2003., "The Skill Content of Recent Technological Change : An Empirical Exploration," The Quarterly Journal of Economics, Oxford University Press, Vol. 118(4), p.1286より。

普及、これらが労働市場の大きな変化をもたらしたと言われています。

情報通信技術が労働市場、特に労働者の技能の需要にどんな影響を与えたのかということに関しての、非常に影響力がある、Autor, Levy and Murnaneの論文があります。*2 上の表は、その論文から抜粋したものです（**表1**参照）。Autorたちがこの研究をやるまでの、労働経済学の研究は、高技能と低技能とを、主に学歴を使って分けて分析してきました。先ほどの蒸気船の例は職種で労働者を分類していましたが、職業というのは非常に数が多いので、ある程度情報を集約しないと、抽象的な分析ができないということがあります。

それで、彼らはどのように抽象化したかというと、アメリカにDictionary of Occupational Titlesという職業紹介をするときに使う仕事と求められる技能の対応表があるので、それを使って、職業を5個の変数で特徴づけました。1つの軸が、タスクが繰り返し型（routine）か非繰り返し型（nonroutine）か、つまり同じことの繰り返しをやる職業なのか、そうでない職業なのか、という軸です。もう1つの軸は、その仕事がホワイトカラー的で分析とか人とのコミュニケーションが必要な双方向的なタイプの仕事なのか、あるいは、肉体労働的な仕事なのかということです。

そうすると、あらゆる職業は2×2で4つのカテゴリーに分類できることになります。具体的にどのような分類かを見てみると、たとえば、「繰り返し型タスク」で、「分析的・双方向的タスク」というところを見ると、「記録作成」とか「計算」とか、銀行窓口のようなカスタマーサービスといった「繰り返しの多い接客」の仕事に分類されています。これらは基本的に同じことを繰り返してやる仕事で、ホワイトカラー的だけれど繰り返しを伴うようなタイプの仕事です。この種の仕事はコンピュータが最も得意とする仕事で、労働が機械に容易に置き換わってしまうだろうと言われています。つまり、ホワイトカラー的で繰り返しを伴う仕事というのは、労働と機械の代替が起きやすい訳です。

一方で、「非繰り返し型タスク」の方は、抽象的でかつ繰り返しではないタイプの仕事です。仮説を定立させたり検証したり、医療的な診察もそうです。あるいは法文書を書いたり、セールスや勧誘で人を説得したりとか、後は他の人をマネジメントするような仕事は、基本的に新しいテクノロジー、ITが入ってくると、補完的に働く可能性が高い。大量の情報を瞬時に手に入れることができるようになるので、その情報をもとに判断を下すというときに、今までと同じ仕事量でも、情報収集時間が大幅に節約できるようになります。1つ例を挙げると学者の仕事が挙げられます。どの学問の分野でも一緒だと思いますが、たとえば法学部だったら文献や判例をサーチする時間はものすごく減っていると思うのです。

昔は、そこに多くの時間を使わなくてはならなかったので、クリエイティブなことに使える時間が限定されていて、比較的、差がつきにくかったのではないかと思います。しかし、単純な文献サーチは、かなりスピードが速くなったので、それを使ってどう情報を引き出すかがより大事になっています。この例が示すように、本当にスキルが高い人と、新しい情報通信技術は補完性が強いのではないかということが示唆されます。

「肉体労働的タスク」の方を見てみると、選別あるいは仕分け作業所で働く人とか、繰り返しの組立てラインの作業所で働くような人の仕事は、強い代替関係にあるのではと考えられています。これも、宅配便の配送センターにおける仕分け作業が高度に自動化されるようになってきている例などを考えると、説得力があります。とにかく、繰り返し型でできる仕事は、機械で置き換えが簡単だと言えます。

その一方で、肉体労働でブルーカラー的な仕事なのだけれど、非繰り返し型の仕事があります。この非繰り返し型の仕事だと、ITが入ってきただけだと置き換わりにくいです。しかし、建物管理業務の仕事とか、トラックの運転というのは、AIで置き換え可能な部分もあるかもしれません。仕事に与える影響という点で考えると、ITとAIの違いは、置き換え可能な繰り返し型と非繰り返し型の境目の位置が違うということなのかもしれません。

情報通信技術が賃金格差に及ぼした影響とは?

このように情報通信技術が労働に与える影響が職種によって違うときに、それが賃金格差にどのような影響を与えるのかを考えていきます。まず、技能が非常に高い層、所得分布の上の方にいた人は、非常に新しい技術と補完的なので、彼らの生産性がより上がるようになります。そうすると、賃金分布の90パーセンタイルにいる（トップ10％にいる）人は、所得が上がっている傾向があります。その一方で、繰り返し型の仕事をしている人は置き換わってしまうのですが、この人たちが賃金分布のどの辺にいるかと言うと、結構、まん中辺りにいることが多かった。たとえば、繰り返し型の作業をしているホワイトカラーの人は、賃金分布のまん中辺りにいました。あるいは、製造業のラインで働いている人は、高卒で就いている仕事にしては所得がそれなりにいいので、中間層だった訳です。この人たちの仕事が、繰り返し型の仕事ということで、コンピュータ、情報通信技術が入ってきたことによって、かなり置き換わってしまいました。そうすると、彼らは賃金分布の下の方にズレていく訳です。50パーセンタイル値付近にいる人の賃金が上がらない、あるいは下がるということになりました。では、賃金分布の底の辺りにいた人はどうかと考えてみると、この辺りは底が堅い。たとえば掃除をしているような人というのは10パーセンタイル値付近にいるのかもしれないけれど、この人たちは置き換わらないので、底が堅いと言えると思います。

これらの変化を総合して賃金分布がどのように変化するかを考えると、賃金分布の中間部分が下の方に寄るという変化が予想できる訳です。確かに、アメリカの賃金分布の資料などを見てみると、過去30年くらいの間に50パーセンタイル値と90パーセンタイル値の間の賃金差はぐーっと拡大しているんです、一方で、50パーセンタイル値と10パーセンタイル値の賃金格差はほとんど変化していません。この複雑な分布の変化は、繰り返し型／非繰り返し型作業と認知的／肉体的作業という角度で職種を分類しないと説明できないことでした。高卒か大卒かで調べていくと、拡大するか、縮小するか、しかわからな

図1　繰り返し型／非繰り返し型タスク量の経年変化（1960年を起点として1998年まで）

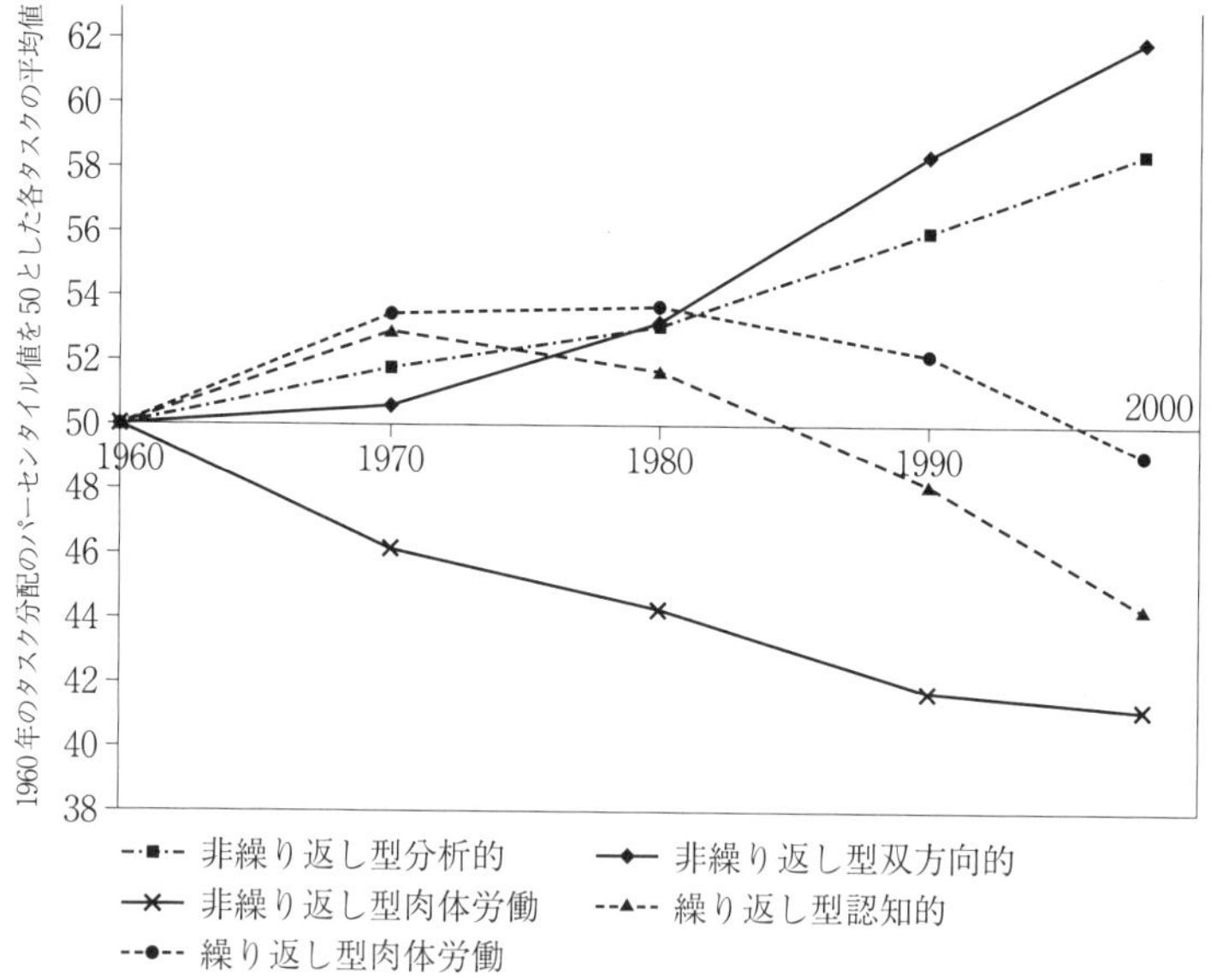

出典：David H. Autor, Frank Levy and Richard J. Murnane, The Quarterly Journal of Economics, Vol.118(4), p.1296より。

かったのですが、こういう2×2の切り口を入れることによって、複雑な方向性も説明できるようになりました。以上のことが、彼らの功績です。

図1は2×2の軸に従って職業を分類し、時系列的な変化を示したグラフです。職業をどのように分けているかと言うと、非繰り返し型の中でさらに非肉体的な仕事を分析的仕事と双方向的仕事に分けています。後は非繰り返し型の肉体労働、繰り返し型の認知的な仕事、繰り返し型の肉体労働です。それで、あらゆる職業の職種コードをこの5個の変数に変換して、どのように動いているかを見ている。

増えているのは一体どんな仕事なのかを見てみると、非繰り返し型双方向的な仕事が増えています。ここら辺が人間でないとできない仕事なので、増えているのではないかと読み取れます。タイミング的には、1980年位からICT（Information and Communication Technology：情報通信技術）がだんだん入ってきたタイミングと軌を一にして伸びるようになっています。非繰り返し型認知的な仕事もやはり増えています。

一方で、1980年代から明確に減るようになったのは繰り返し型認知的な仕事です。また、グラフで「▲」のところですが、先ほど述べたように繰り返し型肉体労働もやはり下がっています。ただその要因は、コンピュータだけではなくて、おそらくグローバル化などの影響があって、アメリカ国内から工場が出ていってしまったというようなこともあったのだと思います。

基本的に繰り返し型の仕事は、機械への代替やグローバル化の影響で減って、非繰り返し型の仕事が増えましたというのが、全体像なんですよね。

実は、日本でも、一橋大学の神林龍さんと、かつて内閣府にいらして今は滋賀県の副知事をしていらっしゃる池永肇恵さんの研究が同様の傾向を示しています。*3 繰り返し型の仕事が減り、非繰り返し型の仕事が増えたというような仕事の変化を報告し、これだけだと本当にICTが入ったからこうなったのかという因果関係がわからないので、彼らは産業ごとに、どういう仕事が増えているかということと、産業ごとのICTの投資の量を相関させることを観察することによって、ICT投資が盛んに行われた産業の方がこの非繰り返し型の仕事が増えていて、繰り返し型の仕事の減り方が大きいということを見せることで、因果関係の存在を示唆しています。以上がAutorたちと関連する研究で、この種の研究が連綿と最近まで続いてきました。この研究の影響が大きいのは、仕事の中味を繰り返し型、非繰り返し型という軸で分類したところが革新的だったからです。

ブロードバンド網は雇用構造を変えた？

もっと精度が高いデータを使った同様の研究がノルウェーで行われています。[*4] これはブロードバンドの導入が地域的に徐々に広がっていったことを使った研究です。ノルウェー政府が補助金を付けたおかげで、2000年にはほとんど普及していなかったブロードバンドが、2010年にはほぼすべての地域で普及するようになりました。中間の2005年の普及度合の地図を見てみると、まだら模様になっています、つまりブロードバンドの普及タイミングには地域差があったということです。そのためブロードバンドが先に普及した地域と後から普及した地域の雇用構造を比較することによって、ブロードバンドの導入が地域の雇用構造にどういう影響を与えているかを評価するという研究を彼らは行いました。

それによると、やはり、地域にブロードバンドが導入されると、非繰り返し型の仕事が増えることがわかります。彼らは学歴による分析もしているのですが、ブロードバンドが地域に導入されると、高技能労働者の賃金が上がり、一方で低技能労働者の賃金が下がることがわかりました。この研究からも、情報通信技術が、抽象的な仕事をしている人の仕事を補完して生産性をより高めるものの、繰り返し作業のようなタイプの労働者の仕事は代替してしまうということが読み取れます。つまり情報通信技術の普及は、格差を拡大させる作用があるということです。

では、AIはどうか？

AIはとても新しいテーマで、経済学者も非常に注目しています。まだ論争があるのは、今までお話ししてきたような技術進歩のパターンと一緒なのか、AIは違うのか、ということだと思います。それはまだわかっていませんが、実を言うと日本人が行った先駆的な研究があります。

事例研究——AIと労働者の技能の補完性

経済産業研究所という経済産業省の付設の研究機関があるのですが、そこの森川正之さんという方が日本の企業3000社に調査票を配って行った研究です。*5 この調査では「あなたの会社では、ビッグデータを使って何かビジネスをやっていますか」、「そのことがビジネスにどのような影響がありますか」と聞いた上で、雇用への影響も聞いています。この調査結果を、経済産業省が行った他の統計とマッチングさせることによって、その企業の中に大卒の労働者が何割位いるのかを調べ、左の**表2**にこれらの質問への回答ごとにグループ化された大卒の人が占める割合をまとめて報告しています。

そうすると、ビッグデータを「ビジネスに導入済み」と答えた企業の大卒の比率というのは、51・7%だということです。自分たちの「ビジネスに無関係」と回答した企業は35・6%ということになっていて、「ビッグデータを利用している」と回答した方が、大卒（学士）以上の割合が高いということです。これは今までの話と同じように、高スキルの労働者とAIというかビッグデータが、補完的に使わ

表2　企業のAI関連技術への対応と従業員の教育歴

	（1）学士以上	（2）博士号取得以上
A.　ビッグデータ利用		
1）ビジネスに導入済み	51.7%	7.3%
2）ビジネスに導入予定	46.4%	3.4%
3）ビジネスに無関係	35.6%	1.9%
B.　ビジネスへのインパクト		
1）極めてポジティブ	41.8%	4.6%
2）ポジティブ	39.3%	3.6%
3）どちらともいえない	37.2%	1.8%
4）ネガティブ	35.7%	0.9%
5）極めてネガティブ	33.6%	0.6%
C.　雇用へのインパクト		
1）仕事が増える	50.3%	4.3%
2）影響なし	41.2%	2.6%
3）仕事が減る	33.1%	2.1%

出典：Masayuki Morikawa, 2017., “Firms’ Expectations about the Impact of AI and Robotics：Evidence from a Survey,” Economic Inquiry, 55：p.1059より。

れているということの証左なのではないかと解釈しています。それで、「ビジネスへのインパクト」はどうですかと聞いたときに、「ポジティブ」なインパクトがあると答えている企業の方が大卒者の割合が高いということがわかってきました。その雇用へのインパクトも、「仕事が増える」と回答した企業の方が大卒者の割合が高い。2列目の大学院卒（博士号取得以上）の比率で見てみると、そこでもその傾向が顕著に出ています。そこでもビッグデータを使っている企業の方が大学院卒の割合が多いし、ビジネスに「ポジティブ」なインパクトがあると答える企業には大学院卒が多い。「仕事が増える」と回答したところに、大学院卒が多いです。高スキル労働者とビッグデータの利用が、少なくとも日本では補完的に働いているということがわかったということです。

AIのインパクト――予測される動向

ただ、まだそこまでなんですよね。わからないのは、AIというのが、今までの技術進歩と違うインパクトを本当に持ち得るのかというところで、AIはひょっとすると、高スキルの労働者も代替していく可能性はある訳です。

先ほどのAutorたちの枠組みに従えば、おそらく、代替される閾値、どこまでの技能が機械に代替されるのか、という閾値の部分がたぶん上にあがるんだろうと思います。この変化が歴史的に連続した変化なのか、最高スキルを持つ人をも代替するようなジャンプをした変化なのか。おそらく、連続的な変化なのではないかと考えています。今までよりも代替されるスキルの下限は上がるかもしれないけれども、それはあくまでも、連続的な変化の中にあるのではないかというのが、私の印象です。なので、格差を拡大するような方向で、AIというのは機能してしまう可能性があるのではないかと予想しています。つまり人工知能の導入は繰り返し型の仕事を置き換えていく。そして同じ仕事の中でも、業務をアンバンドル化つまり分解していくのではないかと予想しています。たとえば、先ほど研究者の例をご紹介しましたが、要は、研究者の仕事の中に占める、先行文献の精査とかは、昔はもっとウエイトが高かったと思うのですが、今でも引き続き重要ではありますが、それにかかる時間は減ってきているということだと思います。

他の例として考えたのは、会計監査とか税務監査です。同じく帳簿をダーッと調べて、おかしな取引のパターンを認知して、そこを深掘りしていくというようなことを会計士は行っている訳ですが、その異常なパターンの認知は、おそらくAIは得意だと思います。でも、異常なパターンを認知しても、それ自体は証拠にならないので、そこの部分を深掘りして、確証を得るというような作業は引き続き必要なので、そこの部分は人が行う必要がある。そうすると、紙の帳簿を見るという作業を、仮に会計士１人だけで行っていたとすると、その人の仕事の中で高スキルの仕事に使う時間が長くなるということが起こります。他方で、もともと業務を分けて行っているような世界——若手の会計士だけが紙の帳簿を見ることをやらされていて、シニアの会計士が、若手が見つけてきたおかしいと思われる部分を精査するといった分業が行われている場合だと、この若手が行っている仕事はそのまま機械に置き換わってしまうと思います。

日本の労働市場とAIの相性ってどうなの？

日本の仕事の仕方というのは、職務がはっきり分離されていなくて、１人がものすごいマルチタスクをこなしていると言われています。そのため、先ほどの会計士の例にあてはめると、シニアの会計士が、すごく単純な仕事から複雑な仕事まで一手に引き受けて行っている場合、ここにAIを入れると簡単には言えない話になる訳です。他方、アメリカ型は、単純な作業を行っている人と、高技能の労働を行っている人がもともと分離していると言われています。こういうアメリカ型の方が、おそらくITとかAIを入れやすく、入れると、もともとこのモジュラー化しているパーツの一部がまるごと機械に置き換わる形になるのではないかと思います。なので、生産性も上げやすい。だけれども、日本のように、いろんな仕事をやっている人たちが、一緒に仕事をしているところに、どのようにAIを入れるのかは、おそらく仕事の仕方とかを整理し直さないと、入れていくのは難しいだろうと思います。

AIに関しての研究ではありませんが、ICTを入れたときに生産性が上がるパターンは、職場の組織を同時に変革するパターンだという実証研究はあるんです。*6 なので、仕事のやり方を今までのままにして、ITとかを入れてもあまり生産性が上がらないということです。

ちなみに、今、触れたのは2000年代初頭の研究で、研究対象になっているのが1990年代のアメリカですので、そこで言われていたICT技術というのは基本的にはEメールとか、社内ネットワークの導入ですね。

こういった技術によって、情報共有が楽になる技術が入ってきたときに、チーム生産などの職場組織の仕組みを変えると生産性向上にプラスだとの結果が出ています。アメリカは、中央集権的な意思決定がされていると言われていて、意思決定する人が非常に明確に決まっている社会です。アメリカのような中央集権的な意思決定を行っているところに情報通信技術が入ってくると、チーム生産が効率的になって、生産性は上げられるということです。

日本は末端まで権限を持って意思決定をするのであまり分業が進んでいないと言われていますので、そのような働き方をしているところにコンピュータが入ってきても、情報共有のコストが下がったとしても、なかなかその効果が出にくいということがあるのだと思います。おそらく、AIに関しても同じ事情かなと思います。

国際成人力調査に見る日本人の能力レベル

あともうひとつ、ポジティブな点として、PIAACという国際成人力調査というものがあります。

これは世界先進国30か国位が参加してOECDが行っている調査です。16歳から65歳の人が対象になっていて、読解力ですとか、数的思考力ですとか、あとICTを使った問題解決の技能をチェックするというものです。読解力の調査にどのような問題が出ているのかというと、たとえば、保育所の案内書が配られます。そこにはいろいろ書いてありますが、読んだ後に「子どもを何時までに保育所に連れて行けばいいですか」という質問に答えてもらう、簡単な問題から始まります。後の方では、ジムの機械の使い方を渡されて、それから読み取れる情報を聞くような、いろいろなレベルの問題が入っています。後は、数学というか、数的思考力の問題だと、スウェーデン政府が原発をやめることに決めました、で、風力発電に移行するために、原発の発電能力は毎時何メガワット、風力発電は何キロワットと書いてあって、じゃあ、「風車は何台必要ですか」と聞くとか。あるいは、グラフを読ませて、そのグラフについて答えてもらうような問題も出ています。ICTのテストは、実際にコンピュータを使って実務ができるかを問う試験になっています。たとえば、会議室の予約についてのEメールが来た時に、会議室の空き状況をオンラインで確認して、空いていたら予約を入れて、「取れましたよ」と返事を書かせる、そういう一連の作業をしてもらう問題です。どれも、かなり実用的な問題です。

この調査で、日本は読解力と数的思考力は、世界でトップなんです。非常に能力が高い。新しい技術が入ってきたときは、低スキルの労働者は置き換わってしまうのが基本的に心配なところですが、日本は他の先進国に比べても、そこの部分がかなり底堅い可能性があるんですね。心配なのは、このICTを用いた問題解決というのは、そもそもマウスなどを使えない人は試験を受けられないですよね。マウスを使えない人は、読解力と数的思考力の場合、紙のテストに移行することになっているのですが、

ＩＣＴのテストはどうしようもないので受けられない。その受けられなかった人の割合が、異常に高いんですね、先進国の中で日本は。だから、ＩＣＴのスキルが弱い人が多いというのが懸念材料です。このように良いニュースとあまり良くないニュース両方がＰＩＡＡＣにはあるものの、日本人は新しい技術に適応できる可能性が高いと思います。ただ、基礎学力はあるかもしれないけれども、コンピュータを使うという本当に応用の応用みたいなところに関しては弱いかもしれないので、AIがもっと入ってきたときに問題になる可能性もあるのかなというふうに思います。

おまけなのですが、経済学の研究にも工学的なデータ処理の仕方である機械学習が入ってきています。機械学習やビッグデータを使った経済学研究が増えているという記事がエコノミストに出ていました。私の知っている範囲では、経営者がどのように時間利用をしているかを秘書に記録をつけてもらって、それをテキスト分析して、会社の規模や業種によって、経営者の時間の使い方がどのように変わるかを明らかにした研究があります。大きな企業の経営者は、ほとんどの時間を人と会って話すことに使っていることが明らかになっています。人から情報を手に入れて、それに対して判断を下して、部下に指示を出すというのが、仕事の大半になっていることが、数量化されたデータとしても明らかになった点がユニークです。画像分析の例だと、グーグルマップの時系列のデータをとってきて地価のデータと接合した研究もあります。グーグルマップの画像からその街の雰囲気、治安とか、街並みだとか、そういうものを画像解析で判断させて、それらが地価に対してどんな影響を与えたかを見たりしています。同時に時系列の画像データを使って、街がどのようにダイナミックに変化していくのかに関する研究がされるようになっています。

AIは仕事をどう変えるか？

AI時代もこの分類基準でいけるのか？

工藤：AIの影響はどちらかというと閾値的な変化ということでした。つまり、「繰り返し型／非繰り返し型」や「分析・双方向的／肉体労働的」という分類の中で、AIがどう影響を与えるかを見ていくというお話でした。その一方で、新しい分類方法を考えるというやり方もあると思うのですが、その辺はどうお考えなのでしょうか。実は、そこが非常に興味のあるところで、分類はこのままでいいというのであれば、変化は連続的なものでただ技術力が格段に上がったという話になりますが、一方でもしAIが何か新しいタイプの変革だったとしたら、分類方法を変えてみることで、新しく何かが見えてくるということがあり得る訳ですよね。

川口：おっしゃる通りです。問題は、新しい分類のための軸が何かということですね。

角田：この職業が消える可能性が何%とか、そういうグラフなども世間では出ていますが、そのような分析と今日お話しいただいたものとの関係は、どうなっているのでしょうか。*7

川口：AIへの代替が難しいと考えられる技能を特定して、その技能が重点的に使用されている職業を代替できない職業と判断しています。逆に言うとそのような技能の使用頻度が低い職業はAIに代替されると判断しています。

角田：先の「繰り返し型／非繰り返し型」や「分析・双方向的／肉体労働的」の軸との関係はどうでしょうか。

川口：創造力とか対人能力とかいくつかの技能が軸とはなっていますが、これらの技能を使うタスクは繰り返し型にすることが難しいタスクだと言えるでしょうから似ていると思いますね。ただ、求められる技能や繰り返し型に還元できる度合いに職業を分解したときに問題なのは職業の中身が変化していくということです。たとえば秘書の仕事というのは1980年にも2010年にもあって、それを基本的には同じタスクと判断して分析を進めていくのですが、1つの仕事の中でのタスクがどんどん変わっていっています。秘書の仕事が高度化していく。一方で、消える仕事はどのように消えていくと判断しているのかというと、今のタスクを前提として、その部分はAIに置き換わってしまうのでなくなります、ということです。このような議論に従うと、秘書の仕事は繰り返しの仕事が多かったですから、ICTによって秘書の仕事はなくなったはずです。ところがなくならない訳で、同じ名前の仕事は残るけれども、その仕事の内容が高度化していくことが起こった訳です。タスクの内容を固定して、この仕事は消えるという分析の仕方は静学的なんです。経済の構造というか、企業の構造はどんどん変わっていくじゃないですか。そんなときに静学的なものを応用して、ダイナミックな効果を見ることが適切か、という問題はあると思います。

あと、この枠組みの中にとどまるとすると、今までの技術ではできなかった非繰り返し作業のような仕事をどこまで人工知能ができるようになるかということかなとも思うのです。機械学習というのは、基本的には大量にデータを与えて、そこから統計的に何かパターンを認識して、最適解を見つけていくことです。非繰り返し型と呼ばれているような仕事も、よく考えてみると、そういうことでしかないのかもしれないです。

工藤：そうですね。新井紀子先生の回に出てきたことなのですが（↓26頁以下）、要するに今のAIって、やっていることはパターン分類なんですよ。ワトソンがクイズ番組で勝ったという話でも、あれは文章の意味を理解しているのではなくて、単語の関連性だけを見ているんです。つまり、「この階級の人たちは裕福にならなかった」と「この階級の人たちは裕福になった」の文章の区別がうまくできない。だから、意味まで含めて考えなければいけないような問題には非常に対応しにくいと。東ロボが東大受験を諦めたのも、先生のインタビューの記事によると、その辺りに理由があったようなんですね。

それを考えると、今までの分類とは別に、単純なパターン分類でいいジャンルと、意味を理解して行動しなければいけないジャンルというような分類が新たに出てくるかもしれないという気がします。会社役員が人と会って情報を得るという仕事についても、ネットで情報を得ること自体は今や簡単にできるので、どれだけネットに出ていない情報を人と話すことで集めてくるかが鍵な訳ですから、それは当然、意味を理解していないとできないことなので、AIに置き換わるのは相当難しいだろうと思う訳です。こういうふうな分類もあり得るかと、ちょっと個人的に思ったのですが。

川口：確かに、技術的な特性をきちっと把握すれば、本当に新しい軸が出てくる可能性がありますよね。すみません、私、そういう研究を知らないんですが、分析的って一体何か、みたいなことですよね。これをさらに細かく分類するだけではなくて、本当に技術的な意味での新しい角度で串を入れるみたいなことも、あり得るのかもしれません。

AI裁判官でなくAI裁判補佐

角田：たとえば、2016年秋でしたか、「AI裁判官登場」というニュースがあって、よくよくその内容を見てみると、EUの人権裁判所が出した判決の中で裁判官が行った事実認定のデータをばーっと機械学習させて、ある事案が出てきたらどうなるかを人工知能が予測すると、あたる確率が8割以上になったということでした。*8

川口：裁判官の判断と同じ確率が8割ですか。

角田：ただ、それは、裁判官に成り代わるものとしての人工知能ではなくて、裁判官がこの事案をどう整理したらいいかについて、先例をもとに、こういった事実は結論に影響を及ぼす可能性のあるものか整理をする助けにはなるだろうという言い方をしています。そこの入力データは、生の事実ではなくて、裁判官がどんな事実認定をしているかです。ということは、裁判官は法規範を熟知しているので、裁判官が認定した事実という色が付いていて、だから、そこをうまく機械学習させると、それなりにいいものができるという話になるかと思うのですよね。こんな事件がありました、あんな事件がありました、という事実をただたくさん入力すればいいという話ではないと思います。

川口：すでに人間が答えを出したものを材料として与えて、機械に学習させるということですか。

角田：先ほど工藤先生から文脈を読める／読めないの話がありましたが、ある事実ひとつとっても、規範を知っている人間がこれは重要であると思ったから、認定して事実として記載している訳なので、その記述というのは意味があるのだろうという話ですよね。どうやって入力の枠を作っていくかが、すごく重要な気がします。

工藤：今の話ですと、入力が裁判官の事実認定じゃなくて、供述調書なり、もっと得体の知れない情報だと、いくらデータ量が増えても、精度が上がらない可能性があるということですよね。そうすると、裁判官並みの精度の高い判断を下すためには、裁判官が書いた事実認定が入力でないといけないことになって、要するに裁判官は絶対必要ということですから、結局、AIは裁判官の代わりにはならないということですよね。

角田：あと、EUの人権裁判所自体がちょっと特殊で、人権侵害があったかどうかだけを抽象的に判断するとか、通常の裁判官で、たとえば陪審員が下すような裁判所ではないといった裁判所制度自体の特徴も、もしかしたら、人工知能になじみやすかったと言えるかもしれません。

川口：たとえば、当事者がいろいろ証拠を出してきたときに、裁判官がその中から選択的に事実認定をしたとすると、何か入力があって、裁判官がそこから出力を作り出している訳です。これが裁判官の事実認定です、Xがあって関数に入れて、Yが出てくる。そうしたら、ここのところのXからYへの変換のデータをめちゃくちゃ持ってきたら、AI裁判官ってできるのではないかな、と。

角田：そういった関数と言えば、かつて法律エキスパートシステムという巨大プロジェクトがあって、1980年代後半から1990年代初頭にかけてだったと思いますが、試みられたことはあるのですが、あまりうまくいかなかったみたいです。*9

工藤：エキスパートシステムでは、いろいろなルールを人間がいちいち整理して与えなければいけなかったので、法律のような複雑な対象ではうまくいかなかったのだと思います。最近のAIはルールを自動的に見つけ出すことができるのが特徴なので、それさえあれば何でもできてしまいそうな気がしてしまうんですけど、さっきの話に戻りますが、事実認定はきちんと意味を理解する必要があるものだから、すぐには難しいだろうと思います。やはり、できることとできないことがあるということです。

川口：そう考えると、タスクの分類方法を変えないと、本当に正しい予想はできないような気がします。本当の意味で機械にはできないことは何なのか、その機械にはできないことの濃度がそれぞれの職業にどれ位あるか、というところで整理しないと、将来予測はできないような気がします。

工藤：ただ、何ができて何ができないのかは、特に未来のことは、研究者にもわからないのが困ったところです。たとえば、囲碁の世界では、2015年にAlphaGoというプログラムが人間のプロ棋士に勝ったという「事件」があったのですが、実はその直前位までは「いい線まで来ているけれど、あと10年は人間に勝てないだろう」とか、みんなそう思っていたんです。研究者ですら未来の予測は誤ることがあるので、できることとできないことの見極めは、本当は難しいところではあります。

仕事を奪われた人の顛末は？

角田：帆船の甲板員だった人は、仕事を失った後、どうなったのでしょうか。

川口：これ自体ではわからないです。船員のデータしか残っていないので。非常に重要な論点ですが、仕事が本当になくなってしまうケースは多くて、ただ、どこかに転職しようと思えばできるはずです。経済学では価格がすべてを調整すると考えているので。人が余ると賃金がすごく安くなり、賃金が安くなると、じゃあもう機械はやめて、人にやってもらおうみたいな力が働きます。だから基本的に、仕事が完全になくなってしまう、という状態は考えにくいと思います。ものすごく簡単な仕事は世の中にはあるはずで、その人たちの賃金が下がることによって、悲惨かもしれないけれど、何か仕事はあると。

角田：わかりました。ここでメールで質問させていただいた問題に入っていいでしょうか。2つほど事案をあげていたかと思うのですが、100人の人が働いている工場がありました。その経営者がロボットの導入を決めて、3人マネージャーが残ればいいからということで、97人は解雇しました。それが1番の例だとして、2番の例は、大きな弁護士事務所でパラリーガル（弁護士業務補助者）を100人雇っていましたが、AIを導入したので、補助的なパラリーガルは有能な人以外は要らないということで、3人残して97人は解雇になりました、と。これらの場合に97人はどうなるんだという問題に関しては、今のでだいたいお答えいただいたということになるのでしょうか。

川口：はい、そうだと思います。興味深いのは、今まで100人で作っていたものを3人で作れるようになった可能性があります。そうすると、労働生産性が33倍位に上がったということです。賃金がどうなるのかというと、労働分配率が6割位なので、生産性が33倍になったら、その6掛け位が賃金上昇にまわると思われるのです。そうすると20倍位賃金が上がります。時給1000円だったのが、2万円になる。そういう世界がやってきたときに、それだったら、「俺、もうちょっと短い時間しか働かなくていいや」みたいなことが起こる可能性がありますよね。ワークシェアリングが起こる可能性がありま す。

それで後は、20倍もらった人と、0の人が出てきてしまう訳です。こういう何か不平等を社会が許容するのかという問題も出てくると思うのです。あと隠れているのは、ロボットの所有者、この人にも、だいたい労働分配率が6割ですから、後の4割がロボットの所有者に行く。労働生産性がぐーっと33倍に上がったうちの4割は、そのロボットの所有者に行くと。そうすると、この人はめちゃくちゃ金持ちになる訳です。

ロボットを持っている人が、解雇された97人の中にいるなら、あまり問題は起こらないと思うのですが、しばしば残った3人がロボットも持っていたりする訳で、ものすごい不平等が起こる訳です。そこまでいくと、政治体制というか、民主制との不整合が起こってきて、再分配を求める動きが出てきても不思議ではないと思います。そうすると、もう働かなくても生きていける人がいる社会が出現する可能性は十分あると思うのです*10。

歴史的に見てみると、基本的に、技術進歩の中で、我々の労働生産性はやっぱり上がってきていて、その中で余暇の時間は増え、消費の量も増えて、我々の生活はすごく豊かになってきているんです。で、分配がうまくいくかどうかが非常に重要なポイントですが、紆余曲折を経ながらもそれなりに生産性を上げて、それなりにすべての人々の生活が豊かになるような形で、経済が発展したというのが、日本の経験ですよね。戦後の日本の経験から、この例でも起こるのかな、という気はします。

これ、農業などもこんなパターンです。戦争が終わったときに、日本の農業人口は労働人口の半分位でした。どういうことかと言うと、1人が働いても、もう1人しか食べさせることはできなかったんです、生産性が低いから。でも今は、食料を輸入しているということもありますが、2%から3%なんです。貿易の問題を捨象すると、1人が食物を作って、後の49人を食べさせられるようになっているということですよね。じゃあ、後の49人は失業しているかというと、社会が豊かになっているから、他のことをやり出すんです。たとえば、学者とか。今、私たちがやっているこういう鼎談は、食うや食わずの世界ではできない訳です。やっぱりものすごく農業の方の生産性が高いから、こういうことをやらせてもらえる余裕が社会に出てくる。映画を作っている人がいたり、演劇をやっている人がいたりとか、いろんな活動をし出す訳です。つまり、社会が豊かになると生活が豊かになって、それに伴って新しい仕事というのは出てくる。だから、この97人のうちの何人かは、そういう活動に従事するようになるかもしれないです。

角田：あと、97人は、機械がその分の仕事をやればよいと。3人いれば十分まわるように経営者が判断したとして、でも、選び抜かれた3人というのは、先ほど日本型の組織とおっしゃっていましたけれど、この3人って実は、様々な経験を経て、学習を積んできた人間だと思います。そういうマネジメント能力に長けた人間の、次世代をどうするかという問題は、大丈夫なのでしょうか。

川口：その3人をどう育成するかという話ですか。

確かに、日本とアメリカは、企業の経営者の選ばれ方が違いますよね。日本は基本的に企業の中から昇進させて、役員や社長を選ぶ。一方で、アメリカはそういう経営者層の労働市場があって、横から入ってくる訳です。本当にどちらがいいのかという問題はあって、日本型に対しての批判はすごくあります。日本の経営者の技能は低いという指摘もあって、それは経営者としての経験を十分に積んでいないからという理由はある。ただ、そういう比較研究って、言われてはいるんですけれども、数量的にやっている研究があるかどうかはわからないです。

経営者を作るという意味でいったら、早くから優秀な人を選抜して経営者トラックに乗せて、どんどん経験を積ませればいいというのは、1つの考え方だと思うんです。日産自動車が始めているそうですが、20代の後半で、大卒総合職の中から一部の人を選んで、海外の子会社に経営的なポジションで行かせて、経験を積ませるということをやらせているようです。でもそうしてしまうと、後で昇進できるかもしれないという期待を抱かせて、それをインセンティブとして使って、日本の企業はやってきているという部分があるので、その部分がなくなってしまいます。最適な経営人材の育成と、労働者を働かせるというインセンティブは、必ずしも両立しない面があります。要は、良い経営者を育てるために早期選抜をやるようにしてしまうと、今度は、そこから漏れた人のやる気をどう保っていくのかという話が出てくる訳で、賃金体系なども変えなければいけなくなるかもしれない。そうなると、今、頑張ったら、将来、昇進してお給料上がりますから頑張ってくださいね、というようなインセンティブづけというのが、うまくいかなくなる可能性が高くて、その場その場で成果に対して報酬を支払うといった形にならざるを得ないかもしれません。純粋に、3人の人のスキルを高めるという視点から考えると、必ずしも日本の今のやり方が最適とは限らないようにも思いますが、本当に難しいと思います。

角田：あるいはその企業体が、残すのは3人でいいんだと、10人までは要らないということで、3人がおそらく今の最も合理的な経営判断であるというときには、3人いれば、1人引退しても、その後残った2人がもう1人位教育しながらやっていけるということも含んでの合理性なのでしょうか。

川口：そうかもしれないです。どうしてもその人が必要だったら、他から持ってくるということもできますから。こういう企業が経済の中にたくさんあれば、横から引き抜いて持ってくることもできて、引き抜けない企業というのは、逆に言うと、その経営者にそれだけの生産性を発揮する舞台を提供できないのですよね。なので、そういう企業は退出してもらうということで、必ずしも問題にはならないのかもしれません。

角田：それから、例としてあげたパラリーガルの話や、さっき秘書の話がありましたけれども、そういう高スキルのタスクを補助する人のタスクも、実は高度化しているんじゃないかということでしょうか。

川口：おそらく、そうですね。

角田：そうすると、工場で働いている労働者の仕事の内容は繰り返し型で、肉体労働、ブルーカラー的であるという話と、パラリーガルの業務はホワイトカラーで、でも結構認知性は高いですが、そんなに高度な判断は要らないという話なんですけれども、同じなのでしょうかね。その選抜されるプロセスは、だいぶ違ってくると考えた方が良いのでしょうか。

川口：そのパラリーガルの人たちの選抜されるプロセスは変わって、求められる学歴とかも変わる可能性があります。今までは、大卒でも良かったのだけれど、パラリーガルでもロースクールを出ている人の方がいいよねという話になってくるとか。たとえば看護師さん、昔は専門学校の卒業生でしたけれども、今は4年制大学を出ていますよね。やっぱり、あれは医療の現場でいろいろ進歩が起こって、複雑化しているからだと思うのです。パラリーガルに関してもそういう変化が起こって、人がやらなくてはならないという部分の仕事は、どんどん高スキルのところしか残らなくなったりすると、それに対応してパラリーガル自身も高スキル化していかなくてはいけないということになるんじゃないでしょうか。

人口問題とAI・ロボット
――労働経済学からのアプローチ

角田：話題を移させていただきます。人口の問題も、ぜひお聞きしたかったテーマです。日本の人口が減少していくとか、超高齢化社会到来という話と、ロボット技術であるとか、AIの技術がだからこそ必要だというような議論があろうかと思うのですが、労働経済学はこういう問題に対してどう向き合っているのでしょうか。

川口：人口減少は非常に大きな問題で、単純に労働者が減ってしまうので、どうするかと。いくつか考えられていることはあって、1つおそらく重要なのは、ちょっとAIと直接関係しないかもしれなくて恐縮なんですが、女性の活躍推進です。日本の女性就業率は必ずしも低くないのですが、スキルを持っている人が十分にそのスキルを使って働いていないというのが顕著です。たとえば、一橋大学の卒業生で主婦をやっていて、お子さんの手が離れたので労働市場に戻ってきましたという方が、大学で時給1000円のアルバイトをやっているとか結構あると思うんですよ。そういう形で、高スキルの人が十分にその能力を発揮できていないというような状況が、女性を中心に日本は顕著です。先述のPIAAC（国際成人力調査）ではスキルの高さを測ると共に、具体的に仕事でこういう書類をどれ位読んでいますとか、数式をどれだけ解いていますかとか、そういうことを全部聞いています。そうすると、持っているスキルと使っているスキルのギャップとかも計量化できるようになっていて、日本は顕著に女性のスキルは高いのだけれども使っていない、という結果が出てくるんですよ。そこの部分をどう解消していくかというのが、大きな政策的な課題だと思います。

そこの部分に情報通信技術が入ってくると、在宅勤務がしやすくなって、女性が家庭で義務を果たしながらも仕事ができるようになる、そういう新しい働き方が出てくる可能性があって、女性の能力の未活用の問題は技術が解消していく部分があるのかなという気がするんです。

実際に、今、「Crowdworks」とか、「Lancers」とか、仕事をアウトソース（外部委託）するウェブサイトがあって、「こういう仕事をやってください」という依頼にフリーランスの人が応募して仕事をやって、それに対して支払いをするような新しい働き方が出てきています。たとえば、データ入力のような単純な仕事から、ちょっとしたコンピュータのプログラムを書くといったかなり技能が必要な仕事まで、様々な仕事がアウトソースされているそうです。あれに登録している人の数は、ものすごく多いらしいんですよね。あるサイトには60万人が登録をしているという話を聞いたことがあります。60万人ってすごくて、日本の就業者人口、つまり雇用者人口は5500万人なんですよね、だから、5500万人で60万人というのは、1％位なんです。すごく大きいんですよね。

もちろん登録しているだけという人もいるので、アクティブな人はもっと少ないのかもしれませんが、ああいったビジネスが持っているポテンシャルは、日本みたいにスキルを持っている多くの人をまだ十分に技能活用できていないところほど、ビジネスチャンスは大きいと思います。だから、技術をどうやって使っていくかと考えたときに、眠っている能力が日本にはたくさんあるんだという、これをどうやって解決していくかと考えると、技術が私たちの働き方というか、それこそ人口減少とか、高齢化とかの問題を解消するという意味では、プラスに働く可能性があると思っています。

高齢者の労働する「力」

角田：人が行っている仕事をロボットで代替するとか、あるいは、高齢になってしまったスーパースキルを持っている建設作業員の方にも働いてもらえるようにロボットスーツを着ていただこうとか、そういう話も、やっぱり結構、研究されているのでしょうか。労働経済学というものが、どういう研究をしているのかがよくわからないのですが。

川口：労働経済学者は、健康状態については、結構、調べているんですね。ロボットスーツではないのですが、何が起こっているかと言うと、高齢者なのだけれど、昔と今の高齢者が違うという話をよく聞きます。この前テレビで、1960年の65歳以上の人の写真が放映されていましたが、ものすごくお年寄りに見えるんですよ。次の映像で、今の60歳代の人、ヨガをやっているおばあちゃんが出てきて。すごく対照的な映像でした。

　実際に、高齢者の健康状態は大きく改善していて、日本のお年寄りって健康状態がいいんです。国民皆保険の影響があるのではないかと言われています。結果として、60代後半の方の就業率って高いんです。70代の前半でも4分の1の方が働いていたりして。あまり年金が充実していないので、経済的な理由で働いていらっしゃる方も多いとは思うのですが、健康状態がいいので働けるということもあると思います。医療というのも技術なので、それによって働ける年齢が延びているというのは正しいと思います。さらにロボットスーツみたいな形で、物理的なサポートを入れて働ける限界を延ばすということもあり得ると思います。

　あとは、新しい技術が入ってきたときに、高齢者が適応できるかどうかも重要な問題だと思います。新しい技術が入ってきて、新しい働き方になって、高齢の方が本当に適応できるのか。ただ、イタリアの研究ですが、年金の支給年齢を上げたら、高齢者が職業訓練に参加するようになったという報告があります[*11]。

　これは私自身の共同研究なのですが、なぜ、研究者は高齢化すると研究生産性が下がっていくのかを分析しました。昔は加齢によって研究生産性が結構下がっていく傾向が強かったんですが、最近はそうでもなかったりするんです。いろいろな理由が考えられていて、能力が本当に衰えるというのもあるのだけれども、やはり人間は終点が近づいてくると、どんどんインセンティブが失せてくる訳ですよね。*12

話はそれますが、最近、アメリカの大学って定年制がなくなったんです。そうしたら高齢になってもみんな学術誌に投稿し続けるようになったらしいんです。その人たちは何のためにそうしているのかというと、先が長くなれば1本良い論文を書いてお給料を上げてもらうと、それが続く期間も長くなる訳です。また、他の大学に転職できるかもしれないし。つまり終点が変わると、人々は行動を変えるんです。

私たちの研究で顕著なのは、研究者の時間利用で、一定の年齢が近づくに従って、研究室をマネジメントするために使っている時間がどんどん延びていくんです。実際に手を動かして研究をしている時間は、減っていく傾向があります。ただ、総労働時間も減ってるんですよね、加齢と共に。なので、ぶっちゃけて言うと、仕事をしていないから成果が出にくい部分が時間利用から見えてきます。そのため、引退が70歳になると、人々の行動が変わる可能性があって、そうすると、加齢による能力の限界だと思っていたものが、実を言うと単なるインセンティブの問題であることが判明するかもしれません。70歳まで働けるように新しい技術も学ぶようになるかもしれません。たとえば、60歳定年制で、59歳の人が職場に新しいパソコンが入ってきて、勉強しますかといったらやらないですよね。「なんとか君やって」と誰かに頼む。ただ、70歳まで働かなくてはならないというときに、59歳のときにパソコンが入ってきたら、人に頼む訳にはいかないですよね。かじりついても覚えますよね。だから、新しい技術に高齢者がどう対応するのか、インセンティブによってどう変わるのか。そう考えると意外と楽観的な見通しを持てるのではないかと思います。

角田：なるほど。新しい技術への適用という面ですが、そのインターフェースがユーザーに使いやすくなっているかということもありますよね。

川口：あります。目が見えにくくなってくるから、ちょっと字が大きいとか……。

角田：携帯とかもずいぶん変わりましたよ、昔のものとは。最近高齢者向けの文字の大きいものとか、スマートフォンも高齢者用の料金体系もできていて。

川口：本当にそうだと思います。高齢化によって技術の方もたぶん対応するんでしょうね。そうすれば、新しい技術も高齢の方にも使いやすくなっていくのでしょう。経済学の入門の授業でよく出てくる例ですけど、30年前には石油の埋蔵量はあと30年ですと言われていましたが、そういうことは起こっていないという話があります。それはなぜかと言うと、石油が枯渇してくると、今まで技術的に難しかった場所でも石油を掘るようになる。石油の価格が上がってくると、その新しい石油を掘りに行くことが、儲かるようになっていく訳です。社会が変わると人間の側もいろいろ適応するようにするので、社会が変わったとしても、その社会問題がどうしようもないところまで行って世界が絶滅する、そういうシナリオにはならない。適応力の高さを経済学の人たちは楽観的に評価する傾向があって、社会問題が深刻になると、どこかで調整が働いてプラスの方向に行くというか、何とか生き残れるような見方をする人が多いです。技術も経済的なインセンティブで進歩していくところもあるから、人口減少にもどんどん適応していくんだという楽観的な見通しもありますね。

日本の労働者の高い能力と低い生産性?!

角田：先ほどお話しくださったPIAACの調査などによると、日本の労働の生産性は異様に低いということで、なぜ、こんなに能力が高いのに生産性が低いのかみたいな、そういう批判を読んだことがあるのですが、それも同じ統計でとられているのでしょうか。

川口：労働生産性は、基本的にGDP（国内総生産）統計がありますす。GDP統計を総労働時間で割って労働生産性を出しているので、ちょっと違う統計ですが……。

角田：違う統計ですか。それを対比させて議論するのは、難しいということでしょうか。

川口：はい。技術的に難しい問題はあります。もっともご指摘の点は全くその通りで、テストスコアで測られる労働者の技能は高いのだけれど、労働生産性が低いというのが日本の特徴です。おそらく技能が活用されていないということで一部は説明できると思います。つまりスキルがあっても使われなければ生産性は上がらない。なぜスキルが利用されないか、理由はいくつもあって、人間は別に経済だけで生きている訳では全くないので、性別役割分業の規範が社会の中に組み込まれてしまっているんです。たとえば、年収の103万円の壁とか、130万円（2018年からは150万円）の壁とか、社会保険料の負担とか、あと税制。要するに、ある種の規範が法律になってその社会の中に組み込まれてしまっているので、そういうことで市場のメカニズムがスムーズに働くようには必ずしもなっていないため、ものすごいスキルはあるものの使っていない、というようなことが起こってしまうと思うのです。もっともこのような税制のゆがみはどの国にもあって、個人ではなくて世帯ベースの税制を入れてしまうとどうしてもゆがみは出てきますから、日本だけの事情という訳ではありません。

角田：でも、もしかしたら、GDPに貢献しないスーパー主婦というのがいて、天才少年を育てているということがあるかもしれないですよね。

川口：おっしゃる通りです。女性のスキルが十分活用されていないという話をすると必ず出てくる質問は、「じゃあなぜ、日本人の女性は大学に行くのですか」ですす。別に労働市場で使わないのに。韓国も似ているんですよ、パターンが。で、1つの答えがそこなんです。

角田：そうなんですか。それは、興味深いですね。

川口：技能って、別に労働市場で使うだけではなくて、家庭の中でもいろいろなサービスを生産しているので、そこにも使っている訳です。もっとも、その部分を上手に測るのは難しいのです。親の学歴と子どもの学力はすごく相関するのですが、それは親が子どもの勉強を見ているからなのか、単に遺伝的につながっているだけなのかがよくわかりません。

ただ、アメリカの研究で、ランダムに子どもと親が結びつけられた養子を対象にして、親の学歴と子どもの学歴の関係を見た研究があります。この養子を使った研究からは、親の学歴と子どもの学歴の相関は半分は遺伝で、もう半分は環境という結果が得られました。少なくとも半分は環境からきているということは、親が子育てに注ぐエネルギーが、スーパー少年・少女を育てるにあたって、主要な要素である可能性を示唆しています。そう考えると、日本とか韓国の女性というのは、家計生産というのですが、そこのところにスキルを使っている可能性があると思うのです。

角田：その辺も含めて、最適なところを探っていく必要があるということですね。

川口：そういうことです。おっしゃる通りです。

工藤：先進国の中でも日本って割と狭いところにたくさん人がいますよね。そのことが生産性に関係していたりするでしょうか。たとえば、もっと広いところにいたらもっと生産をするけど、狭いからあまり生産できないとか。そういう話ではないのでしょうか。

川口：むしろ人が集中した方が生産性は高くなるという話があります。たとえば、出版社は、ほとんど全部東京に集中していますよね。それはなぜかというと、やはり人と人が交流して価値が生み出されるからだと説明されています。都市への人口集積が起こると、その都市の生産性が上がっていくのが一般的な傾向です。高生産性は、そのまま賃金とかにいく訳ではなくて、地価が高くなることにも回ります。そのため、都市の地価が高いのは生産性が高いことの裏返しで、それは、人々が集まって住むことによって生産性を高めているのではないかということが言われています。

勤労は国民の義務と言うけれど……

角田：工藤先生から素朴な問題提起をしていただいた、勤労の話に移ってよいでしょうか。ご承知のように、憲法には国民の権利だけでなく義務も規定されている訳です。その中で納税と教育が義務なのはわかるが、なぜ勤労をしなければいけないかがよくわからない、という話です。

工藤：はい、そうなんです。なぜ「勤労」が義務なのかが、昔から不思議だったんです。小学校で憲法を習ったとき、「納税」と「教育」はまあ義務だろうなぁと思ったのですが、「勤労」はなぜ義務なのか、今ひとつ腑に落ちなかったのです。税金を払ってもらって、市民として成熟してもらえれば、国としてはそれでいいんじゃないかというような感じです。たとえばロボットやAIがすごく進歩して、ローマ市民のように労働は奴隷たち（ロボットやAI）に任せ切りにできるようになったら、そんな未来は勤労が国民の義務ではなくなったりするのかなと思ったりします。もちろん工学者としては、すべて任せきりにできるロボットの実現などそんなにすぐにできるとは思っていないので、これはあくまで仮想としての話です。それに実現性は別にしても、古代のギリシャやローマ的な意味で人間らしく生きるという方が、憲法が掲げる大きな理想としては美しいのではと思わなくもなかったり……。

角田：極論すれば、憲法の勤労の義務なんか要らないんじゃないかみたいな……。

工藤：まあ、そこまでは言いませんが、腑に落ちないという意味で違和感は感じていました。

角田：これは、法学にとっても大変おもしろい問題提起だと思いましたので、川口先生のご意見を聞く前に、私から少し補足をさせていただきます。というのも、勤労の義務については、実は日本国憲法が世界的に見て異例でして、議論があるんです。ほとんどの国では、国民の義務は納税・教育までです。この勤労の義務、先例として参照されたのは旧ソ連の憲法で今の日本には不要じゃないか、という人もいます。が、憲法学でこれを削除しようというのは少数。この規定が置かれたのは社会主義思想というよりはむしろ戦後日本のデモクラシー思想によるもので、納税・教育とかとは異なり、ここで言っている義務は法的義務で強制されず、宣言的な意味しかないと解されています。メインは労働者としての権利を保障することにあって、でも「労働者」って言うと狭いから「すべての国民」が主語になった。

川口：勤労の義務って、日本が異例なんですか……。

角田：そうなんですよ。日本のように、憲法の中に、国民の義務として、明確に勤労の義務があると書いているのは、実は異例なんです。

川口：旧ソ連の憲法……。

角田：そうです。旧ソ連の憲法にはあるんです。これはもう共産主義のものなので、「働かざるもの食うべからず」ということで入っていたのを、それが先例としてあったものですから、それも一応見ながら、日本の当時の社会党が入れろと言って、みんな反対せずに入ったということなんですけれど。これは、別に社会主義思想として入れたという訳ではなくて、保守派の方も「いや、それは理念として書いておくのはいいだろう」となったようです。[*13] でも、だからといって別に強制労働という意味はもちろんなくて、労働権とか、生存権も入れましたけれど、むしろ、勤労の努力をみんながすべきであると。そういう努力を怠る者は、それは生存権なるものは保障しないと。だから、たとえば、雇用保険の給付などは資格がなくなるとか、生活保護の権利はなくなるんじゃないかということを言っている方も憲法学者にいらっしゃるんです。[*14]

という感じで、宣言的で、法律がダイレクトに決めた義務、納税とはだいぶ性格は違うけれども、まあ一応、みんなが頑張って働く社会像を憲法に書いたという、そういう位置づけのようなんですね。そんなに盛り上がった議論ではないのですが……。

以上が、これまでの理解ですが、AI時代になってコンピュータに仕事が奪われるとなるとどうなるのでしょう。「働かざる者飢えるべからず」ということで、セーフティネットという観点から、ヨーロッパの社会保障の分野だと思いますが、ベーシックインカム（BI）という考え方が結構有力になってきているような流れもあります。*15

川口：ベーシックインカムを入れるとなったら、勤労の義務と抵触するのではという話はあるのでしょうか。

角田：まだ私もあまり調べていないのですが、たとえば自民党が憲法改正の草案を出しましたけれども、あの中でも勤労の義務の規定は維持されていますし、ベーシックインカムを提案している政党は結構ありますが、勤労の義務の規定を削除せよとか、抵触するのではないかという議論は、目にしていないです。だから、一応みんな頑張ろうよっていう宣言的なものとして捉えられているんだと思います。まあ、みんながニートになったら困りますけれど……。やっぱり、「働かざる者飢えるべからず」という生存権は、日本国憲法が認めている権利としてありますので、ベーシックインカムというものに賛同する人は増えてきていますが、勤労の義務との関係を考える事態には発展していないという状況ではないかと思います。

ロボット課税について考える

角田：ただ、石黒浩先生というロボット工学で有名な先生がいらっしゃいますが、日本経済新聞にとても印象的なインタビュー記事があったんです。かなりユートピア的な社会と言っていいと思うのですが、曰く、ロボットは稼ぎを100％税金で持っていかれても文句は言わない。だから、人間はベーシックインカムによって暮らせばいいみたいな、すごい記事でした。*16 石黒先生の思い描く社会ではロボットには納税義務があるんだ、でも、確かに文句は言わないだろうなと思って読んでいたのですけれども。

川口：そうですよね。でも、労働に課税するのはよくないという話は、まさに働くインセンティブを削ぐからという理由で、別にそれを削がれないんだったら課税してもいいというのは、まさしくそうだと思うんです。そこに100%課税すべきだという話になると思いますが、ロボットに100%課税してしまうと、ロボットを作る人がいなくなってしまうという気がします。

それから、ロボットというものは広義の資本だと思うのですが、資本に対する課税をした方が良いのか、よくないのかといった話もあります。労働は今日24時間あって、今日使わなかったら、もう働かないですよね。つまり労働って蓄積できないものですから、長期的な影響は無視できるんだけれど、資本は貯められるんですよ。なので、資本に課税をしてしまうと、資本の蓄積が抑制されて労働生産性が下がってしまうのでよくないという話があります。その一方で、労働というのは貯めがきかないので、課税してもいいんだというような話もある。

そうすると、ロボットには課税しないで、人間に課税した方がいい、といった結論も出てくる訳で、これは本当に賛否両論あると思います。どのような仮定を置くかによって、労働と資本にそれぞれどのような課税をするのが望ましいかは変わってきます。[*17][*18] グローバル化の中で企業立地が資本課税の影響を強く受けるので、法人税を下げるみたいな話もあって、それは相対的な意味でいうと労働に課税するという話な訳です。結果として資本蓄積が進んで、生産性が上がって、みんなが働かなくても良くなるような社会が来るのであれば、さっきの話と同じですよね。100人のうちの3人だけ残ってどうするかという話で、分配がうまくいくのであれば、その後の人は別に働かなくてもいいかもしれないし。後は、新しい仕事が出てくる。3人はたぶん豊かな生活をしたい訳ですよね。その人たちが生み出す需要が出てきて、後の97人がいろいろな分野の仕事をするようになる、そういう社会というのはあるのかな、という気がしますよね。

ケインズの予見した未来

川口：ケインズの『孫の世代の経済的可能性』[*19] というおもしろい文章があります。みんながどんどん資本蓄積をしていって、生産性が上がっていったら、みんなが働かなくてもよくなりますよねと。でも、人間というのは、とにかく製造のために働くということを、有史以来ずーっとやってきたので、働かなくてもいいよと言われたら不安になるのではと言っています。そこで1日3時間働いてワークシェアリングなどをすれば、とりあえず、問題というのは先送りにできるのではないか、とも言っています。

働かなくてもいいと言われたら人間は不安になるとの指摘は、皮肉だけど本質をついているところがあって、おもしろいと思います。勤労の義務みたいな話も、そういうことだと思うんです。働かなければいけないと、私たちはそう思って生活してきたから、それが法律にもなって、規範にもなっている訳ですよね。働いてなかったら、食べられなくてもしようがないね、みたいなことは、無批判に受け入れられているところがおそらくあります。だから、働いていないのに食べていられる人に対する反感なども生まれてしまうと思うんですが、労働が必要なくなったときに、本当に価値観というか、いろいろな社会制度に抵触するようなことが起こってくるのかなという気がします。

ニートの労働経済学って……？

角田：労働経済学は、ニートにどう向き合っているのでしょうか。[*20]

川口：ニートは、引きこもりのような印象で語られていたのですが、東京大学社会科学研究所に玄田有史さんという方がおられて、彼がニートの研究を経済学者として始められたんです。[*21] 働いていない若者が増えてきているのは、本人の問題というよりも、むしろ、仕事がないというそちらの問題ではないかということを、彼は指摘したんです。彼が主に提案したのは、もう少し彼らにアプローチをして、何かできる仕事に就いてもらうようにしたらいいのではないかと、ざっくり言うとそういうメッセージがこめられた研究です。

だけれども、もう一歩深く考えてみると、技術進歩とか、グローバル化とかがあって、本当にスキルが低い人には、仕事がなくなってしまっているのです。今でも20代後半の人たちを見てみると、5%の人がまず中卒なんです。2%位の人が高校に行かないで、あと3%の人は高校には行くんだけれど中退してしまっている。この人たちの就業率は、昔は90%を超えていたんですが、今は8割位になってしまっている。20%の人は働いていないということです。

おそらくなのですが、製造業の仕事がなくなってしまったとか、あとは財政状態が厳しくなって、公共事業の予算がものすごく減らされているんです。なので昔は、おそらく日本では田中角栄が出てきてからだと思いますが、主に東京から地方に公共事業という形で資源の再配分をしていて、公共事業の目的というのは仕事を作り出すことにあって、だから多少非効率でも、落札する業者を細かく分けていっぱい仕事作り出す。それでその人たちが自民党を支持してくれて、全体である意味うまくまわるような、政治経済システムを作ってきたんだと思うんです。だけれども予算がなくなってきて、これが実を

言うと社会保障に変わって流れているんじゃないかという説もあって、少なくとも社会資本の整備による仕事の創出ができにくくなっていて、あと工場が海外に出てしまっているとかいうこともあって、本当にスキルが低い人の仕事がなくなってきていて、そのことがたぶんニートという形になって現れてきているのではないかという気がするんです。だから、気持ちの問題もあるかもしれないにしても、若い人の気持ちの問題って、先天的に与えられたものというよりも、経済環境とかによって決まっているところがありますから。本当に仕事がないということのショックは、ものすごく大きいと思うんですよ。一生懸命就職活動をやっているのに、就職が決まらないみたいな。結果として、引きこもってしまった、ということになっているのではないのかなと思います。私は、そのようにこの問題を捉えています。

ベーシックインカム論をどう考えるか

角田：ベーシックインカム論についての先生のお考えを

うかがえますでしょうか。

川口：ベーシックインカム論は、就労するということに個人的にこだわりを持っているものとして抵抗感があって、より就労を促進するような制度の方がいいのではないかと思っています。今、日本にある福祉政策は、生活保護制度なんです。生活保護制度は、経済学的に見てみるとすごく問題が大きくて。どういうことかと言うと、世帯構成と住む場所によって生活費が計算されて、これが保護額ですと決まるんです。それで、勤労所得が入ってくると、たとえば30万円と決まると、自分で15万円稼ぐと足りない15万円もらえます。じゃあ20万円稼ぐとどうですか、というと10万円しかもらえませんとなっているんですね。そうすると、勤労所得を増やしたところで、100%課税されているのと同じ状態になっている訳ですよ。*22

で、石黒先生のロボットではないので、働く気がなくなってしまうという問題があって。昔は、スティグマとかがすごく強かったので、その問題があまり顕在化しなかったのです。スティグマによってモラルハザードを防ぐというのは、ある種、非人間的なところがあって、要は、役所が書類を受け付けないようなことをやっていた訳ですよね。NPOの人と一緒に行くと受け付けてもらえるみたいな、極めて不公平な、だけれども、そういう、いわゆる水際作戦みたいなことをやらないと、モラルハザードが起こってしまう仕組みになっていて。仕組みに問題があると思うんですよ。

そういう状態なので、働けるのだけれど働かないという選択をするような人がいても不思議ではない仕組みになっていて、実際にそういう人がおそらく一部にはいるでしょう。で、その人たちのことがものすごくメディアとかに取り上げられて、生活保護に対しての社会的批判が高まる悪循環があって、それが限界を超えると制度を政治的に維持するのが難しくなってくる可能性があると思うんですね。仕事がなくなって貧困に陥った人をどうやって助けますかというときに、政治的に可能なのは、働くことを条件付けた上で、そのお金を渡しますよといううような仕組みだと思うのです。一生懸命働いているんだけれども、十分な所得がないので、その分に上乗せしてお支払いしますという形の政策の方が、政治的な支持が得やすいのではないかと思うのです。

それを考えると、給付付き税額控除という仕組みが思い浮かびます。どういう仕組みかというと、普通税金は、納めるとき控除額が付きます、家族構成とかによって。控除額が付くと、その分は、課税額の中から控除するタイプの所得控除と、税額を計算した後で控除してもらう税額控除と両方がありますが、いずれにせよ、この控除をした結果として、マイナスになったら税金払わなくてもいい、というだけの話です。税金を払っていない人は、控除がいくら付いていても、別に国からお金をもらえる訳ではありません。だけれども、給付付きの税額控除というのは、マイナスになったら、その分国からお金をもらえます、という仕組みです。この税額控除の金額を、勤労所得に比例させる。100万円稼いだら、たとえば、100万円税額控除を付けますということにすると、

100万円は低所得なので、課税額は基本的に0ですと。控除が100万円付いていたら、この100万円の部分は、お渡ししますという仕組みができて、この人にとって、実質的な年収は200万円になる訳です。働けば働くほど、国からの移転の額が増えるような仕組みを設計することができて、そうすると、働くインセンティブを削がずに、貧困世帯の所得の移転というのができる訳です。その仕組みを日本でも入れた方がいいのではないかと思います。アメリカ、カナダ、後は韓国でも入っていて、あとイギリスでも入っています。

一方でベーシックインカムは、基本的にお金をぽんと渡しますという仕組みと理解しています。生活保護よりもたぶんいいのは、働いて所得が増えたらベーシックインカムの額を減らすという仕組みにはなっていないことです。100万円なら100万円、200万円なら200万円渡しますと。それであれば、やる気が削がれる部分は比較的小さいと思うんです。ただ、課税は発生しないので働いても所得が増えないという問題はないで

すけれど、200万円とか300万円もらったこと自体によって、働かなくても良くなってしまうという部分で働かなくなる可能性がある。これをどう捉えるかということがあると思います。それでもいいということであれば、あまり問題はないですから、今の生活保護よりは問題が少ない仕組みなのかもしれないですね。

（2017年1月13日収録）

＊1　Aimee Chin, Chinhui Juhn & Peter Thompson, 2006., "Technical Change and the Demand for Skills during the Second Industrial Revolution：Evidence from the Merchant Marine, 1891-1912," The Review of Economics and Statistics, MIT Press, vol. 88(3), pp.572-578, August.
＊2　David H. Autor, Frank Levy and Richard J. Murnane, 2003."The Skill Content of Recent Technological Change：An Empirical Exploration," The Quarterly Journal of Economics, Oxford University Press, vol.118(4), pp.1279-1333.
＊3　Toshie Ikenaga and Ryo Kambayashi, Task Polarization in the Japanese Labor Market：Evidence of a Long-Term Trend, 2016, Industrial Relations A Journal of Economy and Society 55(2), pp.267-293.
＊4　Anders Akerman, Ingvil Gaarder and Magne Mogstad, "The Skill Complementarity of Broadband Internet," The Quarterly Journal of Economics, Oxford University Press, 2015, vol. 130(4), pp.1781-1824.
＊5　Masayuki Morikawa, "Firms' Expectations about the Impact of AI and Robotics：Evidence from a Survey," Economic Inquiry, 2017, vol. 55(2)：pp. 1054-1063.
＊6　Timothy F. Bresnahan, Erik Brynjolfsson and Lorin M. Hitt, Information Technology, Workplace Organization, and the Demand for Skilled Labor：Firm-Level Evidence, The Quarterly Journal Economics, 2002, vol. 117(1), pp.339-376.
＊7　野村総合研究所（「日本の労働人口の49％が人工知能やロボット等で代替可能に」。2015年12月2日)、三菱総合研究所（2016年12月6日、2030年に日本のGDPは50兆円増加、雇用は240万人減少。毎日新聞2017年1月10日より）の試算のほか、World Economic Forum, The Future of Jobs, Jan.18 2016参照。
＊8　「人工知能で判決を下す『裁判官AI』を開発、訴訟時間の短縮化が可能」UCL NEWS 2016年10月24日。
＊9　吉野一編著『法律エキスパートシステムの基礎』（ぎょうせい・1986年）ほか。
＊10　その対応として、ロボット所有者への課税などが真剣に検討されるべきとの主張もなされてきていることにつき、「FT.com ロボットへの課税にも一理あり（社説）」日本経済新聞2017年2月21日。
＊11　Giorgio Brunello and Simona Comi, The side effect of pension reforms on the training of older workers. Evidence from Italy, The Journal of the Economics of Ageing, 2015, vol. 6, pp.113-122.
＊12　Daiji Kawaguchi, Ayako Kondo and Keiji Saito, "Researchers' career transitions over the life cycle," Scientometrics, 2016, vol. 109(3), pp.1435-1454.
＊13　近時の研究として、高瀬弘文「『あるべき国民』の再定義としての勤労の義務—日本国憲法上の義務に関する歴史的試論」アジア太平洋研究36巻（2011年）101頁以下。
＊14　宮沢俊義『憲法Ⅱ』（有斐閣・1971年）325頁ほか。
＊15　「ベーシックインカム、フィンランドが試験導入。国家レベルで初」ニューズウィーク日本版2017年1月17日。
＊16　「ロボットが人に近づく日　石黒浩・阪大教授に聞く—究極の『平等社会』は訪れるか」日本経済新聞2016年8月8日。
＊17　EUの欧州議会ではロボット課税には反対。ベーシックインカムの導入に踏み込む議論も出てきている。http://www.reuters.com/article/us-europe-robots-lawmaking-idUSKBN15V2KM http://www.bbc.com/news/technology-38583360
＊18　鈴木将覚「所得税に関する議論のサーベイ」フィナンシャル・レビュー118号（2014年）。
＊19　ジョン・メイナード・ケインズ（宮崎義一訳）『ケインズ全集9巻 説得論集』（東洋経済新報社・1981年）、書評：http://cruel.hatenablog.com/entry/2015/08/16/234615。
＊20　フリーターやニートを問題視する風潮が日本の課題であると指摘する、塩野谷祐一「解説・怠惰礼賛」バートランド・ラッセル（堀秀彦・柿村峻訳）『怠惰への讃歌』（平凡社・2009年）270頁参照。
＊21　玄田有史・曲沼美恵『ニート—フリーターでもなく失業者でもなく』（幻冬舎・2006年）。
＊22　より正確には勤労控除が与えられており、その枠内であれば労働所得が発生しても生活保護額が削減されないようになっている。また、2013年以降は基本的な勤労控除枠を超える所得についても10％は控除する仕組みのため、90％の課税となっている。このような制度変更が行われた理由は勤労意欲を付与するためである。

● 参考文献

川口大司『労働経済学―理論と実証をつなぐ』（有斐閣・2017 年）
大森義明『労働経済学』（日本評論社・2008 年）
井上智洋『人工知能と経済の未来―2030 年雇用大崩壊』（文藝春秋・2016 年）
吉川洋『人口と日本経済―長寿、イノベーション、経済成長』（中央公論新社・2016 年）
大内伸哉『AI 時代の働き方と法―2035 年の労働法を考える』（弘文堂・2017 年）

後日談

角田：川口先生には労働経済学から見た機械との競争についで、労働経済学の有名な論文をご紹介いただきながら、新しい技術が導入されたときに起こったことは何か、ということについてお話しいただきました。最初の例は蒸気船がもたらした変化ですから、19世紀終わりから20世紀初頭のアメリカですよね。この時代のデータ分析というのがあったんだなあと驚きました。

工藤：もう1つ私が驚いたのが、こういう時代から起こっていることは同じだなということでした。新しい技術の導入によっていくつかの仕事がなくなってしまうが、でも新たな需要も生まれる。だからずっと仕事がないままではなくて、新しい仕事が経済的な原理に従って生まれてくるから大丈夫だよ、というような話を川口先生はされていたんですよね。それは歴史が証明しているということだとは思うのですが、でもよく考えてみると……。

角田：そんなに明るい未来なのか、ということですよね。

工藤：そうですね。甲板員の時代から、優秀な人は仕事の構造が変わっても収入は伸びて、そうでない人は収入が下がるというデータがありましたよね。

角田：厳しい現実がデータで裏づけられた、とも聞こえましたよね。

工藤：結局、技術は常に格差を広げるのかという、やりきれないような気持ちもあったんです。

角田：そうですね、その後のAutorたちの情報通信技術のもたらしたインパクトって、これは目にすることが多い研究ではないかと思うのですが、その話というのも結構厳しい現実でしたよね。非繰り返し型の体を使う肉体型の仕事というのは底堅いというお話でしたっけ。例としてお掃除の話でしたよね。だから決して給料は高くない。そちらの方に移っていくというのは、決してバラ色の未来という訳ではないですよね。厳しい現実です。同じ話で、ブロードバンドが入ってきたところでも、さらに格差が拡大という話が出ていました。なので、川口先生は明るく話してくださったのですけれど、聞きようによっては結構、重い話だなと思いました。

工藤：そうですね。

角田：鼎談では、仮想事例として、工場や法律事務所にロボットが導入されて人間が100人から3人になったという、めちゃくちゃな例かもしれませんが、川口先生に何が起こるのかを読み解いていただきました。機械代替によって生産性が向上した場合、この例では33倍だった訳ですが、その富が、誰の手にどの位渡っていくのか、どういう不平等がもたらされるかが相当、明らかになりましたね。昨今、ロボット課税を導入すべきかの議論も報道されておりますが、こういった議論が出てくる背景を解き明かしてくださったと受け止めています。

ただ、この仮想事例が日本であったとして、残すべき3人をですね、どのように育成していけばいいのかについては、ちょっとまだ解答が出ていないのかなと思いました。プレゼンテーションでは、日本とアメリカとでは職務の割り振り方とか出世パターンとかが違っていて、マルチタスクをこなしている日本のパターンはITとかAIの導入がしづらい、しかし実は、技術の導入と職場の組織改革は同時にやった場合には生産性が向上する傾向が確認されている、ということもご紹介いただきました。で、日本は、世界的に見てもIT技術はちょっと苦手だとしても読解力とか数的思考力はトップレベルだから、そういう意味では、今が工夫のし時じゃないかというお話もあったところです。で、労働市場の話に戻しますが、タスク分担とか人材育成、昇進の仕組みなどをうまく改革していくにあたってどういう方向性を目指すかですけれども、一気にアメリカ型に舵を切ればいいかというと、そう単純ではない、という話でしたね。

それから、後半の鼎談が始まって、AIの時代も、こういう労働経済学が行ってきたような分析基軸がそのまま使えるであろうかということで、工藤先生、問題提起していただいたんですよね。

工藤：ええ、そうですね。私は最初、今の状況を分析するのなら、過去の状況を分析するのに都合の良かった軸ではなくて、今の状況を分析するのに最適な軸を探すのが重要だろうと思っていたんです。ところが川口先生の話を聞くうちに、今に合った軸を探すよりも、ある程度の期間同じ軸の中で世の中を見ることによって、どういう技術によってどう仕事の構造が変わってきたかという変化を追っていくことが重要なポイントなのかもしれないと思うようになりました。

角田：それが経済学を使ってどういう結論を導くかというところの、1つのポイントだということですね。統計を使っての分析の仕方として、静的な分析と、動的な分析というお話も出ました。「仕事」自体は残るとしても、そこで要求されているタスクはまるで変わってしまっていて、かなり高度化する、という変化が起きているという。秘書の「仕事」は相変わらずあるけれども、昔の業務はICT技術がこなして今は相当高学歴の方が……ということでしたね。パラリーガルもそういう整理でした。仕事の名前は残っていても、実質的にはこれまで人間がしていた仕事が技術に取って代わられるということが起こり得る訳ですね。

工藤：でも結局、仕事がなくなったら新たな需要が生まれるという話でもありました。だからそれほど心配する必要はないという、前向きな印象を受けました。

角田：他にも日本の人口問題――人口減少と超高齢社会の到来という、ちょっと悲観論になりがちなトピックスについても、川口先生はとても前向きに捉えておられるのが印象的でした。30年前には石油は枯渇するとかって言われていたけれど、そうなっていないでしょうって。で、そもそも長寿大国になっていることだって、寿命を延ばすことを実現してきた医療という「技術」がもたらした成果ではないかと。ロボットスーツなどの技術や定年や年金制度の改革次第ではないかと。高齢者雇用との関係でも定年制の廃止がモチベーション維持に一役買っているという話もありました。そういえば、大和証券の営業マンの定年制撤廃というニュースもありましたね。あれは高齢顧客対応という面もあるようですけれど。* それから、非常に高いレベルの教育を受けた女性が家庭に入ってしまっていて労働力として活用されていないのですが、クラウドワークなどで事態が変わる可能性はあるし、また、「家計生産」という概念もご紹介いただきました。

個人的におもしろかったのは、工藤先生の、国民の義務としての勤労の義務ってどうしてなんですか、という問題提起ですね。これを聞いたときに、働かなくていい世の中にするために自分はロボットを研究しているのに、なぜ憲法にはこのようなことを規定したんだ、という問題提起かな、という気もしたのですが。

工藤：問題提起というほど大げさではないですが、そういう面もあります。仕事が奪われるという言い方をよくしますけど、逆に見れば仕事をしなくていいということでもあって、AIやロボットが進歩すると人類全体がしなければならない仕事の量が減って、そうするともっと休みもとれるし幸せになるということがあってもいいんじゃないかと思うんです。私のようにロボットを研究している人間は、危険だったり退屈だったりする仕事を人の代わりにロボットにやらせようと本気で考えている訳ですから。でも今回の話を聞くと、結局新しい仕事がどんどん生まれてきて、人間の仕事の総量が減るわけではないというようですし、最後の方に出てきたケインズの話も、結局は逆説的に、人間は働かないといられない運命でしょうみたいなことを言っているようです。まあ実感としても、インターネットが普及してメールで連絡がとりやすくなると、仕事が減るというよりも増えた気がしますしね。

角田：川口先生はやっぱり、国民の義務にしておいた方がいいのではないですかって感じでしたね。労働経済学者に、なぜ国民は働かなきゃいけないのか、日本はこんなことをなぜ憲法に書いてしまったのでしょうか、と聞いた人ってあまりいないと思うんです。でもそこは優しく受け止めてくださいました。この関連では、ロボットに100%課税をして人間はベーシックインカムで暮らす社会はどうだろうかというアイディアについてご検討いただいたのも、おもしろかったですね。労働経済学でもきちんと社会科学の問題としてニートの研究がされているというのも、興味深く拝聴しました。

あと、労働経済学の新しい議論として、スーパースター（勝者）の経済学というのがあるそうです。これについては、第7回に登場していただく大和投資信託の望月衛氏にコラムをお願いしておりますので、そちらをご参照ください（↓402頁以下）。

＊「大和証券が挑む『定年』撤廃」日経ビジネス2017年6月26日。http://business.nikkeibp.co.jp/atcl/NBD/15/depth/061900646/?ST=pc

第3回

IoT、ビッグデータ時代のプライバシー

情報法　日本大学
小向太郎

本日は、日本大学の小向太郎先生をお迎えして、情報通信技術の発達によって様々なデータの利活用が隆盛を極める時代、個人情報保護やプライバシー保護をどのように考えればいいのかについてお話をうかがいます。

小向先生は、情報通信総合研究所という、情報通信分野で社会科学研究を専門とするシンクタンクの研究員として多くの調査研究や法整備に向けた検討に従事される一方、中央大学大学院法学研究科において、わが国におけるプライバシー研究の泰斗である堀部政男先生（一橋大学名誉教授）のもとで学ばれ（2007年中央大学大学院博士課程修了・博士（法学）取得）、2016年4月に新設された日本大学危機管理学部に「情報の危機管理」の専門家として迎えられた、わが国を代表する情報法研究者です。先生は、法学に限らず、広く技術、経済、社会学などに情報に関する学際的研究を通して政策提言の発信、ビジネスの抱える課題の検討を行う目的で2016年5月に設立された、一般社団法人「情報法制研究所」の参与も務めておられます。

また実は、小向先生、海外出張から帰国されたばかりですので、本日は、IoT、ビックデータ、AIでどんな問題が起こってきているのか、問題状況から法規制の最新動向に加えて、ちょっと視野を広げて、法制度について日本の特徴と限界、諸外国の動向についてもお話をいただけるということで、楽しみにしております。

第１部
プレゼンテーション

IoT、ビッグデータによるデータ利活用

- IoT、ビッグデータとは――何をもたらすのか？
- 情報の取得・生成・利用シーン
- 「位置情報」はどうやって収集されている？

個人情報保護制度の動向

- 日本の個人情報保護法の特徴
- ヨーロッパでは同意原則＋実質判断による例外則
- 日本で同意原則が導入されなかった理由
- 改正された個人情報保護法のポイント

IoT、ビッグデータとプライバシー

- EU、アメリカ、そして日本のアプローチ
- プライバシー・バイ・デザイン
- 「位置情報」は「通信の秘密」か？

同意原則の限界？

- では、どう考える？

第２部
鼎談

ポケモンGOは個人情報保護にもとる?!

- 問題となった「位置情報」取得
- なぜ日本では問題にならないのか

「自己情報コントロール」と言うけれど……

- そもそも見えている世界が歪められている?!
- 「同意」はどこまで真の「意思決定」？

「忘れられる権利」という権利は必要か？

- 「忘れられる権利」の保障を支える論理的前提
- プライバシー保護法理の動きに注目!!
- ドイツのICTプラットフォーマーの責任論
- 情報工学における匿名加工情報研究事情
- 出ました、最高裁決定！

参考文献
後日談

ＩｏＴ、ビッグデータによるデータ利活用

では私の方から最初に、ＩｏＴ、ビッグデータによるデータ利活用の実情、個人情報保護制度に関する最近の議論、ＩｏＴ、ビッグデータの制度上の課題、といった話をしたいと思います。

ＩｏＴ、ビッグデータとは――何をもたらすのか？

ビッグデータとしてよくあげられるのは閲覧履歴、購買履歴、利用履歴、位置情報とかのデータですけれども、これらがセンサーによる自動収集や、ネット上での自己発信によって収集される機会が膨大になった。ＩｏＴで何でもインターネットにつながるようになると、集まる情報がさらに増える。こういった収集面での変化と同時に、情報の処理能力もいろんなネットワークを利用した並列処理技術の成果で飛躍的に上がっている、こういう技術的背景のもとでビッグデータなんてことが言われるようになったと私は認識しています。

これを何に利用するかですが、ビッグデータというと必ず2つの例が挙げられます。1つは都市計画とか災害対策とか渋滞情報の提供、こういうものは世の中のためになりますよね。2つ目は医療の高度化、たとえば、診療情報や行動履歴を利用した疫学研究や医療の最適化などですね。これで人間の健康寿命が延びたらすばらしいじゃないかということです。しかし、ビッグデータの利用は実際にはそれだけではなくて、3つ目として、企業が提供するサービスの向上とか、マーケティング利用なども幅広く

期待されているところだろうと思います。3つ目のことを言うと、途端に、何と言うか、単なる金儲けではないかと冷たい目で見られる感じがありますが、実はこれって切り離せないところがあるんだろうと思います。

情報の取得・生成・利用シーン

次にどんな端末でどんな情報が集められ、どんな情報が生成され、どんな利用が想定されているのかについいて、少し見てみようと思います。まず、個人端末。たとえばスマートフォンなどから集められた情報は、大きな分野だと思います。こういった情報が実際に利用されている例として、エリア・マーケティングのサービスがあります。たとえば、スマートフォンの利用者が特定のエリアに入ると、そのアプリをインストールしている人には、そのエリアのお店のクーポンが送られてくる。50%オフだよ、とか。徒歩3分で着きますよ、とか。こうしたサービスは日本でも提供されていますが、アメリカの方が活発だと言われています。これはあとでもう一度、「位置情報」について少しお話しすることとも関連しますが、日本では少なくとも携帯電話会社がこうしたことを行うのは難しいとされています。アメリカでは携帯電話会社大手のAT&T社も提供しています。こうしたクーポンの発行は、アプリでGPSの情報を使ってもできるのですが、基地局等の情報も使った方が、位置情報の精度が高まります。アメリカのサービスは結構精度が高いとも言われています。

これは、スマートフォンという、センサーの固まりといえるものがこれだけ普及している中で、マーケティングに使って成果を上げている例のひとつだと思います。

位置情報というのは、やはり重要なのですね。スマートフォンだけでなく、ウェアラブル機器などからもいろいろな位置情報がとれるようになっています。その情報が膨大になっているので、マーケティング利用とか、商品役務の向上とか開発、公共サービス、都市計画などにも使えるようになってきているということだと思います。

もうひとつ大きな分野は、自動車ですね。自動車は今やもうセンサーの固まりになっていて、そのセンサーを利用した自動運転とか自動制御とかがどんどん進んでいます。ナビなどに店舗やサービスの情報を出す、ということもすでに行われています。

最近になってロボットが変わったなと思うのは、その頭脳にあたる部分がネットワークにつながって、クラウド側のAIを使うようになったことです。だから、処理能力が高くなり、使える情報が無尽蔵になっています。まあ、ロボットというよりはもうAIそのものなんですよね。そして、ロボットが便利な機能を持ったり、ロボットがすばらしい反応をしたりするようになる反面、集められる情報というものは、それと比例――いや比例どころじゃないですね、等比級数的に増えていきます。

ですから、ロボットを部屋に置いていろんなことを話しかけていたら、生活に関するすべての情報がネットワークを通じてどこかに送られることになります。もし、その情報が全部勝手に使われれば、プライバシーも何もあったものではなくなりますよね。

「位置情報」はどうやって収集されている?

この他にも、本人があまり意識しないうちに集められているものがあります。会員用ポイントカードの情報、たとえばTポイントカードとかは、基本的に記名式で、会員登録をしますよね。

こういう会員制ポイントカードからは、重要な2つの位置情報が取得できます。何かというと、カード所有者の住所と買物をした購入場所です。この2つの位置情報を常に収集しているシステムなのです。どこに住んでいる人がどこで何を買ったかという情報は、すごく役に立つ情報です。たとえば、ショッピングモールに出店を計画する際に、そこにどんな人が来るのかという情報があることを知っているのに、その内容を確認せずに計画を立てることはあり得ません。役に立つ情報があるのに入手しなかったら、怖くて計画がたてられないでしょう。

後は、業務用の機器、スマートメーターとか監視カメラ、デジタルサイネージ（電子看板）、自動販売機、エレベーター、重機のいろいろなところにセンサーが付いて、ネットワークでやりとりされるようになっています。その情報というのは当然のことながら、集積がなされているということです。

いろいろな情報の入手経路があるということと、もうひとつは、これはどれにも共通することですが、個別の情報取得は意識されにくい。私は、この20年位で、情報の自動収集ということがものすごく進んでいると思います。厳密に言えば自動ではないのですが、いつどんな情報がとられているか意識されずに、自分についての情報を収集されることが非常に増えている。それをもとに、様々な情報を生成することが非常に容易になっている、これが今起きていることだと思います。

先ほど言及した、会員制ポイントカードは位置情報だとはあまり意識されないですけれど、位置に関する情報です。あと、エリア・マーケティングで利用されているスマートフォンなどのインターネット端末も位置情報を利用しています。

これもご存じかと思いますが、たとえば日産リーフのような電気自動車は、全車両について今どこにいるのかという情報が把握されているんですね。それはなぜかと言うと、電気自動車は今でもまだまだ充電場所が少ないので、遭難してしまう可能性があるから、アラートを出す必要があります。充電ステーションから離れた状態で、残りの走行可能距離が少なくなってくるとアラートを出す必要がある。自動車については、ネットワーク型のナビゲーション・システムとかも、かなりの情報が集約されています。ナビゲーション・システムの情報は、当初からいろいろなことに使いたいという思惑があったようで、走り出しの一定時間と、駐車するまでの一定時間の情報を（ここから自宅や勤務先等が推知されるため）削除するなど、処理にも気を使ってはいますが、相当な情報を集めています。そういう経路情報をもとに、この交差点は危ないといった分析をして、フィードバックしたりしています。確か、ホンダが、埼玉県で事故の起こりやすい交差点の情報を、車線や交通標識の改善に役立ててもらうために提供したことがあったと思います。

それから、監視カメラはあまり位置情報という感じはしないのですが、人の移動を追跡可能ですよね。今、監視カメラで撮影した映像から映っている人を自動的に特定して、別の監視カメラの前を通ったときにも追跡できるような技術はあります。しかし、実際に追跡すると非難が多いのと、まだ解像度が低いものが多いので、システムとして追跡しているものはほぼないのですが、やろうと思えば追跡ができます。たとえば、刑事事件等があると監視カメラの映像が警察に提出され、被疑者の足取りがトラッキングされることはよくありますね。ただ公権力と撮影と言うと、法律の世界では、京都府学連事件*1とか、博多駅事件*2が想起され、肖像権のことが気になりますし、警察が監視カメラを設置したことについて厳

図表1　IoT/M2Mに関する論点

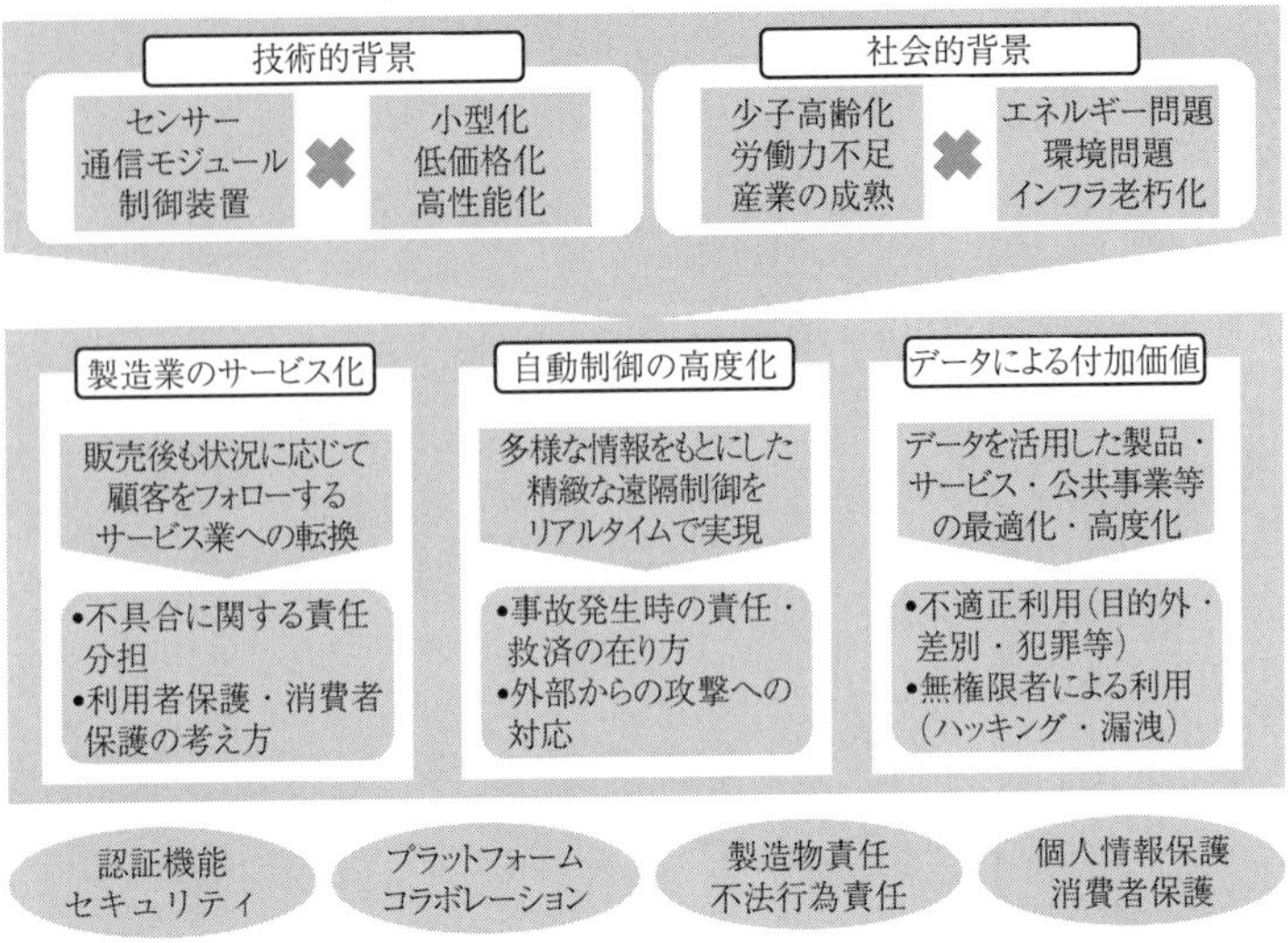

出典：小向太郎「コンシューマ向けビジネスにおけるIoT/M2Mと法的課題」
デジタル・フォレンジック・コミュニティ2015講演資料

格な基準を示した判例*3もあり、公権力が監視カメラを設置することに対しては、基本的に厳格な考え方がとられています。しかし、民間が監視カメラを設置することについてはあまり制約がないし、一般には、むしろ安全に役に立つのなら歓迎している人が多いようです。確かに、直接の人権の抑圧にはならないかもしれないですが、被疑者らしき人が写っている映像が繰り返し放送されたりしているのを見ると、憲法上の肖像権に関する判例を講義することが正直、ちょっと虚しくなってきたりします、はい。*4

図表1は、ＩｏＴについて、なぜ最近注目されるようになったのか、その背景を含めて少し整理したものです。

技術的にはセンサーや通信モジュール

の小型化・低価格化・高性能化、社会的には将来深刻になる労働力不足や環境問題等に役立てたいというニーズがよく言われます。こういったことを背景に、いろいろなものがネットワークにつながることで起こっているのが、①製造業のサービス化（ただ製品を売るのではなく、その後のメンテナンス・フォロー・追加機能付加等がメインのビジネスになること）、②自動制御の高度化（車・各種プラント・家電等の自動制御の精度が高まり自動制御が取り入れられる分野が拡大すること）、③データによる付加価値（集められたデータを活用して製品やサービスをそれぞれの利用者に最適化すること）、といったことだと言えます。これらは、すばらしい製品やサービスを生む可能性がある反面、何か不具合があった場合や、データが不適正に使われた場合には、今まで以上に深刻な問題を生むおそれがありますし、誰が責任をとるのかということも明らかになっていない面があります。

個人情報保護制度の動向

最近2015年に、個人情報保護法が改正になりました。日本の個人情報保護法は、2003年に成立して、2005年に完全施行されて、10周年ということで、見直しをしたということです。その背景になっているのは、プライバシー意識の高まりとか、データ利活用の取扱いの多様化とか、企業活動のグローバル化だとか言われています。プライバシー意識の高まりというのは、こういう利用をされるのはやはり自分の権利とか希望としては望ましくないと思う人が増えてきたことですね。その一方で、データ利活用の可能性というのは、かなり広がっています。そのバランスをとるために、見直しをする

図表2

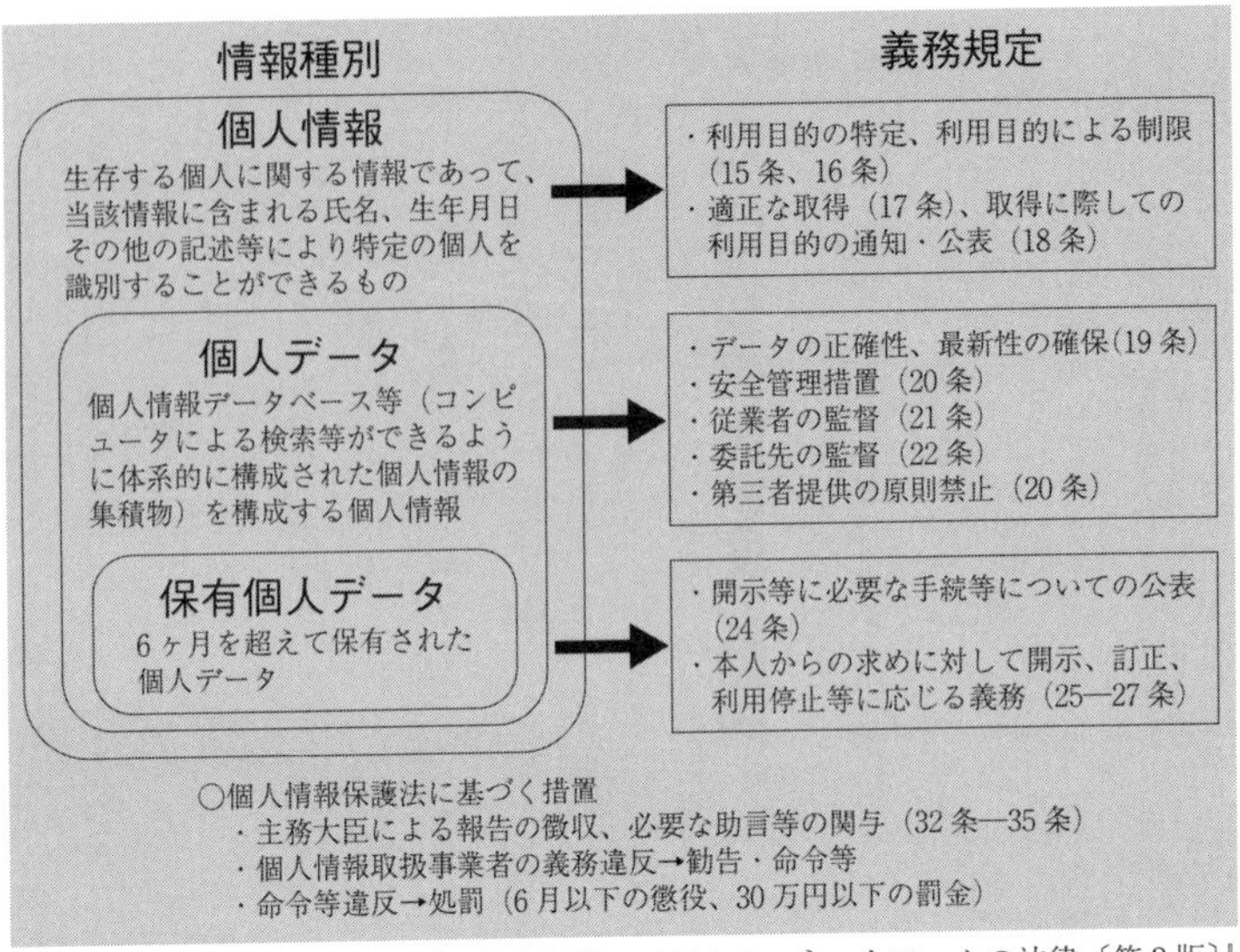

出典：小向太郎『情報法入門―デジタル・ネットワークの法律〔第3版〕』（NTT出版・2015年）

必要があるだろうということが、見直しの際に言われていたことです。

日本の個人情報保護法の特徴

図表2は、個人情報取扱事業者の義務（改正前）について、簡単に図解したものです。日本の個人情報保護法というものは、日本の個人情報保護政策の基本的な枠組みを定めていると共に、個人情報を取り扱う事業者に義務規定を置いているのです。個人情報を取り扱う際にはこういうことを守ってください、ということを言っています。個人情報保護法は、事業者が取り扱う個人情報を3種類に分けています。「個人情報」と「個人データ」と「保有個人データ」。個人情報というものは、ともかくリアルな個人と1対1で結び

つくものは個人情報です。たとえば、名刺交換は、個人情報の取得と提供になる。個人データというものは、ある程度体系的に整理されたものです。保有個人データは、それを6か月を超えて持っている場合、ということになっています。それぞれ対応する義務が違います。

個人情報全般については、およそ企業や団体が個人情報を使うのであれば、個人情報を使う利用目的を決めて、その範囲で使わなくてはならない。不適正な利用はしてはいけなくて、取得をする際もしくは事前に、利用目的を公表、もしくは通知をしなければならない。ある程度体系的に整理した個人データを持っているのであれば、正確性とか、最新性を、ある程度確保しなければならないことと、セキュリティに関する義務――情報セキュリティに配慮してください、という義務がかかる。それから、第三者提供は基本的には禁止されている。本人の同意が必要です、と。保有個人データは、一定期間持っているのであれば、それに対して、その情報の本人が、自分のどのようなデータがあるのかと問い合わせをしたら、開示をしなければならない。場合によっては、訂正や利用停止にも応じなければならない、ただし、利用停止が求められるのは、目的外利用や不適正取得などが行われている場合など、かなり限定的です。ところで、第三者提供の原則禁止が、なぜ個人データにかかっているのか、なぜ個人情報ではないのかというと、これは不可能だからです。個人情報の第三者提供を原則的に禁止すると、仕事をしている間は人の名前は口にできないことになってしまいます。そんな馬鹿な運用はしないだろうと、まともな法律家なら思うのですが、おそらくそんな理由です。日本の個人情報保護法は、非常に形式的な法律なんです。そもそも、「個人情報」、「個人データ」、「保有個人データ」と、個人情報を3つに分類している、こういうふうに分類してから規制している法律というのは、他の国にはあまりないです。

なお、今回の改正で、不当な差別等につながるおそれがある「要配慮個人情報」の取得には、本人の同意が必要になりました。

ヨーロッパでは同意原則＋実質判断による例外則

個人情報に厳しいと言われているヨーロッパはどうしているのかというと、基本的な考え方は、同意原則なんですね。そもそも、個人情報を取得したり、利用したり、提供したりすることには、本人の同意が原則として必要だという考え方なのです。そうはいっても全部同意をとることはできないということもあって、本当に必要なものについては、実質的な規定を置いています。公共の利益であるとか、法定されている利用であるとか、正当な利益のためであるとか、かなり限定的ではありますが、そういう例外規定を置いています。しかし、基本的には本人の同意を非常に重視した考え方をとっています。

日本で同意原則が導入されなかった理由

それに対して、日本では、同意原則は採用されていない。同意原則やその例外である正当な利益のためといった規定を入れなかった直接の理由は、すでに問題なく行われている個人情報の利用を制約しないためです。しかし、その背景には、形式的にしなきゃいけない、判断に迷うような条文を入れられないという理由もあったんです。何かと言うと、これは行政的な規制を定める法律なのに、監督機関が官庁の数だけある訳ですよ。個人情報保護の機関を別に置かなかったので、それぞれの業界の監督官庁が規制を行うという立て付けにしていますので、行政規制で裁量的な条文を入れて、監督官庁がばらばらだと、これは法的安定性が維持できない訳です。同意原則を入れなかった背景には、実務への影響が大きいために反対が強かったことと共に、そういう理由があると思います。同意原則を入れると、必ず判断が要ります。これは同意が必要なのかとか、例外として許容されるのかとか、そういう入り口のところで判断しなければならなくなる。まあ、そういう意味で、いろんな経緯があって、日本の個人情報保護法は、「形式的」なものになっています。

　形式的なものであって、同意原則もないですし、利用目的に関する規定は、自分で決めてそれを守ればいいという非常にゆるやかな規定ですから、個人情報の利用は自由自在です。だけど、第三者提供の制限はある。確かに第三者提供は、原則は本人の同意が必要なのですが、これも予め第三者提供をしますと言っておいて、嫌な人は申し出てくれれば除外します、というオプトアウトの仕組み（改正法では個人情報保護委員会への届出も必要）を整えれば提供できます（要配慮個人情報を除く）。そういう意味では、事前に準備をしておけば自由度が制約されることもありません。日本の個人情報保護法は、個人情報を利用し始める前に、手立てさえしておけば、個人情報の利用は自由です。えらく厳しい法律だと言われているのですが、この文脈においては、えらくゆるい法律です。

　ただ、そのゆるゆるなところに、個人情報の利用目的を変更しますとか、後から第三者提供がしたいとか言うと、本人の同意がすべて必要になる。落差が大きすぎるんですね。だから、そんなことはできないよ、という声があがってくるんです。できないでしょうね。もとがゆるすぎるので、急に、そんなこと言われても、という話なんです。

改正された個人情報保護法のポイント

２０１５年に改正された個人情報保護法ですが、まず目立つところは、個人情報の定義を明確化したことです。たとえば、バイオメトリックス（ＤＮＡ、顔、虹彩、声紋、歩行の態様、手指の静脈、指紋・掌紋など）のデータというのは個人情報か。個人情報は、特定個人を識別し得る情報なので、一意に個人と対応すれば個人情報かというと、一意に対応するものでもリアルな個人が誰なのかがわからなければ個人情報ではないと考えられてきたんです。その辺りも法律が形式的なので、解釈も形式的に積み重ねられています。たとえば、携帯電話番号は個人情報ではないと言うんですね。リアルな人間と結びつかないかもしれないから。でも、バイオメトリックスはさすがに結びつくだろうということで個人情報に入れられたし、本当に一対一で結びつく番号のようなものは入れよう、というようなことが定められました。

この辺りは、非常に大事な議論だと言う人もいるんですけれど、私から見ると、こういうことが問題になるのは、今まで過度に形式的な議論をしてきたからです。正直に言えば、携帯電話番号などは入れちゃえばいいじゃないか、と思っています。入れた上で、問題ない使い方を考えればいいだろうと思います。しかしたとえば、個人情報ではないという前提で、住所・氏名等を取得しないで、携帯電話番号だけをキーにマーケティング・リストを作っている人もいるんですね。それが販売できなくなる。個人情報を本当に保護しなければならないと考えるのなら、いいじゃないか、販売できなくたってと言いたいところですが、今まで許されたことができなくなるというと反発も大きい訳です。

次に、匿名化の議論というものがあります。個人情報の利用というのがいろんな意味で心配になってきたら、個人情報でなくしちゃえばいいじゃないか、匿名にすればいいじゃないか、というのが普通に出てくる発想です。立法の過程では、住所・氏名を削除したら本当に匿名になるのか、どういうものを匿名というのか、大変な議論になりました。一度匿名化したものが再識別化できないようにするにはどのような方法があるのかと、技術の専門家を中心にワーキンググループで議論してもらったら、かなりのものが必ず再識別ができる、と結論づけられました。できるに決まっていますよね。再識別が絶対できない情報なんて、あまり役に立たないと思いますが、そういうことをすごく精密に議論していただいた。じゃあ、安全な匿名化とは何かということを検討して欲しいと、再びワーキンググループの方に返したら、それは難しいと返ってきて、いろいろ紆余屈折もあって大変だったようです。結局、匿名加工情報という、一定の条件、技術的にもこういう加工をして、あと再識別をしないことを保証する仕組みを作れば、この匿名加工情報については、少し第三者提供等の自由度を上げてもいいという結論になりました。

ただこれも立法の過程で、この匿名加工というものは単なる仮名（住所・氏名等を削除したもの）は入るのですかとか、技術的に簡単に再識別可能なものは入らないというのなら、どういう匿名加工が必要なんですかとか言ったことが議論になり、それはこれから決めることですという国会質疑応答があって、現在そのガイドラインがパブリック・コメントにかかっています（その後、2016年11月成立、2017年3月に一部改正）。

この辺りの議論は、ちょっと一足飛びになりますが、私は個人的には、次のように考えています。今回、個人情報保護委員会が、個人情報保護法を監督する機関として設立（厳密に言うと権限が拡大）されたので、個人情報保護に関する規制について、実質的な判断が将来的にはできることになります。そうであれば、規制の対象とする情報の範囲は広くして、利用の入り口のところで、利用目的について本人の意思を反映させるような規定を入れて、どのような利用が許されるかを実質的に判断をしていくという法律の方が良かったと思っています。個人情報保護法の議論は、形式的な法律の延長線上で議論しているので、少しは使えるようにしようと思って議論をはじめたものが、どんどん細かい議論になって厳しくなっていくという泥沼に入っているところが若干あります。

3番目は、名簿屋対策ですね。ベネッセの事件が起きて、いわゆる名簿屋で転々流通したということが問題になりました。そこで、個人情報を取得するときには、いかがわしい出どころではない個人情報かどうかを確認することと記録することを義務づけたということです。その他のところは、今日は割愛したいと思います。

IoT、ビッグデータとプライバシー

IoTやビッグデータで何が心配されているかというと、①自分の情報が、認識した範囲を超えて使われる、②情報の収集・利用を拒否することが難しい場面がある、③人に知られたくない情報が、結果的に知られてしまう、といったことだと思います。

そして、個人情報を保護する制度では、本人意思反映の方法として、①利用目的の通知・公表（透明性の確保）、②本人同意の取得、③開示・訂正・利用停止等の請求といったものがあります。

利用目的の通知・公表（透明性の確保）を求めるという考え方は、程度の差こそあれどこの国の法律にもあります。その上で、本人同意の取得をどのように求めるかは、国によってかなり異なります。日本は内部利用については、本人同意の取得を法律で求めていませんし、アメリカも必ずしも同意原則とは言えないところがあります。個人情報でＥＵ型の規制をとっていない国と、ＥＵ型の規制をとっている国で分かれているところです。それから、個人情報の利用について本人が開示訂正や利用停止を求めることができるようにする制度が考えられます。本人参加の権利とも呼ばれるものですが、これはＥＵはもちろん日本にも制度がありますが、アメリカではあまり一般的ではありません。

ＥＵ、アメリカ、そして日本のアプローチ

個人情報の利用というのは、これはカナダの規制機関などもよくこういう言い方をしますが、収集・利用・提供の３段階で考えるというのが、割とわかりやすい考え方だと思います。カナダは、アメリカでもＥＵでもないので、あまり注目されませんが、英語圏の国の中ではいち早く、ＥＵの十分性の基準を満たすと認められているんです。カナダの個人情報保護は、民間の個人情報に関しては、少なくとも水準を満たしていると認定されています。比較的わかりやすい法律を作っていて、収集・利用・提供それぞれの段階において同意が必要だというモデルを、ＥＵに比べてもすっきりと定めていると思います。

ＥＵとアメリカと日本の規定を収集・利用・提供の段階において整理すると、ＥＵは特定の目的のために処理するということについて本人の同意が必要だとしています。同意がなくても使える場合というのは、正当な利益のために必要な場合などいくつかはありますけれど、そういう場合に限られるとして

います。また、ＥＵでは、同意は後から撤回できるようにすべきだと考えられています。非常に強い個人のコントロールを認めようという立場ですね。アメリカは規制の体系が全く違っていて、アメリカの消費者プライバシー保護は、ＦＴＣ（連邦取引委員会）法に基づいて規制がされています。連邦取引委員会が、規制を行っています。日本で言うと、公正取引委員会プラス消費者庁のような組織ですかね。結構、強力な役所です。ここがですね、「不公正または欺瞞的な行為または慣行は違法である」という条文ひとつを頼りに、消費者プライバシーの保護をやっているんです。実際、グーグルから高額の課徴金をとったりしているんです。それではどんなことをしたら、不公正または欺瞞的な行為または慣行だと言われるのか。本当にひどい業者は、商売の仕方がひどいじゃないかということで規制できます。ネットの企業では初期に、こんな会社がありました。Chitikaというネット広告の会社で、嫌な人にはオプトアウトさせます、つまり嫌な人は申し出てくれれば対象から外しますと言って申し出を受け付けていたんですけれど、申し込んでも10日経つと復活してまた対象になってしまう。それは騙しだろうということで、ＦＴＣに規制されたネット企業第1号となっています。そういう会社は、素直に欺瞞的だといって規制できるんですが、グーグルなどに対してはどうしたのか。グーグルやフェイスブックに対してはどうしたかというと、ＦＴＣは割とたくみで、いろいろ意見を言ったり、指導をしたりして、プライバシー・ポリシーを詳しく書くように仕向けるんです。そしてそのプライバシー・ポリシーとやっていることが違うじゃないか、これは騙しだということで、是正措置を出す訳です。グーグルは、それでまず1回是正措置を受けて、しばらくしたら、今度は是正措置中なのにやっぱり言っていることとやっていることが違うだろう、という指摘で課徴金までとられているんですね。それで思ったのは、

ＦＴＣもやっぱりグーグルには簡単に手を出せないんです。だから、非常に慎重に、たくみに規制を行っています。ただ、騙したとか、欺瞞的だというのは、考えようによっては結構射程が広いので、本人が想像できないような利用をしているというものは規制の対象になり得る。厳しい法執行を行っていることもあって、ある程度、規制の実効性が期待できるし、実際それで一定の評価を受けています。グーグルとかフェイスブックみたいな会社に対しても規制を行っている。

それに対して日本は、個人情報の内部利用に関する法律の規制は、利用目的の通知・公表だけです。不適正な取得はいけませんと言っていますが、それも余程ひどい方法でなければ対象にならないと考えられています。第三者提供と利用目的変更の場面だけが、本人の同意が必要だということです。要するに、ＩｏＴとかビッグデータの利用について、日本でも、確かに、個人情報を使うことが法律的に制約される場面というのはあるのですが、最初に使い方とか使える人というのを決めておけば、基本的には自由なのでしょうね。適当に集めたものを、いろいろな人とやりとりして使おうと思えば、それは大変です。

プライバシー・バイ・デザイン

次に、最近注目されている考え方に、プライバシー・バイ・デザイン（ＰｂＤ）という考え方がありまして、これは「プライバシー侵害のリスクを低減するために、システムの開発においてプロアクティブにプライバシー対策を考慮し、企画から保守段階までのシステムライフサイクルで一貫した取り組みを行うこと」。簡単に言えば、法律とか制度だけでは、プライバシー保護の実現はできないので、個人情報を利用するようなビジネスモデルとかシステムを考える際に予め組み込んでおくべきだ、という考え方です。これを10年以上前にカナダ、オンタリオ州のプライバシー・コミッショナーだったアン・カヴキィアン博士（Dr. Ann Cavoukian）という方が提唱して、今はＥＵのデータ保護規則案とか、アメリカのＦＴＣレポートとか、そういった原則にとり込まれるようになっています。最近は、ＩｏＴやAIの発展によって本人同意のコントロールを確保することが難しくなることが懸念されている訳ですが、こういった新しい状況にあっても、このプライバシー・バイ・デザインの考え方が有効だということを一生懸命提唱しておられます。

「位置情報」は「通信の秘密」か？

ちょっと、位置情報の取得についてお話をしておこうかと思います。日本と海外の位置情報に関する規制の概要を見てみたいのですが、簡単にと言っても、日本の位置情報の状況というのは、結構、複雑です。

位置情報が一番身近に取得されているのは、先ほども出てきたスマートフォン、つまり携帯電話です。携帯電話は、３つの位置情報を扱っています。①携帯電話が通信をやりとりしているときに、電波を拾っている基地局がどの基地局かという位置情報、それから、②通信をしていないときにも携帯電話というのは常にどの基地局から通信可能か確認する信号を出しているので、その信号が届いている基地局の情報、もうひとつは、③内蔵されているＧＰＳの情報。１番目と2番目をなぜ分けるかというと、１番目は「通信の秘密」なんです。これは日本の通信の秘密のちょっと特殊な考え方です。

監督官庁である総務省の考え方（「電気通信事業における個人情報保護に関するガイドライン（平成29年総務省告示第152号）」）では、1番目だけが通信の秘密なんですが、どれもプライバシーは大事だから本人の同意をとれ、と言っています。2015年にこのガイドラインが改定になる前は、さらに非常に厳しい規定がありました。捜査機関が位置情報の提出を求めてきた場合は、令状がある場合でも、その携帯を持っている人に信号を送って、鳴動等でこれから捜査機関に渡しますよ、ということを知らせてから渡せということになっていたんですね。さすがに犯罪捜査するのにそれは厳しすぎるだろうということで、2015年には削除されました。このように、携帯電話の位置情報についてはやや厳しめな扱いなんです。

携帯電話会社が扱う位置情報はこのように厳しいのですが、スマートフォンに入っているスマホアプリは、少なくとも当初は、自在にGPSの情報を送信していました。一応、利用規約には書いてあるとしても、普通の人は読まないですよね。それが問題だというので、総務省が、どのような情報が取得・利用されているかをわかりやすく記述したプライバシー・ポリシーの作成や、位置情報等を取得する際の同意取得を推奨しているのですが、今でも、明確な同意なしに情報が送信されているものが中にはあるようです。ひどいものは、公式ストアからはなくなっているとは思いますが、携帯電話事業者と大きく差があったので問題になったんですね。

モバイルの位置情報については、FTCが2012年3月に公表した「急変する時代の消費者プライバシー保護」という報告書で、一定の位置情報は、少なくともセンシティブ・データなので、この利用には同意が必要だ、と言っています。EUの方は、電子通信プライバシー指令という指令の中で、利用の詳細等第三者提供の有無を知らせた上で同意をとらなければならない、と結構厳しいことを言っています。FTCも厳しいじゃないか、という感じがするんですけれど、これはあくまでも報告書ですから、同意をとるといいね、と書いているだけです。強制力がある指令とは、ずいぶん違います。

報告書にもこれが執行を左右するものではないと書かれていますし、たぶん、位置情報を勝手に収集しているという理由だけで法執行を行った例はなかったと思います。私が見た限りでは、情報の収集が問題となっているものも利用規約違反で処理しているはずです。子どもに関する位置情報に関しては、COPPA（児童オンラインプライバシー保護法）という別の法律がありますけれど、一般のマーケティングの位置情報ではなかったと思います。

ついでに通信の秘密がらみでおもしろいので触れたいのですが、日本はWi-Fiの位置情報についても厳しいことを総務省は言っていて、Wi-Fiを提供する人もあんまり情報をとっちゃダメと言っています。それに対して、実際、指導を受けているんです。Wi-Fiの接続は提供するけれども、競合の会社、たとえば、コンビニに設置したWi-Fiでアクセスを提供したときに他のコンビニのサイトにとべないように、というようなことをやっていたことについて指導を受けたりしています。それは通信の秘密の侵害だ、ということなんですね。*5

同意原則の限界？

同意原則というものは、本人のコントロールを及ぼす必要があるだろうという考えから生まれたものです。プライバシーに関する権利というものは、もともと、ご存じの通り、1人で放っておいてもらう権利として、発展してきたというか、確立されてきたものです。その後コンピュータの利用が進んできたことから、自分の情報がどこかで使われているかもしれないという不安が広がったため、一定の範囲で自分のコントロールを及ぼすことが必要だと言う考え方が出てきました。その実現方法の代表的なものが、個人情報の利用に際して本人の同意を取得するということです。しかし、最近では、そもそも有効な同意とはどのような同意なのかということが、いよいよ深刻な問題になっています。

まず、本人が同意していると言っても、その同意の範囲はどこまでなのかが問題になります。たとえば、ビッグデータ解析に使いますよと言われて、どんな結果が出てくるかを想像できますか。その結果として何が出てきても、ビッグデータ解析に使うことに同意していれば有効な同意なんでしょうか。それをもとに、自分が、たとえば顧客として優遇をうけたり、あるいは冷遇されたりすることが起きても、それは同意になってしまうのですか、と。これはなかなか難しい。情報が増えて、解析能力があがっていくと、難しくなっていくものだと思います。

次に、同意取得の方法にしても、実務的には同意の内容はある程度包括的にならざるを得ない。しかし、利用規約に書いてあればそれが同意か、と言えば必ずしもそうではない訳です。ただ、包括的な利用目的を見せられても、そもそもイメージができないですよね、デメリットどころか、何に使われるのかなども。

3番目。本人の意思というのも、統一されたものではないですよね。同じ人が、同意を出したり出さなかったりということがある。そもそも、統一された同意をとることができるのだろうか、という問題もあります。

4番目がもっと深刻なことなのですが、正直使う側もわからないんですよ。何が出てくるかわからないからビッグデータな訳で、そういう人が同意をとってどうするのか、何か意味があるのか、ということになりかねない。

そして、対処策として言われているのが、次のようなことです。

では、どう考える？

まず、プライバシー・バイ・デザインですね。予め悲惨な状況を回避するような機能を先に入れる。実は、アン・カヴキィアンさんとお会いしたときに直接質問したんです。ＩｏＴやビッグデータでどのような利用がされて、どのようなことが懸念されるのかを、予め予想できるんですか、と。要素を洗い出して、予め組み込むよう努力しなければいけないのよ、と言われました。それはそうなんですが、なかなか難しいですね。

それから、2番目は、匿名化とか非識別化ですね。この問題について、イギリスなどの規制機関と、非識別化や匿名化の考え方について議論したことがあるのですが、やっぱり個別に判断せざるを得ない、ということでした。完全な匿名化というのはあり得ない。利用する側は、誠意を持って、リスクをとってやってもらうしかないんだ、と割り切っているようです。日本の場合は、何とか線を引きたがるんですが、たぶん無理だと思います。線を引こう引こうとすれば、余計使えなくなってくるんじゃないかと心配しています。この辺りは、今まさに、パブコメにもかかり、実例がこれから出てくるところなので、あまり悲観的なことを言って、芽を摘んではいけないとは思っています。ただ、利用する側である程度リスクをとって、これはいいよね、と言ってもらうようなことにしないと、やはり難しいのかなという感じはしています。

3番目。問題になりそうな機微情報とか、未成年情報は、原則として、使わないようにしよう、とか。こういう情報だけでも、同意原則とか、利用範囲を明確化するようにしよう、という考え方があります。今回の法改正で、要配慮個人情報の取得に本人の同意が必要になり、オプトアウトの対象から外れたのも、こういった考えによるものです。

4番目の、事後的に救済する、削除とか利用停止請求権を強化しようという考え方もあり得ます。ただ、どれもなかなか難しい。そもそも本当に、同意とか、本人の意思というのは何なんだろうという議論になってしまう。コンセプトとしては、単純化されたシンプルな同意とか、個別的具体的な同意とか、いろいろあるんですけれど、シンプルな同意は包括的な同意になってしまってわかりにくいんじゃないのかとか、個別的具体的な同意は愚直にやると手間がかかってしょうがないのではないかとかですね。中途半端に突っ込んで考えると、思いは千々に乱れてしまう。現実的には、場面に合わせた妥当な本人意思の反映を、探っていくということしかないのかもしれません。

ポケモンGOは個人情報保護にもとる?!

問題となった「位置情報」取得

角田：せっかく位置情報について、いろいろおうかがいできたのと、実は、新井紀子先生との鼎談のときに、ポケモンGOがいろいろな法律問題をはらんでいるのではないかという問題提起をいただきましたので、その延線上ということでおうかがいしたいと思います（↓44頁以下）。

ドイツの消費者団体が、ポケモンGOがちょうど流行しだした頃に、アメリカの会社に対して、ゲームの利用規約に問題があるのではないかということで、その利用規約、これは約款ということになりますが、問題の条項を削除せよという、そういう裁判を起こしているんですね。そのなかで、ナイアンテック（Niantic Inc.）のとっているルールというものは、匿名でゲーム、ポケモンGOを楽しむということが不可能になっているということで、位置情報をとっているではないかと、位置情報をとらせない限りゲームをできなくしているのをやめろという、そういう裁判を起こしたというニュースが出ていて、一応やめろと言ったのにその期限内に削除しないので、警告を出したという、そういうニュースがありました。*6

その後どうなったのかはわからないんですけれど、どうもそのドイツの消費者団体というのはいろいろ頑張っている団体のようでですね、グーグルとか、フェイスブックにも同じような団体訴訟を起こしていて、ここでは勝ったとか、そういうことを一生懸命広報とかに出して注意喚起をうながしているようです。位置情報の考え方というのは、先ほど先生もおっしゃっていたように、国によって違うということがあるというお話でしたよね。ポケモンGOを売り出した時点では、アメリカのルールでは問題はなかった、けれども、ヨーロッパの考え方で引っかかった、そういう整理でいいのでしょうか。

小向：おそらく、ポケモンGOも、モデルとしては利用規約等で同意を取得しているという立て付けなんですよね。利用を始めるときに、こういう条件で利用しますということを同意させているので、おそらく、アメリカの規制の考え方からすれば、全く問題はないという判断だったんだと思います。

EUでは、これは2016年の5月に成立した「個人データの取扱いに係る個人の保護及び当該データの自由な移動に関する欧州議会及び理事会の規則案（GDPR）」で明確に規定されたのですが、以前からその同意を求めているということが、別の案件と明確に区別できる形で明示されていなくてはならない（7条2項）と考えられています。そして、サービス提供のときに、個人情報を利用する同意をとるときは、個人情報の提供が、利用の条件になってないかどうかが、自由な同意かどうかのメルクマールになる（7条4項）という考え方があるんですね。だから、情報の利用に同意しなければ利用できないのだったら、同意でもなんでもなくて、それは強制でしょうということだと思います。詳しくはわからないのですが、こうした観点から問題とされているのではないかなと思います。

角田：日本の債権法改正法案にいう定型約款のルールとは、だいぶ違いますね。

工藤：ポケモンGOで、GPSの情報を提供しないで、逆に何ができるのかと思うのですが……。

小向：たぶん、特定個人識別情報と切り離して、プレイ自体は匿名で提供できるようにということなんじゃないですか。今の議論だと。

角田：それは、可能なのですか。

小向：それは仕様の問題なのでよくわからないのですが、プレイをする際に、特定個人を識別する情報と結びつけずにゲームを提供することは、技術的には可能だと思います。

角田：たぶん、それができないのが問題だということになっているのですかね。その同意だけの問題でなく、匿名で遊べないことが、問題であるというふうに……。

小向：たぶんそのオプションが選べないという同意の条件の問題か、もしくは、ちゃんと第三者提供するということを言っていないかでしょうか。

角田：第三者提供あるいは位置情報がわかると、いろんなことに使えるようになってしまうと書いてあったように思うのですけれど。位置情報をとるとたくさんの個人に関係するデータもとられてしまうみたいなことが書いてあるんですけれど、そんなことがあるのでしょうか。

工藤：ピンポイントである一瞬だけだったらわかることは限定的ですけれど、何時何分にどこにいたかということが24時間365日とられると、相当なことがわかりますよ。たとえば、住所や職場や行動パターン、あるいはどの病院に通っているとか、いろいろわかります。他の人の情報を合わせれば、交友関係だって推定できるかもしれません。

角田：ポケモンGOで遊ぶ間は、ずっとそういうことがわかってしまうということですね。

工藤：その気になればそういう解析が可能なデータだということです。問題になっているのがそういうことなのか、それとも他の話なのかはわかりませんが。

角田：たぶん、そういうことだと思います。

小向：あと、子どもの情報だとすると、これはEUでもアメリカでもそうですけど、子どもの情報の取得には保護者の同意が必要になります。それをとってないじゃないかという問題なのかもしれないですね。日本は子どもの個人情報とか、子どものプライバシー保護については、法律が何もないんですよね。

なぜ日本では問題にならないのか

角田：位置情報に関して、日本では規制が厳しいという話だったですけれど、日本ではこの問題、別に特に問題視されてないですよね。

小向：日本では、ポケモンGOは携帯キャリアのサービスではないので、特別に厳しい制約はないです。

角田：あ、携帯キャリアではないからですか。

小向：アプリ提供者のサービスなので、あまり規制がないです。ただ、プライバシー・ポリシーの作成や、位置情報等の取得について同意取得が推奨される、という位の内容になります。

角田：なるほど。ただ、この間、新井先生が詳細に紹介してくださったんですけれども、アプリをダウンロードするときには必ず同意しないとダウンロードできない、と。アプリを使えないともちろん遊べない訳なんですが、その中に、そんな条項入っているんですかという条項までが入っています。初めてダウンロードしてから、何か文句があるのだったら、その時点から1か月以内に主張しないかぎり、すべての権利を失うとかですね、そういう条項が入っていて、しかも何か言いたいんだったら、カリフォルニア州でしか訴訟は起こせません、とか条項でそんなきついことを言って、そんな条項は本当に有効なんですかね、ということをそのとき言っていたんですけど、ドイツの消費者団体はやっぱりその条項は無効だと言って、ドイツで裁判を起こしているんですよね。

小向：なるほど。それはドイツで起こした方がやりやすそうですよね。

角田：それは、かなりえぐいなと思って。

小向：だいぶ、細かい条項がやっぱりあるんですね。意外とはっきり書いてあるんですよね、アメリカの企業の規約には。

「自己情報コントロール」と言うけれど……

角田：素朴な質問なのですが、すごくたくさんのデータをもとにターゲティングをしてくるようになると、あるとき、私の何かの情報が全然違う人の何かと混じって歪められてしまいました、みたいなことって、気づくのはどんどん難しくなっていくような気がしないでもないのですが、そういう議論というのはあるのでしょうか。訂正の機会の保証とか。でもそれを直すことは本当に可能なのかとか。その辺はどうなんでしょう。

そもそも見えている世界が歪められている?!

工藤：直すことが可能かという議論の以前に、今すでに、推薦機能が浸透しすぎた状況になっているという議論があります。ネットでしかニュースを見ず、ネットでしか買い物をしない人は、履歴情報から、その人が好きそうなものだけしか推薦されないようになってしまうから、どんなに検索しても、自分が好きなごくごく限定された世界の一部分しか見えなくなってしまうという問題が指摘されています。ニュースサイトでも、その人に関心がありそうなニュースしか上位に出してくれないし、アマゾンにいっても、その人の購買行動から分析して欲しそうなものしか出さないし、みたいな状況です。そういう感じで個人の見える世界がすごく偏向してしまうことを、問題にしている人たちもいます。

角田：それはどこでですか。

工藤：情報関係、特にインターネットに関する分野でです。イーライ・パリザー（Eli Pariser）という人が提唱した「フィルターバブル」という概念があって、検索システムなどでユーザーの嗜好にあった結果だけを選択的に提示するプログラムのことをフィルターと言うのですが、インターネットの海の中で、一人一人がフィルターという泡（バブル）に囲まれてその中しか見えなくなっているというイメージです。たとえば「エジプト」と検索しても、政治に興味ある人にはエジプト革命などの記事ばかりが表示され、別の人には観光情報ばかりが表示されるというように、同じ検索キーワードでも検索結果が人によって全く異なるという例があります。別な表現では、もはや「標準」と言える検索結果があり得ないとも言えます。提唱したイーライ・パリザーは、これは人々に悪い影響を与えるよくないことで、フィルターの過剰な使用をやめるべきだという考えでしたが、悪影響の度合いについてはいろいろな説があって、それほど深刻な問題ではないという人もいるようです。

小向：法律の世界では、アメリカのキャス・サンスティーン（Cass R. Sunstein）先生が、それをずいぶん前から民主主義の文脈から問題視していて、それを書いている著書は、"Republic.com"という本、邦題は『インターネットは民主主義の敵か』（石川幸憲訳、毎日出版社・2003年）というものです。

それは確か、入ってくる情報全体が自分用にカスタマイズされてしまうことで、そもそも、最低限の公平な判断ができなくなってくるのではないか、民主主義の基盤がなくなってくるのではないか、最低限の情報は強制的に見せた方がいいのではないのかという内容でした。最初読んだときは、サンスティーン先生ちょっとすごいこと言っちゃったかな、と思ってしまったんですが、今になってみると洒落にならない状況というのは確かにあります。*7

見えるものが、政治的なものだけでなくて、狭められてしまうことはあるんでしょうね。歪められることもあるし、混じっちゃうんじゃないかという心配もあるのですけれど、それよりこちらの方が心配。

角田：自分のデータに不純物が混じったとわかったときに、訂正する機会というのはあるのでしょうか。

小向：ＥＵがすすめている削除権や訂正請求権が徹底されれば可能性はあるのでしょうが、現実的にはなかなか保証されないですね。アマゾンのおすすめでも、直接は直せないですね。フェイスブックなどでも、ニュースフィードに変なものが流れてくることがありますよね。友だちのコメントとして流れてくるのを見ると、この人踏んじゃったなみたいに思えることが。

角田：それを消すことはできないのですか。

工藤：それは、難しいと思います。新井先生の話でもちょっと出たのですが、最近の複雑なAIの仕組みというのは、一部分だけの動作を変えることは非常に難しいそうです。

角田：そうそう、「データの大海の中の一滴」っていう、すごく衝撃的なことばを言われて、えっと驚いたんでしたよね。つまり、除去することはできないし、その部分に特化して対応しようとするとかえって台無しになってしまうというお話でした。

小向：まあ、そういうことになってしまったら、現段階では薄めるしかないですね、正しい情報で。

工藤：そうやって情報をどんどん入れれば入れるほど、

サービスの方もどんどんいろいろなものを推薦してくるようになるかもしれないですね。

角田：それはそれで歪められている気がしますけど。

「同意」はどこまで真の「意思決定」？

工藤：今のシステムは複雑なので一部だけを変えるのが技術的に難しいとなると、今度は自分の情報が本当にどこで使われているかということを、はたしてコントロールできるのかという問題にもなってきますよね。

小向：それこそ、同意の意思決定も歪められている可能性はあるんですよね。だって、同意するとき、これは同意してもいいかなと判断するのは、今までの経験とか知識で考えている訳なので、たとえばアマゾンだからいいだろう、と思って同意ボタンを押している訳です。オプトインかオプトアウトかで選択行動が異なることもよく言われています。あと、人間、一度ＯＫしたものに拘束されるもので、自分がいいと思って選んだものは、無意識に正当化してしまうところもある。そういう傾向は、実証的に証明されているそうです。そういう意味では、同意も意思決定も、どこまで自分のものなのか、と。発信している情報もそうですし、自分が決めたつもりになっているものも、もしかするとそうでもないかもしれないですよね。

工藤：データベースに入っている情報だけを消すということはできると思うのですが、その情報を使って訓練されたAIから、自分の情報をもとにされた部分を抜くということは、ちょっと無理だと思います。

小向：人物像を抜く、生成されたデータ。それはそうなんでしょうね。そういう使われ方に同意していたのか、と。こんなものが結果として出るとは思わなかった。これって、それこそ本当に、何が出てくるかはわからないですからね。

工藤：だいたい、うかつな人が多いじゃないですか。カップルが遊園地でいちゃいちゃしている動画をユーチューブにあげちゃって、別れた後で別の彼女ができたんだけれど、でもその動画は拡散しちゃっているし、ダウンロードしちゃっている人とかもいるし、もはや消せないとか。それは同意の問題ではないですけれど、でも本人が動画をあげていいと思ってあげている訳ですよね、そのときは。そういうものが地雷だということはちょっと考えればわかることだと思うのですが、それでも動画をあげちゃう人が結構いることを考えると、人間は割と簡単に同意してしまうものかもしれません。

角田：それにしても、同意原則にもいろいろと問題があって、難しそうですね。

小向：他に代案がないので。民主制は最悪の政治体制だがそれ以外のものよりはいいというのと同じで、同意以外にコンセンサスがとれそうなものがないんです。ここにあげているものも、みんな弱いです。プライバシー・バイ・デザインと言ったって、同意の延長線上のものだし、非識別化というのも万能ではないですし。

角田：プライバシー・バイ・デザインの最後のテストと確認というのは、誰がテストするのですか？

小向：これは、自発的なものをイメージしているので、ビジネスモデルを導入する人間がやるものです。

角田：最終段階で個人がテストできるという話ではないのですね。

小向：それは違いますね。基本的に、プライバシー・バイ・デザインというものは提供側の取り組みの話です。これをやるとビジネスにもいいことがあるのよ、とカヴキィアン先生はあちこちで力説して、10年言い続けていたらメジャーになったという、そういう意味では、すばらしいです。ある意味ではあたり前のことなので、なぜこういうことをわざわざ力説するんだろう、と思う人も多かったんですけれど、最近お会いして洗脳された訳ではないのですが、考え方を明確に示すということは意味があると思います。

「忘れられる権利」という権利は必要か？

小向：自分のコントロールを及ぼすという話を進めてい

くと、一定のものは消してあげなくてはならないんじゃないかという議論がやっぱり出てきます。これが、忘れられる権利の議論につながっていると思います。しかし、これを法的に、本人の権利とか、事業者の場合ですと義務として、強制すべきなのかということについては、私はかなり疑問に思っています。ヨーロッパはもう導入が決まっていますが、どうやって実効性を担保するのでしょうか。

角田：どうやって実効性を担保するというのは、どういうことですか。

小向：EUが導入する消去権（忘れられる権利）というのは、本人が合理的な範囲で要請したら削除してあげなさいという権利ですよね、簡単に言うと。本人が削除してくださいと言ってきているのだから、削除してあげなさいということです。ネットワーク上で公表されて拡散しているものをどうやったら削除できるのか、なるべく拡散先にも知らせましょう、とかそういう規定もあるのですけど、消去権の行使が無制限に拡大すると収集がつかなくなるんじゃないかと思ったりしますし、そもそも、そこまでの強いコントロールというのはあり得るのでしょうか。

角田：私はよくわからないのですが、技術的にはどうやって対応するのですか。

小向：技術的な対応方法は今のところなくて、たとえば、フェイスブックに消してくださいと言ったら、フェイスブックには、自分のところにある情報を消すことと、そこからコピーされたり拡散してる先に、消してって言ってるよ、と知らせることが求められます。

角田：消してって言ってるよ、と知らせるというその手間を踏みなさいっていうことだけなんですね。

小向：手間の割に効果がないのではないかという感じが私はしています。ただ、こうした消去を担保することは技術的にはあり得ない話ではないようです。技術的に最初から組み込んでおけば、あたり前にできるはずです。

工藤：それですら、画面をキャプチャーしたものをウェブに載せられたりしたら対処しようがないですよね。

小向：今のところ、ネットワークに出てしまうと対処のしようがないですね。ただ、この問題は、技術的にはどこまで追跡性とか透明性とかを担保するのかという問題につながります。今日はお話しませんでしたが、ＩｏＴで、プライバシー・バイ・デザインを確保するというときによく言われているのは、追跡（trace）可能にすることと、停止（kill）可能にすることなんですよね。それを可能にするためには、すべての情報にメタデータをつけて追跡できるようにしておいて、いざとなったら、その情報を削除するかアクセスできないようにする、という方法が考えられます。それが現実的なのかどうか、私にはわからないです。今のＩｏＴでそんな面倒なことをしようと思っているとは、あまり思えないです。しかし、本当にプライバシー・バイ・デザインを強力に実装できるのは、その方法です。

ただ、今は、ごく一部の分野でしか、真剣には考えてないと思いますね、この方法は。ビッグデータを分析するときに、ビッグデータのデータフィールドひとつひとつにメタデータを付けよう、なんてことは多くの場合考えていないと思います。ただでさえ大量のデータを処理しなければならないときに、どうしてそんな余計なことをしなければいけないんだ、という話になると思います。それから、匿名化とか非識別化したときに、メタデータが残っていても非識別化と言えるものになるのかといった難しい問題もあります。

角田：そこはおもしろいとは思うんですけれど、なかなかすぐには答えがでません。とても難しい問題ですね。

「忘れられる権利」の保障を支える論理的前提

角田：ところで、ちょっと話は逸れてしまいますが、「忘れられる権利」の、その最初のスペインの事案がある意味おもしろいなと思ったのは、その元ネタの情報が載っていた新聞はブラックではないというか、シロなんですよね。グーグルの検索結果にあがってしまうのが問題だ、その権利侵害があると言ったんです。あれがちょっと不思議と言えば不思議じゃないですか。ネット上だから、あるいは、ネットならではの権利侵害だ、という言い方にも聞こえてしまいます。

小向：もともと、このコスティージャ・ゴンザレス事件（Google v. Mario Costeja González）で争点になった法律は、データ保護指令です。グーグルはデータ管理者だから、本人の同意があるか、例外規定の方でグーグルの正当な利益を実現するために本人の権利を侵害しない利用処理しかできないということになっていて、それにはあたらない、という判断です。新聞社の方は、訴状に載っていないので正確に言うと直接は判断していません。しかし、もし、そちらが正当な利益等として適法に許される場合でも、グーグルはデータ管理者として削除に応じなければならないという判断を考え方として示したものだと、私は理解しています。これって、同意原則の延長線上のことなんですよね。本人が同意していない、と。明らかですよね、本人が削除してくれって言ってきているのだから。そしてこの場合は、正当な利益というのは認められない。元が侵害じゃないのに、こちらだけが侵害だというのは、不法行為としては考えにくいでしょう。個人情報保護制度を根拠にするのでなければ難しいし、もっと言うと、同意原則みたいな考え方を根底にしなければ難しいと思います。

角田：そもそも同意原則が確立していないところでは出てこない議論であるということですね。

小向：出てこない考え方だと思っています。だから、忘れられる権利を、日本でも入れるべきだという方もいますが、それを入れる位だったら、同意原則を入れる方が先だと思っています。個人情報の利用に本人の意思を反映させる制度を導入しないのなら、忘れられる権利だけを導入しようなんてことは言わないで、普通の不法行為の範囲で、どこまで保護してあげなければならないのかを考えてあげた方がいいと思います。その議論はむしろ角田先生のご専門ですけれど、発信元、元情報の方が権利を侵害している場合に限られますよね。日本の不法行為では、あり得ないですよね。

角田：しかも元のネタが、確か、差し押さえられたという情報なんですよね。

小向：競売広告。しかも、スペインでは法律で義務づけられたものなんですよね。公報の代わりに新聞に競売広告を載せなきゃいけないということになっているようなので、法律的根拠がある掲載なんです。だから、それはそんな簡単には消す訳にはいかない。

角田：そうですよね。ただ、そういった情報が、今、検索して出てくるのは嫌だということですよね。

小向：まあ、嫌でしょうけれどね。ヨーロッパの個人情報保護制度の考え方だと、そういう行き方はあり得るとは思いますが、でもちょっと行きすぎかなという感じはします。日本とかアメリカの議論は、少し違います。それから、日本では、2つの議論がちょっと錯綜しています。検索エンジンは削除に応じなければいけないかという議論と、忘れられるべき権利、忘れられるべき情報はあるのかという議論と、2つの議論がちょっと混乱していると思います。日本で裁判になっているものの多くは、前科ですよね。実名報道されてしまっているんですよ。

工藤：この問題というのは、別に新聞記事だって図書館に行って調べればわかることで、要は簡単に検索すると出てきてしまうから顕在化する話ですよね。だから、本気で忘れられる権利を言うのだったら、元の新聞記事を削除しないと、忘れられることにならないじゃないですか。検索しにくくなっただけじゃないかと、単純に。そうすると、どれ位簡単に検索できるかという程度問題が、良し悪しの判断基準になってしまっている気がするんですけれど、その辺はどうなんでしょうか。

小向：私は、これだけインターネットとか検索というものが普及している社会状況全体で考えなくてはいけないと思っています。*8 だから一度実名報道すれば、10年後、20年後もそれは残るものだという前提で、本当に実名報道をすべきなのかを発表前に考えるべきことなんだと思います。実際、今、少しずつ考えて模索している最中だと思います。

たとえば、もし、2年とか3年で忘れなくてはいけないような情報だったとしたら、最初の実名報道が問題なんですよ。確かに、中には可哀想な例もあるらしいんです。ちょっとした事件で逮捕された人がたまたま有名大学の学生だったので実名で報道されたとか、そういった事情がなかったら世間の興味はひかないので実名報道されていなかったのではないかという例もあるようです。ただ、これを強調すると、実名報道をやめろという議論になると言われそうですが、そういうことではないです。政治家の職務上の犯罪とか、横領とかは、全然消す必要はない訳じゃないですか。忘れられるべき情報というのは確かにあるのかもしれないですが、ただ、問題視されているほど多くはないと思います。これは、たぶん異論があると思います。まあ、いろいろな考え方があるので、忘れられるべき対象を広く認めるべきという考え方もあるとは思います。

工藤：言っちゃったこととか、載っちゃったことが、昔はだんだん時とともにフェードアウトしていったけれど、今はそうではなくなってきていると思います。

小向：少なくとも人の噂も75日では、なくなっているということですよね。それは事実です。私も学生の頃になくて良かったなあと思っています、SNSとか。

角田：それはそうですね。

小向：きっと当時、ろくでもないことを言っていただろうなと自分でも思います。そういう意味では、現代の若者たちは可哀想です。ただ、むしろサービスを提供する側が、少し考慮するような仕組みを作って、そういうビジネスとしてやっていった方が、いい結果が出るんじゃないかなっていう気がしますね。

ちなみに、忘れられる権利について、ひとつだけ、あまり言われていないことがあります。ヨーロッパでは裁判で削除しなさいと言われましたよね。日本でも一部削除を命じる判決が出ています。アメリカで、グーグルに対して検索結果から削除してくれという訴訟が起きてないかといえば、起きているんです。そういう訴えはいくつかあって、だけどアメリカの裁判所ではいわば門前払いです。なぜかと言うと、アメリカには、通信品位法という法律があって、双方向コンピュータサービスの提供事業者が、他人が発信した情報に関しては、原則として責任は問われないという規定があるからなのです。権利を侵害する情報を知っていても責任を問われないと解釈されていて、検索エンジンもそれにあたるので、削除する義務はありません、ということです。

検索サービスが被告になった裁判例の判決を読んでも、あまりおもしろくない。なぜおもしろくないかと言えば、消せと訴えてもそういう義務はないですと、あっさり棄却しているからです。ゴンザレス事件で、グーグルは削除を拒否していましたが、いわば本国アメリカでは全くこういう削除に応じる基盤がありません。よほどひどいものは、ビジネスの観点から自発的に対応しています。しかし、要求があったから、はい、そうですか、と簡単には消せないところがあります。アメリカは表現の自由を重視するからだとか、割とそういう説明をする人が多いですけれど、そうではあるのですが、端的に言うと、世界でもちょっと特殊な、プロバイダーの原則免責を定めた法律があるからなんです。

角田：原則免責ですか。

小向：原則免責。それを裏返せば、表現の自由を重視しているとも言えます。

プライバシー保護法理の動きに注目!!

角田：「忘れられる権利」をめぐるEUと日本の議論の素地の相違であるとか、同意原則の議論でありますとか、大変おもしろかったのですが、日本のプライバシー侵害の議論の展開との関係でおもしろい仮処分が最近出ているんですよ。ハローページをネットで見れるようにしていたサイト（無料と有料あり）に対する差止めを認めるさいたま地裁決定の仮処分が出ているんですね。*9 この事案、元ネタについては同意ありで違法性なしなのですが、ネット掲載がプライバシー侵害という、EU裁判所の「忘れられる権利」判決と似た構図である、とも言えるかと思います。

プライバシーに関する重要判決と言えば、例の早稲田大学での江沢民講演会の事案に関する最高裁判決*10がありますが、事案は参加者名簿を第三者といっても「警察」に渡したという意味で結構特殊な事案という感じできていたと思いますが、冷静に見てみると……この最判は、一般論を語っているようにも見えます。つまり、問題となった個人情報は大学が個人識別等を行うための単純な情報で、「秘匿されるべき必要性が必ずしも高いものではない」が、「本人が、自己が欲しない他者にはみだりにこれを開示されたくないと考えることは自然なことであり、そのことへの期待は保護されるべき……プライバシーに係る情報として法的保護の対象となる」。その上で、「大学が本件個人情報を警察に開示することをあらかじめ明示した上で本件講演会参加希望者に本件名簿へ記入させるなどして開示について承諾を求めることは容易であったものと考えられ、それが困難であった特別の事情がうかがわれない……同意を得る手続を執ることなく……無断で本件個人情報を警察に開示した同大学の行為は……任意に提供したプライバシーに係る情報の適切な管理についての合理的な期待を裏切るもので……プライバシーを侵害するものとして不法行為を構成する」と言ったんですね。

今回の決定は、開示行為はかなり異なっている訳ですが、この一般論に依拠したと言えそうです。ＩｏＴ、ビッグデータの観点からも、このさいたま地裁決定の射程がどこまでいけるかは興味深いというか、要注意ではないかと思ったのですが、いかがでしょうか。

小向：公開されている情報でもネットで公表されることに関しては、別の法的保護があり得るかどうかは、非常に重要な問題だと思います。こうした問題に関しては、「保護の対象となる情報」と「公開や第三者提供の態様」のそれぞれについて、検討する必要があると考えています。そして、早稲田大学事件は「保護の対象となる情報」をかなり広く捉えたという点で重要な判決だと思います。この点では一般論を言っているものと、私も理解しています。おっしゃる通り、この事件で本当に問題としているのは、「警察に渡すなどということを全く言わずに集めた（まさかそんなことをするとは思わなかった）のに警察に情報を渡した」ということが、「信頼の裏切り」だという意見が多く、一般に公開されているものをネットで公開するという事案とは、ここが大きく異なると思います。

一般に公開されているものをネットに公開することがプライバシー侵害にあたるかどうかということについては、そういうこともあり得るのだと思います。ちょっとイメージが違うかもしれませんが、たとえば写真の公開などは、ネットに載せることが新たな侵害を生じると考えられているように思います。たとえば、先端ファッションWeb掲載事件[*11]やグーグル・ストリートビューに関する議論は、「ネットに載せること」が問題になっていると言えるのではないでしょうか。

個人的には、電話帳で公開されている住所氏名電話番号をネットで公開することをプライバシー侵害にするのはちょっと難しいのではないかと思いますが、個人データの同意なき第三者提供にあたるかどうかは微妙だと思います。どうもこの事業者はこれにもあたらないと強く主張しているようですが。余談ですが、早稲田大学事件は、個人情報保護法制定の議論が開始された正にそのタイミングで毎日新聞にスクープされ、立法と並行して裁判が行われて来たという経緯から、かなり個人情報保護に関する議論の影響を受けていると思います。

角田：早稲田大学事件と、その後に出た、住基ネットに関する最高裁判決[*12]とをちょっと読み比べてみたんですよ。これは、住基ネットによって行政機関が住民の本人確認情報を収集・管理・利用する行為について住民が同意していないとして憲法13条違反だとして住民票コードの削除請求をした事件ですが、原審はそれを認めていたのをひっくり返したというものです。印象としては、早稲田大学事件の最高裁判決をどう位置づければいいのか自体が、まだ固まっていないように思えてきています。

早稲田大学事件の担当調査官の判例解説を見ますと、先生がおっしゃる通り、個人情報保護に関する議論、それも、高度情報化社会における新しいプライバシー権の考え方の必要性といった議論を、相当強く意識していますね。事案はそうでないにもかかわらず、ですよ。だって、警察に情報を開示した事案ですから。

たとえば、こんなくだりがあります。「高度情報化社会では……情報の漏えいは意に反する他者への公開の危険を包含……本判決が情報の開示について本人の『同意』を重要な要件としているのも、このような自己に関する情報を管理する権利の考え方と親和的なものとみることができよう」[13]と。判旨は、違法性の根拠を「合理的期待を裏切った」点に求めたのですが、それよりはいっそのこと、より直截に、プライバシーを自己情報コントロール権として「抽象的危険からの保護される利益」の要保護性を論じた方が良かったのではないか、との指摘もあるくらいです[14]。

これに対して住基ネット訴訟、こちらでは「自己情報コントロール権」としてのプライバシー権が前面に出て、住基ネットはこのような権利を侵害する違憲なものかが争われ、違憲ではないと判断したのですが、この判決の判例解説を見ますと、この早稲田大学事件判決もなお、伝統的なプライバシー権の枠内に留まっていたと一生懸命言っています。これも個人識別情報が「みだりに」警察に情報開示されたという意味で、私生活の平穏を守ろうとしたのだと[15]。

ただ、住基ネット最高裁は単に消極的権利に戻ったのではなく、本人確認情報の適切な取扱いを担保する制度的措置やデータマッチングは罰則担保付きで禁止されていることや個人情報を一元管理する機関・主体が存在しないことを考慮に入れて本人の予期しない範囲でプライバシー情報が行政機関に保有され、利用される具体的な危険が生じているとは言えないとした点を捉えて、ドイツ型の「情報自己決定権」に近づいたと評価する見解もあるところです[16]。

こういった展開自体、なかなかおもしろいと思ったのですが、ただ、早稲田大学事件判決の法理、つまり、単純な個人情報であっても「同意」なく他者に「みだりに」開示すべきでないという法理が（あるいはこの判決をどう定式化するかも論点かもしれません。警察への開示を

「あらかじめ明示した上で……承諾を求める」ことを要求していると読めば――これってもうほとんど「同意原則」ともいえませんか?)、先生がおっしゃる通り、民事ルールとしては一般論として存在しているとすれば、次のように言えないでしょうか。

今回のさいたま地裁の仮処分決定の事案は情報開示がネット公開だった訳ですが、これを超えて、別の業者への情報開示(提供)にまで及んでいくことも当然考えられるところではないかと。このタイプのものとしては、マンション購入者名簿を管理会社として予定されていた者に提供したことはプライバシー侵害であったとしつつ、例外的にプライバシー開示行為に「正当な理由」があったとして違法性阻却した東京地判平成2年8月29日(判時1382号92頁)があります。

このようなプライバシー判例法理の理解、あるいは展開の可能性について、先生のお考えをお聞かせいただけませんでしょうか。今般の個人情報保護法改正の議論との整合性なども気になっているのですけれど。

小向:個人的には、早稲田大学事件の最高裁判決は、当時の議論状況に引っ張られた書き方になっていると思います。それから住基ネットについては、背後に「国民総背番号制とプライバシー」という問題があるので若干違う議論と認識していました。しかし、よく見ると確かに「4情報」と「住民票コード」の秘匿性に違いなく、単なる個人識別情報と言っていますね。

ただ、「住民票コード」を新設することで実現した住基ネットが許容される理由について、明らかに今までの行政事務よりもプライバシーに配慮されているという見解が示されていて、どちらかと言うとこちらが本筋と理解されているように思います。それから、マイナンバー導入の際の大綱でも、この辺りの検討が少しされています。[*17] 先生のおっしゃるように「情報自己決定権」にも近づいているのだと思いますが、考え方としては対公権力における「自己情報コントロール権」の延長線として理解できると思います。

私見ですが、判例の理解としては、次のように理解するのが妥当ではないかと考えています。

・単なる個人識別情報（の取得・利用・開示）であってもプライバシー侵害の対象となることはあり得る

・プライバシーの侵害となるかどうかは、本人がどのような期待を持つかによって異なる

・早稲田大学の場合は、警察に渡すのであればそれを事前に知らせてから集めるべきであったし、住基ネットの場合は、新たな懸念を生むのであればしっかり配慮すべきであった（後者は配慮ができているのでOK）

・どのような期待を持つかということは、本人の同意（実質的な同意を含む）や社会通念から判断される

角田先生がおっしゃる通り、「本人の期待≒本人の同意」と考えてもいいかもしれません。そして、おそらく個人情報保護制度上の「同意原則」も、実質的な同意や正当な公共の利益によって正当化されるものなので、こうした判例の方向とあまり齟齬はないのだと思います。ただし、日本の個人情報保護法は、そもそも「同意原則」を採用していないので、むしろ不法行為に関する判断基準の方が、事前規制である個人情報保護法より、基準が厳しくなってしまっている可能性があります。

角田：先生にすっきりきれいにおまとめいただいた私見に共感します。法状況としては不透明性が残り……プライバシー判例法理に引き続き注視していく必要があるなということですね。プライバシーは理論の進展もすごいのですが、判例の事案も多種多様ですし、判例法理の理解も難しくて……。でも今回、少し状況整理ができ、また、先生とも問題意識を共有できて良かったです。

ドイツのICTプラットフォーマーの責任論

角田：折角の機会なので、ちょっとドイツ法におもしろい法理がありまして、ご意見うかがってみたくて。

ICT領域でいろいろなシステムとかプラットフォームを提供している業者、たとえば、ネットオークション運営業者とか、ユーチューブとか、フェイスブックとか、グーグルもあったかな。あるいは、Wi-Fiを提供してネット環境を提供している者とかがですね、システム

利用者の権利侵害行為あるいは児童ポルノをダウンロードするような違法行為を「助長」あるいは「支援」したとして、そういう利用をさせないような環境を作らなかったシステム提供者が権利侵害状態を除去する責任を負うべきだという、そういう判例がドイツではボコボコと立て続けに出てきているんです。

何と訳すのが適切なのかよくわからないのですが、Störerhaftungというのですが、もともとは、著作権侵害であるとか、商標権侵害とか、そういう領域で1950年代だったでしょうか、つまり大分前から形成されてきた判例法理が、2000年位からICTの領域でたくさん使われ始めているようなんです。差止請求でして、特別法がない世界でその法的根拠は何かと言われても、あまりはっきりしていなくて争いがあるようなのですが。一種の物権的請求権なんですね。妨害排除請求権を行使されて、その権利侵害が起こっているのを除去しなければならない、そういう違法行為をしているとか、そういう権利侵害をしているかどうかというのを、ちゃんとチェックして、調査確認をした上で、サービスを利用させなければならない、とか。そういう違法行為をしていることに気がついたら直ちに利用停止させるべきである、とか、そういう考え方のようです。

これって、媒介者責任とか、プラットフォーマーの責任という意味では、新しい考え方だなと思ってみていたんですけども、そういう考え方に対して、何か感想なり、思うところがあれば、お聞かせいただけないかと思うんですが、いかがでしょうか。

小向：アメリカの通信品位法というのは、刑事責任も含むんです。なので、たとえば、わいせつ物であるとか、そういうものがプロバイダーを介して提供されていても責任を問われない、という法律なんです。そういう意味では、対極のものですね。ただ、そうは言っても、媒介者はそういうものにも現実的には対応をしているのですけど、責任という考え方で言えばかなり対極ですね。日本とか、ヨーロッパの電子商取引指令などで考えているホスティング・プロバイダの責任の考え方というのは、知っていたら対応しなくてはいけませんねということになっていますが、知らなくても対応しなくてはならないということですね。

角田：悪意がある必要はないんです。

小向：電子商取引指令の考え方は、基本的には受動的な責任を認めるという、責任限定をしているんです。ドイツの考え方というのは、ドイツはマルチメディア法などを作った時代から、媒介者の責任を認めているとは認識してたんですけど、その動向は知らなかったです。

角田：確かに、かなり厳しい。特殊なアプローチなのでしょうか。

小向：かなり厳しいと思いますね。しかもかなり特殊ですね。アメリカが特殊なのと同じくらい、特殊な感じがします。

今、EUはデジタル単一市場ということを謳っていて、その中に、プロバイダー責任の規定の見直しということも謳っているのです。ただ、全然まとまらないみたいです。スタッフレポートが出たときに、プロバイダー責任の規定が電子商取引指令にありますが、どの国もあまり守っておらず、なんか勝手な法律を作っているといったことがレポートに書いてあるんです。ドイツのことを指しているのかもしれません。

角田：結構、ドイツ、頑張っている方ですよ、あのプロジェクトに関しては。

小向：むやみに責任をとらせたり、対応を求めるのというのは、自由の観点から好ましくないのだが、とそんな感じのレポートで終わっているんです。なので、今の話をうかがうと、本当にやっぱり国によって、プロバイダーの責任について温度差があるのかなと思います。免責について、責任限定について、ヨーロッパの中にすらかなり違いがあるのかなという印象を持ちました。

角田：ドイツは、突っ走ってしまっている感じがあるかもしれませんね。*18 本当に、私も驚きましたから。

小向：ただ、媒介者に重い責任を負わせると、情報の自由な流通が滞ることがあるのではないかという気がします。当然、技術的に可能な範囲ということだと思うのですが、そういった実際に対応を求められる内容に妥当な限定がかかっているのかもしれませんが、ドイツでStörerhaftungとして主張されるのは、日本法でいうと一般不法行為とか債権関係にあたるのでしょうか。

角田：不法行為法に位置づける考え方もありますが、差止請求権というもので、一般的には、物権の妨害排除請求権（ドイツ民法1004条）の規定をもってきているようです。日本でも、差止請求権の法律構成は、いろいろと議論があるところです。でも、やめさせる請求権というのは、ある意味、真剣に検討するのに値するように思えるわけでして。たとえば、ポケモンGOの話にまた戻ってしまうんですけど、先日、新井先生にうかがったお話ですと、地下鉄の線路の上とかにモンスターが現れる設定がされちゃっているらしいんです。もちろん、危険ですのでゲームをしないようにと鉄道各社が呼びかけたりしている訳ですが、どこまで実効性があるかわからない。一番いいのは、そして、たぶん簡単なのはゲーム会社の設定を変えればいい訳じゃないですか[*19]。それを命ずる訳ですよ、裁判所で。このロジックは、それを可能にするものだと思います。それは、身体の安全に対する危険という絶対権侵害、絶対的に保護すべき利益があって、それを予見することが可能であれば、それを阻止する義務がゲーム会社にはあるといって訴える、ということになるんしょうね。

小向：なるほど。全くあり得なくはないかもしれないですね、そういう意味では。ただ、少なくとも悪意の場合に限られるとしておかないと、今の仕組み自体が成り立たなくなるように思いますけれど。ただ、本当に、ドイツは大変なんですね。

角田：裁判所が積極的ですよね。そういう新しい問題が出てきたときに、あの知的財産権の、あのような考え方を、民法の条文を根拠にごーんと入れるというのは大胆だなと思って、ちょっと驚いて見ていたんですけど。

小向：個人情報保護の世界でも、ドイツはすごく厳格な運用をすると言われています。EUで2016年に成立したGDPRの議論でも、ドイツからはこのような規則は責任もって守れないから反対しますという意見が出たと、聞いたことがあります。

情報工学における匿名加工情報研究事情

工藤：先ほどのお話にあった匿名化という問題は、最近、個人情報保護法の改正とかが絡んで流行っているのでしょうか。

小向：流行っています。

工藤：流行っているんですね。先週、卒論の中間発表会があって、ずっと聞いてたんですけど、まさにその匿名化問題の研究がありました。個人の住所とか名前は消すけれども、その他の情報をちゃんと見ていけば個人が特定されちゃうようなときに、ダミーの情報を加えることによって特定を阻止して、そうするとデータとしての精度は若干下がるけれど、匿名データとして利用できるようになるというような発表があったんです。へえ、そういう研究があるんだと聞いていたんですけれど、先ほど匿名化の話を聞いて、なるほど、こういう文脈で議論が活発になっているんだなって腑に落ちました。

小向：そういう、理論的に強度とかを考えることは必要だし重要なことです。ただ、基本的には加工すればするほどデータとしてだんだん役に立たなくなる面はありますね。おそらく、昔はあまり厳格に考えずに、非識別化した情報を利用していた例も多かったのではないかと思います。しかし、たとえば、住所や氏名を削除しても、他の情報と照合が容易なら個人情報になります。そして、同じ組織の中に元のデータベースがあれば照合できてしまうことが意外と多いわけです。個人情報保護法の改正においても盛んに議論になったJR東日本のsuicaの案件では、こうしたことが焦点になりました。suicaの乗降履歴を販売する際に、住所も氏名もsuicaのIDも消していたけれども、秒単位の履歴なので同じ履歴の人は一人しかいないから、一人に絞る（識別する）ことができる。それをJRのデータベースと照合すれば、特定個人を識別し得る情報になるので個人情報じゃないか、と。それを本人の同意なく提供したのはけしからんということになりました。その辺りから技術者や統計系の技術者を巻き込んで、じゃあ、どうやったら匿名化ができるんだという議論になりました。匿名化に関する技術的検討は、確かに流行っています。

工藤：普通ではわからないようなことをデータ解析で識別してしまおうみたいな、そういう研究をやってる人たちがたくさんいます。つまり、こちらではわからない関連性をとにかく見つけ出すための手法を考えながら、あちらではどうやっても関連性を見つけられないように加工するという研究をしている。実は、同じ人たちが両方の研究をしてたりするんじゃないかと思うんですけど、何だか不思議な話ですよね。

角田：生産的な話なのでしょうかねえ。

小向：最強の盾と最強の矛みたいな感じですね。難しいですね。

（2016年10月4日収録）

出ました、最高裁決定！

角田：逮捕歴記事削除請求を認めないとした最決平成29年1月31日（民集71巻1号63頁）が出ました。プライバシー侵害のロジックで処理して「忘れられる権利」には触れなかった点は、まさに先生の見解に近いと思いますが、同決定についてコメントをいただくことは叶いますでしょうか。

私の方で気になったのは、この決定に垣間見える最高裁の「社会の変化」の受け止め方で、検索エンジンが現代社会で果たしている役割・機能に着目して「表現行為」としての側面を認めた点です。これは、この手の裁判の初期に見られた（A）「検索結果の表示＝機械反応にすぎない＝行為はない」であるとか、（B）グーグルが主張していた「検索サービスは情報を媒介しているにすぎない」といったロジックを認めなかったことを意味します。（A）は、「不法行為」という、自由意志に基づいて法的効果を欲して行った「契約」ではない世界で持ち出すこと自体失当だと思っておりましたので賛成です。

ただ、これは、ややもすればAIへの刑事処罰（刑事責任肯定）に一歩近づいたようにも思われ、まだ、故意の問題などがありますが、引き続き、考えたいと思います。（B）は、プラットフォーマーの責任論に踏み込んだ判断だと思います。

整理しますと、（A）「検索事業者の行為」について、「情報の収集、整理及び提供はプログラムにより自動的に行われるものの、同プログラムは検索結果の提供に関する検索事業者の方針に沿った結果を得ることができるように作成されたものである」ことから、「検索事業者自身による表現行為という側面を有する」としています。つまり、検索結果の提供は、機械反応とはいえ、それがコード作成者の方針に則っている点に着目して「表現行為」を見ている。

そして、（B）「また」とこの点に加えて、検索エンジンが現代社会で果たしている大きな役割、すなわち、「公衆が、インターネット上で情報を発信したり、インターネット上の膨大な情報の中から必要なものを入手したりすることを支援」している点も指摘しています。これは、検索事業者を、単なる「ゲートキーパー」よりは「編集者」と捉えつつ、同時に、利用者である大衆の「助言者」に近い「役割」を果たしていることを法的規範に取り込んだと評価できると思います。

後者の関連では、今後、人工知能のさらなる発展によって機械的生成物の表出行為が副次的アルゴリズム等によって決定づけられる度合いが高まり、コード作成者の関与が薄まった場合に、表現行為の主体を「コード作成者」とは言い難い事態に立ち至る可能性が指摘されているところでもあり、[*20]注目ポイントではないかとも思っております。これらの点につきましても、先生のお考えをうかがえませんでしょうか。

小向：最決平成29年1月31日についてですが、私も「表現行為という側面」に目を引かれました。おっしゃる通り、自動処理だから表現行為ではないとか、媒介者であるとかいった主張は退けられたように見えます。論理的にも妥当だと思いますし、「検索結果の提供は、機械反応とはいえ、それがコード作成者の方針に則っている点に着目して『表現行為』を見ている」というご指摘の通りだと思います。また、今回の判断スキームは、比較衡量をして名誉やプライバシーの利益が、公表の利益に対して、優越することが明らかな場合に削除を求められるとすべきとしています。そうすると、一方の利益を「表現の自由」に基礎づけないとそもそもこのスキームが使えないですよね。そういう法解釈の技術的な側面もあるように感じました。

角田先生が指摘されている「公衆が、インターネット上で情報を発信したり、インターネット上の膨大な情報の中から必要なものを入手したりすることを支援」については、一般の表現者よりも責任を限定する論拠として使っているのだと思います。つまり、表現行為と言ってもいろいろあるが、検索事業者についてはこういった仕組みで社会的に重要な役割を果たしているから、責任を限定的に考えるべき（対抗利益の優越が「明らかな」場合に限定すべき）だと言っているように思えます。

この延長線上で考えると、次のようなことが言えそうです。

・AI等を利用したソリューションが損害をもたらした場合には、当該ソリューションの提供者に責任が生じる場合がある。
・特に社会的に重要性の低いソリューションに対しては、厳しい判断がされ得る。

おそらく最高裁は、ここから派生し得る責任の射程について、あまり想定していないのではないかと思います。AI全般のどこまで射程が広がるかも含めて、これから精緻化されなくてはいけない論点だと思います。

＊1　最大判昭和44年12月24日刑集23巻12号1625頁。
＊2　最大決昭和44年11月26日刑集23巻11号1490頁ほか。
＊3　東京高判昭和63年4月1日判時1278号152頁。
＊4　コンビニの監視カメラの録画テープを警察に任意提出したところ、あとに逮捕・釈放された容疑者から肖像権・プライバシー侵害で訴えられ「コンビニ内で発生したのではない犯罪捜査のためにビデオテープを警察官に提供したが……捜査機関の適法な任意捜査に対する私人の協力行為として公益目的」を有し、録画映像の内容も考慮のうえ違法性はないとした名古屋高判平成17年3月30日判例集未登載参照（工藤達朗・ジュリ1313号11頁）。
＊5　アメリカの公衆無線LAN事業者の利用規約との対比につき、小向太郎「なぜ日本の公衆無線LANにはユーザー登録が必要なのか」デジタル・フォレンジック研究会295号コラム（https://digitalforensic.jp/2014/01/23/column295/）。
＊6　vzbv mahnt Entwickler von Pokémon Go ab, 20.07.2016. http://www.vzbv.de/pressemitteilung/vzbv-mahnt-entwickler-von-pokemon-go-ab
＊7　小向太郎『情報法入門〔第3版〕』（NTT出版・2015年）90頁注68参照。
＊8「論点 忘れられる権利」毎日新聞2016年10月12日東京朝刊。
＊9　さいたま地決平成28年5月19日判時2293号99頁。
＊10　最判平成15年9月12日民集57巻8号973頁。
＊11　東京地判平成17年9月27日判時1917号101頁。
＊12　最判平成20年3月6日民集62巻3号665頁。
＊13　杉原則彦・最高裁判所判例解説民事篇平成15年度488頁。
＊14　前田陽一・平成15年度重要判例解説90頁。
＊15　増森珠美・最高裁判所判例解説民事篇平成20年度161頁以下。
＊16　小山剛・論究ジュリ1号118頁以下。
＊17　政府・与党社会保障改革検討本部「社会保障・税番号大綱―主権者たる国民の視点に立った番号制度の構築」（2011年6月30日）14～18頁に懸念と住基ネット判決との関係が書かれています（http://www.soumu.go.jp/main_content/000141660.pdf）。
＊18　2017年9月28日、ドイツは公衆無線LANについて妨害者責任法理を排除し、接続遮断義務に関する規定を創設するテレメディア法の改正を行っている。Drittes Gesetz zur Änderung des Telemediengesetzes (WLAN-Gesetz), BGBl. I 2017 S.3530.
＊19　この方策の合理性を示唆するものとして、コラム「ポケモンGOと物権的請求権」NBL1080号（2016年）96頁。
＊20　海野淳史「コード及びそれに基づく機械的生成物に対する『表現の自由』の保障の射程」InfoCom REVIEW 68号（2017年）14～42頁。

● 参考文献

小向太郎『情報法入門〔第3版〕』（NTT出版・2015年）
石井夏生利『個人情報保護法の現在と未来：世界的潮流と日本の将来像〔新版〕』（勁草書房・2017年）
日置巴美・板倉陽一郎『個人情報保護法のしくみ』（商事法務・2017年）
宮下紘『ビッグデータの支配とプライバシー危機』（集英社・2017年）
「特集・個人情報・プライバシー保護の理論と課題」論究ジュリスト18号（2016年）
パーソナルデータ＋α研究会「特集・データ利活用等の先にある社会のために―パーソナルデータ『＋α』研究の狙いと問い」NBL1100号（2017年）
曾我部真裕・林秀弥・栗田昌裕『情報法概説』（弘文堂・2016年）
成原慧『表現の自由とアーキテクチャ』（勁草書房・2016年）
ユルゲン・アーレンス（浦川道太郎・一木孝之訳）「ドイツにおける妨害者責任」比較法学44巻3号（2011年）49頁

後日談

角田：小向先生には、ＩｏＴ、ビッグデータ、AIがこれだけ進歩している中で、どんな問題が起こってきているのかという状況を非常にコンパクトにお話しいただきました。ちょうど日本も法改正があったところなので、日本の法制度の特徴などを、アメリカ、ヨーロッパ、カナダといった諸外国の主要法制度と対比させながら説明していただきました。その中で、日本の法律が果たしてこれでベストなのかというと、小向先生は個人的には疑問もあるとお話をされていましたね。それからポケモンＧＯの話もありました。ドイツでポケモンＧＯについて裁判が起こっているという話をしましたけれども、そういう世界的に新しい技術を使ったゲームが出てきたときに、なぜヨーロッパで裁判が起こるのかというのは、まさに個人情報やプライバシーの問題に関する法状況が、地域によって違うからだと。そういう目で見ると、じゃあ、ヨーロッパで言われている議論が日本でもすぐ起こるかというと、いやいやそういうことではないんだということが非常にクリアになりました。工藤先生の方から何か感じたことがあれば、コメントいただけますか。

工藤：もうシンプルに、こんなに国というか、地域によって違うというのが驚きでした。いろいろ違いはあっても過渡期の混乱のようなもので、実際にはここにスタンスを置くべきという大原則みたいなものは共有されているのかと思っていたのですが、もう全然そうでなくて、何を根本原則にして考えていけばいいのかというところからまだ決まっていないというか。それは将来も決まらないのかもしれないですが、そういうものすらないというのが驚きでした。そういう意味で、原則からスタートできないから、とりあえずこういう原則を置けばこうなるみたいな話になっていて、どう取り付いていいのかわからないというか、出口が見えないというか、そんな話だなあというのが率直な感想です。

角田：金融の話になりますが、証券取引所や私設取引システムといった証券取引の「場」では「市場間競争」が熾烈化していて、日本もですが各国で制度改革が行われているんですね（→302頁）。もしかしたら、個人情報をめぐる法制度をどうすべきかというのも、言ってみれば個人データ市場の「インフラ」整備ですから、市場ならぬ法制度間競争なのかもしれないですね。

あと、大きなテーマという意味では、どの時点で、その個人情報、あるいは個人データをとるための同意をとればいいのだろうか。あの問題も、まさに出口が見えないところでしたね。

工藤：技術が進んで、扱うデータも大きくなってくると、自分がどの時点でどういう情報を提供しているのかということ自体が、直感的にはわからなくなってくるんですね。小向先生のお話の中であった、ポイントカードを使ったときにとられる情報というのが、何を買ったかだけではなくて、どこに住んでいる人がどの地域でどの時期に購買したかという、いわば地理的な情報であるというのは印象的でした。ポイントカードを出すというのは、そういう意味合いでデータがとられることだというのは、普通にはピンとこないでしょう。これがもっと大きいシステムになったり大きいデータになったりすると、ますますピンとこなくなるでしょうから、いくら事前に説明を受けているとか同意しているとかいっても、本当にわかっているのかという問題になりますよね。同意のとり方というか、何をすればちゃんと同意をとれたことになるのか、実際的に同意がとれるということはどういうことなのかは、難しいというか全然わからない話ですね。

角田：そうですね。法律家の目から見ると、同意をするというのは、ある程度情報を持っているからこそ、自分がそれでいいと思うということで、それを自分が持っている利益を処分すると言う訳なんです。でも、将来何が起きるかわからない技術、その進展がある中で、何を処分しているんだというところですよね。そこら辺は非常に難しくて、同意原則を日本は採用していないけれども、ヨーロッパやカナダなどでは同意原則をとっていて、こういう状況を前にして、どうすればその同意原則を守ることができるのかとか、解決策があるのかというと、小向先生はなかなか疑問をもっていらっしゃっていて、とりあえず、解決策の候補として紹介されたのが、プライバシー・バイ・デザインというお話だった訳ですけれども。これは、プライバシー侵害のリスク低減のためにプロアクティブな対策をすべきで、それも、それをデフォルトで設定すべきだというもので、デザインの対象は、情報技術、ビジネスモデル、社会基盤と相当広いものですね。ただ、そのプライバシー・バイ・デザインもどうなんですかね、というお話でしたよね。

工藤：これに基づいてやれば必ずうまくいくという話でもない、……ですよね。

角田：まぁ、デザインするにあたっては、「ナッジ」とか「デフォルトルール」といった行動経済学の知見が活用されているようで、その行動経済学もやっぱり「同意」とか「自由意思」は大事にしている訳でして＊（→392頁以下）。目標はやっぱり持っていた方がいいですよね、という位置づけだったと思いますが、ここは難しいですね、というお話でした。

工藤：何が難しいかと言うと、結局、個人情報をたくさん集めるのは、それをこれからビッグデータとして処理して新しい何かを生み出そうとする、その下準備だからだろうと思います。つまり、やりたいことはあるけれども、それをやったときに一体何が出てくるのかは、実は本当には誰もわかっていない。そんな段階で議論しているというのが、だいぶ大きいという感じがします。

角田：そのビッグデータの時代にやりたいことということはだいぶ動き出していて、ちょうど今日の日経新聞に、情報銀行というものを創設して、それが本格化していくという話が出ていました。ちょっと関連ニュースをさらっていくと、経済産業省とクレジットカード業界がタッグを組んで、クレジットカードに関するデータを標準化していこうという取組みも2015年、2016年辺りからワーキンググループを作っていて、2016年の12月に、クレジットカードに関するデータ標準化ワーキンググループの報告書というのも出ています。個人情報保護法が改正されて今年施行ということですけれど、匿名加工情報の基準についてもだいぶ明らかになってきていて、そうなると、じゃあすぐデータの利活用の環境の整備ということで、直ちに実用化に入っていくのかなあというと、そんなことはどうもないみたいです。クレジットカードの購買履歴情報などもカード会社によって記録がまちまちで、たとえば、「HOKKAIDO」のお店だったり「SAPPORO」のお店だったり、「CHIBA」と記録されていたり「TIBAKEN」だったり、なかなか一緒にビッグデータで解析をかけようと思っても、そんなに簡単なことではないなということを、報告書を見ながら思った次第です。

工藤：どんな分析でもこういう泥臭い作業というのは必要になってくるんですが、データが大きくなればなるほど、単純に作業としての負担が大きくなる訳です。それは常につきまとってくる問題だと思います。

角田：泥臭いとおっしゃいましたが、それはデータ工学の研究になるのでしょうか。

工藤：まあ、研究としてそういう問題を扱っている人もいるのでしょうが、普通は研究の下準備という感じです。研究者がまず1年位をかけて一生懸命きれいなデータを作り、そのデータを使って研究をする。後半の研究はもちろん論文になりますが、最初のデータ処理は、それ自体に学問的価値がある訳ではないので、論文にはなりません。そういうことは、普通にあることです。

角田：それが、泥臭いという中味なのですね。

工藤：もっともビッグデータという話が盛んになってくれば、そういうデータのつじつまを合わせるみたいなことを自動的にやる方法などが、ひとつの大きい研究テーマになっていくということはあるかもしれません。

角田：それから、法学的な観点からちょっと興味を持ったのが、「忘れられる権利」のお話がありました。日本でも、それを議論として立てる必要がないんだという決定が、今年の1月31日に出た訳ですけれども。まあ、忘れられる権利なるものは裁判上では認められないのだけれども、やっぱり、忘れられたい利益というものは、今後も残っていくだろうなあと。でも、忘れられるってどういうことかということについて、工藤先生から問題提起がありましたけれども……。

工藤：忘れられる権利というのが問題として割と微妙だなあと思うのは、結局、程度問題じゃないかということなんです。インターネットで検索できなくたって、新聞記事をずーっと読んでいけば、そこには載っている。簡単には検索できないというだけなんですよ。でもこれから技術が進歩して、たとえば、ロボットが図書館に行って紙の本をペラペラめくりながらスキャンしていくというようなことができるようになったら、今のインターネットのように簡単にキーワード検索できるようになってしまう。じゃあ、その時代の忘れられる権利は、図書館の本のページを黒く塗りつぶせということになるのか。そういう意味で、その線引きというのが難しいので、何となくの気持ちはわからないでもないものの、真面目に議論するにはちょっと問題としてはっきりしないというか、単なる程度問題でしかないのかなという印象です。

角田：そうですね。日本の最近出た最高裁の決定について、小向先生に追加でコメントいただきましたが、この決定というのは、プライバシーの問題として逮捕歴の記事の削除の可否を考えていて、そうするとまさに利益考慮、程度問題になるんですね。どんな犯罪で逮捕されたのかという、そのことを知る権利というのも一応社会的にはあって、それをグーグルなりは検索結果として出している訳です。それがひとつの表現行為であるというふうに言ったので、その表現で国民の判断に資するという重要な役割を果たしているではないかというのと、でも一方には忘れられたい利益というのもあって、その利益考慮によって削除するかしないかを決めると言った訳です。まさに程度問題の枠組みに持ち込んだ訳で、それはそれで合理的だったのではないかと思います。ひとつ、なぜ忘れられる権利という法律論がヨーロッパにはあるのかということについては、ヨーロッパには同意原則というのがあって、個人データなるものを人権の問題として考えているからだ、というのがありました。日本は同意原則を今回もとらなかったので、なかなか個人データ周りのものを人権問題として論じにくい環境ではあると思います。だから、プライバシー権という、すでに認められている人格権の問題として裁いたというのが、おそらく裏側にはあると。そうなってくると、ヨーロッパでいろいろな問題が出てきたことを、日本ではどういう法律構成で裁いたらいいのか。これは、我々日本の法律家に課せられた重い宿題かなと思いました。たとえば、ヨーロッパなどは、アメリカもそうなのですが、データ所有権であるとか、個人データを財産権として扱えないかという議論があります。たとえば、ドイツで２０１５年に出た判決があるのですが、デジタル遺品を、アナログの遺品と同じように相続人が承継するとされたんです。

電車にひかれた15歳のお嬢さんが自殺だったのかどうかを確かめるためにＳＮＳのデータを開示してくれと言ったのですが、死者に関してはアカウントを閉じてしまうということで見せられない、生前のパスワードを使っても見させられないと言われた。だから開示請求の裁判になった訳なんですけれども、ドイツの裁判所**は財産と同じように相続人が継承すると言ったと。同じように日本で議論をしていいのかどうか。こういった問題は、今後、我々も考えていく必要があるだろうなあということです。なかなか出口がない問題なのですが。

工藤：亡くなった人のデータについては日本でも問題になっているらしくて***、先日それを特集したテレビ番組を見ました。亡くなった人が生前やっていたブログなどがそのままになっていると、それはいわゆる休眠アカウントな訳で、誰かがそれを乗っ取って勝手に広告をのせるとか、いろいろ悪いことに使われてしまったりすると。そういう意味では、亡くなった人のものは閉じるべきだという話になるのですが、でも一方で、その故人の旅行日記とかそういうのをこれからも見たいという人がいるケースもあって、遺族がサイトを管理できるようにする方がいいのではないかとか、いろいろ議論されていました。そこに出ていたプロバイダーは、ちゃんと亡くなったことがわかって、遺族から申請があれば、遺族が管理できるようにパスワードの再設定をする等の対応をしていますと言っていました。ただ、それはそうしなければいけない法律があるからではなくて、自主的にそういう運用をやっているということです。いずれにしても、亡くなった人の個人のデータとかアカウントというのは、これから大きい問題になっていくのかもしれません。

角田：まさにそうなんですよ。そもそも財産なのかというところから……。財産権というのは、基本的にはモノについての権利というのがベースにあって、もちろん有体物ではないというときに、じゃあ知的財産権なのかと言うと、そうも言い切れないようなものもあるわけですよね。どうやって権利構成するかというのは難しいですよね。最初に言われ出したのがゲームで、ゲットしたいろいろなアイテムがどうなるか、というのがありました。でもこれは、契約を結んだ上で得たものにすぎないでしょうということで、モノのような権利は出ないということで処理していたのですが、じゃあ亡くなってしまったらどうなるのか。債務のように承継されるのかというと、なかなか難しい問題なんですよね。

工藤：逆に、ずっと契約が切れないでいて、ある時、遺族に請求されるとかいう話もあるみたいで……。有料のサービス等を契約していて、それが自動更新になっていて、とか。周りの人は、サービスを解除しようにもアカウントやパスワードを知らなかったり、そもそもそういうサービスを利用していたことを知らなかったり。

角田：ベルリンの事件は、フェイスブックは基本的に死亡の届出があった時点で閉じるということをやっていて、生前に、死者を悼むための管理人としての委託を受けていないかぎりは閉じるという、そういう扱いだったみたいですね。なるほど、でも、そのまま更新されていくのはちょっと問題がありそうですよね。フェイスブックのアカウントの何パーセントかはもはや生存していないとかそういう話が、論文に書いてありました。結構なパーセンテージらしいですよね。その辺どうするかというのも、今後、出てきそうですね。

あと、小向先生には位置情報の取得に関する法的ルールについてもお話しいただきました。日本では「通信の秘密」の範囲が広くて携帯端末の位置情報に関しては厳しいとの指摘もあったところです。この関連で、近時、犯罪捜査のためにＧＰＳ装置を被疑者等の自動車に装着して位置情報を取得して監視することが許されるのかが問題となっていたのですが、平成29年3月15日に最高裁の大法廷判決が出ています****。最高裁は、ＧＰＳ捜査が、個人の行動を継続的、網羅的に把握することでプライバシーを侵害し得る点を指摘し、憲法35条が保障する令状なしには私的領域に侵入されない利益を害すること、また、ＧＰＳ捜査の特性に即した新たな法律を作る必要性も指摘しています。

＊　キャス・サンスティーン（伊達尚美訳）『選択しないという選択』（勁草書房・２０１７年）。本書第7回、望月衛氏との鼎談も参照。

＊＊　ベルリン地方裁判所２０１５年12月17日判決（ZEV 2016, 189）。その後、控訴審はこの考え方を否定している。ベルリン上級地方裁判所２０１７年5月31日判決（RNotZ 2017, 457）。臼井豊「デジタル遺品の法的処理に関する一考察」立命館法学３６７号１４５頁・３６８号２０３頁（２０１６年）。

＊＊＊　古田雄介『ここが知りたい！デジタル遺品』（技術評論社・２０１７年）

＊＊＊＊　最大判平29・3・15刑集71巻3号２７９頁。緑大輔「監視型捜査」法学教室４４６号24頁。

第 4 回

ロボット社会のインフラと法

宇宙法・商法　東北大学
森田 果

本日のゲストは、東北大学の法学研究科の森田果先生です。森田先生と言えば、金融取引における法ルールを、情報の経済学・金融契約理論から統一的に分析し、そのミルフィーユ構造を示した意欲作『金融取引における情報と法』（商事法務・2009 年、第 5 回商事法務研究会賞受賞）、「不法行為法の目的—『損害填補』は主要な制度目的か」（小塚壮一郎先生との共著、NBL874 号（2008 年））など、基本的な法ルールの理解に新風を吹き込んでおられる気鋭の研究者として知られています。そんな大胆な研究スタイルを存分に活かしたテキストとして、手形小切手から電子マネーまでを串刺しで鳥瞰してしまう『支払決済法』（小塚壮一郎先生との共著、第 2 版、商事法務・2014 年）、計量経済学の手法で法と社会の関わりを読み解く『実証分析入門』（日本評論社・2014 年）にお世話になっている読者も多いと思われます。

そのような訳で、森田先生、もともとのご専攻は商法・会社法なのですが、思わず「もともとの」と言ってしまいそうな位、軽々と学問の国境を越えて、精力的なお仕事をされておられます（いみじくもご自身で専攻を「最近不明／Commercial and Corporate Law」と表現されておられる。http://www.law.tohoku.ac.jp/~hatsuru/profile.html）。そして、本日は分野としては「宇宙法」ということになりますが、「ロボット社会のインフラとしての GNSS の法的責任」についてのお話をお願いしております。

第１部
プレゼンテーション

GNSSの責任ルールを考える

- ところで……GNSSとは何か
- GNSS＝信頼できるインフラ？
- どんな事故・損害が起こり得るか

GNSSの責任ルールの経済分析

- GNSSの責任ルールをめぐる経済分析・イントロダクション
- まずは「注意水準」の最適化！
- 望ましいルールとは
- UNIDROITでの議論
- 法の経済分析と保険

展開―AI搭載ロボットの事故に対する責任論

第２部
鼎談

GNSSの責任ルールの経済分析って……

- 「厳格責任」で想定されていた法規範とは……？
- 経済分析って何？
- なぜGPSに対してアメリカは完全免責でいられるのか?!

AI開発者の責任論への展開！

- 責任の切り分けライン――「過失」の判断方法とは
- 自動運転に見る保険による危険分散
- GNSS責任論で論じているリスクの正体

筋電で動くロボットスーツ着用時の事故を考える

- オーナーの判断ミスの帰結――寄与過失≠過失相殺
- 「許された危険」法理への経済分析的アプローチ
- GNSSとインターネットの比較

アプリ提供業者の責任は?!

- 厳格責任にセットされている「寄与過失」

参考文献
後日談

GNSSの責任ルールを考える

ところで……GNSSとは何か

本日お話しさせていただくのは、GNSS（全球測位衛星システム）というものに関する法的責任の分析です。*1

GNSSと言ってもたぶん一般の人はほとんど聞いたことがなくて、おそらく一般の人が使う用語としてはGPSが一番有名です。GPSはGNSSのひとつで、GNSSとはGlobal Navigation Satellite Systemの略です。要するに、地球上の位置や時間などを特定するために使う衛星システムです。そのひとつが、アメリカが運用しているGPSです。これはいろいろなところでみなさん使っていて、たとえばスマホにも入っているし、カメラとかタブレットとかパソコンとか時計とか、いろいろなものに入っています。場所であれば場所の特定、時間であれば時計の時刻合わせをGPSで行うことになります。*2

今、アメリカのGPSを言いましたが、アメリカ以外の国でもたくさんこういった衛星を打ち上げていて、ロシアのグローナス（GLONASS）、EUのガリレオ（Galileo）、中国もベイドゥー（BeiDou）というサービスを行っていますし、日本もQZSSという1号機を2010年に打ち上げて、2号機以降も順次打ち上げられます。準天頂衛星「みちびき」と呼ばれています。

GNSS＝信頼できるインフラ？

でも、おそらくみなさんも日常的に経験されているかと思いますが、GPSの電波はしょっちゅう狂います。狂う原因はいろいろあって、たとえば、衛星から電波が来るときに、電離層という大気圏の外側にあるところを通ってくるのですが、そこの厚みによって電波到達時間が変わってしまったり、あるいは、太陽風という太陽から出てくる極めて高温で電離した粒子（プラズマ）が強かったり弱かったりすると、それで衛星もちょっとダメージを受けたりと、日常的に狂うことがしばしば起きる訳です。最悪の場合には、衛星自体が壊れたり、あるいはスペースデブリ（宇宙ゴミ）にぶつかって機能喪失したりして、それで電波が途切れてしまうこともあります。そういうときにGPSの場合ですと、数百キロメートル近い誤差がでることもあります。あるいは、みなさんもたとえば、ビルの谷間のように電波が届きにくいところでは、今自分はこの道を歩いているはずなのに、スマホのマップ上では全然違うところ、川の向こう側を歩いていることになっているとか、そういうことはしょっちゅうある訳です。

どんな事故・損害が起こり得るか

そういう不確かな電波に従ってその位置情報を使っている、あるいは時間情報を使っていると、トラブルが起きることがあります。たとえば、GPSを使っているもののひとつの例として、飛行機がありま す。飛行機がGPSを使っていて、たとえば、仮に着陸のときに数メートル誤差が出ましたということになると、地上に激突して大事故が発生する訳です。そうしたら、たくさん人が亡くなってしまいます。

あるいは、山登りをする人が最近、GPSを使うことが多いようです。でも遭難したときに救難信号を「今、自分はここに居ます、だから助けにきてください」という形で出したけれども、そのときにGPSで送信した位置が、たまたま運悪くGPSの電波が狂っている時間帯で、数キロメートルも離れたところに救助隊を導いてしまったということになったら、その人は救助されずに亡くなってしまうということも起き得ます。なので、GPSの電波が狂うといろいろな事故が発生する。

GPSの計算には時間を使っている訳ですけれど、最近では、高頻度取引（HFT→305頁）などでもその時間合わせに使われています。あれは0コンマ何秒の単位で発注するということをやっていますので、うまく証券取引所のサーバーとその時間が同期しないと、間違ったタイミングで出してしまうかもしれないという危険があります。あるいは複数の証券取引所に、アービトラージ（裁定取引）するために発注を出したりしますので、時間が狂っていると間違った発注をしてしまう可能性があると言われています。

ただ、実際に高頻度取引でGPSを使っているのは確かなのですが、それが狂ったらどうなるのかというのは、関係者に何度かヒアリングをしてみたことがありますが、現状ではよくわからない状況です。仮にGPSの電波が狂っても、証券取引所のサーバーと時間が同期していれば別に問題はないのではないかということになりそうなので、たぶんGPSが狂っても高頻度取引は大丈夫ではないかなと僕は思っています。

GNSSの責任ルールの経済分析

まあ、それはともかくとして、GPSの電波が狂うといろいろ不都合を被るというのは、おそらくみなさん日常的に体験している訳です。そうすると、最悪の場合、人が亡くなったりした際に、誰が責任を負うのかというのが問題になり得る訳ですね、法的には。

ただ、今まで僕たちが一番多く使ってきたGPSの場合ですと、その問題は実は問題とはなりません。GPSはアメリカ政府がもともと軍用に開発していたものを、一部機能を制限して民生用に使うなら勝手に使っていいよ、と使わせているものなのです。アメリカの行政法では国賠法、僕はアメリカの行政法の専門家ではないのですが、アメリカの行政法の専門家の書いた論文によると、この場合、基本的にアメリカ政府は、仮にGPSの電波信号が狂っていてもアメリカの国賠法では責任を負わないということになっているので、GPSの場合はどんなに間違った信号を出そうとも、アメリカ政府は責任を問われないという状況になっていました。なので、誰が責任を負うのかという問題は、自己責任だという結論になっていたのです。

ところが新しくGPS以外で運用が開始されはじめているGNSSの中には、アメリカみたいに国が運用しているものではなくて、民間が運用しているものもあります。特に一番初めに出てきて、しかも関わっている国も多くて問題となったのは、ヨーロッパでやっているガリレオのサービスでした。これはプライベートの民間法人が運用しているものです。実際には、ヨーロッパ中の国やEUなども背後にいる訳ですけれど、形式上は民間法人が運営しています。

日本のQZSSも、これも一応内閣府がバックにはいるのですが、形式的にはNECとか三菱重工とかが出資している民間企業が運用している形になっているので、アメリカの行政法とは違って、国賠法上免責になるというロジックは通じない。日本の、あるいは、国際私法上どこの国の法律が適用されるかは問題になりますが、適用される国の民法、不法行為法上の責任を負わされる可能性があります。

そうすると、こういった民間のGNSSサービスの提供者たちが、もし自分たちが間違ったシグナルを送った結果について責任を負うということになるのだったら、こわくてこんなサービスをやっていられない。だから、免責してくれる国際的な統一ルールを作ってくださいというリクエストが出て、それがUNIDROIT（私的統一国際協会）などで条約を作りましょうという形で、議論されてきたという背景があります。

ただ現時点では、作らなくても何とかなるのじゃないかという方向で、いろいろなところでの議論が落ち着いてきている様子です。

GNSSの責任ルールをめぐる経済分析・イントロダクション

では、この問題は、そもそも、どのように考えるべきでしょうか。僕自身は今まで経済分析ということをずっとやってきたので、その経済分析の立場で分析してみようということになりました。

ただ、経済分析をするにあたっても、具体的な設例を置いて考えた方がわかりやすいだろうというので、次のような状況設定を考えました。

最初に、衛星とそれに基づいてシグナルを送るというGNSSサービスを運用しているGNSSの運用者がいます。このGNSSの運用者というのは、できるだけ正確なGNSSの信号を送ろうとしています。ただ、後でもお話ししますが、100%正しい正確な信号を送るというのは、いろいろ宇宙空間では予測できないことがたくさんあるので無理です。そこで、何%位の確率で正しい情報を送れるのか、あるいはもし衛星が不健全（unhealthy）になって間違った情報を送った場合には、どういうふうに対処するか、これは実際には不健全フラグ（unhealthy flag）という1ビットのフラグを立てる。フラグをGNSSの信号の中に入れて、今この信号は信用しないでくださいという形で送ることになっていますが、このフラグをどういったタイミングで送るのか、どの位で回復するのか、と、標準仕様書を定めて公開します。——とこのように、まずはGNSSの運用者がいます。さらに続いて、GNSSの信号を受け取って、それに基づいて位置情報なり時間情報を使う機器があって、それからその機器が誤作動をして事故が起きて被害者がいるという、状況です。このような状況で、GNSSの運用者の次に当事者として考えられるのは、その機器の所有者、つまり受信機の所有者、それから受信機を作った人、受信機の製造業者、それから後は被害者。この4者の当事者、つまり衛星の運用者、受信機の所有者、受信機の製造業者それから被害者という設定で考えたいと思います。

このような状況で、被害者が不法行為訴訟を起こす訳です。誰に対して起こすかというと、直接的にはまずは受信機のオーナーに対して起こすのでしょうが、それをさらに超えて、製造物責任を受信機の製造業者、あるいはGNSSの運用者に対して製造物責任、あるいは、一般不法行為責任を追及するという形になるかと思います。

そして、いったん受信機の所有者が、被害者に対して損害を補塡した場合に、おそらく、もし受信機自体に瑕疵があるとなれば、その受信機の所有者は受信機の製造業者に対して補塡を求めていくようになるでしょうし、あるいは、場合によっては信号が変だったという場合は、変な信号を送ったということを理由に、GNSSの運用者に対して責任を追及するかもしれません。なので、そこはいろいろな法律構成があり得るのですが、基本的にはこの4者がいて、下流から、下流というのは一番下の被害者から所有者、製造業者、それから衛星運用者という順で、損害賠償あるいはその求償がなされていくことになります。その場合にどのように責任を分担するのが社会的に望ましいのか、ここで考えるべきことになります（なお、被害者にも一定の責任がある場合も想定できますが、そのような場合についても、以下のロジックの応用で処理することができます）。

経済分析の世界で基本的に考えることは、一番事故を効率的に減らすにはどうすればいいかということです。事故がたくさん起きるような法制度というのはよくないので、事故がなるだけ起きないような法システムというのを設計する方がいい。

もちろん、たとえば、極端な場合、自動車事故を絶対起こさないような法制度にするのだったら、自動車運転をすべて禁止すればいい訳です。けれど、それは社会的なコストがめちゃくちゃ大きいので、それは効率的ではありません。法規制をする場合には、それに伴うコストも考えながらできるだけ事故を起こさないよう、より低いコストでより事故を少なくするということを考えます。

そして、不法行為系のケースでは、基本的には2つの要素に分解して考えるのが一般的です。ひとつは注意水準です。車の運転の例で言えば、どれだけ注意深く運転をするか、どれだけ周囲に注意を配りながら運転するのか、といったレベルの話です。もちろん、注意すればスピードは遅くなるし、一時停止で、もちろん道路交通法上きちんと停まらなくてはならないのですが、ちゃんとしっかり停まることをすると速度は遅くなる。コストはかかりますが、より安全にはなる訳です。それからもうひとつは行動水準です。これはみなさんたぶん保険に入るときにご存じだと思いますが、年間走行距離が長ければ長いほど保険料は高くなるタイプの保険が最近売られていますけれど、年間走行距離が長くなれば長くなるほど事故の蓋然性は高まる訳です。年間走行距離が短い人はそれだけ一年間の間に事故に遭う蓋然性は低いので、当然、年間走行距離は短い方がいい訳ですね。それが行動水準の話で、もちろん行動水準を下げることによってもコストが発生するので、どこまで下げるのかというのは、やはりバランスの問題です。基本的にはこの2つのレベルに分けて、分析をするという形になります。

まずは「注意水準」の最適化！

注意水準の方からお話をしたいと思いますが、注意水準ということは、できるだけ事故が起きないように、各当事者がいろいろ注意をするということですけれど、じゃあ誰がどういう注意ができるのかということを、先ほどお話しした4つの当事者に分けてお話をしたいと思います。

被害者についてはとりあえずここでは措きます。もちろん被害者も、たとえば、自動運転の場合だと、自動運転の車がちゃんと青信号だと思って進行したら、赤信号を無視して歩行者が渡ってきたというケースでは、被害者にも過失はあり、事故を減らすために努力できる部分はあるのですが、とりあえず今はそういうケースは除きまして、純粋に加害者側だけの話で考えます。すると、衛星運用者、受信機の製造業者、それから受信機の所有者、それぞれのレベルでできることがある、ということになります。

❶GNSS運用者がやるべきこと

まず衛星の運用者、GNSSのサービスの運用者ですね、この運用者がどこまで、どういった努力をして、どうやって事故の確率を減らせるかを考えてみましょう。そもそも、GNSSサービスができるだけ常に正しい信号を、シグナルを送り続けるようにするということです。これは完全性・インテグリティ(integrity)*3と呼ばれています。日本のQZSSの場合ですと「95%」とかと仕様書に書かれています。

これを高めれば高めるほど、常に正しい信号が出ていることになるので、より信頼できるシグナルになります。ただそうするためにはいろいろ大変で、たとえば、衛星をより強固に、いろんなものがぶつかっても簡単に故障しないようにするとか、それこそ前の「はやぶさ」のときにもありましたけれど、いろいろバックアップシステムを付けるとか、それをやればやるほど、どんどん高価になるし打ち上げも大変になってきます。当然それには限界があります。しかも、打ち上げてから何年も運用するので、打ち上げるときにはわかっていなかった技術的問題が後でわかることもあります。このように、コストを考えながらも、衛星自体の、シグナル自体の精度を高めることが、第1点です。

それでもやっぱりトラブルが起きることはあるので、そのトラブルが起きたときに、「この衛星はトラブルが起きていますよ」「不健全だからこの信号は信頼しないでください」という、不健全フラグをできるだけすぐに立てるということが次の努力です。これも日本のQZSSの場合はかなり速いのですが、アメリカのGPSの場合は数日間放置されることもあります。不健全とわかっていればそのデータは無視して、4本以上の方程式を解くので、他の衛星が見えている限りそんなに問題はありません。ところが、シグナルが不正確なのに不健全じゃないということになりますと、解くときにエラーが出てしまうので、問題が出てきます。そこで、不健全フラグを速く立てる。

以上の2つが衛星運用者としてなすべきことなのですが、現状では、ほとんどの運用者は、すでにおそらく十分な技術、できる限りの技術をもって、衛星の完全性は確保しているし、それから、不健全かどうかというフラグのシグナルも速く出すようにしています。実際に日本のQZSSも仕様書上ではかなり速く、もちろん日常的にチェックしているわけで、かなり速く出すという感じで書かれています。ただ、その一方で、アメリカのGPSみたいに、いつまでも出さない、フラグを立てない、といったものもあったりする。

そういった場合には、GPSは十分に努力していない、と評価される訳です。ただ現実にGPS以外にそれが起きるかというと、たぶん起きていないということは大事です。そうすると、現状を前提とする限り、GPS以外は、GNSSオペレーターが、十分な事故を減らすための努力を尽くしていないと評価されることはまずないであろう、ということになります。

❷GNSS受信機の製造業者がやるべきこと

2つ目の当事者は、GNSSの受信機の製造業者ですね。あるいはその受信機を使っていろいろ、たとえば、カーナビとか、運行をする車自体の運用者、たとえば、最近話題になっている自動運転車などもGPSを積んでそれに基づいて動いているという意味では、このGNSSの受信機の製造業者と同じような地位にいる人もいます。

この製造業者がやるべきことは何かというと、先ほどお話しましたように、ＧＰＳの信号は１００％正確ではありません。間違うときが確率的に必ず起きる。なので、それが起きることを前提にして、それでも安全だという、フェイルセーフというシステムを入れる。このシステムを適切なレベルで組み込むことが、受信機の製造業者にできる、事故を減らすためにできる努力だということになります。

実際、多くの製造業者はそれをやっています。たとえば、かなり昔のカーナビでは現在の走行地点と全然違うところを走っているとか、あるいは道じゃないところを走っているとか、そういうことがあったと思うのですが、おそらく最近のカーナビはそういうことがほとんどなくなっています。それはなぜかというと、ＧＰＳの信号だけではなく、車がこれから動いてどの方向に何キロ走りましたかという情報をタイヤの回転数から取得して、それからさらにマップデータとも照らし合わせているのです。車は、車道以外は走らないということを前提に、車道から外れた経路はとらないでしょうという仮定を置いて補正をしています。その２つ（あるいはそれ以上）があるので、今のＧＰＳカーナビはかなり正確な情報を出してくれます。昔みたいなひどい情報はめったに出さなくなったのはこのようなフェイルセーフのシステムがあるからです。ですから、たとえばＧＰＳだけに基づいて車を走らせるのはとても危険で、衝突センサーとか、テスラ（Tesla）の場合はそれが誤作動して事故を起こしたということもありましたが、あのときは認識センサーが狂ったということで、そういったＧＰＳ以外のシステムを使って、ＧＰＳには一定の過程で必ず欠陥があるということを前提にして、補うことになります。

航空機の場合も同じです。飛行機もＧＰＳを使って位置を特定しながら飛んでいます。ただ、ＧＰＳを使って飛んでいるのはどこかといえば、太平洋上とか、大陸間を飛んでいるときなどで、あまり精度が問題にならないときです。そのときは数メートルあるいは数キロメートル違っていても、たいしたことはない。だから、みなさんが航空機に乗っているときに、シートモニターとかに経路表示がありますけれど、あれは基本的にGPSベースです。それでも全然大丈夫なのですね。

これに対し、航空機の場合、一番精度がシビアになってくるのは、着陸の段階です。離陸はそのまま飛ぶだけなので、速度さえちゃんと出ていれば飛び上がれるのであまり問題はないのですが、着陸のときは、高さとか横の位置がずれてしまうと、簡単にクラッシュしてしまうことになります。そこで、ICAO（国際民間航空機関）という航空機の運航に関する国際機関が定めたルールがありまして、それが各国の法規制にも入って、日本の場合には、航空法に委任された国交省の省令レベルで実際にそれが導入されています。そこには、飛行機を飛ばす場合にはこうこうこうしなきゃいけないよ、ということが書かれていて、中味としてはICAOの国際ルールが導入されています。具体的にはGPSだけに頼って飛べるのは高度何メートルまでです、という規定になっていて、そこから先は、先ほど言ったように、GPSは狂うことがあるし、しかも誤差が出ることが十分あり得るので、最近は地上にも電波の基地局を置いたり、あるいは補強的な衛星を配置したりして、GPSを強化するエスバス（S-Bass：衛星航法衛星補強システム）とかジーバス（G-BAS：衛星航法地上補強システム）というのがありまして、それを使うとさらに低空のところまでGPSを使っていいということになっています。

補強型GPSを使うと、さらに低空のところまでGPSを使っていいのですが、でもそれから下の、最後の着陸段階では、基本的には地上からのレーダーに依らなければいけない。みなさんも、もし空港の近くに行ったことがあるなら、見たことがあると思います。私がよく使う仙台空港だと滑走路の海側にあるのですが、レーダー（ローカライザ（Localizer）のアンテナ）がずっと立っています。鉄塔というか、柱みたいなものがずらっと立っていて、あれでここの距離で地上何メートルですよと航空機に教えているのです。最終的に地上からのレーダー（directional induction radio waves：指向性誘導電波）を出して、着陸を誘導する。それが一番誤差がないからということで、このような形になっています。基本的にはGPSだけに頼らないで、GPS以外のものを使う。

もちろん、GPSの補強のシステムも最近精度は高まっていて、一部の空港では、GPS＋補強システム（G-BASなど）だけで着陸するということも実験として始まっています。アメリカのニューアーク国際空港（Newark Liberty International Airport）とかは、確かそのはずです。

ただ、実験をやっていて気づかれたのは、GPSには、GPSジャマーというのがありまして、GPSの電波を邪魔／妨害する機器が市販されています。このGPSジャマーを日本に持ち込むと一応電波法で違反になるのですが、アメリカではいろいろ自分の位置をごまかすために売られているそうです。泥棒さんとかが使うために。ニューアーク空港も滑走路に並行して高速道路が走っていて、たまにGPSジャマーを積んでいる車が走ると、空港のGPSの電波が消えて受信できないことが発覚して、そういった場合どうするのか、あるいは、そういった場合もそれに対処できるような補強システムがないと飛んではダメだよということになる訳です。

ともあれ基本的にGPSの受信機を製造している業者でも、GPSの電波が100％完全ではないということを前提にして、できる限りの、もちろんコストの問題はありますが、より効率的なフェイルセーフのシステムを付け加える、そして必要なところだけGPSを使うという、その割り切りをはっきりすることが大事だということになります。

それからもうひとつ、この受信機の製造業者がやらなければならないことは、やはりその受信機は100％完全ではないということを、受信機のオーナーに対して教えることが大切です。GPSの受信機はたまに狂いますよ、そのリスクを念頭に置いて行動してください、と。

もちろんどこまで正確なのかはその受信機によって違うので、たとえば、安いノートパソコンに付いている裸のGPSは結構狂います。本当にGPSしか付いていなくて、補正は何も付いていないので、結構狂うのです。スマホとかも基本的にはそれしか付いていないことが多いし、人間は別に地図の道以外も歩くので、自動車とは違って地図データと照らし合わせるという補正もできません。だから、スマホも結構狂います。だから、スマホとかノートパソコンとか、GPSしか入っていないものは狂うわけです。その程度の精度のものですよ、ということです。だから、それで登山をしたら、万が一のときには相当狂った場所が出る可能性もあるし、山歩きをするときに道に迷う可能性だって当然あります、ということを利用者は認識しなければならない。

山歩き専用のGPS機ですと、結構しっかりしていて、かなり精度の高い情報が出たりします。ただ、お値段も結構高くって、山歩き用のGPSをちょっと買おうかなとこの前探してみたら、やはり数万円はしました。だから最近は、スマホで山登りもする人が逆に多いらしいですけれど、リスクはありますよね。雪山だったらどうせ電池がもたないのでどうしようもないですが、スマホも精度はあがってきているので、初心者向けの山ならスマホのGPSで登る人も結構いるらしいです。このように、GPSの受信機にも精度に結構差があるので、この受信機はここまでは信頼できるけれど、ここから先は信頼できませんよ、ということを伝えなければなりません。もちろん、確率的なことを一般人に知らせることは、いろんな意味でなかなか難しいのですけれど、やはりそれはできるだけ伝えるべきでしょう。伝えることによって、所有者の側もそれに沿った使い方をすることがある程度期待できるので、できるだけわかりやすく伝える。それをすることによって、より事故を減らせるという側面がある訳です。

❸受信機の所有者ができること

最後に所有者ですけれど、所有者もただ単にボーっとしているだけではなくて、やっぱり所有者も一定程度事故の確率を減らせることはあって、それは基本的には受信機の製造業者から知らされた受信機の精度に関する情報に従い正しく使う、ということですね。

要するにマニュアルをちゃんと読んで、とは言っても、分厚いマニュアルを細かく読めとは当然消費者には言えませんので、スターターズ・マニュアルのような1枚紙みたいなものだけでもいいですから、そこにわかりやすく、あるいは箱とかに大きく「こういう場合には使わないでください」とか警告が書いてあったら、それを信頼するような形で、そういう取扱説明書をしっかり読んで、それに従って使う。専用GPSが高価だからといってケチって、精度のあやしいスマホで、高度な登山はしないということです。せめてお気軽登山ぐらいにしてもらいたいものです。オーナーの側にも、製品の機能に応じた使い方をしてもらわないと、GPSに起因する事故は減らないということになります。

望ましいルールとは

ここまでをまとめると、基本的に事故を減らすためには、衛星の運用業者、受信機の製造業者、それから受信機のオーナー、この3つの当事者全員が一定程度の注意を払う必要があります。こういったケースを、法学の世界ではよく双方的注意（bilateral care）と言います。あるいは、多面的注意（multilateral care）というべきかもしれませんが、要するに、当事者の誰か1人が注意をしっかりすれば事故の確率は減らせますよ、というケースではなくて、すべての当事者が注意をすることによって初めて、事故の確率が減っていくという、そういった状況だと捉えます。

複数の当事者が、同時に注意をしないと事故をうまく減らせませんよというケースでは、どのような責任が望ましいかというと、これは結構はっきりしていて、いわゆる厳格責任（無過失責任）ルールでは基本的にはダメです。厳格責任ルールだと、責任を引き受けている当事者だけは注意をするのですけれども、責任を引き受けていない当事者は注意をするインセンティブがないので、きちんと注意をしてくれないということになります。なので、こういった場合にはですね、基本的には過失責任ルールか、もしくは実質的にはそれとほとんど同じなのですけれど、厳格責任ルールに寄与過失（contributory negligence）、寄与過失というのは、これは英米法上の用語なんですけれど、もう一方の当事者に過失があった場合には責任が免除されるというものですね。責任がなくなる過失相殺というふうに言うと、日本法ではわかりやすいかと思います。

ただ、このところ、英米法上は、日本でいう過失相殺みたいな割合で解決というのは比較的少なめです。寄与過失で行くところが多いので、過失相殺（comparative negligence）は比較的マイナーです。過失相殺の分析も、相対的に少ないのです。

でも、大まかなところは同じです。割合的な過失相殺になったとしても、被害者は過失にならないようにという注意をするインセンティブが生じるので、割合的な過失相殺でも基本的には同じです。とにかく誰かだけは責任を負ってほかの人は責任を負わないというルールは基本的にはよろしくなくて、みんなにインセンティブを与えるというルールにしないとダメだというのが、このような場合の問題を解決する際の基本的な考え方ですね。

そうすると、厳格責任プラス寄与過失と過失責任でどちらがいいのか。両者の違いは、みんながちゃんと注意した場合に、でも誰かは最終的に負担しなければならないので、最終的に誰かが引き受けるのですか、そこが違ってくるということになります。厳格責任の場合だと、それは残ったみんなが注意をしたのだけれど事故が発生してしまった場合の責任は、衛星運用者もしくは製造業者の側にいきます。これに対して、過失責任の場合ですと、これは過失責任といっても求償のレベルの過失責任ということになりますが、その場合には、受信機の所有者のところで、残念ながらそこから先には求償できませんねということで止まって、受信機の所有者が最終的に全部責任をかぶる。

どちらがいいのかということになりますが、おそらく基本的には、製造業者が、みんなが注意をちゃんと払っていたという場合に責任を負うというルールが一番望ましいのかなと思います。それはなぜかというと、もちろん、これはケースバイケースなのですが、所有者というのは一般的にやっぱり個人であるケースがそれなりにあって——もちろん航空機の場合の所有者は航空会社なのでお金は持っていますのでこんなことを考える必要はないのですが——、もっと小さいGPSの受信機のことなどを考えると、個人が所有者であるケースが結構あって、個人は一般的にリスク回避的（同一リターンならリスクが小さい方を好む）なので、そこにぽんとリスクを負わせるよりは、もうちょっと広くリスク分散ができるリスク中立的な製造業者や運用者に対しての責任追及の方がいいということになります。その上で、製造業者とＧＮＳＳ運用者のどちらかということになりますと、基本的に、衛星の運用業者というのは現状ではほぼ完全に注意義務を果たしているのに対して、製造業者の方は必ずしも果たしていないところはいくつかあるし――航空機などは規制によってほぼ自動的に果たしているという形になっているのですが、そうでないところは果たしてないところがあります――、それから取扱説明書もはっきりしないというですね、製造物責任法でいう指示警告上の過失にあたるところですが、それがしっかりしていないところもあるので、そこにもうちょっとしっかりしなさいよというインセンティブを与えるために、製造業者が望ましいであろうということになります。

それからもうひとつの考慮要素は、行動レベルのところに関係してきます。衛星の運用者は、そのＧＮＳＳの信号を用いて使える機器がどれ位の頻度で使われるのか、という行動レベルに影響を及ぼすことはできません。そこは全くノータッチな訳です。行動レベルを決めるのは所有者、もしくは製造業者になるわけです。どれだけマーケットに受信機を供給するかなどを製品価格などの手段を使ってコントロールできるのは製造業者であることを考えると、適切な行動水準を設定するという観点でも、製造業者に最終的な責任を引き受けさせるべきだということになります。もしくは場合によっては、一番どれだけ使うのかをコントロールできるのはこの場合はまさに機器の所有者になるので、みんなが注意を払った場合の最終的な責任は所有者に負わせる、ということでもいいのかとは思います。このように、行動水準を考えた場合には、所有者もしくは製造業者に責任を負わせる、というルールが望ましいということになります。

UNIDROITでの議論

もっとも、ＵＮＩＤＲＯＩＴではあまりこうした経済分析に基づいた、どのようなルールが望ましいかといった議論はされてこなくて、国際条約にはよくありがちなことなんですけれども、それぞれ利害関係者が「俺たちに不利になるような条約は作るな」という、自分たちに有利な条約を作れ、モデル法を作れ、という押し合いへし合いするというような展開が続いてきました。

たとえば、厳格責任がいいという主張の中には、ＧＮＳＳが狂うと航空機が墜落するなど、非常に深刻な大規模な損害が起きる可能性があります。それが起きることを避けるためには厳格責任は必要だという議論があったり、あるいは、厳格責任はダメだというルールに対しては、そもそもなぜこんな条約が出てきたかということに関連しますが、ＧＮＳＳの運用者が責任を負わせられるようだったらこんな事業はやってられない、といった批判が加えられてきました。実際、日本のＧＮＳＳサービスも電波を受信するときにお金は必要ありませんし、ヨーロッパでもお金は基本的には必要ありません。ヨーロッパの場合、２種類の電波を出していて、普通電波は無料、特に精度の高いサービスだけは有料ということにしています。２段階式にしていて、片方だけ料金を課す方式にしているのですが、そうすると無料のサービスを出すインセンティブがなくなるからダメだ、と言う訳です。

しかし、どちらの議論も基本的には、以上の分析からすると間違いでして、まずその損害が大きいから厳格責任だというのは、これは損害の大きさと責任ルールのあり方は基本的には関係がない。厳格責任はどうかというのは、誰が事故を減らすことができる、そういうインセンティブを誰に課すかという問題で、厳格責任を負わせてしまうと、厳格責任を負わせた人以外が事故を減らすインセンティブを持たなくなっちゃうからダメだ、ということになります。損害の大きさは、加害者の財産制約（bankruptcy-proofness）を引き起こすなどの点で問題となり得ますが、厳格責任ルールにしたからといってその問題が解決されるわけではない。

それから、厳格責任にするとGNSSサービス供給者がいなくなるから免責すべきだ、という議論も、やっぱり間違いです。それが一番よくわかるのはアメリカのGPSの例で、先ほど言いましたように、アメリカのGPSはしょっちゅう狂うし、狂ってもなかなか不健全フラグを立てないという、これはまさに彼らが責任を負わないから、注意を払うインセンティブがゼロだからです。見事に、彼らが実証してくれている訳です。責任ゼロはまずいので、注意水準を怠ったら責任を負う、ただもちろん、現状のプライベートなサービスは満たしているからセーフだよ、GPSみたいないい加減なことやったらダメだよ、というレベルの責任は必要で、それがないとインセンティブがないので、困るのです。なので、やはり、先ほど説明したようなルールがいいのではないかと思います。

法の経済分析と保険

この点に関連して、保険の話をしておきます。保険に関しては現状には問題点がありまして、保険料を払うためには誰が責任を負うかということを明らかにしないと、保険の料率は算定できません。ところが現状ですと、ルールがあまり明確でない。ただ、以上にお話してきたような望ましい法ルールのあり方は、おそらく各国法でもそんなに変わらないし、各国の法ルールはそれにおおよそ沿った内容になっているのではないかと推測しています。それが確定できれば保険は設計できるので、問題ないのかなと思います。

あるいは、前に述べたような形で製造業者が最終的な責任を負うのであれば、保険はいらない可能性もあります。要するに、自家保険に入れてしまうのです。たくさん作っているから確率的に事故は起こるよね、ということで。問題は個人が、オーナーが責任を負うということになるときには、そのオーナーに保険は必要になってきます。しかし、もし製造業者より上流が責任を負うという場合には、保険の問題をそんなに真剣に考える必要はないのではないかと思っています。保険会社の人にお話を聞いても、基本的にはルールが明確になれば、保険は販売できますよ、ということでしたので。彼らにとってはそこだけがメリットで、だからみなさんが議論をしてルールを明確にしてもらえたら、保険会社としては保険商品を販売できるということだそうです。

展開――AI搭載ロボットの事故に対する責任論*4

このGNSSでお話ししたことと、AIについて言えることは、AIもまさに現状では、将来にわたっても100%完全なものは作れないというときに、一体誰が責任を負うのかということは、やっぱり基本的に同じような話ですね。最終的な目標としては、そのAIに基づいて発生する事故を減らすためには誰がどれだけ努力できるかというお話でして、そうすると、この話をAIの話に引き直して考えれば、GNSSの運用者とは、AIの設計者のようなもので、機器の製造業者というのは、実際にAIを搭載した機械とかロボットとか自動運転車のメーカーですよね。それから、それを使う受信機の利用者に相当するのが、自動運転車を運転する人とか、ロボットスーツを装着して実際に動く人、というオーナーで、あとは、それらが誤作動することによって受ける被害者、この4者がいるという状況はよく似ています。

では１００％完全なAI、人工知能は作れませんよという場合、どうするかという点も、１００％完全ではＧＮＳＳを作れませんよという場合とよく似ていて、だとすると、同じような議論がたぶん成り立つわけです。AIの設計者は、できる範囲で誤作動の少ないものを作るのですけれど、そのときに、どこまで正確に動くかということはちゃんと伝えなければなりません。それに基づいて、それを組み込んだ機械を作る側は、当然それが１００％正確ではない、ということを前提にして、AIだけに頼るのではなく、それこそ自動運転の場合も衝突回避のためにいろんなセンサーをたくさん組み込む訳ですが、いろいろなフェイルセーフのシステムを組み込んで、より安全なものに作り上げる。その上で、今度は、自動運転車なり、そのAIで動く機器のメーカーというのはその使用者に対して、「この機械でここまではできますよ、でもここから先はできませんよ」と伝えることが大事だということになります。

そうすると、たとえば、「自動運転」中の死亡事故を起こしたテスラの例で言うと、「これは自動運転ですよ」と一般的に広く言うというのは、テスラとしては危ないケースで、まさに指示警告上の欠陥がある訳です。*5 もちろん、実際の運転マニュアルとかでは、手を離すと、いろいろできないことは書かれていて指導されていたようですが、「自動運転」「自動運転」と一般に広く謳ってしまうということは、それを受け取った側、つまり機器のオーナー側からすると、「何もしなくても、たとえ寝ていても勝手に車が動くんだ」というイメージを与えてしまいかねないので、それは指示警告上の欠陥に近いものとして評価されるであろう。それを、マニュアルとかでどこまで詳しく書いて、あるいは、個別に販売したときに、車にまかせておくだけでは運転できませんとどれだけしつこく言うか、そのような対応によって責任を免れることができるかもしれませんが、そういう問題が発生するということになります。あの事故が起きた後、実際自動運転に関わる人たちには、テスラは過大に広告しすぎだとする意見がありましたが、そのような意見はこのような観点から理解できる訳です。

それからもちろん、AIの設計者も、あまりAIで何でもできますよ、と宣伝するのは結構危ないです。これは内閣府の方たち、宇宙開発戦略推進事務局の方にも言ったのですが、QZSSのホームページを見ると、「QZSSはすばらしい技術です。これを見ると、今までビルの谷間でGPSが届かなかったところにも届きます」というふうに書いてあるんですけれども、実際にはQZSSでもビルの谷間に結構届かないこともあったり、狂ったりすることもあるので、何でもできると書きすぎると、後で要らぬ誤解を与えて責任を負う可能性があるからやめた方がいいですよ、と伝えました。もちろん、QZSSの技術を売り込みたいという気持ちはよくわかるのですけれども、誇大というか、大げさな広告をすることは、かえって自分の首をしめるというか、製造業者はたぶん機器の仕様書をしっかり読むので、ここまでが限界だなとわかった上で作ると思うので大丈夫でしょうが、それを飛び超えて、機器のオーナーである消費者のところに、かえって間違った情報を伝達する可能性があるので結構危険だ、と考えています。

GNSの責任ルールの経済分析って……

「厳格責任」で想定されていた法規範とは……?

角田：うかがいながら確認したいなと思ったのは、先生のおっしゃっていた厳格責任というものの中味というか——たぶん、読者はいろいろな法律をイメージするような気がしますので。厳格責任というものはどんなものをお考えなのか、もう少し具体化していただけませんでしょうか。たとえば日本で言うと、製造物責任があったり、あるいは厳格責任なのかどうかがよくわからないところがありますが、工作物責任とか営造物責任とか、あるいは無過失責任だと原子力損害賠償法とかがあると思うんですが、お考えになっているものはもっとニュートラルなのかなど、どんなものをお考えなのかということを教えていただければと思います。

森田：厳格責任というものは、要するに、本人がどれだけ注意していようと注意していまいと、それは結果が発生したら、因果関係の範囲内であれば責任を負いますよ、ということですので、製造物責任の中で言うと、製造上の欠陥のケースです。

あれがいわゆる完全な厳格責任、無過失責任に該当すると思っています。製造物責任の製造上の欠陥のケースは、この経済学的説明にすごく合うケースなのです。製造上の欠陥というものは、その工場のラインで作っているときに、何個か間違って誤作動する製品が入って作られてしまったというケースです。そういったリスクを減らすということは、僕たち消費者には全くできなくて、それは工場の側ができるだけ精確に製造できる工作機械を使うかとか、あるいは出荷前の検品をどれだけ厳しくするか、ということでコントロールできる。まさに、その工場だけが、その事故の発生を抑止できる一方的注意のケースなので、厳格責任を課すのは正しいのですね。

それに対して、同じ製造物責任でも、たとえば、設計上の欠陥、プラス指示警告上の欠陥ですと、設計上の欠陥というのは、その製造物自体に危険性がある、たとえば極端な話では包丁とかがそうですけれど、あるいはちょっと前に問題になった蒟蒻ゼリーとかもそうですけれど、単に製造物の危険性があるだけではなくて、僕たち消費者が正しくない、不適切な使い方をすることによって、事故が発生するというケースですね。蒟蒻ゼリーの場合もそれを凍らせて食べるとか、あるいは咀嚼力の落ちている老人とか子どもに食べさせるケースで事故が起きる訳です。でもそれは、僕たち消費者が注意すればいい。そういった場合にどうするかと言うと、基本的には、厳格責任ではなくて、さっき言った厳格責任プラス寄与過失、あるいは、過失責任の形でコントロールするのが望ましい。作る側はできるだけその範囲で安全、要するに蒟蒻ゼリーなら美味しさを保つ範囲で安全な製品を作ると同時に、だから最近ハート型とかで飲み込みやすいような形で事故以降作られていますし、それから当然、袋には、「小さなお子様や高齢者の方は絶対に食べないでください」と結構大きく書かれています。あのような形で指示警告をはっきりする。当然、それを買った消費者側もその指示を読んで、その通りに子どもとか高齢者には食べさせないようにする形で、両方が注意することで事故は減らせる、というシステムにするのが望ましい。なので、製造物責任でいうと、製造上の欠陥のところだけが、今お話したことで言うと、厳格責任になります。

角田：わかりました。今回「ロボット社会のインフラとしてのGNSS」というお題で、先生にお願いをしたじゃないですか。そうすると、インフラという言葉から連想するものとしては、工作物責任であるとか、それこそ営造物責任というのがあって、そういうものともつながりやすいのかなと少し思ったりしたんですけれど、そういった責任のとらせ方とは若干違うというイメージを今思ったのですが、それはどうですか。

森田：そうですね。たぶん、それは角田先生と僕のアプローチの違いでしょう。僕は、いったん現行法を離れて、どういう制度が望ましいのか、社会的に望ましいベストなゴールですか、ということを探究してみたら、この2

つがおそらくベストですね、という規範的分析。プラス、実際、日本法も、たぶん各国法もおそらく似たような結論になるでしょう、という記述的な分析です。これに対し、角田先生は、どういうルールが望ましいルールですかという、アプローチではなくて、現行法、つまり日本の現行民法典を前提にして、民法典のこの規定がこう使えるかな、というアプローチなので、たぶんそうなると思います。

角田：うかがいながら、どこの規定の解釈を前提に受け止めたらいいのかなと思っていたので、アプローチに少しズレがでちゃっているのかもしれないですけれど。

森田：あまりそういうアプローチは、僕はとっていないというのがまず、最初の答えなのです。

角田：どうでもいいことでしたでしょうか。

森田：ただ、別に経済分析をする人たちは、現行法も基本的に経済分析で説明できると思っていて、だから工作物がなぜ厳格責任、基本的に厳格責任なのかというと、その工作物の危険性というのは、それをコントロールできるのは工作物を設置した所有者、あるいは場合によっては占有者でしょう、ということです。だから、それらに、一番責任を負わせていて、もちろん、下を通る人が注意深く通ればいいでしょう、とかいう話もありますが、それは無視できるので、厳格責任に近いルールを採用していると、たぶん説明すると思うのですね。おそらく、最終的に誰が責任を負うのか、ということに関しては、そんなに変わらないことなので、どちらでも異論のないことです。だから、もしそれを角田先生のアプローチでいくと、そのAIとか人工知能を使ったこの機械とかが工作物にあたるのか、という解釈が入るわけですけれど、僕はそういうアプローチをとっていないということです。

角田：はい、そうですね。

森田：だから、工作物というのは、そういう設置者や所有者や占有者だけがその危険性をコントロールをできるもの、そうじゃないものの場合には、工作物責任はあてはめるべきでないということになるんでしょうね。

角田：わかりました。工藤先生、何かありますか。

経済分析って何?

工藤：すごく基本的な質問で恐縮ですが、そもそも経済分析というのはどういうアプローチなんでしょうか。

森田：経済分析という言葉が一般受けしにくいのであれば、機能的な分析と言い置えれば、もうちょっとわかりやすいのかなと思います。要するに、そのルールはどういう機能を持っているんですか、そのルールがあることによって社会的にどういう変化がもたらされるんですか、それがいい変化だったらいいルールですね、それは良くない変化だったら悪い、良くない法ルールですね、という形で評価するのが機能的な分析です。

先ほど角田先生がおっしゃっていたのはそうじゃなくて、現行民法典はこうあるから、この部分からすると、たとえば、この工作物は工作物ではありませんか、とか解釈するのが、普通の法律学者のアプローチです。で、僕はそうじゃなくて、機能、そのルールがどういう機能を持っているのかという点からアプローチしますという点が違います。

工藤：実は最初勘違いをしていて、経済分析という言葉から、お金の流れをもとにいろいろ分析していくという話なのかと思っていて、でも聞いているうちにそういう話ではないんだなとわかってきて、それでもコストがあまり高くならないようにとか、インセンティブを付けて事故をなくすようにするとか、そういう考え方はやっぱり経済っぽいなと思ったりしていました。

森田：経済分析は、機能的な分析の中でも特に、インセンティブに着目するということですね。インセンティブに着目して、社会をいい方向にもっていこうと考えるのが、経済分析あるいは機能分析です。

なぜGPSに対してアメリカは完全免責でいられるのか?!

角田：あと、お話をうかがいながら、すごく気になったんですけれども、アメリカでGPSは完全免責というのは、それはなぜなんですか。国家無答責の原則があると。

森田：すみません、僕は、アメリカの行政法までは詳しくはないので……。どこかのロースクールの先生がＵＮＩＤＲＯＩＴに論文を出していて、*6 その論文で「責任を負いません」と、結構明確に書いています。

角田：日本国憲法とは、かなり違うということになりますね。だって、憲法17条で「何人」も公務員の不法行為によって損害を受けたら、国に賠償できると規定されていますものね。

森田：日本とはかなり違います。はい。

角田：その理由が気になりますね。無料だからなんです、ということなのか、あるいは、軍事機密だったのを開放してあげたんだから、使いたければ使ってください、ということなのか。

森田：確か、ＧＰＳはオープン・アクセスになっていて、利用者は連邦政府との間で何の契約も結ばないから、契約違反は持ち出しにくい。不法行為についてもいくつかのルートは考えられるけれども、いずれも連邦政府の責任を問うためのハードルは高い、ということだったと思います。

AI開発者の責任論への展開！

角田：あと――オペレーターの方にはあまり責任がいかない、というのが、先生のお考えになりますか。

森田：現状ではですね。ただもちろん、アメリカのＧＰＳのような運用をしていれば、責任を負う可能性はある、ということです。

角田：あれが民間であれば、ということですね。

森田：そうです。ただ、他のオペレーターはまともにやっているので、たぶん責任は負わないでしょう、ということです。

角田：先生のお考えでみても、最適化しているから、最適化の努力をする、そこの義務があることが前提になるんですよね。

森田：そうです。だから、たとえば、日本のＱＺＳＳが衛星の位置がおかしくなったと気づいたのにもかかわらず、一週間不健全フラグを立てず放置していた結果、何か誤作動が起きて事故が起きました、というような場合には、責任を負う可能性はあります。

角田：それがその、最後の方で、GNSSのオペレーターの責任論のモデルをAIにも展開されて、オペレーターの地位をAIの開発設計者にあてはめられました。おそらく、開発の方は一番気になることだと思うんですけれど。たとえば、何を根拠にそんないつも最適化していなきゃいけないんですか、とかですね。

森田：たぶん、GPSの場合、かなり枯れてきた技術だからということはあると思いますね。AIとか人工知能とかは開発当初だから、これに比べると、GNSSに比べると、たぶん開発設計者に求められる負担というのは、もっと低くてしかるべきだろうと思います。

角田：工藤先生はどうですか、その辺りは。

工藤：要するに、さっきもちょっと話がありましたけれど、当初わからなかった問題点が後からわかるということが、新しい技術だといっぱいあるだろうということです。人工衛星ぐらいになってくるとそういう余地がだいぶ少なくなってきているかもしれないですけれど、いずれにしても予知できなかったような事故が起こったときに、誰が責任をとるのかみたいなところが問題になる訳です。また最近のAIのように高度な学習をするシステムでは、これまでにどんなデータが入力されたかによって振る舞いが変わってくることがありますので、システムの開発時点で予測できない振る舞いが後々発生することが多くなるかもしれません。

予期せぬ問題とは少し違うかもしれませんが、妨害行為に対してどの程度備えるべきなのかというのはどう考えたらいいのでしょうか。さっき航空機の着陸にGPSを使おうとしたら、世の中にはGPSの受信を妨害するGPSジャマーという装置があって、それに邪魔されてしまったという話がありました。この場合は、航空機の着陸を妨害しようとしてそういう装置を動作させていた訳ではないのでしょうが、故意に妨害しようとして妨害装置を作ったり使ったりされる可能性もある訳ですよね。たとえば、GPSだけではなく、レーダーの受信を妨害する装置をテロリストが使うとか。

森田：そうですね。たぶん航空機の場合で、レーダーが受信できなかったら、着陸はもうやめるんじゃないですか。その空港からダイバートして別の空港に着陸。たとえば、夜間着陸でレーダーなしでは着陸できませんという場合に、レーダー壊れちゃって視界もありませんと言ったら、たぶんその空港には着陸しないで別空港に行きます。前に広島空港でアシアナ航空がレーダーを全部吹き飛ばしたときも、レーダーが復旧するまでしばらくあそこは使えなかった訳ですね。

責任の切り分けライン——「過失」の判断方法とは

工藤：こういう議論の場合、一体どこまでが「予見できた」ことかとか、対策のためのコストとの釣り合いをどこで取ればよいかとか、具体的に考え出すと結構そういう問題がありますよね。程度の問題とか落としどころの

問題とかいってもいいかもしれません。そういう問題に対して、どうやって決めていくかのプロセスに関する指針なりスタンダードなやり方なりといったものはあるんですか。

森田：一応、有名なルールとしては、ハンド・ルールというのがあります。ハンド・ルールというのは、過失の水準を決めるのに、その限界費用（marginal cost）と、限界収益（marginal benefit）を比較します。要するに、少し注意力を高めることでどれだけコストが増えて、どれだけあるべき利益が増えるのか、と限界分析的に比較して、釣り合うところまで注意をしなさいということです。それでやるのがいいでしょうということが、一応、法の経済分析の世界では基準とされてきています。

ただそれでも、抽象的な基準なので、具体的にこの場合にはこれだというのには、裁判官の能力にも限界があるので、裁判官が間違った判決を下すかもしれない。実は、その厳格責任のいい点というのは、裁判官に判断を委ねないという点なのです。過失責任は、裁判官が過失

水準の設定を間違えたときの社会的コストがすごく大きいので、過失をゆるくしすぎたり、厳しくしすぎたりすることがあって、だいぶ問題なのです（寄与過失や過失相殺でも同じ）。けれども、厳格責任は、無過失・過失を裁判所が問わないので、その点はすごくいいルールなのですよ。だから、過失というのは、法ルールの設定という局面では気楽に言ってしまうのですけれど、実際の運用となると、おっしゃる通りすごく難しいです。だからそこが明確じゃないと、なかなか保険屋さんも、保険料を算定できない。

後もうひとつの問題、予見できなかった点をどうするのかということは、さっきのお話で言うと、みんなが本当に予見できなかったのであれば、それはみんなが過失はなかったということになるので、その場合の最終的な残存リスクを誰が負担すべきか、という問題になるので、さっきの僕の整理だと、オーナーか、あるいは機器の製造者辺りがいいんじゃないか、ということですね。機器の製造者であれば、万が一保険を買えなくても、自家保険で対応できますし。

自動運転に見る保険による危険分散

森田：ただ、保険については、最近、東京海上かどこかが売り出す、と出ていましたよね、2〜3日前の日経新聞で。*7

角田：そうそう。無料特約と書いてあったので、えっ、無料でやるんですか、と思ったんですけれど。

森田：たぶん、東京海上の考え方としては、AIを使ってくれた方が、人間がやるよりも相対的にリスクが減るでしょう。AIに固有の新たな類型の事故が増えるとしても。だから、最終的に保険金支払が安くなるので、そっちの方が得なんじゃないの、ってことでしょう。それでAIを使う方向に誘導した方が、最終的には保険金支払が安くなるし、社会的にも事故が減って望ましい。これは保険会社がうまくリードしているというか、保険システムを使って、オーナーやメーカーの行動を誘導している、というパターンですよね。

なお、保険の話をもうひとつ言うと、保険を設計するとき、保険金がおりてしまうと、基本的に事故を回避するインセンティブが働かなくなるので、保険は不法行為法というか損害賠償法のインセンティブの機能を阻害してしまうという点があります。なので、保険制度のことを考えるときには、同時にどうすれば、もともとの行為者のインセンティブを維持できるのかという点を考えなければならないのです。

実際、自動車保険の場合などは、かなりそこは手当されていて、いわゆる、経験料率（experience rating）という等級制度ですね。過去に事故を起こした人は等級が下がっていって高い保険料を払わなければならないよ、事故を起こしていないとどんどん等級が上がっていって安い保険料で済むという形。

あるいはさっき言った、年間走行距離に基づいた保険料を設定する。こういった形で保険料に差をつけることによって、逆に、被保険者はより安全な運転、あるいはより走行距離を短くすることのインセンティブを付けています。なので、保険会社も単純に保険をかけてしまう、何でも補填しますよ、と保険料に差をつけないことにしてしまうと自分の保険金支払が増えて損なので、基本的に、被保険者の方が適切な行動をとるように保険制度を設計するインセンティブを持っている訳です。

おそらく、東京海上の場合だと、彼らの判断としては、AIの損害を補填してでも、AIを使わせた方がたぶん安上がりでしょう、という判断があるんでしょうね。それはおそらく、社会的に見ても望ましい判断である。ただもしかすると、細かいところは不明なのでわかりませんけれど、あまりひどいAIだったらダメだという条項が入っているかもしれません。東京海上もAIだったら何でもOKとすると、AI使いましたと言ってしまえば、それが何であっても保険金がおりることになってしまうので、それだといいAIを使って事故を減らしてくださいという、もともとの趣旨に反します。だから、無条件に保険金をおろすのではなくって、約款を細かく見るとそこで制約をかけているのでしょう。そうしないと、うまくインセンティブ設定できませんので、そこはたぶん東京海上もちゃんと約款の設計はするはずだと思います。

工藤：新聞記事を見ると、事故が起こって、それがAIに責任がありそうだということになったときに、最終的にどこに責任があるかを特定する前に保険会社の方が保険金を払っておいて、特定できた段階で企業に対してまとめて賠償請求をするような仕組みでしたよね。そうすると、企業としても、個人が直接何かを言ってくるよりも、保険会社がまとめて言ってくる方が力が強いというか、ちゃんとした製品を作るインセンティブになるということはありませんか。あんまり関係ないですかね。

角田：システムがどう動作したのかとか、そういう分析や解析は、個人では無理ですよね。

森田：それは個人には無理ですよね。保険会社がたくさん訴訟を集めてくれた方が、むしろ訴訟はしやすいでしょうね。

角田：あるいは、どうしてこういう事故が起こったのかというその情報自体が、価値が出そうですよね。事故原因、何がうまく機能しなかったから、何でこういう事故が起こったのかとか、そういう情報というのは……。

森田：それは、もちろんAIを改良するために、すごく大切な情報です。

角田：必要な情報だと思うので、そういう情報がばらばらに個人にあるよりは、保険会社がノウハウみたいな感じで積んでいくのがいいですよね。

森田：でも、保険会社がノウハウを積んでも、それがAIの設計の方にフィードバックされないと意味がない。

角田：その辺がうまく回るように、メーカーと保険会社でデータのやりとりなどは起こらないんでしょうか。

工藤：どうなんでしょうね。まず、事故が起こったときに、どういう情報をもとにどういう判断がなされてというような記録は、きっとメーカーによって回収されると思うんですよ。飛行機のフライト・レコーダーみたいに、自動運転車は動作の記録をとれるようになっているはずだし、それをメーカーが収集できるような仕組みもあるだろうと思います。だから、少なくともメーカーは十分なデータを蓄積できる。ただ、このデータはなかなか公開されないですよね。しかし、事故を通して保険会社にもある程度まとまった量の、たとえば事故がどうやって起こったとか、そういうデータが集まるとしたら、それはなかなかインパクトがあることではないでしょうか。これまでメーカーしか集められなかったようなデータを、メーカーとは別な組織が、ちゃんと専門家を雇えば解析できる位集められることになるとしたら。

森田：たとえば、このメーカーのAIは信用できない。こっちは事故多いね、とか。

工藤：ある一定の結論を出せる位の大量のデータを、メーカー以外が持ち得る可能性が出るというのは、僕は悪いことじゃないと思うんですよね。

森田：それが、どこまで公表されるか……。公表するか、あるいは保険料に反映されるか、ですが。あなたはAI車だから安くするよ、とか。

それで、保険料を通じてインセンティブが付けば、うまくまわっていきそうですね。

GNSS責任論で論じているリスクの正体

角田：あと、すみません、GPS関係で、データが乱れているのが放置されていて、こうクレームがついたとか、事故が起こったとか、そういうケースというのは、先生はご存じではないですか。

森田：今までのところはありません。ただ、みんな狂っていることは知っているけれども、多くの人はそんなものだと思っているので、大丈夫なのです。

角田：じゃあ、裁判が起こったとかも、お聞きになったということはないということなんですね。

森田：ないです。でも、やっぱり衛星の運用者としては起こされるのではないかとひやひやしています。

しかも困ったことに、たとえば、日本のQZSSが飛んだときに、それで事故が起きる可能性があるのは、QZSSは地球の南北方向の軌道を回っていますので、オーストラリアとか中国とかいろんなところで使える訳です。たとえば、中国で事故が起きて、中国の裁判所に訴訟を起こされたら、中国の裁判所がどういう判断を下すのかわからない。たとえば、そのときに反日感情が高まったら、どんな判決になるかはわからない。だから運用者はびくびくしている訳です。

ヨーロッパも、アフリカのどこかで起こされたらどうするか、とか考える訳ですよね。自分の国だけで起きていれば、たぶん大丈夫だなと思うけれども。そういう意味での不確実性はあります。

角田：そういう意味なんですね。みんなが正しいとは限らないとわかっていればいいだけなのか、というのがちょっと気になっていたので。で、なんでそれでわざわざＵＮＩＤＲＯＩＴでこのような議論が始まったんだろうって、今ひとつこう腑に落ちなかったんですが、今のお話でよくわかりました。

森田：結構、こわいんですよね。

工藤：そういう意味では、言いがかりみたいなことで裁判を起こされる可能性もある。

角田：それは大きいですね。

森田：外国の判決でも、普通に民事訴訟法に基づいてその判決は承認されますから。

筋電で動くロボットスーツ着用時の事故を考える

角田：じゃあ、次に、筋電のロボットスーツの問題をお聞きしたいです。事前にメールでも簡単にお伝えしていたかと思うのですが、新井紀子先生から賜った宿題というのがありまして（↓53頁以下）。身体機能を支援するロボットスーツも、ロボットが脳の判断を直接読みとって動いているのではなく、筋電というものを計測して動く仕組みなんだそうです。

つまり筋電を軸に動く方向なりを決めていると。しかし、筋電というのは単に筋肉に流れる電気信号であって、人間が直接どういう筋電を発生させようかと意識しているのではない訳です。そういうロボットスーツを着用している方が何か事故を起こしたときに、近代市民法のルールというのは、人間は自由に意思決定ができて、そのことを前提にした上で、その自由意思を形成できる人が、その故意なり過失なりを、何か人に損害を与えたというのであれば責任を負いなさい、という前提問題として、自由意思の可能性があったかと思うんですね。過失の判断が、ずいぶん主観的なものから客観的な為すべきことをしなかったというのであれば過失に基づく責任を負いなさいということに、現在はなっている訳なんですけれども。とは言いながら自由意思の可能性というものがそもそもないような、考えようによってはですが、筋電というのは頭を抜きにした、頭のないロボット状態になりますので、そうなった場合にどうなるんだろうか、という問題提起をされました。これはなかなか難しい問題だな、と思っていたんですけれど、どうでしょう。

森田：基本的にさっきと全部同じ話になります。

この場合だと、筋電に反応しても別に脳に反応しても、それはどちらでもあまり関係なく問題は同じで、誤作動することによって何か事故が発生するリスクをどうやって減らすかという問題です。だから、無理矢理、この意思の話にもっていくのであれば、刑法の世界でいう、「原因において自由な行為」*8 のような話になる訳で、要するに、どの段階でそのリスクをコントロールできるか、そのリスクを減少させることができるか、ということになると。

もちろん、どれだけ安全なロボットスーツを作るか、誤作動しにくいものを作るかということもあるのですが、そのロボットスーツを使うか使わないか、あるいはもうちょっと言うと、どういう場面で何に使うかという点は、意思の判断、コントロールできる可能性があって、どのくらい誤作動する確率があるなら、こういった作業には使わないとか、いうことはあり得ると思います。

たとえば、精密な作業が要求される場合にはロボットスーツを使わないとか、あるいは、万が一、介護のときにドンと落としちゃうと高齢者が大けがをしちゃいますという場合には、しかもそういう確率は結構ありますというときには、あえて最初からロボットスーツは使わないとか、その段階で意思の問題をコントロールする。あとは、そういう誤作動を少なくするようなものを作るというところと、どの範囲で誤作動する可能性がありますという情報を使用者に対して、その製造業者の、あるいはAIの設計者の方から伝えて、そしてその使用者の本人の判断、どういったときに使うか使わないかの判断の資料に役立てる。そこでコントロールして、事故の確率を減らすということになるんだろうと思います。だから、僕の立場からすると、もう話は全部同じ。それを法的に構成すると、さっき言ったように、刑法に言う「原因において自由な行為」と同じように、まさにロボットスーツを使うか使わないかという段階で、そこでコントロールすればいい。

角田：そこで意思があればいいではないか、で、事故当時に……。

森田：後は、確率的に起きると評価するしかないです。

角田：ロボットスーツを着た人間の状態は、じゃあもう酔っぱらって、訳がわからなくなっている人と同じ状態というふうに考えるのですか。

森田：GPSに頼りきった人、みんなそうですよね。

角田：なるほど。

森田：確率的に何か変なことが起きる可能性があるというときに、どこまで確率を減らすか、その確率を受け入れるかという意思決定をする、ということです。

角田：なるほど興味深い。私の方は危険責任の問題として処理するのはどうかなと思っていたんですけれども。ロボットスーツを使うとすごいパワーが持てる、その人というのは、実は、たとえば車に乗って移動する人と同じような感じなのではないかと考えたりもしていたんです。つまり意思の問題というのはどうも決着がつきそうもないので、車に乗っている人扱いしちゃったらどうかな、なんて。

森田：車に乗っている人って、運転者ですか、同乗者ですか。

角田：運転者の方です。

森田：車の運転者なら、コントロールをまさにできる訳ですよね。
なので、実際に車の運転者の場合は、一応自賠責法上は無過失責任に近いとは言われていますが、過失相殺があって、歩行者とか相手側に過失があれば、結構免責されていくわけです。両者の過失の度合いを相互評価して。だから、車の運転者はやっぱり、結構コントロールの可能性があると思います。

角田：つまり、コントロール可能性がないと厳しい、と。

森田：コントロールの可能性があるという前提で、あれは作られているルールですから。

工藤：自動車の運転の場合、もちろん人間はミスをするから確率的に事故は起こるけれど、それとパワースーツが確率的に事故を起こすという話はちょっと違いますよね。自動運転車の話だったら、同じ感じになるかもしれないですけど。

森田：そうですね。自動運転車だったら同じです。それは全く同じで、また同じ話に戻ってくる訳です。

角田：では、コントロールしきれないという意味で動物、それも人間が乗れちゃうような大きくて、でもごくたまに危険な動物……まぁ、思い付きですが、たとえば、象なんてどうでしょう。象のような危険なものの所為による責任ってことで（民法718条）。

森田：象も調教によってコントロールできるじゃないですか。僕もタイで象に乗っている人を見ましたけれど。

工藤：象はどうなんですか、一定確率で暴走したりするんですか。

角田：たまに象の背中に乗ったツアーで象が突然暴れたといったニュース、ありますよね。

森田：一応、近寄らないようにはしていましたけれどね。

オーナーの判断ミスの帰結
――寄与過失≠過失相殺

角田：原因において自由な行為というのは、つまり所有者の方で、さっきおっしゃった寄与過失ということになりますよね。責任を100％「ここでロボットスーツを使うなどなにごとぞ」という判断が出るということになりますよね。そうすると、たとえば、損害額を3割カットとかいう話にはなりにくいと。すみません、さっきの寄与過失の話がちょっとよくわからないのですが。

森田：寄与過失というのは、機器の所有者と、製造機器のメーカーと、それからもし入れるのであれば、その上流にいるAIの設計者たち、この間でどう責任を分担するのかという場合の問題です。もちろん、被害者との関係でももちろんそれは問題にはなり得ますが、先ほどはとりあえず検討外に置いていました。この場合の寄与過失といって問題にしているのは、メーカーの側が十分に説明をしませんでした、たとえば、このロボットスーツは絶対に誤作動しませんよとか謳っていて、でも実際は誤作動結構しますよというケースとか、所有者がメーカーの指示通りに行動しなかったケースとかで、そういったケースが問題なのであって、被害者との関係で責任を3割減らすということはないですね。

被害者との関係で責任を3割減らすというのは、被害者がたとえば、変な暴れ方をしたとかそういうケースです。介護している最中に変な暴れ方をしたとか、あるいは機械を誤作動させるような暴れ方というのがあるのかどうか知りませんけれど、筋電に悪影響を与えるような暴れ方をしたとかの場合です。あるいは、被害者の側が誤作動を起こすような機器を付けていた、とか。

角田：そういうことはあり得るんですか。

森田：どうなんでしょう。心臓ペースメーカーの誤作動みたいなことはあるかもしれませんね。

角田：今のお話ですけれども、先生のそのロジックというのは、誤作動か誤動作かという区別はしない、という前提でしょうか。

森田：それはどういう違いですか。

角田：私の理解している限りだと、誤動作というのは、くしゃみをして思わず自分が大事にしているものを握りつぶしちゃったみたいな、意図しない動き。誤作動というのは、機械自体に問題があって、もとから意図していない形で、つまり仕様書に書いてあるのとは違うように動いてしまったと。

先ほどのお話は、仕様書の指示ですけれども、筋電で動くロボットスーツについて、それがあるというお話でいいんですよね。くしゃみをして思わず握りつぶしちゃった、とかですね。

森田：でも、くしゃみとかでも反応するということは、わかっていることですよね。くしゃみでも反応しますと。要するに、設計上、そういうくしゃみのような場合でもロボットスーツは動作を強化してしまいますということがわかっていて、それが取扱説明書やマニュアルにも書かれていて、使用者にも知らされていたというのであれば、それは、使用者が、くしゃみすることがあるということをわかりつつ、使ってしまったということになるのではないでしょうか。たとえば、今、くしゃみが出そうだからロボットスーツを使うのをやめておこう、と考える訳です。自分がしょっちゅう、くしゃみが出る人間だったら、こわくて使わないと思う訳ですよね。オーナーにその程度の注意はやっぱりして欲しいです。

角田：そうすると、それを誤作動として扱ってしまうということに問題はないということになるんですか。筋電をベースにとっています。で、あなたが……。

森田：それは、そういう取扱説明をはっきりしていただければ。ただ、今のお話では、原因が違うので、取扱説明の仕方も当然違ってきます。

誤動作の方は、完全にロボットとしては正しく反応していて、ただ、使用者の方が間違った行動をして、それも増幅しますというケースですよね。それはむしろ機器のオーナーの側に、そういうことがあるんだということをわかっているのならば、自分がそういうことをする可能性があるのはどれ位かを考えて、ちゃんとそのリスクに応じた行動をとるようにということで。

たとえば、たぶん、注意深くない人は宇宙飛行士にはなれない。そういう人はそれをしちゃいけないのと同じで、やっぱりそういう危ないものは、あるいは子どもに包丁を使わせないとかと同じような話。危ない、大きな効果をもたらすものは使わない、ミスって使う可能性のある人には使わせない、という話とたぶん同じだと思いますね。だから、誤動作と誤作動はやっぱり違います。

角田：だいぶ、クリアになりました。

「許された危険」法理への経済分析的アプローチ

角田：あと、法と経済分析の世界で、「許された危険」という話はあり得るのですか。ある技術が社会的には大変有用であると。だけれども、その一定程度の間違いで人命が亡くなるかもしれないというときに、許された危険という、だいぶ前のドイツの議論ですけれど、そういう話というのは。

森田：自動車というのは、まさにそうなんじゃないですか。

角田：そうなんですけれど、法と経済分析の中で、「許された危険」というロジックはあるのですか。社会的効用とかの中にすべて入っているということですか。*9

森田：コストと効用（benefit）との比較で、効用が上回るんだったらばそれをやっていいよということなんですね、基本的には。

ただ、法学におけるコストの計算がおかしいことは十分あり得て、特に人命というコストはなかなか計算しにくいので、測り間違うことは結構ある訳です。それで一番有名なのが、製造物責任の懲罰的損害賠償のフォード・ピント事件*10です。あの事件は要するに、アメリカのフォード社が、ガソリン・タンクを車のどこに付けるのかというので、ある一定の位置に付けると安く付けられるのだけど、事故が起きたときバッと炎上しやすいという車、ピント（Pinto）という車種があって、危険性は高いのだけれどもそれに構わないで、事故が起きても全部損害賠償をしたとしても安くあがる方がいいので、コストが低いように作ったというケースです。それで後でそれはけしからんということで、懲罰的損害賠償を支払わされたという有名なケースがあるんですが、それはおそらくやっぱり人命の価値の損害賠償額の計算が低すぎた、当時の法ルールに限界があったと。

もし人命の価値の算定方法が正しければそれでやってもよかったはずですが、やっぱり人命というのは結構計算するのが難しい。損害賠償法のひとつの問題点は人命の価値を正しく測れていないという問題で、だから人命が絡むところでは損害賠償法では十分対処できないので、しばしば行政規制が入る訳です。

たとえば、建築基準法とかで、耐火基準とか耐震基準とかしっかりしなさいというのは、あれはやっぱり、いざというときに人命が絡んでしまうので、損害賠償だけでは対処できませんよ、それではダメなので、最初から人の命が失われないような家を作りなさいということで、建築基準法があったりする訳ですね。

角田：ただ、その建築基準法も改正されて厳しくなったんですが、何をもたらしたかということで……。

森田：もちろん、規制の場合には、今度は裁判官ではなくて、行政が、これがベストですよと決めるので、官僚がベストと決められるのか、国会議員が正しい判断をするとは限らないので、今度はその問題はあるのですが。

角田：で、その建築基準法ですが、結局、建築士の残業代が増えただけだという経済分析の論文があって、それはそれなりにショックでした。*11

GNSSとインターネットの比較

角田：折角、今回、GNSSをロボット・AI社会のインフラという切り口で整理してくださったので、そのインフラという視点をもうちょっと掘り下げたいと思います。IT社会のインフラとしてインターネットがあると思うのですが、インターネットとGNSSの比較というか、だいぶやっぱり違うものとして捉えるべきなのか、先生の思っておられるイメージみたいなものをうかがってみたかったんですけれど。

森田：インターネットと言っても、抽象的に聞かれてもいろいろな使い方があるので、たとえば、具体的にどういう場面でどういう使い方をすることを想定されているんでしょうか。法的に責任が発生する場面ですか。

角田：インターネットは、考えてみると、法的責任があんまり議論されないですよね、みんなが使ってはいるのですけれど。

森田：インターネットがつぶれたら、ということなんでしょうね。インターネットのひとつのいい点というのは、つぶれにくい点です。分散型のシステムなので、どこかが1か所つぶれても迂回してルートを見つけられます。たとえば、日本とアメリカの間にはすごく太い回線が、神奈川県沖か静岡県沖からずっと通っていますけれども、あれが万が一つぶれても、中国とか大陸とかを迂回していけば、データはいつかは届くというシステムなので。時間は遅れてもデータは届く。その意味では、すごく分散型で、頑健なシステムだと思います。途中でデータが狂うということもあまり聞きません。インターネットは伝言ゲームの固まりですけれど、それでもデータは正確に伝送される。もちろん、途中で悪意のあるサイトが入って改変すればあり得ますけれども。

工藤：確かに、たとえば、GNSSの衛星が間違ったシグナルを出したという状況に匹敵するほど、誰かの単一のミスによって何か大きな問題が起きるということが、インターネットでは想像しにくい。ということは、インターネットとGNSSはやっぱり違うんですかね。国をまたいで利用されるし、スマホから利用することが多いし、何となく特徴が似ていると思っていました。考えてみれば、GNSSの受信機は持っているけれど、生のデータを直接使うというよりは、何かのアプリを通して使うという感覚で、そのアプリが健全かどうか、そういう議論がメインになりますね。インフラ側の話があまり出てこなかったりするのは、インターネットがロバストだからなんでしょうか。

森田：ネットが途切れるというのは本当にほとんどないですね。中国に行って、Gメールとかが全部見えなくなる、そういうときにしか……。

工藤：あれは、事故ではなく、故意ですから。

森田：つなげてつなげれば……。後は震災のとき東北大法学部のサーバーが止まったとかのときですよね。あのときは電気とかも全部止まったので、仕方ないことですが。

角田：それこそ、まさしくインフラ全体が止まったという話のときですものね。

工藤：やっぱり、国をまたいで利用されるということは、問題をややこしくしているんですよね。

森田：そうですね。その説明はありますね。他の国で利用されて、他の国で責任追及訴訟を起こされるかもしれない、というリスクはあるので。

工藤：同じ国の中だけで話が閉じているのだったら、もっと簡単な話になるんですね。

森田：そうですね。自国の法律学者を集めて議論すれば済むだけの話なので。UNIDROITとかを入れてくる必要はないんですけれど。

角田：UNIDROITの話は、国際ルールは不要だということで落ち着きそうなんでしたっけ。

森田：今、ペンディング状態になっていて、その後議論が止まっています。確か、前の同僚の清水真希子さん（大阪大学大学院法学研究科准教授）が、落合先生古稀論文集で、UNIDROITの議論をフォローしたのを紹介していますけれども、[*12] 基本はだいたいその両側から議論が出尽くして、そこで決着つかずに止まっているという状況だったではないでしょうか。ただ、そこではこういう経済分析はされていなかったので、これを書いたのですけれど。

角田：先生の論文の結論で、国際ルールは不要であるというのは、ある意味、先生の予測があたったような感じですか。

森田：結局、不要であるので、結論として、このままいじる必要はないよということですね。だから、清水さんたちと共同プロジェクトをして、日本法でどうなるか、という解釈論を検討してみたのです。UNIDROITの議論はこういう危険性があると両方の側から言いあっているだけで、実際に各国法におりてきたらどうなるかを誰も検討していなかったので、実際に日本法ではこうなるので、他の国も同じ検討をやってみてはというのを、ひとつモデルケースを示したのです。それに機能的経済分析をするとこうなりますよという僕の論文を併せて、国際的に提案するという活動でした。僕はこの機能面の分析担当で、清水さんと弁護士さんと小塚荘一郎先生たちが日本法ではこうなりますという整理をする。日本法でも基本的に同じ結論になるということでした。

アプリ提供業者の責任は?!

角田：先ほど、アプリを使ってという話が出ていましたけれども、アプリを提供した側の責任はどうなるのでしょう。

森田：アプリは、基本的にやっぱり製造機器、受信機のメーカーと同じ立場です。アプリの場合は、結構、免責文言がやたらに約款にバーッと入っていると思いますが、あれで足りるかどうかですよね。たとえば山登りGPS用のアプリを調べてみたら結構たくさんあります。僕はスマホ持っていないのでダウンロードしていないですが。

工藤：私は山登りアプリ入れていますよ。特に山登りはしないですけど。

森田：歩いたところのログがとれるので、結構、山登り以外でも使えるんですよ。

工藤：あと、電波が入らないところでもマップを見られるのが便利ですね。僕の最近のお気に入りは、飛行機に乗ったときに使うことです。GPSの受信は電波を発しないので機内モードでも使えるんです。今どこを飛んでいるかとか、あの湖みたいなのは何かとかすぐに調べられるんです。普通の地図アプリは、通信しないと地図のデータがとってこられないんですけど、山登り用のアプリは国土地理院の地図をダウンロードしておけるんです。

角田：それは、それでおもしろいことがあるんですね。

森田：それはアプリなんかだと、かなり細かい約款でバーッと免責条項を書いていて、たぶん山登りアプリだと、これは本気での山登りには使わないで、と絶対一文入っていると思います。その条項がどこまで有効かというのは、相当議論の余地があると思いますね。どこまで真剣に読んでみんなダウンロードしているかというのはわからないので。

角田：そうですね、確かに。先生のお考えだと、厳格責任を負わせられる可能性があるところですね。

森田：ありますね、厳格責任も。

もちろん、ユーザー側の認識がどこまであるかにもよります。今の日本の国内で一般的な認識が、スマホのアプリはそんなに信用ならないことは結構みんな知っているでしょうというレベルだと、それはユーザーの自己責任になる可能性も、それなりにあると思います。

だから、そのアプリでも、確かに約款上は免責と書いてありますけれど、今だいたいアプリをダウンロードするときに、レビュー（評価）は付いていますよね。みなさんレビューを読んでからダウンロードするかどうかを決めると思うんですけれど、そのレビューに、軽登山では使えます、本格登山では使えませんとか結構書いてあって、それを読んでからするユーザーが多い、と裁判所が判断すると、その程度の判断はみんなするよね、っていうことになります。もしくは被告のアプリ会社側の弁護士の主張立証がうまくて、それで裁判所が説得されれば、その場合にはそういう一般的な認識が成立しているから、ユーザーはアプリの限界を理解して使いなさい、したがって、アプリ会社側は責任を負いませんという結論が出る可能性も十分あります。だからそれは、どこまでそういう情報発信が一般にされていて、認識が届いているかですよね。

逆に、アプリ会社側が、このアプリは信頼できますよとか高らかに謳っていると、かえってまずいかもしれないですよね。

厳格責任にセットされている「寄与過失」

角田：それにしても、過失相殺と寄与過失の違いというのが、大変気になります。

森田：確かに、一般的には寄与過失の方がいいのかな。

角田：日本だと、因果関係の問題で処理してしまっているのが混じってしまっていることがないのでしょうか。過失相殺で0になるとかですね、100になってしまうとか、あんまりないと思うんですよね。8：2とか7：

3とかはあるとは思うんですけれど、0：100というのはなかなか見ないので。

森田：1：9ですらなかなか見ないですよね。

角田：なので、それってたぶん、日本の裁判官だと、因果関係がなかったとか、あるいは、過失があったとまでは言えないとか、と言っている問題なのかなと思ったりもしたんですけれど。たぶん、それとはちょっとロジックは違う可能性がありますよね。

森田：そうですね。寄与過失の方が、一般に、と言うのは、寄与過失の方が単純なんですよね。要するに、過失相殺だと両側を考えなきゃいけないけれど、寄与過失だと片方の過失だけ考えればいいので。

そもそも、なぜ寄与過失だと両当事者が良くなるのかとすると、当事者が2人の場合を考えますが、両方の当事者が合理的に行動するということを考えると、寄与過失において、過失で免責を与えてしまう側の当事者（厳格責任を負わない側の当事者）というのは、自分がもし過失レベルの注意水準しか尽くしていなかったならば、それはそれで責任を負わされてしまう訳ですね。だからそれを避けるために、合理的な当事者であれば、過失水準以上の、過失と設定されている水準以上の、無過失であるような注意をとります。それを前提とすると、まさにゲーム理論の状況なんですけれど、反対当事者は、そのままだと自分が責任を問われてしまうので、事故が起きないような最適な注意水準をとりますというので、それで両当事者が自動的に最適な注意水準をとりますという、こういうロジックなんですね。なので要するに、ゲーム理論で言う均衡の状態だと、両当事者が自動的に最適な注意水準をとりますよというのが、寄与過失付きの厳格責任の場合の帰結なんです。

そういう単純なわかりやすい帰結なんですけれど、過失相殺の場合には、部分的に減ったりするので、必ずしもそれはそうきれいにならないのと、あとやっぱり、両方の過失を比較するというので、過失の判断はさっきの通り、ぶれることがある点が欠点です。ただ、自動車事故の場合ですと、過失基準がクリアになっているので、あまりぶれることはないのですが、一般的には、裁判所が過失認定を間違う可能性は相対的に高いので、2つ入れる分だけ間違う可能性が高まるというので、望ましくないと言えるでしょう。

ただおそらく、過失相殺の方が、当事者としては使いやすいし、裁判所としても使いやすいルールではあるんですよね。要するに、当事者の弁護士としては、自分たちの立証活動で腕の見せ所だし、裁判官もどちらかよくわからないときにも適当に書けるし、裁量があるということはすごく便利で。

この点については商法というか、手形法にも有名な論点があります。手形を偽造された場合の責任という論点があって、手形が偽造された場合には、学説はその場合に偽造者は100%責任を負うか負わないというゼロかイチかの議論をずっとやってきました。ところが、判例は一貫してその学説をとらないで、全部、偽造者と被偽造者の間に使用関係があることを前提に、民法の使用者責任で処理してきました。判例は、なぜそうやってきたのかという理由を言わないんですけれど、おそらく、ひとつの理由がまさに、使用者責任だと不法行為になって過失相殺ができるので、両当事者の悪さの度合いですね、偽造された側と偽造された手形をつかまされた側の悪さの度合いを比較して、いい具合のところで裁判官が判決を書けるのが魅力だったんだろうと言われています[*13]。

だから、裁判官はそういう裁量があると楽なんじゃないかなと思います。それが社会的に望ましいかはともかくとして、になる訳ですが。

（2016年11月10日収録）

＊1　以下の内容については、Hatsuru Morita, An Economic Analysis of the Legal Liabilities of GNSS, 2015. https://ssrn.com/abstract = 2675234

＊2　GPSは位置を計測するものだが、GPS信号は基本的に時間データだけ。スマホやカーナビなどで受け取るのは、衛星からの時間のデータ。衛星から信号が届く時間差で、どの位衛星から自分が離れているか、つまり距離がわかる訳だ。知りたいのは位置だが、スマホやカーナビに内蔵されている時計は不正確な場合もあるので、信号を受信した時刻も未知数にしないといけない。結局、時間と三次元の位置で、未知数が4つの方程式を解くことになるので、衛星が4個見えれば数学的には解けることになり、位置も確定する。

＊3　一般に「情報セキュリティ」は、①機密性（Confidentiality）、②完全性（Integrity）、③可用性（Availability）を維持することと定義される。①は、データ・情報が、権限ある者が権限のあるときに、権限ある方式に従った場合にのみ開示されること、②は、データ・情報が正確で完全であり、かつ、その正確性・完全性が維持されること、③は、データ・情報が適示に、必要な様式に従ってアクセス・利用できることをいう。曽我部真裕・林秀弥・栗田正裕『情報法概説』（弘文堂・2016年）212頁以下。

＊4　以下の展開についての詳細は、森田果「AIの法規整をめぐる基本的な考え方」（2017年）http://www.rieti.go.jp/jp/publications/summary/17030004.html

＊5　Consumer Reports, Tesla's Autopilot：Too Much Autonomy Too Soon, July 14, 2016. http://www.consumerreports.org/tesla/tesla-autopilot-too-much-autonomy-too-soon/　後藤元「自動運転と民事責任をめぐるアメリカ法の状況」ジュリスト1501号（2017年）50頁以下、53頁参照。

＊6　Henry D. Gabriel, The Global Positioning System：United States Government Liability –Real and Potential – Risk Management in GNSS Malfunctioning (Rome, November 11, 2011), http://www.unidroit.org/english/workprogramme/study079/presentations/gabriel.pdf

＊7　「東京海上、自動車運転を保険で補償無料特約で」日本経済新聞2016年11月8日 http://www.nikkei.com/article/DGXLASGC07H0B_X01C16A1MM8000/、「東京海上日動火災が自動運転の無料特約を来春から提供」週刊金融財政事情2016年11月14日号8頁参照。

＊8　自己を、泥酔のような責任能力のない状態に陥れ、その状態を利用して犯罪の結果を引き起こすこと。責任能力は実行行為の時点で必要であるが（実行行為と責任能力の同時存在の原則）、実行行為をしようという意思決定に基づいて実行行為が行われたときは、その意思決定の時点で責任能力があればよく、実行行為の瞬間に責任能力がなくとも構わないとの考え方。『法律学小辞典〔第5版〕』（有斐閣・2016年）より。

＊9　アメリカでは、自動運転車の例で言えば、ここにいう「効用」には、自動運転車の導入による人為的ミスを原因とする交通事故の減少という、社会全体にとっての効用を含めることも肯定されているようである。しかし、ごくわずかであるが障害物がないのに急停止してしまう可能性が顕在化してしまった場合、設計上の回避可能性がなく、平均してみると事故の防止・損害の軽減の効果が大きいことを根拠に、構造上の欠陥・機能の障害はなかったと考えてよいかは、「考え方を整理しなくてはならない重要論点の1つ」とする、藤田友敬「自動運転と運行供用者の責任」ジュリスト1501号（2017年）23頁以下、29頁。後藤・前掲＊5 53頁も参照。

＊10　Grimshaw v. Ford Motor, Co., 119 Cal.App.3d 757 (1981).

＊11　Daiji Kawaguchi, Testushi Murao and Ryo Kambayashi, Incidence of Strict Quality Standards：Protection of Consumers or Windfall for Professionals?, Journal of Law and Economics, 2014, vol. 57, pp.195-224.

＊12　清水真希子「GNSS（衛星測位システム）の不具合に関する民事責任――ユニドロワにおける議論と論点の整理」小塚荘一郎ほか編『商事法の新しい礎石――落合誠一先生古稀祝賀論文集』（有斐閣・2014年）591頁。

＊13　藤田友敬「偽造手形」法学教室204号（1997年）16頁以下など。

● 参考文献

《宇宙法》
宇宙法で広がっている宇宙を知るには……
小塚壮一郎・佐藤雅彦編著『宇宙ビジネスのための宇宙法入門』（有斐閣・2015年）
小塚壮一郎・水島淳・新谷美保子「鼎談・宇宙2法が開く宇宙ビジネス法務のフロンティア」NBL1089号（2017年）4頁以下
そのほか、森田先生がプレゼンテーションをされた国際学会 http://www.iafastro.org/wp-content/uploads/2014/04/IAC2015_FP_PRINTlowres.pdf　その83〜85頁がIISL（国際宇宙法協会）のシンポジウムになります
GNSS運営者の法的責任について
Hatsuru Morita, An Economic Analysis of the Legal Liabilities of GNSS, 2015, https://ssrn.com/abstract=2675234
清水真希子「GNSS（衛星測位システム）の不具合に関する民事責任―ユニドロワにおける議論と論点の整理」小塚荘一郎ほか編『商事法の新しい礎石―落合誠一先生古稀祝賀論文)』（有斐閣・2014年）591頁
Souichiro Kozuka, The Emerging Legal Debates Around Japan's QZSS, Inside GNSS, 2016, vol.11, no. 4, pp.39-43
《AIの法規整のあり方》
森田果「AIの法規整をめぐる基本的な考え方」（2017年）http://www.rieti.go.jp/jp/publications/summary/17030004.html
《法の経済分析》
小塚壮一郎・森田果「不法行為法の目的―『損害填補』は主要な制度目的か」NBL874号（2008年）10～21頁
スティーブン・シャベル（田中亘・飯田高訳）『法と経済学』（日本経済新聞社・2010年）
《自動運転と民事責任》
「特集・自動運転と民事責任」ジュリスト1501号（2017年）14頁以下の各論稿
山下友信編『高度道路交通システム（ITS）と法―法的責任と保険制度』（有斐閣・2005年）

後日談

角田：森田先生には宇宙法の話として、最初に押さえておくべきポイントは、森田先生のテーマ設定に表われているスタンスですね。つまり、ＧＮＳＳ——よく知られているのがＧＰＳということになりますが、これは、読者もご存じだと思いますが、スマートフォン、カーナビといった身近なものから、ＨＦＴ、飛行機はもちろん、ドローン、自動運転といった、ありとあらゆるAI・ロボットで使われている、というか、必須の前提とされているシステムでありまして、これを「ロボット・AI社会のインフラ」と位置づける。その上で、そういうロボット・AI社会のインフラを支える法的ルールを考えていく際には「宇宙法」という視点も取り入れるべきであるという訳です。

工藤：確かにロボットやAIの文脈の中でＧＮＳＳの存在はなくてはならないものですが、これまでは位置情報の利活用やプライバシーの問題等、ＧＮＳＳから得られる「情報」に関する話題がほとんどで、インフラそのものが話題の中心になるということは少なかったのではないかと思います。しかしやりとりされる情報が重要になればなるほど、それを支えるインフラが安定して運用されることもまた重要になっていく訳ですから、今回のお話のように法的枠組みの側面からインフラについて考えておくことも必要なことだと思いました。

角田：次に内容についてですが、森田先生は、法と経済学という分野が大変お得意でいらっしゃいまして、今回そのＧＮＳＳによって起きた事故には、多数の当事者が責任を負う候補にあがると。ＧＮＳＳの運用者、ＧＰＳであればアメリカ政府ということになる訳ですが、その運用者が1つ目。2つ目がGPSを受信する機器のメーカー、それからGPSを受信する機械を持っているオーナー、それから被害者という4当事者があり得る。その中で責任を負わされそうな候補として、最初の3当事者がいると。その3当事者すべてが適切な注意を払わないと、事故の発生を、損害を最小化することができないのではないかと。その3当事者の注意レベルを最適化するには、どういう法的ルールがのぞましいかということについて、お話しいただいたのですよね。法的ルールを最適化していくときの問題を2つだ、と整理してくださって、適切な注意水準が設定できるか、もう1つが行動水準を適正化できるか、という2つの問題がある。で、法的責任のとり方としては、過失責任と厳格責任ということで、整理をしてくださった訳ですけれど、最適なルールとしては過失責任ルールか、厳格責任プラス寄与過失というルールがいいのではないかと。ただ、たとえば過失責任であれば、裁判官が適切に過失の有無の判断ができるかどうかということにかかってくるので、過失の認定が誤るリスクとかその判断の難しさとか、そういう問題も指摘されていました。なんとなく厳格責任プラス寄与過失というのをおすすめしているように見えましたよね、なんとなくね。

工藤：そうですね。

角田：裁判官に対する信頼にも、クエスチョン気味な傾向も感じさせられました。じゃあ、どの当事者が厳格責任を負うべきなのかということに関しては、受信機メーカーであるということに関して、かなり明確に解答を導かれていたと思います。で、その法的責任ルールとしては厳格責任と過失責任のいずれを選択すべきかを議論する際に、発生する損害が大きいからこの問題は厳格責任であるべきだ、というありがちな立論に対しては、これは無関係だと。それから厳格責任を導入すると、GNSSサービスを提供する人がいなくなってしまうのではないか、インセンティブが削がれてしまう、というありがちな議論も、これも間違っているとはっきりおっしゃったんですよね。

それから、保険の話もきれいに整理してくださいました。つまり、最適なルールを選択したとしても保険金がすぐ出るということになると、インセンティブをせっかく最適な設定がされるように考えたのに構造が変化してしまうのではないかという問題点も指摘されました。保険の設定の仕方をどうすれば最適なインセンティブが確保されたまま、なおかつ保険金が払われるという仕組みになるかについて、自動車保険を例に引かれて、経験料率、等級化が行われることで、事故を発生させていない方については保険料が安くなりますとか、年間走行距離で保険料が安くなる、という形でインセンティブが確保されていると。後は保険会社が、AIが事故を起こした場合の問題でも、保険会社がどういう役割を果たせるかということについてもお話しくださいまして、事故データの集積・分析とか、あるいは紛争解決をするにも、個人がやるよりは保険会社がまとめてやった方がいいというお話があって、より安全な社会、自動運転であれば車社会が実現される際には、保険会社が果たす役割が大きいというお話もありましたけれども、そういう保険というものが絡んでいるときの経済分析のあり方ということについてもわかりやすい整理をしてくださって大変有益でした。

そうそう、森田先生、プレゼンテーションの後半で、GNSSの枠組みをAIに応用してくださった訳なんですけれども、AIとGNSSとの違いで、GNSSの場合の問題は「これは技術が枯れているからね」(→209頁)という話があったのですが、あれがちょっとよくわからなかったのですが、工藤先生、これどういう意味なのでしょうか。

工藤：それは、その、枯れているという言葉のニュアンスがわからない、という意味ですか。

角田：そうです、はい。

工藤：「枯れている」というのは、私のまわりでは割と普通に使う用語なので、指摘されて初めて、これが特殊な用語だったんだということに気づきました。どういうときに使うかというと、その技術が出てきてからある程度時間がたって使い込まれてきて、いろいろなノウハウが溜まってきているというような状態のことを「枯れている」という表現します。たとえば、パソコンとプリンターの相性問題というのがありますよね。新しい機種が発売された当初というのは、この機種はあの機種とは相性が悪いみたいだとか、そういうことがいろいろあったりして、多少の混乱があるわけです。でもある程度時間がたつと、メーカーがプログラムをアップデートするとか、いろいろな人が解決法を書き込んでいるのがネット検索に引っかかるようになるとか、そういう具合になってくるわけです。つまり、起こり得る問題点が洗い出され、対処方法も蓄積され、もう新たな問題というものがほとんど起こらなくなってくる。そういう状況になると、「段々枯れてきたな」と言うんです。ですから、GPSももう長いこと使われてきたわけですから、トラブルなどもその過程ではいろいろあったのでしょうが、それもみんないろいろと工夫してノウハウも溜まってきて、予見できないエラーはほとんど起こらないというレベルになっている、つまり枯れているということだと思います。

角田：森田先生が、GNSS運用者の責任論をAIに応用した場合、対応するのはAI開発者だとおっしゃっていましたが、その後でAI開発者とGNSS運用者を本当に同じにしていいのかという話題になったときに、「いや、GNSSの技術は枯れていますからね」とおっしゃったのは、そういうことだったのですね。つまりAI開発はまだ予見可能性がないから、ちょっと違うロジックが出てくるかもしれない、ということになりますかね。

工藤：そうですね。使い込まれていない分だけ、何が起こるかわからないという部分が多い訳です。

角田：そうすると、その後森田先生がAIの法規制をめぐる基本的な考え方という論文をお出しになったのですが、そこでは、GNSSのときにはなかった観点を導入して分析されているんですよ。具体的には、AI開発者がリスクに対してどういう態度をとるかというリスク選好、あと、保険の購入のしやすさをみましょうと。たとえば、AI開発者にベンチャー企業が多いような状況なら、資力があまりないからリスク回避的だろう、だとすると、すべての当事者が適正な注意を払ったとしてなお発生した損害について責任をAI開発者に負わせるような損害賠償法ルールは開発意欲を委縮させかねないという意味で望ましくない。では、AI搭載機器利用者、被害者のいずれがよりリスク中立的でしょうか、保険を購入しやすいでしょうか、あるいは、保険購入のバックアップがあるかをみましょうと。そういったファクターも加えた、キメの細かい分析をなさっているのは、そういうふうに考えればいいのですね。

工藤：そういうことだと思います。

角田：ちなみに、「枯れた」の逆というのは何なんですか。「初々しい」みたいな言い方になるのですか。

工藤：「枯れた」の逆ですか……。必ずしも逆ではないものの、よく使うのは「人柱」ですかね。出たての機械をすぐに買うことをよく「人柱になる」と言います。もちろんスラングです。ただ、人柱という表現がされる位に、新しい技術は想定外のトラブルが起こってあたり前なのだとも考えられます。

角田：それは……法学的には使いづらい言葉ですね。人柱になってください、とはなかなか言えませんので。

あともうひとつ鼎談の後半では、新井先生からいただいた宿題として、筋電ベースのロボットスーツの問題についても意見交換をさせていただきました。森田先生は、ロボットスーツを着て事故が起こった場合の問題もすべて同じロジックで考えればいいとおっしゃいました。原因において自由な行為の話をなさって、GNSSの受信機のメーカーとそれを利用する者との注意のレベルを適切に設定するべきであるというのと同じで、ロボットスーツを着る人は酩酊して何か人にけがをさせた人と同じ問題として扱えばいいというお話でした。そうすると、誤作動と誤動作の区別は、先生は考えないのですかという話をして整理をして、それは、原因において自由な行為ということは、酩酊状態、一種の無能力状態ということなので、もう誤作動だろうが誤動作なんだろうが、別の問題として扱う必要はなくて、ロボットスーツを使う前の段階で、ロボットスーツを使っていい状況なのか、くしゃみをしがちな人であれば花粉が飛んでいる時期はロボットスーツなどは使わないべきなんだとか、そういう話で処理なさったということでしたよね。ところで、誤動作、誤作動ということについて、確か工藤先生から問題提起があったように思うのですが、これはどういうことでしょうか。

工藤：言葉の使い方の話なんですけれど、ちょっと私のまわりで使われているのと、誤作動、誤動作の使い方が違うなと思ったところがあったんです。工学系だとどういうニュアンスで使うかというと、誤動作という言葉は機械が誤った動きをすること、誤作動というのは停止している機械が誤って動き出すこと（=誤って動作を始めること）なんです。英単語で言うと、誤動作がmalfunctionにあたり、誤作動がfalse triggeringにあたります。ですから、誤動作がほとんど真逆の意味で使われていたので、ちょっと驚いたというか、異分野どうしで議論するときには用語に注意しなければいけないなと感じたんです。

角田：くしゃみをしたら大事な物を握りつぶしてしまった筋電ベースの義手というのは、これは工学的な用語だと誤動作にはならないんですか。

工藤：機械は別に誤った動作をしていなくて、単に人間がくしゃみをしたことによって誤った命令を送ってしまっただけですから、工学的には誤動作とは言わないんですね。ユーザーの意図ではなく、あくまでも仕様書と異なる動きをしたときが誤動作なんです。

角田：森田先生の整理もそうでしたけれども、私も、筋電ベースで見れば機械は正しく動いているのに、それが使っているユーザーの意図に反するというのを誤動作と表現していて、法学の人はそういう整理だと思いますので、やはり少し違うということなのですね。

第5回

ロボット演劇の問いかけるもの

劇作家
平田オリザ

本日のゲストは、劇作家の平田オリザ先生です。先生は様々な分野でご活躍ですが、本日は、ロボット演劇のお話を中心にうかがいたいと思います。個人的なことですが、3.11を題材にしたオペラに放射能感知ロボットを登場させて観客の度肝を抜いた先生の作品（『海、静かな海』平田オリザ作・演出、細川俊夫作曲、ケント・ナガノ指揮）を観る機会があり、それが、人間とロボットが共存する社会というものを強く意識する契機になりました。

この本のテーマとしても、これまではどちらかと言えば人工知能の話、つまり、人の「頭脳」の機械代替という話題が中心でしたが、平田先生が演劇という場において、人の「身体」性の機械代替に挑まれている点をメインに「人とロボットの違い」について、話をうかがえればと思います。

また、折角の機会でもありますので、後半の鼎談では、劇作家として創作されておられるお立場から、AI創作物の法的保護について、先生なりのご意見や展望についてもうかがいたいと思います。

ロボット演劇プロジェクト——経緯と基本構想

経緯

ちょうど10年前に大阪大学に移りまして、その1年後位に、大学が主催する高校生向けのイベントがあって、僕はワークショップとか講演会をやったのですが、宮原秀夫総長（当時）と次期総長に就任することが決まっていた鷲田清一副学長（当時）も控え室にいらっしゃっていて、鷲田先生から「授業などはだいたい落ち着いて順調のようですが、他に大阪大学で何かやりたいことはありませんか」と聞かれました。僕は、もう最初からロボットをちょっとねらっていたので、即座に「ロボットと演劇をやりたいです」と答えました。すると鷲田先生が「ああ、それはすぐにやってください」と言われて、その日のうちに、大阪大学工学部で知能ロボット学を研究されている石黒浩先生と、当時の同僚の浅田稔先生をご紹介いただいて、翌週には先生方の研究室を訪問しました。

そのときに、ひとつだけ用意していた質問があって、それは「私がプロジェクトに入ると、今ロボットが持っていないような機能も、持っているかのように見せることができますけれども、それをやっていいですか」と聞いたんですね。そうしたら浅田先生が即答で「それは望むところだ[*1]」とおっしゃられて、「自分たちは、『鉄腕アトム』とか『マジンガーZ』とか、せいぜい『ガンダム』とかからロボット研究に入ったんだけど、今の若いロボット研究者たちはロボット研究の確立した基盤があって、そこからしか発想しなくなっているので、芸術家に入ってもらうことで、未来を見せてもらいたい」ということをひとつ言われました。

ロボット演劇の基本構想

ただ、最初からねらいがマッチしていたのは、後でも触れるかもしれませんが、僕と石黒先生の人間観というか、ロボット観というか、それが似ていたからだと思っています。要するに、ロボットにしろ役者にしろ、その内面よりも、認知心理の方では「現れ」とか「現れてくるもの」とよく言いますけれど、「外見」ですね。あるいは「見え」とも言いますがそちらの方が大事であって、人間っぽくなるということは、実は科学的でないのではないかと。人間らしく見えるかどうかということの方が、実は科学的なのではないかということが、非常に最初から共有できていた。ここが、プロジェクトが一気に加速した理由だと思います。

もうひとつは、そもそもすごく個人的なことになりますが、うちは祖父は、医者だったんです。*2 祖先は赤穂の薬問屋だったようで、さらに父も母も大学までは理系だったんです。父は売れないシナリオライターで、母は心理学者だったのですが、もともと文転の家系でした。私自身もずっと科学関係の戯曲とかもたくさん書いていたものですから、ロボットに関わることは違和感がなかった。それと認知心理学の方とも、それまで10年ぐらい一緒に共同研究をして、また私自身が研究対象でもあったのですけれども、そういう研究をずっとしてきたので、比較的もう最初からボキャブラリーが共有できていたと思います。理系と文系で話が通じないというようなことがよくありますけど、全くそういうことはなく、最初からターボがかかったような感じでした。

認知心理学の方たちとは、いろいろな研究をしていたのですが、たとえば、一般市民の方が「あの俳優はうまいな」「あの俳優は下手だな」と、どうしてそう感じるんだろうということを、僕を研究対象としていた女性の研究者がそのような研究をしていて、どうもそれは無駄な動きが一定数入るのがうまい俳優と考えられるのではないかと考えるようになった訳です。

たとえば、モノをガシっとつかむなどという動作は、リポビタンDの宣伝位しかない訳で、日常生活ではやらない動作です。これは認知心理学の有名な実験があって、特に取っ手付きのコーヒーカップを取る動作だと数値によく現れるのですが、手前で手をワンバウンドさせてから取ったりとか、他のものをさわってから取ったりとか、全体を把握してから取ったりと、こう無駄な動きが入るんですね。それを「マイクロスリップ」と言うのですが、このマイクロスリップが人間の動きには一定数入る。めったなことでは、ガシッとはつかまないんですね。ところが、俳優も人の子なのか、たくさんの人に見られていると緊張してしまって、無駄な動きがたくさん入ってしまったり、つかまなくてはと思うから、ものすごくしっかりつかんでしまったりする訳です。

もうひとつのポイントは、俳優というものは練習すればするほど、今度はマイクロスリップが減っていく訳です。うまくつかめるようになってしまう。だから俳優というのは、練習すればするほどリアルから遠ざかるという宿命を持っている訳です。そういうことがわかってきました。マイクロスリップの量が減ってくる訳です。

一方で、石黒先生の研究の最大の課題は、どうすればロボットが人間社会にスムーズに入っていけるかということでした。人間社会では、やっぱりこうガシッとつかむ動作をするロボットは困る訳ですよね、怖いから。しかし、工学研究者というのは、基本的にガシッとつかめてなんぼの商売なので、本能的にガシッとつかみたい訳です。実際、産業用ロボットできちんとつかめなかったら、ロボットとしての性能が悪いということになりますから。どうやってきちんとつかむか、ということばかり研究してきた人たちであり、そういう研究の風土がある訳です。ただ、石黒先生は、相当早い段階から、そのマイクロスリップみたいなものに着目していて、どうすればロボットにも適度に無駄な動きができるようになるかということを考えていたようです。

だから、ロボット工学でも、従来型の工学的な研究を進めれば進めるほど、しっかりつかめるようになってしまうので、ロボットがリアルな社会から遠ざかってしまうことになってしまいます。さっきの俳優のジレンマと似たところがあるのです。僕はここに親和性があったと思っています[*3]。

石黒先生も認知心理学者とか言語学者の力を借りて、どうすればロボットに無駄な動きができるようになるかの研究を始めていたようです。でも、心理学とか言語学というのは、やはり基本的に統計をとる学問なので、ランダムな数字が出ても結局、平均値に埋め込まれてしまって、あまりうまくいかなかった。では、単にランダムに動かせばいいのではないかと思いますが、そうするとロボットの動きがめちゃくちゃになってしまって、なんだかよくわからない動作になる。ちょうどそのタイミングで僕は石黒先生と出会って、しかもちょうど先生が、何か演劇とか映画とかにヒントがあるのではないかと考えて、そういうゼミの授業を始めた時期だったんです。

ロボット演劇に演出を

ロボット演劇を見せてもらったのですが、とてつもなく、ちゃちでダサいものでした。石黒先生本人もそのことをよくわかっていて、要するに、学生に作らせたものでしたので、「こういうことがやりたい訳ではないんです」と本人も言っていました。それで僕が2分位のスキットを渡して、その受講生の研究者たちにデータを打ち込んでもらって、それを見せてもらったんですね。それに対してさらに、「ここところこの台詞の間を0.3秒縮めて」とか、「ここは0.5秒あけて」とか、あと動作も「右手をあと30度あげて」みたいに、こういう指示を演劇の世界では「ダメ出し」というのですが、2分位のスキットに対して、20か所位はダメ出しをしました。その場で打ち直してもらって、もう一回見せてもらったら、その場にいた20人ほどの若手研究者たちが、みんなため息が出るほどに、ロボットはリアルな動作になりました。

それはそうですよね、今までロボットに演出をするということなど誰も考えたことはなかったのですから。コロンブスの卵の場合でも、卵を立てるのに底の殻をつぶせば簡単に立つ。それはやってみれば簡単であたり前だと思えますが、それと同じで、私たち演劇人は２５００年間も、演じる人物がどうすれば人間らしく見えるかということをずっと考えてきた訳です。どうすればリアルになるかということを考えてきた訳です。ロボット研究はたかだか１００年弱の歴史ですから、それはこちらの方に豊かな知見があったということです。

当時の石黒先生の口癖は、若手の研究者に向かって、「君たちが2年かかったことを平田先生は20分でやったのだから、もうおまえらは研究をしなくていい。解析だけをしろ」と。実際に、僕が演出するとなぜリアルになるのかを解析し、分析し、パラメータ化して、特許の申請もしていますし、何人もの学生が卒論や修論や博論をそれで書いています。

もうひとつのポイントは、私と石黒先生が最初から、ロボットというのは、今でこそ「ペッパー(Pepper)」がありますけれど、普通の市民の方は、それまでは博覧会とか未来館のような科学館でしか見ていなくて、それは「展示」ですよね。ロボットを展示物として見てきた訳です。

そういう場所では、ロボット工学者は、どうしてもロボットの性能を見せたがります。その性能を見せられても、市民はその技術に対して「感心」はするけれど、「感動」はしないだろうと考えた訳です。ほーっと感心はしてくれるだろうけれど、感動はしないです。だから、その感動させる、要するに、心を動かす、あるいはロボットがあたかも自発的に動いているかのように見える、そういうロボットの見せ方はどういうものだろうかということを考えた訳です。

これとさっきの認知心理学的知見とはつながっていて、それで卒論を書いた学生もいるのですが、ロボット工学者が動きをつけたものと僕がつけた動きを比較すると、明らかにロボット工学者の方が動かしすぎるのです。ロボット工学者がやると両手を上に挙げて大げさに広げながら「こ・ん・に・ち・は」みたいになるでしょう。科学館のロボットとかでよくある動作ですが——でも、これって変ですよね。私たちは、あれがロボットの動きだと思っているので違和感が少ないだけで、本当にあれが家庭に入っていったら、鬱陶しいやつになりますよ、そんな動きをされたら。そのことを工学者は考えてもいなかったんです。たくさん動く方がいいと思っているし、そういう研究風土でもあったので。それをいやいや違うということで、微妙な動きに修正していきました。

ロボット演劇の成果

たとえば、何かを前に進めるときでも、足を出すその動きばかりをきちんとやろうとしてしまうのですが、実は前に動くときには、足の動きだけでなく、反対側の肩が少しだけピクっと動いたりしていて、この重心移動とかが、実はリアルに見せるコツなのです。そういうものがいくつかありまして、それは言葉で伝えられるものもあるので、ある程度まではパラメータ化できます。それを実際にやっています。ただ最後の、プロの料理人のさじ加減みたいなものが、やっぱりポイントでもあります。このようなことを、認知心理学で、佐々木正人さんという東大の有名なアフォーダンス（affordance）の研究者がおられますが、彼の口癖でもあるのですが、「認知心理で解析できる天才や名人の技はせいぜい1％だ」とおっしゃっています。お酒を飲むと「3％」と言い出すのですけれど、それでも1～3％。ただ「1％とか3％解析できただけでも、機械とか教育には相当還元できる」ともおっしゃっています。

確かにそうなんです。言葉で伝えられる部分だけを解析するだけでも、その後ロボット工学者たちは相当リアルなロボットを作れるようになるんですよ。芸術のレベルで耐えられるロボットは作れなくても、一般の人にとっては区別ができない位のレベルまでにはロボットの動きをちゃんとできるようになる。見る人が見れば違いはわかるのだけれども、僕が演出したロボットの動きと、一般の研究者が演出したロボットでは。でも、そこそこのモノは、研究者でも、私のまねをしてできるようになるんです。だから日常ではそれでOKなんですよね。家庭用のロボットというか、プロダクツとして家庭の中に入っていくロボットとしては、もうそれで十分なぐらいに知見が得られるということです。そこが、この研究の一番の成果かなと思っています。

ロボット演劇自体は、7作品を作りまして、世界中もう17か国ぐらい、50都市以上をまわって公演し、大きな成果をあげてきました。ここ10数年で最も成功した文理融合のプロジェクトと言われる位に、非常に成功しました。これらの公演は、本当に世界的な評価を受けまして、今年ご覧いただいたオペラなどにもロボットが少しだけ出てきます。

評価を受けたひとつの要因は、世界中でこのような試みはあるのですが、私たちの場合は大学の研究室で公演を作ることができているということです。通常は、石黒研究室が初期にやっていたように芸術性がとてつもなく低かったり、あるいはアーティストがやっているからロボットがものすごくちゃちだったり、たいていの場合が、そのどちらかです。私たちは、僕がたまたま大阪大学にいたことによって、世界最先端の1000万円単位のロボットを自由に使わせてもらえる環境ができて、そこに専門の研究者をつけてもらえたというのが、世界でも稀有な例で、それで成功したということだと思います。

生活の中のロボットをめぐる実験

あと、今やろうとしていることというか、やっていることとしては、たとえば、ショッピングモールなどに行くと敷地内の地図とかがありますよね。それを一人で見ているときとか、二人で並んで「何食べる」とかを相談しているときとか、一人が地図を見ていてもう一人は後ろでスマホをいじっているときとかなど、いろいろなシチュエーションが考えられますが、それを何十パターンと実際にやってみて、そのときロボットがどういう動線で来て、どのタイミングで「何かお探しですか」と言うと、その人たちを一番安心させることができるのかみたいなものです。

これは、奈良の学研都市のATR（国際電気通信技術研究所）でまる2日間かけていろんなパターンを全部やってみて、それを全部モーションキャプチャーで撮って、3D解析をして、安定したロボットの軌道と声掛けのタイミングを決めるということを実際に行っています。だから理論ではなくて、先に演出家に演出をつけさせて、それを解析していくことは、実際に今もうやっている。そういった方向の研究がひとつ。

後は、音声対応などでも、これはまだまだ難しいのですが、ヤマハさんなどと一緒にやろうとしている研究なのですが、ある長い会話の文章の中の、どこで次の発話の準備をし始めるかというのが結構大事なことなのです。あと日本語の場合には頷きとかが入りますから。これも英語やフランス語と日本語とでは違うので、今後ロボット開発のひとつの課題となっていくと思いますが、あまり汎用性がとれなくて、文化によってもずいぶん変わってくるだろうと予測しています。

英語やフランス語は、冒頭に主語と述語が入りますから相当早い段階で、相手方が次の自分の番、これをターンテイクというのですけれども、自分の番の準備に入るだろうと。でもそれに対して日本語は結論がわからないんです、ずっと最後まで聞かないと。コミュニケーションのうまい日本人は、結構最初に結論を言ってくれるのですが、そういう人ばかりではないので、そうすると最後まで聞かないと意味がよくわからないのですね。だから、だらだら長いんですよね、日本語の場合には。

それを補う意味で、途中で、うんうんと頷く訳です。でもこの頷く動作が、ご存じかと思いますが、よく海外に行くと誤解のもとにもなっています。日本人の頷きは同意ではなく、単に「聞いていますよ」というシグナルなのですが、欧米では頷くということは同意しているということを意味しますから、よく小さなディスコミュニケーションが起きやすいんです。ここら辺のことをロボットではどう処理するか、たとえば、顔認証で日本人だと認証したら頷いておくようなロボットを作っておくということです。どのタイミングで頷くのかとか、どのタイミングでターンテイクに入るのかとか、そういうことも今やろうとしています。これは、会話の音程を分析することで結構できるのではないかということなので、ヤマハさんたちが今研究しているところです。そんなことも、今行っている研究です。

ロボットによる実用的なコミュニケーションとは?

今、申し上げた文化の違いで言うと、たとえば、後でも触れるかもしれませんが、高校生たちに、アンドロイド演劇を見せて、ロボットとかアンドロイドについてディスカッションするという、アウトリーチの授業をよくやっているのですけど、そこでは、こんな説明をすることがあります。僕のある作品で、あるサラリーマンの方が自分の父親が故郷で亡くなったので、葬式のために一週間ぐらい忌引きの休みをとって故郷に帰って、通夜・葬式・初七日を済ませて帰ってきたという場面です。そこで、そのサラリーマンが職場の方たちに「すみませんでした」というシーンがあるのですが、これをイタリアで上演したときに、これの字幕をどうしても出せないと言われました。要するに、このような場合にイタリア人は絶対謝らないからという理由です。もちろん翻訳者の方は日本にも長く住んでいて、そのような状況は理解できていて、日本人はこういうときに「すみません」と言うよね、とわかってはいるのですが、でもイタリアでは絶対謝らないし、これは似たような言い換えもできない、と言いました。そういう字幕を出したら、イタリアではこの人なんか怪しいと思われる、保険金殺人か何かをしたのではないかと怪しまれると言うのです。結局その部分だけは字幕を出さなかったんです。

でもロボットだったら、さっきも言った顔認証で、相手がイタリア人だと思ったら謝らなくて、日本人だと思ったら謝っておくというふうにプログラムすればいいだけのことなのです。そうすると、この場合どちらの方がコミュニケーション能力が高いと言えるのか微妙になってきますよね。

要するに、ロボットの得意なことは無限に記憶できるということなので、あらゆるコミュニケーションのパターンを記憶させれば、通常の人間などよりもコミュニケーション能力の高いロボットができるかもしれない。これが僕と石黒先生の基本的な認識です。

先ほども言ったように、私と石黒先生には、共通項がいくつかあった訳です。ひとつは、人間のコミュニケーションのパターンなんて、そんなにたいしたものじゃないと思っている点。石黒先生もよくおっしゃるんですけれど、どうもロボット工学者というのは完璧な汎用性を求めすぎる。だけど8割9割できたら、後の2割はわかりませんとごまかすような機能を付けておいた方がたぶん実用的なんです。完璧な汎用性は、人間だってそんなことは無理でしょう。私たちも、相手を傷つけてしまったりするじゃないですか。それは残りの1〜2割でだいたい傷つけてしまいますよね。たいていのコミュニケーションはうまくいくのだけれど、でもときどき相手を傷つけてしまう。それなのにロボットにだけ、なぜ汎用性を求めるのかという話なんですね。それよりも、できる限りコミュニケーションをパターン化して、細分化して、応用ができるようにした方が、より人間のコミュニケーションに近づけるのではないかというのが、僕と石黒先生の基本的な考え方です。

ロボットによる人間のコミュニケーション能力回復

それの関連で言うと、まだちょっと進んでいないのですけれども、臨床レベルでは少しデータが出てきていることなのですが、自閉症の子どもたちで相手がアンドロイドやロボットだとしゃべれる子が一定数いるので、そういう子たちの訓練とか、あるいは吃音や失語症の方たちの在宅訓練に使えるのではないかということが注目されています。特に失語症の方は、高齢の、中高年の男性が結構多いので、そのプライドが邪魔をして、言語聴覚士とのリハビリがうまく進まないことがある。もちろんリハビリには来ていただかないといけないのだけれど、奥さんと在宅の訓練をする補助位になるのではないかと。そういうことにもロボットを使えるのではないかと考えています。

これはもうどの作業療法士も言語聴覚士も言うことなのですが、繰り返し訓練しなければならないときに、どうしても人間だから一瞬嫌そうな顔になってしまうときがあります。だけどロボットは繰り返しを全然厭わない。ものすごく根性ありますからね。「もう一回」「もう一回」と笑顔で励ませます。作業療法士とか言語聴覚士の側には悪気はなくても、患者さんの方が、「この人ちょっともう飽きてきているんじゃないのかな」と思ってしまった段階で、もうダメじゃないですか。だけど相手がロボットだったら、ロボットが飽きるとは思わないから、何回でも繰り返せますよね。そういうところはロボットの強みで、リハビリなどに向いているのではないかということです。

僕、たまたま本当に、これロボットのことだけではないのですが、今年は吃音者の全国大会に呼ばれて、去年は言語聴覚士の方たちの学会の基調講演に呼ばれて、そういうことを考えるとやはり期待は高まっているのかなと思います。そういうところでもロボット研究を使っています。

ロボット演劇を通して問いかけているもの

私自身は、基本的には劇作家・演出家なので、いい作品を作るということが一番の主眼ですが、よく世界中をまわっていると、「どうしてロボットで演劇をやるのですか」と聞かれます。答えは単純で「世界で初めてだからです」となります。相当僕は新しいことをやってきたつもりですが、こんなに単純に世界一になれることは、人生にはそんなにないことなので、さっきも言ったように、最先端のロボットを自由に使わせてもらえる環境をたまたま手に入れた訳ですよ。これでもしロボット演劇をやらなかったとしたら、これはもうアーティストではないです。世界一になる環境が整っているのにやらないとしたら。だから私としては、単純に、世界で初めてのことをやれるからということが理由のひとつなのですが、もうひとつは、ずっと申し上げてきたように、こういうことをやることによって、「人間とは何か」とか、まだかろうじて人間の優れている部分がどこにあるのかがわかってくるということもあります。

ロボットを通して人間を考える

教育の方では、そういうことに注目して行っています。たとえば、9月も愛知教育大学附属岡崎中学校に行きました。この学校は全学年アクティブラーニング化ということで、教科書を使いません。教員が全員、自分たちで授業のプログラムを作らなくてはならないのです。そこである国語の先生が、僕と石黒先生が書いたエッセイを中学2年生の国語の授業でたくさん読ませて、あるポイントでアンドロイド演劇を見せて、その後で僕と議論をするという授業を作りました。

「人間に心があるか」ということが題材で、それだけで3か月間ずっと授業をする。彼らは相当優秀な中学生でしっかり予習をしてきていますから、一生懸命僕に対して人間の心のありかについて言ってくるんですけれど、僕の方ももう8年もそれをやってきていますから、ことごとく論破してしまうんですね。「それはロボットでもできるね」「それはあと何年後かにはロボットでもできるね」みたいに。さっきの「イタリアと日本との例では、ロボットの方がコミュニケーション能力は高く見えるよね」と。そういうことで全部論破していくのです。ただそこで、これは授業の中で、高校生向けの授業とかではときどき言うんですけど、本当はフランスだと「哲学」という授業があるのでその授業でやれるのが一番いいのですが、最後にサルトルの話をします。

実存主義の中核は、人間存在の理由というのは何もないということです。人間を人間たらしめている理由は何もないということです。要するに、あらゆるものは本質的に存在していて、たとえば、椅子は座るために作られたし、ペットボトルは液体を入れるために作られたけれど、人間は何かのために作られている訳ではないので、人間だけが現実的に存在しているということです。本質より現実が先だということですよね。*4 ロボット演劇をやっていると、それが証明される感じがすごくあるんです。人間を人間たらしめている理由は何もないけれど、人間は人間なんだということがよくわかってくる。そこが一番のポイントで、そのことを中学生高校生に、少なくともこれから社会のリーダーシップをとっていくような中学生高校生に伝えられるということは、非常に大きい教育的意味があると思っています。つまり、不条理に向き合うということですよね。今の教育では条理ばかりを考えさせる。しかし、本来リーダーシップというのは不条理を受け止めるということだと僕は思っています。芸術というものは、不条理を受け止める訓練だと思っているので、そういう意味では、ロボット演劇というものは非常にいい教材かなと思っています。

ロボットと法

あと、授業の中でよく設問として出すのは、アンドロイドやジェミノイド（遠隔操作型アンドロイド）のことです。今私たちが使っているジェミノイドは1000万円ほどでできます。それに200〜300万円足すとオリジナルの、自分そっくりのジェミノイドができます。

そういうアンドロイドを最初に使い始めるのは、鉄腕アトムと同じで、おそらく、子どもを亡くした夫婦とかじゃないかと思っています。その子のビデオとか映像が残っていれば、もう癖まで全部再現できる訳です。今でもすでにペッパーを家族のようにしている家庭も出てきていますから、ペット以上の存在になることはもう間違いないです、まあ後10年位ではないかと。

たとえばそういう家に、夜中に泥棒が侵入してきて、アンドロイドが居間とかにいたら、ぎょっとして、自分の顔を見られたと思って殺そうとする。その物音を聞きつけて、お父さんが2階から降りてきたら、大事なロボットが殺されそうになっているので、それを守ろうとして泥棒ともみあって逆に泥棒を殺してしまった。さあ、正当防衛は成立するでしょうか、みたいなことを、中学生や高校生に議論をしてもらうということを授業でやっています。

みなさんの方が専門だと思いますが、今の法律では過剰防衛になりますよね。助けようとしたロボットはただのモノですから。しかし、その家の人にとってロボットがただのモノかどうかということが大事ですよね。おそらくペット以上の存在になっているはずなので。

そのときに中学生や高校生に、参考資料として、動物愛護法という法律はいつ頃、どのようにできてきたのかということ、そして今どれ位の国が動物愛護法を持っているかということを示して、そういうデータを示して考えてもらったりするという授業をやっています。この場合、どんな法律が必要なんだろうとか、ロボットを守るのはいいけれども、守りすぎることはいけないこと。動物愛護法だって、ちょっと過剰になってしまう場合がありますよね。それに文化の違いもあります。たとえば、オーストラリアの動物保護団体がロブスターを活きたまま茹でてはいけないと主張していることはどうなのだろう。日本には他にも活き造りとか躍り食いとかもありますから、あれは外国人から見るとどうなんだろう。また、中国や東南アジアには犬食文化があるけれど、犬は食べていい動物なのか、いけないのかとか。似たような議論がロボットの場合でも起こってくるのではないかという話を、ディスカッションの題材にすることをよくしています。

人間とロボットの違いについて考える

角田：最後にお聞きしようかと思っていたのですが、最初にお聞きします。先生が今の時点で考えておられる、人間とロボットの一番の違いというか、やっぱり違いがあるということでしょうか。そのライン引きはどのように……。

平田：今の時点ですか。今の時点では、全然人間の方が優秀ですから、もうどこがということはないですね、あらゆることが違いますから。ただ、将来的な可能性としては、どんどん近づいていくことは間違いないです。

コンピュータ／ロボットを分けるべき

平田：あと、コンピュータとロボットをどう分けるかということもありますよね。基本的にロボットというのも中味はコンピュータなのですが、それでもやはりコンピュータとロボットは違うものなのです。そもそも論として、どうしてロボットなんだ、どうしてあれほど人間に近づけたがるんだと僕はいつも不思議に思うのですが、工学者たちは、ふだんは数字のことばかり言っているのに、開発するロボットは共通して人間に近づけたがるのです。「別にいいじゃん、人間に近づかなくても」とも思うのですが、みんな人間に近づけたがります。

ただ、工学的な答えでいうと、まだまだロボットは同時に複数のことができない。よく説明されるたとえですと、人間の脳のようにいっぺんに同じことを瞬時に計算しようとすると、おそらく工学的に追いつかない。一番の問題は「熱」です。ロボットの頭蓋骨にあたる部分が溶けてしまうほどの熱を出してしまうので。ロボットがよく止まる原因のひとつも熱なのです。工学的に熱処理（冷却処理）ができない。大きなファンを付けると重くなってしまうし、僕たちみたいに演劇をやっていると、ファンの音がうるさくてダメなんです。たぶん、家庭に入っていくのも無理ですよね。そんなに大きなファンを付けていたら。

コンピュータとロボットを分けると言ったのは、要するに、コンピュータの情報処理の方はどんどん発達するけれども、工学的に全然追いついていないから、本当によく故障する。このギャップを埋めるのは無理だと思いますよ、素人目にも。だからコンピュータはある程度人間の職業にとって代わると思いますが、ロボットはそう簡単にはとって代わらないと思います。

工藤：金融などいろいろな分野で、今、AIがたくさん使われていて、将来は何％の職業がAIにとって代わるみたいな話もよくあります。そういう話を金融関係の方としていたときに、たとえば、金融機関でも接客みたいなセクションは、つまりお客さまに対応する物理的な体があってコミュニケーションがあってというような部署は、AIシステムにつながったディスプレイだけがポツンと置いてあってもダメだから、そこはやはり人間の仕事として残るというような話がありました。一方で、平田先生たちは、言わばロボットにコミュニケーション能力を与えるということをされている訳ですが、この話をどう思われますか。もちろん、現段階ではハード面でまだまだ及ばないところがあるにしても、AIだって20年前はまさか20年で今のレベルに達するとはみんな思っていなかった訳です。そういう意味では、身体がある、コミュニケーションがとれるということが、今は人間がAIに置き換えられない理由ではあるのですが、将来まで考えるとどこまでいけるとお思いですか。

平田：どこから話せばいいのか難しいのですが、まず、その金融マンの発言に全く根拠はないです。自分の職業は、人間特有のコミュニケーション能力が必要だとみんな思い込んでいるだけなので。たとえば、おそらく顧客の半分以上はコンピュータの方がいいと言い出しますよ。コンピュータは守秘義務を絶対守るし、かえって対人なんか嫌だという人はたくさんいます。頑固なおじいちゃんとか。話を聞いてもらいたいというお年寄りもいるけれど、うっとうしいと思っているお年寄りもいるので、そんな話は幻想にすぎないんですよ。

人間はそんなに偉いのか

平田：そのことからちょっと飛びますけれど、この間、韓国でロボットとかAIのシンポジウムがあって行ってきたのですが、そのとき韓国で人間が囲碁でコンピュータに負けたのがすごく話題になっていました。韓国のスーパースター棋士が負けたから。

でもあれは単純な話で、要するに、人間からすると、将棋より囲碁の方が複雑だから、囲碁は負けないだろうと思っていたのだろうけれど、単に囲碁の方がコンピュータに向いていたというだけですよ。囲碁というのは、結局ミスが少ない方が勝つから。ミスはどうしてもするんですよ、あれだけ複雑だと。だからミスの少ないコンピュータの方が勝つんですよ。将棋はもう少し戦略性が高いから、あれは、今、結構、一進一退を繰り返している。コンピュータの癖がわかると人間はそれに対して工夫できる。将棋だとそれで勝負になるんです。

だから私たちが予想するような、これは人間向きとかこれはコンピュータ向きなんていうこと自体がそもそもナンセンスです。その判断には人間のバイアスがものすごくかかっていたということで、そのことを囲碁は証明したのだけれど、このことはほとんど誰も言っていないですね。それは、こういう人文科学的な知見で見ていないからですよ。だから、人間向きの職業なんて、そんなものはわからないです。意外なものがコンピュータに向いていて、意外なものが人間の仕事として残るかもしれない。トイレ掃除だけは、人間の方がうまいみたいなことになるかもしれないですよね。

角田：そこに関しては、先生のスタンスはオープンであるということなのでしょうか。人間ならではということは……。

平田：これも僕と石黒先生の共通点は、「人間がそんなに偉いのかよ」ということなんですね。要するに、「別に対等だろう」ということですね。ロボットが偉い訳でもなく、人間が偉い訳でもなく、単に対等だろうということです。それを比べるから変な話になるので、どうしてそんなことを競争するのだろうと思います。

自動車は人間より速く走れる訳ですよね。車の能力はもう100年前に人間を超えているじゃないですか。その後、誰もそんなことで怒ったり悩んだりしなかったでしょう。あれで飛脚の人とか馬車の御者が失業するからといって、結局は大問題にもならなかったでしょう。

なので、なぜロボットだけあんなに言われるのか。そのことと、なぜロボット工学者が人間に似せさようとするのかということには、たぶん何かの共通点があるのではないかと思っています。

劇場型詐欺のウラ事情

角田：金融マンの幻想という話が出ましたけれど、投資詐欺という問題は日本が先進国なんですよね。それでその、劇場型詐欺と言われているのですが、あやしいお兄ちゃんがいろんな役割を割り振って演じて、お年寄りを騙して、虎の子である大金を奪ってしまうという事件が、なぜこんなに長い間、息絶えずにしぶとく、しかも、すごい売上額を誇っていると言いますか、依然として被害額が相当な金額にのぼっているのはなぜだろうかという話をしたときに、その金融マンの方は、なかなか厳しいものがありましてとおっしゃって、そのとき出されたキーワードが「ヒューマンタッチ」というものでした。

先ほど幻想とおっしゃいましたが、やはりお年寄りの方というのは、肌身を求めているようなところがあって、その役割を演じているにすぎないにしても、非常に親身に聞いてくれると嬉しくなりますよね。その裏にあるのは、実は詐欺師であれば丸取りですよね。出資した額は丸取りで全部自分のもとに入るけれども、金融機関でまっとうな商売をしていれば、手数料はそのうちの3%とかであって、だから先ほどの介護の方がおっしゃったような同じようなことで、やっぱり話を最後まで聞いてあげられないとか、そういう問題があるんじゃないかという話がありました。

やっぱり歩合給の率というものに人間は左右されてしまいかねないと言いますか、そういう意味からすると、ロボットの優位性という話になっていくのでしょうか。

平田：もちろん、そうです。

角田：そんな予感はしていたのですが。

平田：先ほどの介護の話と同じです。ロボットは嫌そうな顔をしないというのが、すごく大きな特徴です。

角田：それは、その歩合給うんぬんかんぬんという話ではなくて、それはコミュニケーション能力の問題であるというふうに先生は捉えられますか。

平田：それを能力というのなら、能力でしょうね。その点に関しては、ロボットはものすごく高いコミュニケーション能力を持っていると言ってもいいと思いますね。ずーっとニコニコしていられるのですから、それはすごいですよ。そんなことは、人間には到底無理です。

角田：むしろ、その歩合給ぐらいで質を落としてしまう人間の方が、プログラミングを変えた方がいいという話になるのかもしれませんね。

平田：でも、それは無理ですから。人間はそういうふうにできているので。そんなことでみんなが幸福に暮らせるのならば、ソビエトはなくなっていないですよ。そんな性善説ではできないですよ。

角田：そうすると、人間のコミュニケーション能力を開発していくことによって、そういう問題を克服することは可能なのでしょうか。

平田：うーん、ただそれには、いろいろな要素が混ざっていますからね。なぜ日本でそのような犯罪が多発するかというと、日本が先進国の中で最も孤立しやすい社会だからという、もうひとつの大きな要素がありますよね。しかもですね、その落差が大きいんです。かつて強い地縁血縁型社会だったものが崩れて、戦後は企業社会にとって替わったんだけれども、その後、企業もグローバル化する中で、企業が労働者を守る必要がなくなって企業社会が壊れて、ふっと振りかえると地縁血縁型社会もないと。そうすると、もうあっけなく人間が孤立しやすい社会なんですね。

しかも、日本の場合には宗教がないので、最後のセーフティーネットがないんです。だから先進国の中で最も人間が孤立しやすい。でも、私たちのミーム（meme）[*5]

の中には、その地縁血縁型社会の時代の、その精神のDNAみたいなものが色濃く残っていますから、そういうところをてこにされると、あっけなく騙されてしまいます。そういう日本の特殊状況もありますから、一概に、何かひとつのことだけで解決するとは思えないですね。ひとつを解決しても、また当然、新しいタイプの詐欺を生み出してくる。社会構造が変わらない限り、詐欺事件はなくならないと思います。技術だけでは解決しない問題であるので。だから理想論かもしれないけれど、そういう社会構造を問題にした方が僕はいいと思います。

角田：社会構造の問題として捉えて、そこに切り込むことを考えないといけないということですね。

平田：だから、介護ロボットとかコミュニケーションロボットがもっと進歩して、孤独なお年寄りが少なくなることに貢献できれば、多少、そういった詐欺事件を減らせることが、遠回りにはできるかもしれないです。実際に、ひとり暮らしの方のところにお孫さんのジェミノイドを常に置いておいて、遠隔で操作するようなことはもう考えられていて、それがそのセーフティーネットにもなると思います。常に監視カメラを置くよりは、お孫さんが側に居た方が断然いいし、コミュニケーションもできる。そうすると、そういう詐欺の防止とかも含めた開発の可能性はあると思います。でもたとえばオレオレ詐欺を減らすのが目的であれば、子どもの声の声紋を入れておいてすぐ認証できるような電話を開発した方が早いですよね。子どもの声じゃないとすぐにばれるみたいにすることは、今の技術でもうできると思います。目的がはっきりしているのなら、そういうアプローチの方がいいんじゃないかなと思います。

選挙活動へのロボットの進出

角田：ちょっと違う話題になりますけれど、たまたまドイツ人の友人から、こんなことが今ドイツでは話題になっていると教わったのですが、選挙活動でボット(Internet botあるいはSocial Bot)を使っていいのかをめぐって論争になっているようです。

アメリカの大統領選挙でツイッターのリツイートのトランプ陣営の4割近くがボットであったと。ヒラリー陣営はそれより率が低くて、3割位とかという話だったみたいです。他方、ドイツでは来年連邦議会の総選挙が控えているのですけれども、移民に反対している新興政党が「私たちもソーシャルボットを使います」と宣言したと。それに対して、メルケル首相が批判したのをはじめ、与党や従来からある政党が次々と「我々はボット登用を放棄する」と言っているのだそうです。

背景として、アメリカはボットでも表現の自由(freedom of speech)でスピーチをしているという考え方をどうもとっているらしいのですが、ドイツは人権アプローチで考えますので、ロボットは政治的な意思決定を左右するような言論の自由の享有主体ではないと考える訳です。ですから、民意の形成にあたってボットが攪乱するのはおかしいと、そういう議論がどうやら起こっているらしいのです。*6

社会生活、市民生活にロボットが入ってくることに対して、先生はどちらかというと賛成の立場のように受け止めますけれども、そういう問題に関してはどのようにお考えになりますでしょうか。

平田：基本的に社会学の一般的な考え方としては、新しいコミュニケーションツールが入ってきたからといって、人間のコミュニケーションが突然大幅に変わることはないというのが、だいたい良心的な社会学者たちが常に言うことであって、あまりヒステリックにならない方がいいということですね。今までも、電話が入ってきたときに当然人間のコミュニケーションは変わって、メールが入ってきたときもそうですね。僕はよくこの点を高校生たちに説明するのですが、僕たちの世代は親に「長電話するな」と言われた世代です。ところが、今の高校生には長電話という概念自体がない。今は個人の携帯電話だから、誰の迷惑にもならないし。それから、私たちは「電話ばかりで済ませないでちゃんと手紙を書きなさい」と言われた世代ですが、今の子どもはメールをしていると「ちゃんと電話しなさい」と言われるので、どっちが正しいんだよってことになります。
コミュニケーションツールというのは、自分が育ったツールが一番と思って次の世代に押し付ける傾向があるので、そんなもので根本が変わることはないです。ただ問題なのは、過渡期に混乱が起こることがあるということです。

それは経済などでもそうで、たとえばリーマンショックのときに、あれはコンピュータが1秒間に何千何万という取引をするので下落が止まらなかったということが一因のようですが、実は１９２９年の大恐慌のときも、恐慌を引き起こした一番の理由はラジオと電話の普及でした。ラジオで全米の田舎の人たちでも株価の情報を瞬時に得られるようになった。そして電話で株を注文できるようになっていました。だから、人間の生身の能力がそこに追いつかなかったんですね。当時も、暴落が止まらなくなっちゃったんです。でもそれがあたり前になってくると、まあまあそんなもんだろうという感じになって収束していくのですが、過渡期に必ず混乱が起こるので、コミュニケーションの問題も起こります。

たとえば、もう今、ダイヤルQ_2といっても誰も覚えてないでしょうが、当時は大変な社会問題になりました。ああいうことはよく起こる訳です。ロボットもコミュニケーションツールにすぎないと考えれば、一時はいろいろな混乱が起こるだろうけれども、法整備等によってそれは収まっていくだろうということです。

ただ、これは一概には言えず、難しいですね。いやいやロボットだけは違うんだよという考え方も、当然あるかもしれませんから。たとえば、インターネットは今まででとはちょっと違うんだよ、活版印刷以来の大発明だと言う人もいるし、固定電話から携帯・スマホになったみたいな、インターネットもそういうものでしょうという人もいるので、本当にどうなるかはわからないですね。そんなことは１００年２００年たってみないとわからないと思いますが、どちらかと言うと、あまりヒステリックにならない方がいいというのが僕の立場です。

角田：ドイツで言われているのは、政治的な意思形成をする主体というか資格という面で、ロボットは違うんじゃないかということがあるんじゃないかと。人間である子どもでも参政権はない、成年になって初めて得られるもので、ロボットは子どもよりもまだ社会的な認知度は下のポジションであるのに、選挙という重要な意思形成に入ってきて攪乱するのはいかがなものかということがあるのです。あと、ロボットはマスコミでもない訳で、国民の知る権利に資する存在として社会的に役割を果たしているのか、といった側面もあります。

平田：ロボットが、人間の意思形成に関わっているかどうかがねえ、どうですか。あくまでも「ツール」だと思うのですが。

角田：それを、ツールを超えた影響力なのではという受け止めがあるんでしょうね。

平田：そこは、当然、法的な規制とか、何らかのことは別にあってしかるべきだと思います。ただ、それはツールなのだからこそ、ですね。それは、インターネットでも電話でもそうでしょう。だから、許認可事業にしたりとか、いろいろ対処する訳ですよね。規制などは別にあって構わないと思っています。いたずら電話をしたら捕まるしね。いたずら電話をしたら捕まるのに、どうしてあのようなヘイト系の投稿とかが捕まらないのか、まったくそっちの方が、私にはわからないです。単に規制すればいいだけなので。

角田：そうですね。ドイツはヘイト系の方にも、刑罰で対処するという話ですからね。その辺も社会がどう受け止めるかという問題ですからね。

平田：なかなか人間は痛い目に遭わないと変わらないので、ある程度社会的な問題にならないと法制化は進まないのかもしれませんけどね。

工藤：その話ですけれども、金融市場でロボットが跋扈しているのと何が違うのですか。金融ではロボットが超高速でものすごい数の発注をしているんですよね。でも、ロボットの取引への参加が社会問題として議論されたりはしていません。

角田：それは、やはり、ある候補者に対してそれを支持する反応を大量に発信していくことと、大量の取引注文を出すこととで、何が形成されていくのかに違いがあるかって辺りなんでしょうかね。確かに、金融の世界では、機械によって発注の意思表示が出されている、その割合が相当大きくなってきているようですし、それらを通して市場での公正な価格を決めていくのに影響を与えている部分はあると思います。大崎貞和先生のお話にもありますけれど（↓305頁以下）、市場の流動性を高めてもいると。でも、選挙活動の場合は、人間社会の代表者に相応しいのがどっちの人間かを決めるという、政治の世界での民意の形成は、やっぱりそういう市場での価格形成とは違うのではないかというのが、ヨーロッパの人々の感覚と言いますか、まわりの受け止め方のようです。

工藤：今年のアメリカ大統領選挙についても、なんだかいろんな報道があって、たぶんこれから研究されていくでしょう。来年、そのヨーロッパの選挙があって真逆の考え方で選挙戦が展開されるなら、両方の結果を比べて、日本はいい方をとればいいんじゃないでしょうかね。理系の人間はそう考えちゃいますけど。

角田：そういう意味では、異なる社会的・法的環境のもとでの実験と捉えればいいのかもしれないですね。

日本は世界で最初のロボット法制を

平田：もうひとつの問題は、もしロボット法を作るとしたら、日本が最初に作らなきゃいけない可能性があるという点です。今まで日本の法整備というのは、まさにご専門だと思うのですが、どこかの先進事例を真似て、それを日本風にアレンジすれば良かった訳ですが、このジャンルだけは本当に日本人が最初に作らなければならないから、これは相当に大変なことだと思います。

そのときに、先ほど言ったように、文化的な背景とかをどうするのか、普遍的なものを目指すのか、もうとりあえず日本だけのドメスティックな法律で良しとするのか。しかし、それでも、それを参照事例として他の国が法律を作っていく訳ですから、相当、国際的な責任もあると思います。このことは今のうちから考えて準備を始めておいた方がいいと、僕は思っています。

ロボット法とはどのような法律になりそうか?

角田：先生がおっしゃっている、ロボット法のイメージはどのような感じなのでしょうか。

平田：僕のイメージは、どちらかというと動物愛護法的なものです。あまり悪用されないということと、ロボットを大事にする人々の権利をどう保護するかですよね。ロボットを保護する訳ではないので、法律というものは人間のためのものですから。

工藤：そうですよね。ロボットに職が奪われるから問題だ、みたいな話もありますけれど、むしろ問題になるのは、ロボットに感情移入をしてしまって、ただのモノだとは思えなくなってしまうとか、そういうことの方が過渡期の問題では済まない問題になりますよね。

角田：ただのモノではないものが壊されてしまって人間が傷ついたというときに、愛着の利益の法的保護という議論はありますけれど、それを上回るものがあるか、ですよね。ロボット法のモデルとして動物愛護法をお引きになりましたが、そもそも動物愛護法が保護している利益は何かといった辺りから、少し整理が必要なのではないでしょうか。人間と関係の深い生命体を保護しているのか、人間社会を守っているのか……。

平田：あと、想定されるものとしては無差別殺人とかです。完全に狂信的な人がロボットを作ってから自殺してしまって、何年後かにロボットが自動的に動きはじめて何人もの人を殺した、そういった場合に誰に責任を問うのか、だからと言ってそのようなことを事前にチェックできるか、そういう問題があります。

日本では今、許可がないと銃とかを持てない訳ですけれど、ロボットも性能によっては明らかに銃と同じぐらいの凶器になり得るので、そういうものをどう規制するのかということが当然必要になってくると思います。だから、これは銃規制とか麻薬取締法とかにちょっと似たジャンルになると思っています。
社会的な混乱を招く場合に、それを本人だけの問題ではなくて、事前に取り締まるということは当然ありだと思います。アメリカとかは、ロボットを持つ権利とかと言い出すかもしれませんが。

工藤：ロボットが、段々高度になって複雑になっていくと、意図しない動きがどんどん増えていくということもあります。現実世界で物理的に動くロボットではないですが、ちょっと前に、マイクロソフトのＴａｙという会話用のAIが、非常に差別的な発言をするようになったというニュースがありました。このAIはユーザーと会話を重ねると段々学習して「賢く」なるというものですが、一部の偏った発言をするユーザーとの会話からも学習した結果、差別的な発言をするようになってしまったというものでした。そんなことになるとは、開発者も予想していなかったと思います。そういうようなことは、これからロボットでも起こってくる可能性がありますよね。

平田：それと、技術はどんどん進化しますから、どうせ脱法ロボットみたいなグレーゾーンがどんどんできて、抜け道がどんどん生まれてくる可能性が高い。銃とかに比べても複雑で多岐にわたりますから。銃でも、殺傷能力のある空気銃はどうするかとか、そういう問題がいつも議論になりますよね。当然、ロボットにもグレーゾーンがたくさん出てくると思います。

工藤：そういう意味では、実効的な規制をするのは、テクニカルには難しくなりそうですよね。

角田：そうですね。動物の場合は、賢くなってもたかが知れていますけれど……。

平田：そうそう、ロボットはどんどん進化するから、これは人類がちょっと想定していない部分ですよね。

工藤：そうですね。生き物は進化のスピードが遅いですから。でも、ウィルスはすごい勢いで進化したりしますよね、だから問題が多い訳で。耐性のあるウィルスがどんどん出てきたりしていて。ロボットもウィルス並みに進化が早いから……。

平田：後は、やっぱりそういう意味では、先ほども少し出た国際的な問題をどうするかですね。一国だけでできるのかどうかという。

角田：それはどういう……。

平田：ある国では許されているけれど、ある国では許されていないものだったら、当然、密輸入とか、そういうことが出てくるでしょうね。それをどこまでどうやって規制するのか。今の日本の麻薬取締法みたいに世界で一番厳しい法律を作って、完全にシャットアウトする方法もあると思います。日本は、銃とか麻薬とかについては世界で最も厳しいですよね。そこまでやるのかどうか。やったとしても、それにしても世界的な連帯がないと無理だと思います。一国だけでは無理なので。北朝鮮ががんがん殺人ロボットを作り始めたりして、どんどん密輸出されちゃったらどうしようもないです。

工藤：特に、本体の機械はともかくとして、プログラムは簡単に国境を越えられてしまうので問題ですね。

角田：確かにそうですね。あまり考えたこともないような問題がいろいろ出てきてしまったので、どうなるのでしょうか。そうすると、なんでしたっけ、学会でロボット基本原則とかが作られているようですが、もっともっとたくさんの具体的な立法……動物愛護法プラス銃麻薬取締法プラスというような法律を作るということになると、かなり大がかりな議論になりますよね。基本線がなかなか決まらなくて、大変なことになりそうです。

平田：それはそうですね。大変だと思いますよ。

角田：プラス権利の享有主体かどうか、そういう問題もあると憲法の難しい議論もありますので。でも、まずは動物愛護法の先例をどう使うかですよね。銃麻薬は緊急性が高いかもしれないですね、こうなると。

平田：自動運転の車が事故を起こしたときに、所有者の責任になるのか、自動車会社の責任になるのかというのと同じで、ロボットの場合にそれをどうするのか。たとえば、殺人ロボットを作ってそれを売って、買い取った人が殺人事件を起こした場合に、どちらの責任になるのか。

角田：自動車だと道路しか走らない、空などは飛ばないですから、ある程度行動範囲が限定されるというのがありますが、ロボット全般を考え出すと行動の予測とかがかなり難しくなると思いますし。

平田：作った側はそんなつもりではなかったと言い張れば、罪になかなか問えないですからね。ある程度の基準の規制を作らないとですね。まさに基本に立ち返って、「人を傷つけるようなロボットを作ってはいけない」というような法律をまず作るしかないですね。そうすると、それは意図に反する使われ方をしたとしても、製造者にも責任があるというような適応ができるかもしれないです。これは、そちらのご専門だとは思いますが。

角田：いやあ、それは今まで考えたこともない問題に対しての適応ですから……。

工藤：でも、たとえばドローンなどが今そんな感じですよね。空撮に使えたりしていろいろ便利なので自由に使っていたけれど、まさにどこでも空を飛べてしまうので、いろいろ問題が起こってきた。そこで今は飛ばせる地域の規制ができてしまって、弘文堂のある千代田区近辺で自由に飛ばしていい場所はまったくないですよね。いったん規制がちょっと厳しめに振れた感じでしょうか。でもやっぱり、配達などの事業に使いたいとか、いろいろ使いたい人もいるので、どのような範囲で使えるようにすべきなのかが議論されるようになっています。

角田：細かい話になっていく訳ですよね。

平田：当然、ロボット業界から圧力がかかって、議員立法でロボット促進法みたいな法律を提出する議員もいれば、反対にこれは規制だという人もいれば、介護だけには利用できるようにしようという人もいるでしょうから。

日本の誇り：ロボット研究と霊長類研究

角田：先ほどロボット法を作るとすれば、日本が最初とおっしゃった理由は何かあるのでしょうか。

平田：それは「ペッパー」に代表されるように、家庭とか一般社会に入っていくのが圧倒的に日本が進んでいるからです。これはそもそも、アメリカのロボット開発というのは軍事目的と非常に密接に結びついています。日本はそれができなかったから、逆に民生利用のロボットが発達したという歴史的な背景があります。やはりロボット研究の風土みたいなものはそう簡単には変わらないので、今でも民生利用という点では日本が圧倒的に優れています。

それから、あと日本人のメンタリティもありますよね。日本では、ずーっと子ども時代から、アニメや漫画などで、ロボットはもう友だちなので。ドラえもんにしろ、パーマンにしろ、鉄腕アトムにしろ。それがアメリカでは、ロボコップとかターミネーターとかのように、どちらかと言うと、ロボットはだいたい人間の敵なんですよ。そういう環境で育っているということもあってメンタリティが全然違うんです。だから日本ではロボットに対する親和性が高いので、ロボットが社会に入りやすいというのがあると思います。この間も、カナダで日本語を学んでいる大学生たちが日本に遊びに来て、その施設にペッパーが置いてあったら、すぐに「わあー、ペッパーだ」と大喜びで、「先生、うちの大学にもペッパーを買って」と学生みんな言っていました。要するに、外国人には人型ロボットはまだ圧倒的な憧れの存在なんですね。日本人にとってはもうペッパーなどはそう珍しい存在ではなくなってきていますが、まだまだその分野では日本が独壇場なんです。

角田：そうすると、ロボット演劇でいろいろな国をまわっていたときの反応とかも、全然違うのですか。

平田：それはそうですね。まず単純に「わあ、さすが日本」みたいな感想が多いです。まだまだ日本は、海外からすると、ハイテク、テクノロジーの国のイメージが強くて、私たちはもう衰退していると思っているのですが、意外とまだまだそのブランドイメージはあります。だからロボット演劇がうけるのは、演劇の繊細さ、日本文化の繊細さみたいなものと、そこにテクノロジーが融合していること自体が「日本っぽい」んですよね。ヨーロッパだと、アートと工学は完全に分かれてしまうことが多くて、だから、「こんなものにまでロボットを使うのか日本人は！」みたいなところがうける。なので、国交樹立100周年、50周年とか、そういう事業などでよく呼ばれます。大使館とかでも一番喜ばれます。あと慣れもありますよね。アメリカの方などは本当にロボットを見慣れていないから、ロボット演劇を30分見た後、お年寄りの夫婦が、「あのアンドロイドをやった女優さんうまかったね」と言って帰っていったこともあります。30分間、ロボットだと気がつかれなかった。最後まで気がつかれないと、ロボット演劇をやる意味があるのかどうかわからなくなってしまいますが。

工藤：ロボット演劇というのが、日本っぽいという捉え方を結構されるのですか。

平田：されますね。日本には人形浄瑠璃や文楽などの歴史もありますし。

そもそもですね、日本ではロボット研究が活発ですが、もうひとつ霊長類研究も非常に盛んなんです。これは明らかに宗教的な背景もあると思います。やっぱり日本というのは、人間をそんなに最高のモノとして扱っていないので。キリスト教などでは、人間というのは神に似せて造られた、他の動物とは全然違うモノなんですよね。ギリシア以来、要するに、人間だけが魂を持っていて、動物には魂がないという考え方なのです。日本人はそうは思っていないですから。

そもそも猿がいる先進国というのは、日本だけなんです。このことを日本人はあまり意識していませんが、ヨーロッパにも北アメリカにも猿はいないんです。ブラジルとか中国とかシンガポールを先進国と数えるかどうかは別ですけれども、韓国にさえ猿はいないんです。基本的に、猿がいる先進国は20世紀においては日本だけだった。だから、霊長類研究が進むに決まっている。たとえばイソップ物語に猿は登場しないでしょう。日本の昔話はもう猿ばっかりです。

だから日本は先進国の中で、最も進化論を受け入れやすい国だったんです。逆に言うと、ヨーロッパやアメリカの人が、どうして進化論にあんなにショックを受けたり、受け入れがたいと思っているのか、日本人には理解できない。どうしてあのようなファンダメンタリズムがいまだに残っているのかが、日本人には理解できないんですね。欧米人にとっては、猿というのは本当に下等な生き物ですが、日本人にとっては、昔話などで猿と人間は友だちと思って育ってきたものだから。

そのことと、僕は、ロボット研究もちょっと親和性があると思っていて、石黒先生って、明らかに自分とロボットとの区別がついていないいんですけれど、京大の山極壽一総長（ゴリラ研究の第一人者）は自分とゴリラの区別がついていないですからね。要するに、境界が曖昧だということです。日本人は、人間が人間であるということの境界が曖昧なんですよ。だから、擬人化しやすいんです。霊長類研究でよく言われる個体識別、チンパンジーの群れの一匹一匹に名前を付けて識別をするようになったのは、日本人が始めたことです。今はヨーロッパの研究者もやっていますが、その方が便利だからです。以前は、A1、A2、A3とか記号のような名称で呼んでいました。日本人だけは、花子とか太郎とか人間に使う名前を付けて、そうすると擬人化されるんです。だから、ロボットにもすぐ名前を付けるでしょう。その行為は、モノにも神が宿るし、動物にも魂があるしという、その日本の精神風土が背景にあることは間違いないです。

石黒先生と山極先生と僕とで鼎談したことがあるのですけど、お二人に「二人とも本当にそっくりですよ」と言うと、両方とも「やめてくれ」と言って、「あんなのと違う」みたいな……。猿学の人たちはそんなロボットなんて非人間的だみたいなことを言っていて、ロボット研究の人たちは「え、猿でしょ」みたいな感じで、お互いに偏見があるみたいで……。

角田：あたかも、猿vsロボットそのものの争いのようですね。

平田：「猿の方が優れている」「ロボットの方が優れている」と、本当、目くそ鼻くそみたいな話で……。

工藤：石黒先生って、確か、自分が年を取って、ジェミノイドと容ぼうに差ができてしまったから、整形手術をするとかと言っておられるとか。

平田：そう、自分の方を変えました。ジェミノイドを修理するのは３００万円位かかって、自分のほっぺたをあげる整形手術は30万円位だったんで、こっちをあげますと。

工藤：どちらがオリジナルだかわからなくなりますよね。

講演会ダブルブッキング！がもたらす選択肢

平田：石黒先生が、海外の講演会でダブルブッキングをしてしまったときに、ジェミノイドを行かせるか、自分を行かせるかを向こうの方に聞くらしいんです、遠隔操作で講演できるので。そうするとたいていの人が、「じゃあ、ジェミノイドを」と言うそうです。それは向こうからすれば、そうですよね。石黒先生が遠隔操作で講演してくれる上に、ジェミノイドも見られるわけだから、それは石黒先生だけが来るより…。

工藤：確かに。話も聞けて、ロボットも見られる。

平田：あと以前、授業をジェミノイドにやらせたことがあるのですが、その場合には出勤扱いにならないという問題になりまして。学校側から出勤していないだろうと言われてしまって、「いやいや、ジェミノイドは遠隔でやっているので」と先生は言ったのだけど、いや遠隔はダメだと言われたそうです。

角田：授業をしたというハンコを押す権利は生身の人間にしかないということでしょうか。

平田：ハンコをいただかないと、と学校側に言われてしまい……。

角田：遠隔操作でも、講演会の謝金は出るんですよね。

平田：出るとは思います。でも、実際はジェミノイドを送る方が費用がかかるので。ジェミノイドを運ぶのは本当にものすごく大変だったんです。今は半分に分割して運べるようになっているのですが、昔はすごいお金がかかって。人間と同じようにエコノミークラスに置いておいてくれればその方が全然楽なのだけど、手荷物検査のX線が通らないんです。X線を通さないと機内持ち込みできないので、それでダメで。ＪＡＬとかＡＮＡに相談してみたのですが、やっぱりちょっと無理ですと言われました。ＪＡＬとかＡＮＡは、空港のセキュリティの管轄ではないから。結局、今は腰のところで半分に割って、スーツケースに入れて、受託手荷物で送っています。最初のうち、スーツケースに入れると開けた途端税関の人がショックを受けて怒られるんじゃないかなどと言っていたのですが、いつもどの税関でトランクを開けても、税関の人も「わあ、すごい」と言って、みんなで「おいおいおい」と周りの人も集めて、結構すごく好評なのです。税関も人の子だなと思いました。

角田：そうなんですか。すごい世界におられる訳ですね。ということは、社会制度のロボットの受け止め方としては、固いところと柔軟なところといろいろあると。しかし、さきほどの話の延長ですが猿の方は、確かに、擬人化とかはありますけれど、法律の世界で、猿実験をやめろとか、人権を認めろという話は少なくとも日本ではあまり聞かないと思います。ちょっと、先ほど動物愛護法の話も含めて考えてみます。

ロボット演劇作家の考える「心」とは？

角田：石黒先生とも一緒にお仕事をされている同僚の先生に井頭昌彦先生（科学哲学の一橋大学准教授）という方がおられて、「心を持ったロボットは作れるか」というご研究をされているのですが（↓293頁）、そういった問題に対する先生のお考えとしてはどうでしょうか。

人間を定義せずに、「近づける」とは何事？

平田：要するに、「心」とは何かということですよね。石黒先生と僕はずっともう漫才コンビのように一緒に世界をまわって、トークもやるのですけれど、必ず「ロボットはどこまで人間に近づけますか」とか、「心を持てますか」という質問が出ます。石黒先生の答えはもう決まっていて、「自分は工学者だから、あなたが人間というものが何かを定義してくれれば、その通りに作ります」というのが彼の答えです。要するに、人間が何かということが規定されていないのに、どうしたら人間に近づいたと言えるのかわからないですよね。

僕は中学生とか高校生とディスカッションするときも、「ASIMOの二足歩行はすばらしい技術だけれども、二足歩行できることが人間に近づいたことなんですか」と問いかけます。これは誤解を受けやすい設問になるけれども、「車椅子を使っている方は人間から遠ざかっているんですか」ということですよね。だから、「人間とは何か」「心とは何か」という定義がないにもかかわらず、心を持ったロボットとか、人間に近いロボットと言うことが、少なくとも科学的ではないということです。

なので、僕も石黒先生も「心はない」とよく言うのですけど、「心がない」と言うとちょっと傷つく方もいるようなので、僕は一応「心と呼ばれてきたもの」と言うようにしています。ただ、ここも高校生たちに説明するのは、300年前だったら、ヨーロッパで「神さまはいない」と言ったらそれだけで火あぶりにされた。200年前位には「どうも、神さまはいないんではないか」と思い出した人がいた。百数十年前に「神は死んだ」と言う人がいて、そして今は、神さまをすごく信じている人もいて、そのために死ねるような過激派組織ISみたいな人もいるけれども、一方で、今の日本で生活していて「神さまはいない」と言ったからといって、火あぶりにはされない。

心というものもちょっと似たような存在で、心というものを信じている人に対して「心はない」と言うとその人は傷つくかもしれないけれど、しかし「心はないんだ」と言う権利も当然あるということをまず説明します。その上で、じゃあ「心」とは何だろう。「心」は何か科学的な実態なのか、それとも脳の働きなのか、全然それ以外のものなのか。心が脳の働きであるならばいずれは解明されるでしょう、ということなんですね。

もうひとつ、僕と石黒先生が考えてきたことは、「心がある」というのは、人間の関係の中で成り立つものなので、あの人には「心がある」と思うことの方が大事なのです。要するに、なぜ人は他者に対して「心がある」

と感じるのかということの方が、僕と石黒先生にとっては大事なことなんです。「心がある」ように見えるのは、どんな振る舞いなのかということの方が大事なんですね。

工藤：そういうチューリングテスト（機械が知的かどうかを判定するテスト）的な意味で、「心がある」というようなモノはできるのでしょうか。

平田：できると思います。さっきも言ったように、30分間ロボット演劇で、人間だと信じてもらえた訳ですから。その言葉を聞いて僕たちはその瞬間に、「ああもうチューリングテストにうちら合格じゃん」と思いました。チューリングテストは20分間と言われていますから。

あともうひとつ、共有性とか共振性が大事だということもあります。要するに、一人の人がロボットに対して「心がある」と思ったときと、家族全体で「心がある」と思ったときで、少し違ってくるんじゃないかなと僕は思っています。これはまだちょっと思いつきの段階なんですけど、そういう共有性とか共振性みたいなものが結構人間の心理には大きく働くので、そうなったときにロボットの存在価値というものが相当高まるし、そこら辺までくると、やっぱりロボット愛護法が必要になってくるのかなと思います。一人で思っていても単にオタクですからね。

角田：その共有性とか共振性というものを左右するファクターというのは、たとえば、隣りの人がどう振る舞っているかによって自分の振る舞いを決定しているとか、そういうイメージですか。

平田：そうですね。いろんな嫉妬とかですね。複合的な要素が入ってきたときに、たぶんそうなります。ただこれはすごく解析が大変で、ほとんどの言語学の分析というものは、発話者が3人になった段階で難しくて、5人になったらもう無理とされていて、非常に科学に不向きな分野なんですよ。だから大変でしょうね、たぶん。

だからそこら辺は、芸術の方が断然進んでいます。どうしてそういうことが起こるのかはたぶん解析できないし、どうすればそれが生み出せるのかは、芸術家じゃないと無理なんじゃないかな。簡単に言うと、家族の一員みたいなことでしょう。

角田：そういう雰囲気作りということですか。

平田：そういうことですね。

工藤：そういう意味では、心があるように見えるかどうかって、相手がロボットだと「ない」と思ってしまうし、相手が人間だと、ちょっと位変なことをしても、「ある」と思ってしまうということはありますよね。

平田：そうです。だから、最初の話に戻るんですけれど、人間は無条件に人間なのです。人間はもう無条件に人間なので、問題はロボットをどう扱うかなんです。

角田：でも、人間をどう定義すればいいかが永遠のテーマで、なかなかこう決められないものですから。

平田：だから、人間を定義しないというのが僕の立場なんです。人間らしく見える要素はいくらでも定義できるのですが、人間自体を定義することはできない。

演出家から見たロボット／人間

工藤：ロボットを演出するときと、人間を演出するときというのは、どの位違うものなのですか。

平田：そもそもが、僕の演出というのが本当に生身の俳優に対しても、「そこ0.2秒あけて」とか「0.2秒縮めて」とかという指示の出し方をするんですね。これもその認知心理学の研究者が僕のいわゆるダメ出しを分析したときにですね、ちょっとおおざっぱな数字ですけれど、たとえば、6割がスピードとタイミング、それから3割がそれに近いですが「間」とかですね。精神的なものというか「もうちょっと悲しそうに」「もうちょっと嬉しそうに」とか、抽象的なダメ出しは1割位しかしていない。それが非常に良かった訳ですね、ロボット演劇に入っていったときに。

今でこそ僕は自分でプログラムしますけれど、初期はプログラマーがやってくれたので、プログラマーに「もっと悲しそうに」と言ってもそれはできないですよね。俳優だったら「もっと悲しそうに」と言えば、それなりに考えて、こうすればいいかなと考えてくれますが、プログラマーに言っても「それはどういうことですか?」となりますから、具体的な指示が必要です。僕はもともと具体的な指示しかしないタイプの演出家だったので、うまくいったということです。だから、これも演出家のタイプにもよりますね。

角田:先生の指示を受けて――たとえば、0.3秒の間をあけてと言われて、精密に反応できるものなのでしょうか。

平田:ロボットにとっては簡単なことです。

角田:すみません、生身の人間の方なのです。私にはとてもできなさそうなんですが。

平田:できないでしょうね。それも認知心理学の実験で、うちの俳優はだいたい0.2秒位の差まで認知しているということがわかってきています。認知しているということがどういうことかと言うと、わかりやすく言うと、昨日と今日で、相手の台詞が0.2秒違うと気持ち悪く感じるということです。さっきと今ではなくて、昨日と今日で0.2秒。僕がわかるのはだいたい0.5秒位ですね。生身の俳優同士の方がやっぱり敏感なので。一般の方はたぶん1秒とか2秒ズレないと「ちょっと、この間が悪いな」などとは思わないですが、私たちは、高度な、純度の高い芸術作品を作るときに、一般観客にはわからない位のところまで作っておかないといけない。それを1時間半蓄積することによって、いい作品になる。本番はちょっとずつ、ズレてきちゃったりするので。だから、そこまで厳密に作っておくということが大事ですね。

角田:やっぱり感覚を研いでいくということですかね。

平田:そうです。何回も繰り返して決めていくんですけれど。そうするとそれが定まってきて、だいたい0.2秒位ですねとなっていく。ロボットは千分の一まで指定できるのですが、千分の一秒を指定してもちっとも誰にもわからないんですが、僕がプログラムするときは、だいたい0・05秒位までの単位は一応指定します。本当にそれはもうさじ加減になるのですが、ほとんどもうこちらの気持ちの問題も含めたものですが、微妙な違いは出てきます。さっきと今で0・05秒違うと僕には認知できます。だから、一時、子どものおもちゃで、5秒たったらボタンを押すというゲームがありましたが、僕たちあれは圧倒的に強いです。毎回確実にできます。

角田：そうすると、先生が出した指示に従って、その指示を受け止める側がロボットなのか、生身の人間なのかということに対して、先生自身はあまりこう差を感じておられないということでしょうか。

平田：それは、レベルによって答えが変わってきますね。ロボットのいいところは、いったん指示してしまえば毎回同じことができるというところなんですけれど、人間は、特に優秀な俳優は、無意識にそこのところを微調整するので、そっちの方がやっぱり最終的にはいいんですね。だからロボット同士の会話とかを演出すると、微妙にぎくしゃくしてしまいます。ロボットと人間だと、人間側がほんのちょっとだけ、本当にさらに細かい微調整を無意識にしているので、それが最後の隠し味みたいになっている。

プロの歌手とカラオケのうまい人を比べると、カラオケのうまい人は音程を確実にとっているのだけれども、プロの歌手は実はその音程をちょっと外してたりするところに味わいがあったりします。ジャズとかもそうですけれども、そういうのはまだ人間の方が上です。ただ、それは本当に高度なレベルで、お客さまにわからないレベルで作っているというところはあります。

あとだから、今の関連でよく聞かれる質問で、「ロボットだけのお芝居ができますか」というのがあるのですが、技術的には今すぐにでもできます。だけど、たぶんあんまりおもしろくないと思います、今の時点では。よっぽど台本をうまく書けば別ですけれども。

僕はこれもよく高校生たちに説明するのですが、将棋でも囲碁でも、人間対ロボットだから話題になる。あれは、すごく話題になりますが、本当はロボット同士のコンテストもあるんです、ソフト同士のコンテストが。でもこれはあまり話題にならないでしょう。要するに、ソフト同士が戦ってどちらが勝つかがおもしろいのは、オタクだけなんです。コンピュータオタクだけ。人間と戦って勝ったり負けたりするからみんなおもしろく感じるので、やっぱり、人間とロボットが組まないと、演劇もあまりおもしろくないですね。一瞬、ロボット同士でしゃべるシーンを作ったりするのはおもしろいですけど、ロボット同士でやってもあまり人間に関係ないから。まさに最初の話に戻るのですが、ロボット技術に関心のある人は、ほおっと感心するけれども、一般の人はたいしておもしろいとは感じないでしょう。単なる見せ物としてはおもしろいですが。

おそらく商業ベースで言うと、ブロードウェイのミュージカルとかで、俳優がこうしゃべったり歌ったりしてから袖にはけて、その次の瞬間に、その俳優そっくりのアンドロイドが空中を飛んでいたりするとか、後5年10年で普通になると思います。ロボットが一番今得意なのはやっぱり危険なことなので。

これもよく海外で例に出すのですが、ブロードウェイでスパイダーマンのミュージカルがあって、相当初日が延期されたんですね。練習中に事故が何度も起こってしまって。一番の問題は保険だったんです。事故が起きたので、保険会社がものすごく高い保険料を要求してきた。要するに、ソフト開発、アンドロイド開発が保険料よりも安くなれば、雪崩を打ったように、そういった危険なエキストラ的なものはアンドロイドになると思います。空中をパーンと飛んでいる位だったら、お客さまにわからないから。しかもちゃんとしゃべれるし。これはしょうがないところがあって、CGが発達したことによって、ハリウッドのエキストラが大量に失業したのと同じです。単純にコストの問題ですから。

工藤：ロボット同士の会話だとどうしてもぎくしゃくするところを、最後のところで俳優さんが吸収するという話は、精密さの違いはあるにしても、最初お話になった何かをつかむというときに、ただつかむのに比べてちょっとした無駄な動きが入った方が人間らしくなるという話と同質の話なのか、質が違う話なのか、どっちになるのでしょうか。

平田：まあ、精度の違いでしょうね。精度の違いだと思います。ものすごくちゃんと解析できれば、できるとも言えるのですが、それは言葉の言いようで、質の違いとも言えますね。それは、人間が認知できる範囲以外のところの精度の問題だから、わからないということなんですよね。違うことはわかっているんだけれど、認知できない範囲の問題です。その外し方みたいな、ブレみたいなことは。

コミュニケーションにロボットで挑む理由とは？

角田：あと、先ほどのプレゼンテーションの中でヤマハとの共同研究プロジェクトとして、音声対応と顔認証を組み合わせたロボット開発をご紹介くださいました。先生がお話しくださったロボット法構想との関係でも、もう少し、このプロジェクトのねらいについてうかがいたいのですが、よろしいでしょうか。

たとえば、未来学者レイ・カーツワイル（Ray Kurzweil）は次のように言っております。コンピュータ（AI）が「自然言語を本当に理解することができるようになると《意識》と呼べるものになる。そうなると人間とコンピュータの境界線が溶解するが、それが2029年頃起こるであろう」[*7]と。この話は、先ほどの「ロボットが心を持つ」という話とも関係が深いように思えます。というのも、「言葉」を「理解する」というのは、法学的に見ても「自由意思（意志）」を形成する可能性・資格を考えるにあたっても、無視できない問題とも思えるからです。

そこで確認させていただきたいのですが、先生の研究プロジェクトが行っている「音声対応」というのは、「言葉」の「理解」をねらっているのでしょうか。

平田：私の場合は、そこまでのことは考えていません。頷き、相づちなどを、適当なレベルで入れられるようになることなどが当面の目的です。

角田：やはり。全く別のアプローチだということですね。その上での質問ですが、AI、コンピュータでなく、ロボットでアプローチするねらいにつきまして、うかがえませんでしょうか。「日本人にとっての頷き」等の「身体性」が不可欠であるということですか。

平田：そう捉えていただいて結構です。頷きだけでなく、たとえば視線を外すなど細かい行為が関係しています。これは、単純に人間に近づけるというよりも、ロボットの現状の欠陥をごまかす、だまし絵のような効果を考えています。なお、このように考えているのは、おそらく私だけです。

角田：石黒浩先生は、ロボットに話をさせることを通して「意識」や「自我」の問題に迫ることを目指しておられるようですが、先生は人工意識といったようなものは肯定しておられるのでしょうか。

平田：これは、先ほどもお話ししたかと思いますが、私も石黒先生も、そもそも「意識」や「自我」についての考え方が、一般と少し違うのだと思います。どうすれば、人々が「あのロボットは自我を持っている」と感じるかの方に関心があります。少なくとも私は。

角田：人々がどう受け止めるかこそがポイントだというご指摘は法律論とも相性が良さそうに思います。技術の進展に伴って人々の受け止め方にも変化が出てくる――そのとき、法解釈や法理論にも変化が訪れるからです。

AI創作物の法的保護

著作権はそのうち消滅する⁉

工藤：あと、著作権とかの話もお聞きしたいですね。

平田：著作権の問題は、これはほとんどAIの方の問題ですけれどね。ロボットの問題ではないです。

よく知られているように、特に音楽の分野が最初に問題になるでしょう。今の技術だと、3分位の楽曲だと一晩に1万曲位作れるんです。AIの作った曲には音楽とは言えないようなものも含まれていますが、とにかく数打ちゃあたるということで、その曲全部の著作権を押さえちゃったら、もう楽曲は作れなくなってしまいます。あとその著作権も、そのソフトを作った人のものなのか、ソフトを動かした人のものなのかという問題もあります。たぶん、そういう作曲ソフトみたいなものができて、それにちょっと自分のテイストを加味すると、それでもう楽曲になるみたいなことが、たぶんこれから現実に出てくると思いますが、その著作権は誰が作ったことにするのかという問題です。

結局、落としどころとしては、それは全部フリーにするしかないと思います。こうなると、人間が作ったと証明できないので、人間の著作権も消滅します。

ところがですね、おもしろいもので、歌詞がついているとまだまだソフトには無理なのです。あまりに変数が多すぎて、単純に、曲だけだと結構限度があるのですが。だから、すぐに音楽の著作権が消滅するようにはならないと思いますが、短いメロディーに関してはそう遠くないうちに著作権フリーになってしまうと思います。そうするしかたぶんないと思うので。商標登録とか、コピーみたいなものも、同じ理由でたぶんフリーにするしかないです。機械的に全部押さえてしまったら大変なことになるので。あるいはイタリアみたいに完全に登録制にするという手段もあるんですが、とても面倒くさいので。

角田：ただ、そのフリーになるとすると——逆に言えば、知的財産権という形で保護されるからこそ、創作へのインセンティブが確保されるとか、投資を促進するとかいう面はありますので、発展が阻害されるのでは。

平田：著作権というのは非常に特殊な法律で、ある種何の根拠もない、ある種の社会モデルとして作られた法律ですから、変わっていかざるを得ないと思っていますが。

たとえば、ご存じかもしれませんが、著作権法を一瞬だけなくした国があります。これはソビエトの初期のことです。要するに、社会主義では著作権も人民のものだからと言って全部なくしちゃったんです。でもやっぱりアーティストの創作意欲ががくんと下がって、誰もものを作らなくなったのです。本当にライブでしか、お金をかせげなくなってしまったから。さすがのソビエトでも、まだスターリン時代でしたが、もとに戻したんですよ。

それから、身近な例としてよく挙げるのは、僕は劇作家協会の著作権担当だったので、若手の劇作家とか、あと大学の授業でもちょっと一応著作権について教えるので、そこでよく例に出すのが、80年代に漫才ブームというのがあって、今のビートたけしさんなどが出てきた時代ですね。あれが結構早くに終わってしまった。早くに終わった理由は、漫才の放送作家の著作権が、全く保護されていなかったからなんです。1本20万円買い取りとかだったんです。だから「赤信号、みんなで渡ればこわくない」とかあのようなものを作って、それがヒットしたのでテレビで何百回、何千回と繰り返し放映されても、20万円買い切りなのでその作家にはそれ以上のお金が入らない。それで優秀な人たちがみんなテレビドラマの作家とかに流れて、お笑いの放送作家が育たなかったんですよ。

だから著作権法というのは、ある程度やらないと、おっしゃられたようにモチベーションがわかないので、ある程度保護しなければいけない。でも、どこまで保護するかも問題です。保護しすぎると今度は、二次利用が妨げられるので。

劇作家から見た著作権

平田：今、私たちの中で一番問題になっているのは、TPPとの関係で、死後50年問題です。今、先進国では、日本など数か国だけが著作権の保護期間は死後50年なのですが、TPPではこれを欧米に合わせて死後70年にしろと言ってきている。おもしろいのは、ロボットの話とちょっと離れてしまいますが、劇作家は全員反対なんです、保護期間が延びるのは。でも、漫画家も小説家も賛成なんです。延ばせと言っています。だから日本文芸家協会はずーっとキャンペーンをしてきて、延ばすように運動してきたんです。でも、劇作家協会だけは絶対に反対の立場なんです、理事会の総意で。

どうしてかと言うと、私たちは自分の作品を多く上演してもらいたいんです。自分のひ孫に、自分の作品の上演を許可する権利を与えるつもりは全くなくて。そんなことよりは、50年後も100年後も、死後だからお金なんか別に僕たち本人がもらえる訳ではないのだから、それよりは上演してもらいたいんです。もう死後20年でもいいと言う劇作家もいます。まあ、劇作家も作家も家族には迷惑をかけることが多いので、それで早くに死んでしまった場合とかには確かに家族の生活が大変なので。でもせいぜい子どもが成人するまででいいんじゃないかと思うのです、社会常識から考えても。

ご承知の通り、あれは別名ミッキーマウス法と言われているように、ディズニーの権利を守るためにどんどん期間が延びている。ディズニーの著作権で儲かるのは企業だけなので、著作権で収入を得ている遺族は1％にも満たないです。それに50年後とかに読まれる本などは本当に少ないので、それよりはフリーにして、再利用された方がまだ文化に貢献できるんです、私たち劇作家は。

特に演劇は、たとえば、チェーホフとかシェークスピアの作品とかは、人類共有の財産なんですよね。たとえば、チェーホフはすごく若くて死んで、40代で亡くなっているんですよね。1904年かな。だから、もしチェーホフが80歳まで生きて、著作権の保護期間が死後70年だとすると、つい最近までロシアの遺族に上演許可をとらなきゃいけなかったんです。しかも、ソビエトの間は、とてもたぶん面倒くさいことになったはずですよね、今ならエージェントで処理できるけれども。日本の新劇界というのは、チェーホフの作品をタダで上演できたから、こんなに発展したんです。いわばチェーホフが早く死んでくれたおかげなんです。

たとえば、志賀直哉さんはまだ著作権が切れていないんです。太宰治はもう切れているんですよ。志賀直哉と太宰治を比べると、どう見ても志賀直哉の方が全然年上なんだけれど、しかもあの人は主要作品を戦前に書いているから、戦後はほとんど文壇の親分みたいな感じだっただけで、何にももう仕事をしていない、それで長生きした。志賀直哉の遺族の方たちの意向もあって、なかなか作品を演劇とかにできないんです。だから、それでいいのかという話ですよね。

あ、ちなみに、僕、フランスからの依頼で、サルトルの『出口なし』をロボット演劇でやるという案があったのです。でも、サルトルの遺族が拒否して、このことがフランスの演劇界でも問題になったんです。あのサルトルがそんなことをしていいのかって。しかも、今、サルトルの著作権を持っているのは養女か何かなので、そんなことを拒否する権利がどこにあるのかということになった。あんなに自由を標榜したサルトルなのに、彼の主張に反して表現を阻害する権利がどこにあるんだと。でも著作権は法律で守られていますから。だから基本的には、早めにフリーにした方がいいというのが、僕の立場です。

（2016年12月2日収録）

＊1　浅田稔『ロボットという思想―脳と知能の謎に挑む』（NHK 出版・2010 年）。

＊2　祖父・平田内蔵吉は、漢方医の傍ら詩を書き、中原中也らの『歴程』の戦前最後の編集人でもあった。平田オリザ『演劇のことば』（岩波書店・2004 年）6 頁。

＊3　平田オリザ『わかりあえないことから』（講談社・2012 年）75 頁以下参照。

＊4　ジャン＝ポール・サルトル（伊吹武彦訳）『実存主義とは何か〔増補新装版〕』（人文書院・1996 年）。

＊5　文化的遺伝子。もともとは、リチャード・ドーキンス（動物行動学・進化生物学）が、人類が文字を獲得したことで文化が生命を超えて伝承させ進化させることが可能になっていることを説明するために、生物学的遺伝子 gene をギリシャ語の mim「模倣」をもじって人類のみがもつ第 2 の遺伝子として定義した概念。リチャード・ドーキンス（日高敏隆ほか訳）『利己的な遺伝子〔増補新装版〕』（紀伊國屋書店・2006 年）。その後、多くの文脈に発展。

＊6　Adrian Lobe, Meinung aus dem Bot, Die Zeit, 3.11.2016, S.49.

＊7　「世界的権威レイ・カーツワイルが、グーグルで目指す『究極の AI』」http://wired.jp/2013/05/02/kurzweil-google-ai/

●参考文献

平田オリザ『わかりあえないことから―コミュニケーション能力とは何か』（講談社・2012 年）

石黒浩『ロボットとは何か』（講談社・2009 年）

同『アンドロイドは人間になれるか』（文藝春秋・2015 年）

池上高志・石黒浩『人間と機械のあいだ　心はどこにあるのか』（講談社・2016 年）

浅田稔『ロボットという思想―脳と知能の謎に挑む』（NHK 出版・2010 年）

松尾豊・西田豊明・堀浩一・武田英明・長谷敏司・塩野誠・服部宏充・江間有沙・長倉克枝「人工知能と倫理」人工知能 31 巻 5 号（2016 年）635 頁以下

人口知能学会倫理委員会「人工知能研究者の倫理綱領（案）」および同学会全国大会（2016 年 6 月 6 日）における「公開討論の開催報告」http://ai-elsi.org/archives/365

こまばアゴラ劇場×青年団×徳間書店特別企画「連続対談 我々は演じるサルか、涙するロボットか　第 1 回ゲスト　山極寿一」http://www.komaba-agora.com/2015/11/3348

佐々木正人『アフォーダンス〔新版〕』（岩波書店・2015 年）

後日談

角田：まず、第一に、今回平田先生のお話で、やっと我々の本の中でロボットが登場したという印象だったのですけれど、いかがですか。

工藤：なるほど、そういう見方もありますか。ロボットをやっている人間からすると、実はロボットというときに、まさに今日出てきたような人型ロボットというのはごく一部であって、むしろ大部分は工場で動いている組立てロボットであるとか、自動運転の車とか、そういうものなんです。あともうちょっと広い意味で、ロボット・プログラムと言って、自律的に動くようなプログラムもロボットと呼んだりします。だから、最初の新井先生のときからパワースーツや自動運転車や高頻度取引などが出てきていたので、すでにロボットの話がいっぱい出てきているという印象だったのです。

角田：今回初めて登場したというように思ったのは、じゃあ……。

工藤：確かに、人型ロボットが真正面に出てきたのは、今回がたぶん初めてですね。

角田：そういう意味では……、身体性という問題がテーマになったのは今回が初めてですけれども、ロボットはもうとっくに出てきているということですね。

あと今回、人とロボットの間の関係、コミュニケーションというものにスポットがあたったという意味でも、目新しいというか、今までは仕事を奪っていくロボットというイメージだったのですが、少し違う局面が出てきたかなと思いました。

工藤：そうですね。ロボットの研究の中にも、すごく速く計算するとか、すごく精度よく判断するとか、そういう目に見えて役に立つロボットの研究がある一方で、コミュニケーションというのも多くの研究者が研究している分野です。コミュニケーションというのは何に役立つのかがわかりにくいかもしれませんが、たとえばセラピーなどに利用するロボットが開発されていたり、認知症などの介護にロボットを使うという話があったり、実際にはコミュニケーションというものを応用して役に立つ研究というのも、かなりなされている分野なんです。

また一方で、今回のお話にあった、息子に似せたロボットを作って強い思い入れを持ってしまったという話や、最近話題になっているルンバ（ロボット掃除機）などをペットみたいに可愛がっている人の話のように、ロボットの方が意識を持っているとか知的だとかそういう話とは別に、人間の方が勝手に思い入れを持って、ロボットに対してモノ以上の存在として接してしまうということも起こっていて、これもコミュニケーションロボットにまつわる問題のひとつですね。

角田：そうですね。そのコミュニケーションというワードについて言いますと、やっぱり、コミュニケーションこそが人間に残された仕事だ、という向きもないわけではないですよね。

工藤：ただ、平田先生は今回のお話で、それについては幻想だと切って捨てられていました。この部分は、人によっていろいろ意見のあるところだと思います。ただ現実問題として、ある程度のコミュニケーションというのはロボットでもとれるようになるでしょうから、コミュニケーションは人間の独壇場だというような、あまりにも単純な図式は成り立たなくなるでしょうね。

角田：話は変わりますが、ロボット演劇の話題の中で、人間の劇団員とロボットに演出をつけるという話が出てきました。ロボットが0.2秒単位での指示に従うのはもちろん簡単なことでしょうけど、人間の劇団員も0.2秒単位でちゃんと反応できるというのは、あれは驚きました。

工藤：はい、驚きました。そもそも、平田先生が、もとから人間に対して0.2秒とかの単位で指示を出していたというのが非常に驚きでした。あともう1つ驚いたことがあって、インタビューの後で平田先生と雑談をしているときに出てきたのですが、平田先生は石黒研究室が開発したソフトを使って、関節ひとつひとつの角度を直接指示してロボットに振り付けを行うそうです。

角田：プログラミングされている、と言っていましたね。

工藤：人型ロボットの関節というのは、ロボットの作り方にもよるのですが、だいたい30とかそれ以上あるんです。その動きをひとつひとつ指定するというのは、平田先生は簡単に言っていたのですが、実はすごく難しいんです。ロボット工学の世界では、すべての関節をひとつひとつ調節することが難しいので、たとえば手先とか重要なところの動きだけを指示すれば、あとは自然に辻つまが合うように各関節の角度を調節するというような方法がすごくたくさん研究されています。だから私には、関節の動きをひとつひとつ指定しながらきれいな動きを作れるということが、かなりの神業に思える訳です。

角田：聞き流してはいけないポイントだったんですね。

他にもいろいろおもしろいお話がありましたけれども、へえーと思った点として、AlphaGoの話で、将棋よりも囲碁の方が複雑だから、囲碁で人間がAIに負けることはないだろうとみんなが思っていたけれど、実は囲碁の方がよっぽどコンピュータに向いていたというコメント。あれはちょっとインパクトのある話だと思ったのですが。

工藤：AlphaGo以前は、将棋では人間のプロに勝つことがあっても、囲碁では勝負になりませんでした。そのとき実際には何をやっていたかというと、次に打てる手が何通りあって、その先にはさらに何通りあってというのを、いかに効率よく探索していい手を見つけるかということで、手数が多ければ多いほど、どんどん問題は難しくなるという仕組みだったんですね。なので、実際、囲碁は将棋よりもはるかに難しい問題だったんです。AlphaGoはその問題をクリアして囲碁で勝った訳ではなくて、そうではない別のやり方を採ったんです。従来とは全く別の方法を生み出したところが、AlphaGoの偉いところだったんです。要するに、新しい方法が囲碁というものに向いていたから勝つことができたという、そういう筋書きなんですね。このような、あるやり方に限定するとこの問題よりもあの問題の方が難しいけれど、別のやり方をすれば難しいと思っていた問題の方が簡単に解けてしまうというようなことは、起こり得る話なんですね。同じやり方で難しさを測ればいいのだったら、あと何年位でどんなことができるというのは予測しやすいのですけれど、こういうことが起こるので、やっぱり技術の動向を読むのは難しいんですよね。

角田：なるほど。将棋では人間がAIに負けました。まだ先だと思っていた囲碁の世界でも、人間がAIに負けました。だから、私の専門的で高度な仕事も機械に奪われる日がもう近づいているかもしれないという危機感は、それはちょっと根拠薄弱ということになります。

工藤：その通りです。囲碁で人間に勝ったプログラムを単純に賢くしていくことで、たとえば、法律家の仕事がとって代わられるかというと、それは全然違う話です。

角田：わかりました。あと、平田先生のお話の中で、今回初めてロボット法制についての構想が示されましたね。これはこれで、この本の企画にとっても非常に重要な指摘だったと思うのですけれど。日本は世界で最初のロボット法制を作るべきだというご提案と、基本構造として、これかなり幅広な法制度でしたけれど、印象的だったのは、アシモフ（Isaac Asimov）のロボット三原則みたいな倫理原則をマグナカルタのように示すのではなくて、銃刀法の話とか麻薬規制の話がどこまで及ぶかとかですね、かなり具体的な法律論との調整であるとか、国際法を作る必要があるのではないかとか、いわゆるロボット法の姿もかなり具体性をもって語られたところに、宿題は重いなあということも思った訳ですけれども。そういう提案としては、非常に興味深いものがあったのではないでしょうかね。

工藤：具体的にどういうことをしなくてはいけないという問題は、挙げていくと出てくるんだなあというのが今回の印象です。ロボット三原則とかは別にあったっていいですけれど、それがあるから具体的に、たとえば、ロボットの開発をこう変えなければいけないというほど、現在のロボット技術は高くはないというか、アシモフの作品*に描かれているような状況にはないと思います。だから、そういう空想的な話よりも、平田先生の提案されているような、本当に具体的なリアルな話というのを軸に考えていくことが大事なことだろうと思いました。

角田：そうですね。倫理綱領みたいなものを作る必要性はもちろんあるとは思うのですけれど、こういう具体的な問題もやっぱり思考を進めていく必要性というのがあって、それは新井先生も最初に、今もうすでにある問題として、AIの問題であるとかロボットの話を考えていく必要があるとおっしゃっていましたね。

工藤：「ロボット法」というと、まさに倫理についてのガイドラインみたいな、そういう漠然としたイメージがまだ強いような気がするのですが、そうでもないんだと、具体的な段階にもう入っているんだということをきちんと認識しないといけないですね。

しかし今回のお話を通して私が一番大事なポイントだと思ったのは、根底にあるロボットの見方について新しい切り口が出てきたということです。今まではロボットがどうしたら賢くなるかとか、ロボットが賢くなったら周りはどうすればいいかとか、そういう話だったと思うんです。今回初めて、ロボットがどう賢くなるかという話ではなくて、端から見たとき、ロボットが人間らしく見えるかという話が出てきました。内部で実際人間らしいことが起こっているかどうかではなくて、外から見たときに人間らしい振る舞いをしているかどうかという話です。また、外から見たとき人間に見えてしまうようなロボットが出てきたとしたら、それに対して我々はどう接したらいいかというような問いかけも出てきました。

角田：そうですね。確かにおっしゃる通りで、それがまさにロボットと人間との関わりで、法的な観点というものの重要性というところにつながっていった訳ですけれども。

それにしても、平田先生はロボット法のモデルになるもののひとつとして動物愛護法をお引きになったのですが、動物法がロボット法とどのような関係にあるのか、これは、法学にとってもとても重要な検討課題だと思います。ちょっと考えたいです。**

＊　アイザック・アシモフ（小尾芙佐訳）『アシモフのロボット傑作集　われはロボット〔決定版〕』（早川書房・2004年）など。
＊＊　その後、青木人志「『権利主体性』概念を考える――AIが権利を持つ日はくるのか」法学教室443号（2017年）54頁以下が出た。

井頭昌彦先生から提示されたコミュニケーション・ロボットにまつわる哲学的問題

相手が話した内容に応じて、眉毛とか口角とかをちょっと変えて、適切な表情をアウトプットとして出すようなロボットはすでにたくさん開発されている。しばしば、そういったロボットについて、「怒りの表情、怒りの感情をロボットに実装する」という言い方がされることもあるが、それは、実は、怒りのうまい振る舞いをしているだけであって「怒りを実装した」とはいうことはできない――これは、うまく振る舞ってはいるけれど内面的には何も感じていないという疑念を拭うことはできないという意味で、チート（Cheat：本来とは異なる動作）の可能性を除去できていないからだ。言い換えれば、科学的な意味で、機械が意識や感情を持つという場合に、まずもって克服されなければならない課題は、このチートの可能性ということになるが、実は、感情や意識活動の主観的側面（「主観的意識体験」と言われる）で何が起きているのかは「意識のハードプロブレム」と言われる、近時の神経科学、ロボット工学、哲学、生理科学の最大の難問とされていて、未だ解明はなされていない。

ところで、人間は、針を刺したときに痛みを覚えたり、幽霊ようのものを見てこわがるとか、ビルの高い所から下を見下ろしてゾッとするといった「意識体験」をする。この意識体験は、針を刺す→痛み、幽霊を見る→恐怖といった因果的側面に尽きない、主観的な何かが伴っていることがわかっている（現象的側面）。これが、主観的意識体験と言われるものだ。

人との関係で成り立つ「心がある」という理解とは一体どういうことなのかを深く考えるために、痛みを表現するロボットというものを開発し、痛みを理解するとは何か、社会の中で権利を持たせるべき主体とはどのような範囲であるべきだと考えられてきたのかを検討している社会科学者に、井頭昌彦先生がいる（専攻は哲学）。井頭先生によれば、ロボットなどの機械が心や意識を持つための条件を考えるにあたっては、意識のハードプロブレムを正面突破して、それを物理的に実装するという、ともすれば正攻法に見える途も「みなし事実を作る作業」にしかならず、社会的承認を受けることができるかは保証の限りではないという。そこで、むしろ、主観的意識体験を持っているものとして認める／認めさせるという「関係性」に着目し、そこに「道徳的配慮」の発動があるかを問題にする方向性を提案している。

●参考文献

井頭昌彦「『心を持ったロボットをつくる』というプロジェクトはどのようなものでありうるか?」思索（東北大学）45巻2号（2012年）389～414頁。

同「『心を持ったロボット』は作れるか」如水会会報2017年3月号別冊「第92期一橋フォーラム21・AI（人工知能）の挑戦」23～28頁。

岡本慎平「日本におけるロボット倫理学」社会と倫理（南山大学）28号（2013年）6～19頁。

久木田水生・神崎宣次・佐々木拓著『ロボットからの倫理学入門』（名古屋大学出版会・2017年）

第 6 回

金融の IT 化が行き着く先

野村総合研究所
大崎貞和

本日のゲストは野村総合研究所未来創発センターの大崎貞和先生です。大崎先生は、激動の金融市場のフロンティアをリアルタイムに広い視野から分析し発信し続けておられる一方、法学者とタグを組んで大胆な法制度理解を世に問うておられる方です。読者の中にも、商法・会社法の宍戸善一先生との共著である『ゼミナール金融商品取引法』（日本経済新聞社・2013 年）や単著『フェア・ディスクロージャー・ルール』（日経文庫・2017 年）にお世話になっている人は多いと思います。

野村総合研究所と言えば、わが国で AI の社会的インパクトについて一早く発信したシンクタンクとして知られておりますけれど、大崎先生はその金融分野を代表する研究者で、2017 年 1 月まで金融庁の金融審議会等の委員を務められるなど多方面でご活躍でいらっしゃいます。

本日は、機械が金融市場にもたらす変化と課題について、証券取引市場の変貌から FinTech など、文字通り劇的な変化・発展を遂げている領域でいったい何が起こっているのか、どのような問題があるのか、そして将来展望などをお話しいただきたいと思います。

第1部
プレゼンテーション

金融取引と電気通信技術――その発展史を振り返る

- ルーツは1870年代――電信黎明期
- 転機となった1970年代――発展の萌芽の出現
- アルゴリズム取引の登場――1980年代
- 電子取引所の躍進、市場間競争の時代へ――1990年代
- 21世紀の取引所――市場間競争の激化
- インターネットがもたらした変化
- 高速化する取引
- AIトレードの登場

FinTechがもたらすもの

- FinTechをもたらしているもの
- 仲介する人は本当にいらなくなるか？
- 過去データから将来の合理的予測は可能か？

第2部
鼎談

金融取引の機械代替

- まるで飼い主ロボットがペットロボットを散歩させているような？
- 人間はAIに勝てないのか？
- ロボアドバイザーの新しさとは？

機械代替がもたらす法的課題

- 株価大暴落を引き起こした「法的」責任？
- みずほ証券誤発注事件について考える
- 「機械反応」に対する法学のアプローチ

ロボアドバイザーの法律問題を考える

- 株価指数が義務違反のベンチマークに?!
- 「販売実績は実力を語る」――ウソかホントか？
- 利益相反で訴えるのが難しくなる？
- プログラムを糾弾する可能性は？
- 法規制のお国柄？

FinTechが何をもたらすか――展望

参考文献
後日談

金融取引と電気通信技術――その発展史を振り返る

「金融取引とロボット」というテーマに最後はもっていきたいんですが、もう少し幅広く、金融取引におけるコンピュータの活用とその影響といったようなことをひと通りお話ししたいと思います。

金融取引に関連してAIとかロボットが直接話題になるようになったのは、ごく最近ですから、そこに至るまでの流れもお話しできればと思います。そもそも、金融の取引は、数字、データに全部還元されるので、コンピュータ、機械の利用とに非常になじみやすいんだろうという気がします。

ルーツは1870年代――電信黎明期

実際、歴史を遡ると、金融の取引に機械やコンピュータの原型のようなものを使ったという歴史は古く、1870年代、電信が初めて発明された頃に、もうすでにその電信で取引情報を送信することが行われていたんです。「ティッカー・テープ」と言いますが、これはごく最近まで実際に使われていたものです。取引の出来情報、つまり何がいくらで売買されたかという情報が、証券会社のオフィスなどに送られる――というのは、昔は取引所には大きなところでは体育館のような立会場、あるいはトレーディング・フロアと呼ばれる場所があって、そこでみんなが声を出しながら、競りをやって、株式や債券やその他の金融商品を取引するという仕組みがとられていた訳です。そうすると、立会場の中に居る人にしか何が起きているかはわからないので、外に居る人たちに情報を伝達する手段としてティッカー・テープが使われるようになったという歴史があります。

転機となった1970年代——発展の萌芽の出現

❶電子取引所の登場

その延長で、取引そのものを全部コンピュータ化して自動化してしまおうということが早くから試みられました。1970年代には、完全に人手を介さない取引をする「電子取引所」と呼んでいいと思うのですが、法的にはこれが取引所か、そうでないのかが問題になったりしたんですが、そういうものがアメリカに登場しました。インスティネット（Instinet）と呼ばれるものです。これは機関投資家、Institutional Investorのためのネットワークということで"Instinet"という訳です。

昔は立会場という物理的なものがあったので、そこに居る仲買人（ブローカー）を——これが今で言う証券会社ですけれど——介さないと株式や債券の取引ができないと考えられていたんですね。ところがコンピュータ上で値段と数量がマッチすれば、注文が自動的に約定するという仕組みを作ってしまいますと、そのブローカーが必要なくなるんではないか、あるいはコンピュータそのものがブローカーの役割を果たすという考え方が生まれたのです。ブローカーをコンピュータで置き換えてしまおうというのが、この電子取引所です。

実際には、それが一挙に株式などの取引の形態を変えることにはならなかったのですが、伝統的な取引の形態を変えるポテンシャルを持った試みです。それだけに、インスティネットに対しては、伝統的な取引所の関係者からは強い反発と批判がありました。そのような仕組みを容認したアメリカの証券取引委員会（ＳＥＣ）に対する訴訟が提起されるといった事態も生じたのです。

一方、伝統的な取引所もインスティネットが採用した新しい技術を活用して、業務を効率化しようとするようになりました。世界的に立会場のない取引所が増えていくのは１９９０年代のことですが、技術的な基盤は、すでに１９７０年代にでき上がっていたと言えるでしょう。

❷銀行間コンピュータ・ネットワーク——ＳＷＩＦＴの設立

今の話は、もっぱら証券取引の世界の話です。ただちょっとご注意いただきたいのは、証券取引というのは必ずしも証券会社だけが行うということではありません。日本では証券会社と銀行の区別が法的に比較的厳格なので、証券取引は証券会社の話で、銀行には関係ないと思う人も多いんですが、世界的に見れば銀行と呼ばれるものが幅広く証券取引に関与しています。

それはともかくとして、証券取引とは異なる銀行の固有の業務、預金を集めてお金を貸し出す、あるいは資金決済、送金、為替業務についても１９７０年代以降、コンピュータ・ネットワーク化が着々と進みました。とりわけこの分野で大事なのは、ＳＷＩＦＴ（国際銀行間金融通信協会）という機関です。これは現在も存在する国際的な民間機関で、世界の銀行をコンピュータ・ネットワークでつなぎ、１９７７年以降、情報メッセージの交換を通じたお金のやりとりを世界中でできるようにしたのです。

アルゴリズム取引の登場——１９８０年代

１９８０年代に入りますと、コンピュータ・プログラムを使って取引を自動化する、いわゆるアルゴリズム取引が出てきます。それまでは、単に、約定の成立——つまり予め決められた手順で条件の合致した注文をマッチングするという非常に限られた部分、あるいは約定成立後の事務処理にコンピュータを使うという感じでした。それがこの時期になると、取引の意思決定にもコンピュータを使うようになったのです。一定の条件を予め設定しておいて、こういう条件になったら買う、売るということを、人が判断することなく、コンピュータの指示で自動的に行うようにする訳です。

アルゴリズム取引が行われるようになった背景には、もちろんコンピュータ自体の発達やネットワーク技術の向上がありますが、取引の対象がどんどん広がっていって、かつ取引のスピードが速くなっていくと、人がいちいち見ていると見落としがあったり、判断ミスが起きたりするので、コンピュータに自動的にやらせようという考え方が生まれたという点が重要かと思います。アルゴリズム取引も試行錯誤を重ねながら発達していきました。

たとえば1987年10月にブラック・マンデーという、アメリカの株式市場の暴落が起きました。これは歴史的に見ても最大級の下落率です。このときは、株価が下落すると、そのリスクを回避する目的で、持っていたものを売り払うというプログラムを利用する取引参加者がたくさんいました。保有資産の価値下落に備えて保険をかけるという意味でポートフォリオ・インシュアランスと呼ばれていたのですが、そのプログラムが発動された結果、さらにたくさんの売り注文が出てきて、さらに株価が下がるということが起きた、と言われています。

電子取引所の躍進、市場間競争の時代へ――1990年代

さらに1990年代も半ばになりますと、先ほどのインスティネットに代表される電子取引所が、ア

メリカの株式市場をめぐる規制の変化もあり、急速に伸びていきます。新興電子取引所と伝統的な証券取引所との市場間競争が起きたのです。これはあまり一般の人には知られていないのですが、今、我々は、アメリカの株価というと、ニューヨーク証券取引所市場で株価がいくらになったという言い方をしますが、実際にニューヨーク証券取引所で取引されている量というのは、取引全体の2割位にすぎないんですね。いろいろな取引所や市場があり、同じ銘柄の取引が、40か所、50か所という多数の場所で行われています。情報はひとつに集約されるので、ニューヨーク市場の株価ということを観念することはできますが、かつては市場全体の8割位の取引シェアを握っていたニューヨーク証券取引所という機関が実際に取り扱っている量は非常に少ないんです。

「取引所」というと、公的なというか、中立的なイメージを持っている人も多いと思いますが、実際には、株式などの売買を執行することによって手数料を得るサービス業です。その意味ではたくさん注文を処理すると、より儲かるという仕組みになっているので、その注文を奪い合うという競争が展開されるようになってきた訳です。

21世紀の取引所――市場間競争の激化

2000年代に入ると、今度は新しく出てきた電子取引所に対抗するために、伝統的な取引所が株式会社になって営利を追求するようになります。

こういう競争が激しくなった背景には、コンピュータの高度化があったものですから、処理能力が大きいとか、頑健性が高いとか、あるいは処理スピードが速いですとか、いろいろな意味でより高度なコンピュータ・システムを作らねばならないということで、そうすると、相当多額の投資が要る、と。そこで、大きな資金を調達しなければいけないので、株式会社にする、とか、先端的な技術を持っている会社を買収して自社のグループに組み入れて、そこの技術を使って新しいシステムを開発するといった動きが活発になりました。

実は、歴史を遡ると、「取引所」というのは、もともとは商工会議所がやっていたと言われているんです。つまり、一種の慈善とまではいかないですけれど、公益のために儲けは度外視してやるという感じだったのが、儲けて新しい分野を開拓し、新しい投資をしてさらに儲けて、という通常の営利活動になっていくという変化が進んだ訳です。

インターネットがもたらした変化

以上のような感じで進んできたんですが、金融取引におけるコンピュータやネットワークの利用を一番大きく変えたのは、何といってもインターネットの登場です。つまり、インターネットが出てくる前は、いろいろな変化があったとは言っても、所詮、金融取引でいう、いわゆるホールセールの分野――「卸売り」と訳すとちょっと違うんですが――、要するに、大口の投資家と業者との間や業者間で行われる取引、このホールセール取引に限られる話で、個人は関係なかった訳です。間接的にはもちろん影響を受けた訳ですが、個人がその変化を切実に意識することは全くなかった。ところが、インターネットの登場で、個人が、機関投資家とか、専門業者のトレーダーしか使えなかったような、電子取引、アルゴリズム取引を、ある程度の費用負担で自由に使えるようになりました。これは金融の世界を大きく変えたと思います。

これは証券取引だけではなく、銀行の取引に関しても言えることで、たとえば、インターネット・バンキングという取引形態が生まれて、従来では店舗を構えないと「銀行とか証券会社というものはできない」とみんなが思っていたものが、店舗を持たない銀行や証券会社が登場するようになった訳です。これが1990年代の中頃ですね、1993～4年から始まって、実は私個人も、インターネットの登場が、自分自身がこういう研究をやっていますということを世に知らせるチャンスになったと思っています。1996年に「インターネットが変える証券市場」*1という論文を勤務先の機関誌みたいな雑誌に書いたんですが、それがことのほか、いろいろな人に読んでもらえました。ですから自分自身にとっても印象深いんですが、インターネットが出てきたことで、非常に大きな変化があったと思っています。

高速化する取引

インターネット登場後も、いろいろな展開がありますが、まず、直接インターネットと関係ないことで、話は戻りますが、取引市場間の競争についてです。これがどんどん激しくなり、取引の処理スピードの高速化競争が始まりました。

というのは、たとえば5か所、10か所で同じ銘柄が取引されていますと、値段は必ずしも同じにならない訳です。それで、できるだけ安く買って、瞬時に別のところへもっていって、若干高く売るということができれば、非常に小さい利ざやではありますが、極めて短時間で、しかもリスクをほとんどとらずに儲けることができる訳です。そのために必要なものは、極めて短時間に、ある場所から別の場所に注文データを送る、という回線のスピード。また、届いた注文データを瞬時に処理してくれないと、待たされている間に市場の状況が変化してしまいますから処理スピードも速くなってくれないと困る。「注文応答速度」と言いますが、取引市場のコンピュータに注文が入ってきてから、同じ値段・数量の対当する注文があったとして、約定して、取引をしている人に約定したという情報が戻ってくるまでが、かつては相当高速処理のできる取引所でもだいたい数秒はかかっていたんです。日本ですと、2010年に東証の株式売買システムが更新されるまでは、だいたい3秒から4秒かかっていました。これが1秒になり、1秒でも遅いということでミリ秒単位になり、近年はマイクロ秒単位で、ナノ秒単位にするべきだという話も出ています。*2

ただ、こういうスピード競争については、いろいろな批判もあって、何のためにそんなに急ぐのか、というような批判もあるんです。また当然、それだけの速度に対応する発注の仕組みは特別な装備でなければいけない。それを作ること自体にもお金もかかるし、技術もかかるし、誰もが使える訳ではないのです。

現在では、証券取引所へ注文を送るときに、回線の物理的な距離があるとどうしても余計な時間がかかってしまうので、証券取引所の注文マッチングを行うコンピュータに、できるだけ近い場所に発注システムを置かなければならないという競争が起きています。最初は証券取引所のコンピュータがどこにあるかを推測して（取引所のデータセンターの場所は極秘事項で地図にも載っていませんので）、その近所に発注施設を置くというようなことをやっていたようなんですが、それはそれでおかしなことが起きるので、取引所の方がむしろ自分のコンピュータに直結する線を、しかも決まった長さの線をみんなにひいてあげて、発注システムをそこに置いてよろしいとするサービスを始めました。これをコロケーションと言うんですが、現在では、このコロケーションを使って、非常に高速で取引をするのが極めて一般的になっています。コロケーション発注の占める比率は、アメリカ、日本、ヨーロッパなど主要市場では、だいたい、株式ですと取引全体の4割以上、デリバティブ取引、いわゆる派生商品、先物オプションの取引ではもっと高い割合になっています。

かつては、立会場の中へ入って、「今、大きな買い注文が出た」という情報を知った人が、売り向かうというようなスピードだったんですが、それがコンピュータの時代になって、インターネットの時代になると、手元のコンピュータの画面で見ていて、「あ、今、新しい注文が出てきたからそれに自分の買い注文をぶつけよう」といった取引をするようになりました。それがミリ秒、マイクロ秒ということで、まばたきをする間に何回も取引ができる、とかいうことになったので、現在では、市場で何が起きているのかをリアルタイムで物理的に見て認識することは不可能になっています。

AIトレードの登場

そういう高速取引を、HFT（high frequency trading）と呼びます。HFTは目に見えないようなスピードで頻繁に売買を繰り返す訳ですから、注文を出す、出さないという判断は全部アルゴリズムで行われます。人が個々の発注の判断に係わる余地はまったくありません。

HFTの取引シェアが高くなってくると、そのことの是非、そのことが市場にどういう影響を及ぼすのか、というようないろいろな議論が起き、そういうやり方を規制する必要があるんじゃないか、というような議論も出ています。ただ、現時点では、HFTの影響についてもポジティブな面とネガティブな面、両方を指摘する人がいて、なかなか方向性は見えていません。ただ、技術が進歩した結果、市場と金融取引の姿が大きく変わったことだけは間違いないと思います。

HFTのようなアルゴリズム取引は、もともと取引戦略を人が考え、それをアルゴリズムに落として実行するというものだった訳ですが、アルゴリズムが自己学習して、成長していく方が効率的ではないかという発想が出てきて、AIを利用したトレーディングも出てきています。そういう発展のことを書いた本などを見ますと、*3 世界中のいろいろな取引対象になるような金融商品——株式、債券、金利、為替、コモディティの価格からマクロ経済データに至るまで、ありとあらゆるデータを蓄積して、これを買ってあれを売れば儲かるというようなことを繰り返していく。かつ、AIですからその経験をもとにデータが更新されるとアルゴリズム自体を変えていくというようなシステムを使っている人がすでにいるらしく、それで取引をすると、伝統的なトレーダーが、自分の判断で取引をするのよりもはるかに安定的に収益が得られる、と主張する人も出てきています。

取引の自動化がどんどん進んでいき、かつ、非常に高速な取引になっていきますと、高速取引の先回りをしたいという人も出てきます。これは決して不公正な取引だという意味ではないんですが、たとえば、ある注文が出たという情報をいち早く知って——知ってというのも、自分のコンピュータが知ってという意味で——不正に盗み見するということではないんですが、それに対応する、出す方もできるだけ速く届くようにというスピード競争が起きていて、いわばアルゴリズムとアルゴリズムが闘うというか、競い合うみたいなことが現実に起きています。

FinTechがもたらすもの

AIなど新しい技術を金融取引に活用するという観点では、最近「FinTech」がひとつの流行語になっています。もともとこれは金融（finance）の「fin」と技術（technology）の「tech」を合体した造語なんですけれど、昨今、話題になっているのは、今までお話ししてきたアルゴリズム取引や銀行間の送金ネットワークなどのように、伝統的な銀行とか証券会社がやっていたことをコンピュータ化していくというのではなく、銀行や証券会社の役割を大きく変える可能性があるような技術の活用の方法、それをFinTechと呼んでいるようです。

❶大衆化

具体的にどういったものが出てきているかと申しますと、一例としては「ロボアドバイザー」があります。これは、個人の利用者がスマートフォンのアプリでいろいろな質問に答えて自分のニーズに合った投資アドバイスを自動的に受けるものです。「あなたは投資のリスクをある程度とり、損をする可能性があっても、大きく儲けたいですか」とか、「資産はどの位お持ちですか」とか、「今回、投資しようとしているお金の使い道は短期的に必要なものですか、長期で、老後の資金を貯めたいのですか」とかいう、簡単な質問に答えると、その人のリスク性向がわかり、それを決めた上で、さっきのアルゴリズム取引のもとにもなるような蓄積されたデータに基づいて、こういう資産配分にするといいですよ、というアドバイスをしてくれる。アドバイスだけをして、後は個人で勝手にやってください、という仕組みもありますし（アドバイス型）、アドバイスした内容通りに発注をして、たとえば、毎月1万円とか2万円とか、決まった金額をロボアドバイザーが判断した配分で投資していく、というようなサービスも出てきています[*4]（投資一任契約型）。

ロボアドバイザーがものすごく新しいか、というとそうでもなくて、いろいろなデータを蓄積して、これとこれは相関が高いとか、これは平均的なリターンが高いとか、ボラリティ（変動率）が高いとか、そういった金融商品ごとの性質は昔から研究されていて、性質の違うものを組み合わせれば、どうなるというような研究もいっぱいされていた訳です。ポートフォリオ理論とかそれに基づくアセット・アロケーション（資産配分）です。ロボアドバイザーといっても、それをすばやくやっているというだけ、といえばそうとも言えます。

昔はデータの収集、蓄積、分析に非常に手間がかかったものですから、そういうデータに基づいて実際に投資を行うのは、機関投資家などのプロフェッショナルだけだった訳です。ところが、FinTechのサービスが出てきたことで、個人も簡単に使えるようになった。ですから、これもインターネットの登場で電子取引が個人のものになったことに続く、金融の大衆化とでも言うか、業者の仲介がなくても金融取引ができるようになる、そういう変化をもたらしているということだろうと思います。

❷中抜き

FinTechによって、そういう中抜きとでも言いますか、仲介者を排除できるようになったという例としては、他にもたとえば、貸出しがあります。

ソーシャルレンディングは日本ではまだあまり伸びていないのですが、個人間や個人と中小企業の間でお金の貸し借りをする仕組みです。銀行や消費者金融業者から借りるかわりに、お金を運用したい個人から借りるということです。伝統的なやり方は銀行に個人が預金をしてそれを原資にして銀行が借り手の審査をして貸し出すということだったんですけれど、その銀行を抜いてしまって、個人が直接相手を探して貸出しをすることが可能になりました。この場合、相手は本当に大丈夫なのかとか、資金の回収はどうするんだとかという問題は出てきますが、それをFinTechがある程度解決しよう、と。たとえば、審査を自動的に行うとか、過去の行動をもとに借りる側の個人をランク付けしてくれる、とかです。

企業が株式を発行する場合、従来は証券会社が引受けをして、投資家に販売するということをやっていた訳ですが、インターネットを使って、ウェブサイトに株を発行します、こういう事業をやっています、という情報を載せればそれを見た個人から注文が集まって発行ができる、という仕組みも実用化されました。クラウドファンディングなどと呼ばれます。

為替取引は、銀行の一番基本的なサービスで、先ほど申しましたが、SWIFTのネットワークを通じて、ある銀行から別の銀行に送金をするという仕組みが国際的にも整えられたんですけど、それを通さずにある個人から別の個人に、相手のメールアドレスを知っていれば送金ができる、というサービスも登場しています。アメリカではPayPalという会社がやっているサービスが有名ですが、これなども銀行の役割を乗り越えてしまった例かと思います。

❸法定通貨抜き

さらには、送金するお金を、米ドルとか、日本円とか、そういう主権国家が発行する通貨ではなく、仮想通貨にしてしまおうというのも出てきています。有名なものではビットコインがあります。これもやはり、インターネットで個人が結びつきあっている状況を前提にして初めて成り立つ、新しいものです。これもFinTechのひとつです。

FinTechをもたらしているもの

これらは、２０００年代半ば以降、過去10年位の間に起きた変化なんですが、技術的にすごいブレークスルーだったのかという点は、私は疑問に思っています。純粋に技術的な面で言えば、そのさらに10年前、インターネットの商用利用が可能になった時点で、似たようなことはみんなできたんです。

ただ、金融サービスというものは、ある程度以上人が集まらないと、効率的に運用できないところがありまして、たとえば、さっきのクラウドファンディングですと、インターネットができた当時から、ウェブサイトは世界中の人が見ることが理論的にはできたので、そこに株を発行しますという情報を載せれば、今のクラウドファンディングと全く同じことが、技術的にはできたはずだし、実際にやった人もいたのです。*5 ですが、見ている人の数が非常に少なかった訳です。ところが、今は、同じことをやっても、見る人の数が全く違う。実際、そこにお金を出してみようかという人も増え、セキュリティの仕組みなども変わっていますから、技術的にすごく変わった訳ではないものの、新しいことが成り立つ時代に入ってきたという気がします。

もうひとつ大切なことは、デバイスの変化、つまりインターネットに接続する装置の変化です。かつては個人がインターネットに接続する主要な手段はパソコンでしたが、２０００年代半ば以降はスマホに変わった。常に持ち歩くスマホでいつでもアクセスできるという環境が整ったことは、FinTechの提供するサービスの拡大を間違いなく後押ししています。

仲介する人は本当にいらなくなるのか？

以上のような変化をめぐる法的な課題については、後で議論させていただくとして、こういう変化に対する疑問を2つほど挙げさせていただきます。そのひとつは、この変化を貫くひとつの流れは何だろうと考えると、仲介機能がどんどん機械化されていく、ネットワーク化されてくるということでしょう。そして仲介者というものを排除して、最終的にお金が必要な人とお金を運用したい人が直接結びつきあう、ということに要約できるかなという気がします。これは、銀行の分野でも証券取引の分野でも、同じです。

そうすると、さらに疑問が生まれます。そもそも個人が金融取引を何のためにしているのかというと、自分の資産であるお金を増やす、あるいは、減らさずに価値を維持するためにしている訳です。では、お金を増やしたり価値を維持したりすることを人は何のためにしているかというと、生活を豊かにするためですよね。ときどき忘れられて、お金を増やすことが自己目的化してしまうような気がするんですが、よく考えれば、要するに、楽しく豊かに暮らしたいから、人はお金を増やしたいと思うし、価値を維持しておきたいと思う。とすれば、そのこと自体に労力をかけたり、生活の時間の大半を費やしたりするのは、本末転倒だと思うんですね。その意味では、代わりに面倒なことをやってくれる人、じっと見ていると時間がかかるものを代わりに見ておいてくれる人、という意味での仲介者は、どこまでいっても必要なんじゃないかと思います。今、インターネットを通じて個人が直接結びつくという側面が強調されているものですから、極端な意見としては、仲介者はいずれ消滅するんだと言う人もいたりするんですけれど、私はそれは違うんじゃないかと思っています。

昔、ある雑誌にITの進歩で証券取引はどう変わるのかというテーマで論文を書いたのですが、その中で私は、「時間が有限であり証券売買が人生のすべてではない以上、多くの人にとっては、証券会社という代理人に売買を任せておく方が効率的であるという事実を忘れてはならない」と述べました。*6 要するに、人間はそこまで暇ではないので、お金をどうするというようなことを、自分が楽しく過ごしている間に代わりにやってくれる仕組みを必要とするんじゃないか、ということです。この考えは今も変わっていません。ただ、AIが高度化して、すべての判断や取引の執行を代行できるところまでいくと、話は変わってくるのかもしれません。今の時点では、仲介機能のすべてをAIで置き換えられるかどうかは、疑問に思います。

過去データから将来の合理的予測は可能か?

もうひとつの疑問は、アルゴリズムが活用されるようになって、どんどん高度化、高次化されていますが、基本的な前提は、過去のデータを分析して、これとこれには相関があるとか、こっちがこうなったときにあっちはこうなるとか、平均的なリターンが高いとか低いとか、ボラリティが高いとか低いとかいうものです。これらは全部過去のデータなんですよね。そこで、果たして過去の事実から、将来を合理的に予測できるのだろうか、という根本的な疑問が生じます。

最近では、リーマン・ショックが起きた世界金融危機のときに、ブラック・スワンという話がもてはやされたりしました。過去データに基づく、いわば傾向線を伸ばして予測した結果とは著しく違うことが現実に起きてしまう、と。[*7] そうなると、過去データに基づいた分析や対応策は全部無意味になってしまいます。これはたぶん、根本的な話で、AIが自己学習していくといっても、過去のデータがどう変化してきたかを学習するところまではできるでしょうが、過去の変化を超えた予測はたぶんできないんだろうな、という気がしています。

もちろん、それでは人間はそれをできるのかということになると、「できる」と言うのはちょっと傲慢かもしれないと思います。それでも天才と言われるような人はいますよね。金融の世界でも天才ファンド・マネジャーと呼ばれる人がいて、非常に上手にいろいろな危機を乗り切って、着々と資産を増やしていくみたいなことをやれることがあるんです。もっとも、その人はどうして、そういう直感的な判断をするのか、どうやってその直感を磨くのかと言えば、やっぱり過去の事実、経験に基づいて、直感を磨いているんでしょう。だとすれば、コンピュータが学習するのと、いかほどの差があるのかということになってしまいそうですね。いずれにしても過去から将来を推し量るというのが、自然科学であれば、自然の法則、因果関係という確立したものがあるから、かなりの精度で予測できる気がするんですが、金融取引は自然に起きることではなく、意思を持つ人間の行動なので、そこまで精緻な予測は不可能なんじゃないかという気がします。

金融取引の機械代替

まるで飼い主ロボットがペットロボットを散歩させているような？

工藤：最近ではアルゴリズムを使った取引、それも人間が直接的に介在しないようなレベルでの取引がどんどん増えていて、ある本では取引全体の6割もあると書いてありました。

大崎：取引の4割から6割位がそうです。

工藤：これはこの先どんどん増えていって限りなく100％に近づくのか、それともどこかでサチる（飽和する）のか、どういった感じをお持ちですか？

大崎：なかなか難しいところなのですが、当然ですけれど、アルゴリズム取引でしかも高度なもの、さっきのアルゴリズム対アルゴリズムの勝負に勝ち残るようなものを作るには、作る人自身の大変な知識と、お金と時間がかかります。だから、なかなか万人が使えるものにはならないような気もするんです。また、全員が同じものを使うと、全員のアルゴリズムが同時に買いを指示するといったことが起きて、そもそも取引が成り立たないということになります。そうなると、売買は成立しませんが、そのことに気づいた人が、そんなにみんな買おうとしているんだったら、高い値段で売りつけてやろうという行動を必ずとりますよ。それはたぶん、アルゴリズムに予め仕組まれた行動ではなくて、人間の独自の判断だと思うので、だから最後のところで、100％アルゴリズムということにはならないんだと思うんです。そういう意味では、何割がまさに「サチる」場所なのかはわからないですが、全部ではないという気がします。

あともうひとつ、アルゴリズムがなぜ必要なのかというと、スピードです。判断するのに時間がかかってはいけない。今買ってその直後に売って1円儲けるというやり方だと、必然的にアルゴリズム取引になる。でも、今買って10年後に売って儲けるという方法もあり得ます。そういう方法を取ろうと思う人は、たぶん、アルゴリズム取引にそもそも関心がない。こちらのやり方は、少なくともコンピュータに大規模な投資をすることなく実践できる訳で、その方が効率的だと思ってやり続ける人もいると思います。

工藤：ちょっと言い方が難しいのですが、人の営みとしてやっていた取引の中に、たとえばその一部分を代替するとか、あるいは裏をかくとかでもいいのですが、そういう役割でコンピュータなりAIなりが入ってくるのは、ある意味健全だと思います。しかし、度を越してアルゴリズム同士の戦いがメインになってくると、アルゴリズムの戦いの隙間でおこぼれに預かるように人間が取引するようになってしまうのではないか、そしてそれはすごく不自然だと思うのです。たとえば、世の中にはペットロボットというのがあって、実際にいろいろな施設で人を癒しています。逆に、これはまだないと思いますが、飼い主が旅行に行くときに、代わりにペットを散歩させてくれる飼い主ロボットがあったとします。便利そうなので、いずれ本当に開発されるかもしれません。ペットロボットも飼い主ロボットも、どちらも役立つロボットです。ところが飼い主もペットも両方がロボットに置き換わって、飼い主ロボットがペットロボットを世話するところまで進んでしまうと、なんだかすごく不健全な状況に思えます。それと同じ感覚で、ある程度人間の営みだと思える中にコンピュータが入ってくるならいいのですが、それが進みすぎて、コンピュータがメインになってしまうようになると、ちょっと不健全だと思うんですね。取引に関して私はそういう印象を持ってしまうのですが、専門家の方から見てもそういう感じがあるのか、その辺を教えていただきたいです。

大崎：確かに金融の専門家の中にも高速取引を批判する方がいらっしゃいます。そういう人たちが気にしているのは、まさに今おっしゃったような問題なんですね。つまり何をやっているのかが、段々わからなくなってくる、と。もともと株式とか債券を何のために取引していたのかについてよくされる説明は、価格の発見ということです。つまり、真の価値がいくらであるかということを、いろいろな人が「あれは高い」とか「いや、安い」とか判断して、安いと思っている人は買うし、高いと思っている人は売りますから、その情報が集約されていくことで、正しい価格が発見される。

ところが、アルゴリズムというのは、この意味での高い安いを判断しているとは言えません。過去こう動いた、この局面ではこう動いたから、次もそういうふうに動くであろうという予測のもとに売るか買うかを判断するか、もっと単純なものは、こことそこに実際注文が出ていて、こっちの方が1円安いから買ってそっちを売るということをやっているだけです。そういう取引をアービトラージ（裁定取引）と呼びます。そこには、質的な判断と言うか、その値段が正しいか間違っているかに対する判断は入っていないのです。今後、それを織り込めるアルゴリズムが出てくれば話は違ってくるかも知れませんが、現在の批判はそれですね。質的判断抜きに、とにかく1円安いから買う、1円高いから売る、というだけでは何の役にも立たないという批判です。

人間はAIに勝てないのか？

角田：すみません、ちょっと違う観点から整理させてください。淘汰とか競争という訳ではないのかもしれませんが、スピードの競争という面では、人間に勝ち目がないのはもう明らかですよね。

大崎：少なくとも、手作業でアルゴリズムより速くやるというのは無理ですね。何ミリ秒というようなスピードですから。そういう意味で、この勝負はもう決着してしまっています。

角田：それ以外に、最近のAIトレードについても紹介していただきましたけれども、そこでの話としては、まだ明白なところでの人間超えとか、そういう話ではないという理解になるのでしょうか。

大崎：これは、ある意味、どちらが勝ちだと思っているかになってしまいます。天才ファンド・マネジャーというものがあり得るということを今も信じている人は、もちろんAIに勝つ運用があると主張する訳ですね。それに対して、さっき申しましたけど、人間のやっていることも、結局、過去データを分析して相関関係を計算してということな訳ですから、それをもっと速くできる、かつ自己学習してその修正も速くできるAIの方がいいんじゃないかと思う人もいる訳です。だから、決着は着いていない話ですけれども、どの位優れたAIが作れるのか、ということでしょうか。

あと、今、AIトレードと言われているもののほとんどは、これまでの値段の動きをもとに、トレーディング戦略を立てるアルゴリズムをさらに高度化した程度のものです。他方で、たとえば、財務諸表を分析して、この会社の「正しい企業価値」はいくらであるかを推計したり、社長がこういうことを言っているからこの会社はこう伸びるであろうと予測したり、総合判断して企業価値を分析して、今の株価だと割安だから買うという、いわゆるアクティブ運用のファンド・マネジャーが行うような分析がAI化されたという話は、あまり聞かないです。もちろん、財務データの変化や決算発表情報などに着目するアルゴリズム取引はありますが、有望銘柄を自動的にピックアップして売買するアルゴリズムはまだです。そういう分野は、人間の分野として残っているんですね。

ただ、それが単純に値段の動きを追っているような取引手法に本当に勝てるのかというと、意外とそうでもなかったりするという指摘もある。アクティブ運用では市場全体のパフォーマンスを継続的に上回ることはできないという分析結果もある訳です。

角田：相場で勝つような取引判断をAIにさせるといっても、その成績を上げていくための方法論というかアプローチは人間とは大分違う、しかし、どっちがどうというのはまだ結論が出ていないということですね。

プレゼンテーションの最後にご指摘された、金融というものは結局人間の営みであるので、自然科学のように検証もできないという点は、やっぱり重要な指摘なんでしょうね。

大崎：たとえば、お金を貸すという金融取引を考えたときに、相手の財産状態から判断する信用度とか、事業の成功可能性とか、いろいろ分析して貸す訳です。この人だったら、この事業計画だったら、この財務諸表だったら、大丈夫だろうということで。だけど、それは今そういうデータがあるというだけで、その人が明日から何をするかを保証するものではない訳です。ましてや、その人が、明日、交通事故に遭ってしまうかもしれないというようなことまで、完全にコントロールはできない。今まで真面目にやってきた社長さんが、大金を借り入れた途端に遊び歩くようになる可能性だって否定できない。一見ちゃんとしているように見えたけれども、実は詐欺師だったということもあるでしょう。つまり、他人の行動を完全にコントロールはできないというのが一番ですよね。自然は自然法則で動いているので、その法則を正しく理解できればある意味コントロールできる、対処できると思うんですが、人は何をするかわからないという、そこの問題が必ず残る気がするんです。もちろん、法制度で様々なインセンティブや制裁を用意して、できるだけある方向に動くよう仕向けることは可能でしょうが、それも完全ではないでしょう。金融取引が儲けを生むか生まないかは、実はお金を受け取った人が何をするかにかかっている訳です。

ロボアドバイザーの新しさとは?

工藤:先ほどの大崎先生のお話の中でも触れられていたことではあるのですが、前に角田先生にこんな質問をしたことがありました。昨今、ロボアドバイザーが問題になっているという話の中だったと思います。たとえば、予備校でどの大学を受験するのがいいかアドバイスするとして、ずっと昔は、ベテランの先生が生徒を見て経験で判断したかもしれませんが、今では何万人という規模の全国模試をして、生徒の偏差値を計算し、それと大学の偏差値表を照らし合わせて受かりそうな大学を推薦するというのが一般的だと思います。偏差値表は、何らかの統計的なモデルに基づいて、過去の膨大なデータから算出されているはずです。予備校の窓口で相談すると、コンピュータが弾き出した結果に基づいておすすめの進学先がアドバイスされるという訳です。数字と表を照らし合わせるという本質的に機械的な作業です。実際には、励ますとか他にもいろいろやってくれるのかもしれませんが、いずれにせよ、これは私が受験をした20年以上前にも普通に行われていたことです。ロボアドバイザーも扱うデータの量が増えてアルゴリズムが複雑になったかもしれませんが、やっていることは本質的に予備校と同じことです。単に窓口に人がいなくなったというだけで、少なくとも工学的にはやっていることは同じに見えます。そう考えると、なぜ今さらロボアドバイザーが問題になるのかわからなくなります。あるいは、ロボアドバイザーが問題ならば、なぜ予備校の入試相談はこれまで問題にならなかったのかがわからなくなります。

大崎：それは、まさに私もその通りだと思っています。結局、やっていることは、人手をかけてやっていたことを、ちょっとシンプルにした上で機械化したという感じだと私は思っているんですね。その意味では、何も変わっていないと言えば変わっていないんです。

ただ、変わったのは、先ほども申しましたように、かつては一部のプロだけに提供できていたものが、万人に提供できるようになったことです。ただ、その万人に提供するというのには課題もあると私は思っていまして、たとえばロボアドバイザーは何か答えを出すんですが、その答えは相手の希望に合わせて出すんです。つまり、うんと大きなリスクをとってもいいと思っている人もいれば、できるだけ堅実に確実にやりたいと思っている人もいる。そこには当然、利用する人自身の判断と希望がある訳です。

ところが、すべての人の本当の希望は何かというと、確実に勝つ、うんと儲かることです。少なくとも投資をしようと思って、損をするとか儲からないということを希望する人はいないでしょう。しかし、100%確実に大儲けするという希望は、論理的に成り立たないことがわかっているから言わないだけです。これは万人みんなそうなんですよね。できるだけ高いリターンで、損は絶対にしなくて、かつ、それがずーっと続く、と。ところが、それは絶対に成り立たない。無理だということが、過去のデータと理論によって証明されている訳ですから、高いリターンを望みますか、それとも少し低いリターンだけど安定的なので満足しますか、という選択肢になっているんです。つまり、本音で答えると答えは出てこないと宿命づけられているので、万人に提供すると、どこかで自分の本当の希望と違うという問題が出てくるんじゃないのかなあ、という気がします。もちろん、これは、人が相手をしたからといって解決する問題ではないんですが。

機械代替がもたらす法的課題

角田：次にちょっと、法的な観点に入りたいと思います。先ほど、金融の世界に機械が導入されてきた流れを全体的にさらっていただきましたが、傾向としては、最初は、金融の流れの一部分を機械化していたのが、だんだん重要な人間の営みまで機械化されてきたという話がありました。で、今までは執行だけだったのが、意思決定も含めてすべてを機械化して、自動でやってしまってくださいという話になると、やっぱり法律関係がどうなるのか、争い方が変わってくるのか、とか法的には問題がいろいろ出てくると思うんですよね。

たとえば、ロボアドバイザーもすべてを自動化します、と言うと、法律問題の風景は変わってくるのではないでしょうか。

大崎：それは、ロボアドバイザーに関しては、まだちょっと何とも言えないんですが、すでに現実的な問題になっているのが、不公正取引をめぐる考え方です。

たとえば、相場操縦は金融商品取引法で禁じられているんですが（同法159条）、これは人が相場操縦するというのが大前提になっています。アルゴリズムで相場操縦をするという場合に、そのアルゴリズムを作ったのは人なので、その人が相場操縦する意図をもって相場操縦に使えるようなアルゴリズムを使って発注をしていると今のところは考えられているんです。でも、たとえば、AIが自己学習して出てきた結果が、相場操縦としか言えないような発注行動だったというような場合に、相場操縦だと言えるのかは問題となるでしょう。また、実際の売買を通じた相場操縦は、取引を誘引する、いろいろな人を取引に引き込む意図をもって売買が行われる場合が相場操縦である、とされている訳ですが、取引に引き込まれる相手が人ではなく、誰かが作ったアルゴリズムだった場合はどうなるのか、という問題もあります。すでにアルゴリズム取引による相場操縦で課徴金が課された例が出ていますが、今後検討されるべき課題も多いでしょう。

角田：それはもうすでに議論されていることなのですか。

大崎：いや、まだ本格的に議論されていることではないんです。というのは、今のところは、まだ自分で作ったアルゴリズムで相場操縦をしたという人が摘発されたという段階でとまっているのでですね。*8

角田：それは、プログラマーがどんな目的を持っていたかを問題にするんですか。

大崎：プログラマーがというより、そのプログラムを用いて発注する人が法令違反を犯したということです。

角田：その発注した人が指示をしたという構成になる訳ですか。

大崎：はい、そういう構成になるんです。

工藤：プログラムが複雑になってくると、発注した人が悪いことをする意思があったとは言えないようなケースが出てきたりはしないんですか。

角田：そうですよね。その機械反応という現象に対して、法律がどこまで対応できているのかなっていうのが気になります。

大崎：そうなんです。特に金融取引に絡むいろいろな規制は、意思が必ず絡んでいるという前提に立っているので、AIが自己学習した結果、相場操縦的なアルゴリズムが作動したといった場合には、相場操縦を行う意思を観念できないですよね。

角田：そうですよね、その辺が難しい問題ですよね。

株価大暴落を引き起こした「法的」責任？

工藤：たとえば、ブラック・マンデーなどの時は、暴落の責任を誰かとったりしたのですか。原因となるプログラムを作った人とか。

大崎：さすがに法的な責任までは問われたという話はないです。ただあの時も、ある種のプログラムが暴落を加速したという指摘はなされていますね。それはやっぱり問題だということになって、そういうプログラムをもっと監視しなければならないんじゃないかという議論にはつながりました。直ちに、規制を強めるという話にはなりませんでしたが、リスク管理を強化するといった観点からの議論はありました。これは現在のアルゴリズム取引にもあてはまる話で、アルゴリズム取引が増えた、高速取引が増えた、ということによって注文が増えるので、市場の流動性を高めているという意見がある一方で、中味もよくわからないものが目にもとまらぬスピードで出るんで、予期しないことが起きたらどうするんだと、市場におけるリスク管理の課題を強調する意見もあります。また、1人1人の作っているアルゴリズムが一定の合理性を持っていたとしても、アルゴリズム同士がぶつかったときの結果が極めて非合理なことになる可能性はないのか、というような指摘もあります。こうした問題への対応策として、たとえば、アメリカの先物市場の監督当局CFTC（商品先物取引委員会）は、アルゴリズムを当局に届出させてはどうかというようなことを言ったりしているんです。仮にそういう規制を実際に導入したとして、当局に何がわかるのかという問題があります。あるいは、当局が仮想市場みたいなものを作ってそこで届け出られたアルゴリズムを走らせてみたりでもするか。

角田：それこそ、そういう実験はできるのですか。

大崎：そういう実験はできます。過去の取引データを使って、あるプログラムが何月何日に走ったとしたらこういう結果を生んだということは検証できます。しかし、それにどういう意味があるのかですね。

工藤：それこそ過去のデータでの検証だけですからね。

未知のデータが来たときにどんな反応するのかは、全くわからないですよね。

大崎：そうなんです。完璧にはわからないですよね。ただこのアルゴリズムを実際に走らせてみるというようなこと自体は非常に重要で、アルゴリズム・トレーダーにテストを義務づけるとかというような規制は、実際ＥＵでも考えられていて、日本でも今後導入される可能性があります。

というのは、実際に、システムのバグというか、プログラム・ミスの結果で、大きな問題が起きるという事例がアメリカで起きています。有力なアルゴリズム・トレーディングの会社が破綻したというもので、ほんの30分位で、ものすごい債務を負ってしまって一挙に破綻したという事件がありまして[*9]。

角田：それはいつのことですか。

大崎：２０１２年のことでナイト・キャピタルという会社なんですが。

角田：あれはバグが原因だったと言ってよいのでしょうか。

大崎：バグという言い方が正しいのかどうかわかりませんが、プログラムのミスですね。本来、意図していたような売買が行われず、常識的に考えて買ってはいけないのに買ってしまうみたいなことが起きたのです。しかも、目にも止まらぬスピードで注文が出てしまうので、気がついて止めるまでに損失が累積してしまった。やはり昔に比べてそうしたミスによる損失発生のリスクが大きくなっているんじゃないかということを懸念する人が増えています。昔から間違えるということはあり得て、アメリカなどではファット・フィンガーという言い方をするのですが——指が太りすぎて隣りのキーを叩いちゃったということなんですが——、そういうことは以前からあり得たんですね。いわゆる誤発注です。それこそ手作業の時代だって、数字を書き間違えた、ゼロを1個多く付けたとか、当然あり得る訳で、そういう問題は潜在的にはずっとありますが、ただ、それが引き起こすダメージの大きさが、今の取引のスピードで非常に大きくなっているのではという問題意識があります。かつ、自動化されているので、問題が発生してもしばらくは誰も気づかないという危険はないのか、という点も重要です。

角田：監視義務っていうのを考える必要はないんでしょうか……。

大崎：今は、想定しないことが起きた場合に、プログラムを止める義務を課そうという話は出ています。

角田：それはどこに課すんですか。

大崎：そのプログラムを走らせた人に対してです。

角田：その、止める義務を負うのは、当事者だけでいいんでしょうか。その辺りは、どう考えられているのでしょうか。

大崎：うーん。というのは、取引所に変な注文がだーっと来てですね、変という言い方もこれもそもそも何を変と言うか難しいんですけれど。でも常識的に考えられないような注文がだーっと来たというときにそれを受け付けないという義務を取引所に課すというのは、どうなんでしょうね。これは、わざとやっていた場合どうするかということですよね。受け付けてくれないのは困る、と相手は思うかもしれないので。

角田：でも、これはあまりにも変なので、そのまま受け付けると大変なことになってしまうかもしれないという場合には、止める義務があるんじゃないでしょうか？

大崎：あまりにも変という判断ですよね。たとえば、昨日まで100円していたものを1円で売るという注文が来たとしたら、直感的にはすごく変なんですが…。

角田：何か……もしかしたら、何かの勘が働いてそんな注文を出しているのかもしれない……だから、取引所の方でリジェクトするというのは難しいということですか。

大崎：そもそも1円で売っちゃいけないということが、取引所なり、市場として可能かという問題ですよね。日本の株式市場ですと、値幅制限というのがあって、そもそもそういうことができない制度になっているんです。ただそれがいいかという問題はあって、私は個人的には、値幅制限制度は価格変動を人為的に抑制するから間違った制度だと思っているんですけれど、両方の意見があり得ますよね。たとえば上場企業が破綻しそうだとか、事態が急変したんだから、1円でも売るんだっていうことに正当性があると思う人もいるかもしれませんし、そこは難しい。

角田：アルゴリズムを使う人には監視義務があるということですが、その人の監視能力をどこまで信頼していいのかという問いも出てくるようにも思うのですが。そうすると先生のお考えだとシングル・チェックでいいということになるんでしょうか。

大崎：両方必要だとは思いますけどね。100円のものを1円で売るとなると、そもそも1円で売るという行為が合理的かどうかみたいな話になってきます。しかし、そこでは100円のものを10円で売るなら認められるけれど、1円だと合理性がなさそうな気もするというような、いろいろ難しい判断が必要になってしまいます。とはいえ、あまりにおかしい場合には、取引所側にも、何か変なことが起きているので取引を一時的にやめるよう制度化する必要があるんでしょうね。これはサーキット・ブレーカーと呼ばれる考えで、アメリカでも制度化されています。

みずほ証券誤発注事件について考える

角田：誤発注という意味ですと、昔話になるのかもしれませんが、みずほ証券がジェイコムという上場企業の株式を誤発注してしまって、結構これも大きな損害——確か400億円位だったと思うのですが、あの話は昔話として受け止めるべきなのか、今でもああいう事態は起こり得るというふうに考えていいものか。

大崎：十分と言うと変ですが、大いに起こり得る話です。

角田：システムは、あの後、高度化している訳ですよ。

大崎：高度化はしています。要するにあれは、本当は61万円で1株売りたかったのを1円で61万株売る、つまり円と株数を入れる場所を逆にしてしまったという間違いだったのです。それから、間違いをできるだけ検知するシステムをどこも入れたと思います。それで完璧かどうかはもちろんわかりません。よく言われる話で、問題が起こるのはしばしば月曜日だと。土日の間にシステムを更新して、もちろんテストもきちんと行われますが、月曜日に実際のマーケットで使うと問題が起きることがあるんです。だから、あまりにもおかしな金額なり数値が入力された場合にはアラートを立てるとか発注を止めるという仕組みはどこも作ったはずですが、それが完璧に働くかどうかはわかりません。さらに言えば、発注を監視している人がアラートを見て適切に反応するということを前提としている訳ですけれど、漫然と「承認」「承認」と押してしまう人も、多分いますよね。

角田：ダブルクリックになれている人はそうですね。

大崎：それで結局、誤発注されてしまうという可能性はあるので、今でも、もちろん問題は起こり得る、絶対に起こり得ないとは言えないですね。あのときの再発防止策として1つ決められたのは、あまりにも異常な注文が実際に成立してしまった場合には、なかったこと、無効にしようということです。逆に言うと、似たようなことが将来も起こり得る、と。で、実際にアメリカでナイト・キャピタルが起こした問題というのは極めて似ているんですね。単純な誤発注とはちょっと違うと思うんですが、自動的に売買が成立していったんだけども、その売買が本来だったらやるはずがないようなものだった、ということですから。

角田：ただ、あのときは、誤発注に気がついて、電子システムで取消しの注文を入力したんだけれど、バグがあって、処理できなくて……。

大崎：そこが、まさに訴訟でも争われたところです。それがバグというものなのか、単に正しい処理を知らなかったということなのか。結果的に正しい処理方法というのは実はあったんですけれど、取引所のスタッフがみずほ証券に対して連絡した方法が実は正しくなかったということなんですね。結果的に、取引所がいわば敗訴しましたよね。誤発注による損害を一定の範囲で賠償しなくちゃならないということになったんです。これをバグというか、その辺は難しい問題ですよね。プログラム自体は正しく設計されていても、どう操作したらいいかについての認識が違っていたというのは、固有のバグとはまた違う問題ですね。
工藤：今のお話は、プログラムのバグというよりは、ヒューマン・エラーだと思います。
角田：そこは、確か、裁判所はバグがあったと認定していたように記憶していたのですが……。あと、裁判で争われた問題として、みずほ証券と東京証券取引所（東証）との間で結ばれていた取引所に参加させる契約によって、取引所はどんな債務を負っているのかというのがありました。結局、裁判所がとった構成は、基本的には電子取引システムを用いて取引が行えるようにシステムを提供している債務なのだというものでした*10。
ただ、先ほど、「中抜き」というお話がありましたけれども、取引所というのはやっぱりマッチングをしているんじゃないでしょうか。監督法はそういう位置づけではなかったでしょうか。私法上の法律構成はシステム提供ですが、一方で監督法上はマッチング、つまり、売りと買いを仲介しているといっていて、ズレがあるんじゃないか、というのが少し気になっていたのですが。
大崎：そうですね、市場の開設という言葉が使われているので、市場って、結局、そういう売買が成立する場のことを言っている訳で、システムの提供というよりは、そういう売買ができる場を提供しているってことなんでしょうね。
角田：契約が成立できるように尽力しているのだから、やっていることは媒介だということを足掛かりに、個別の注文を適正に処理する債務を取引所は負っていた——だとすれば、誤発注をキャンセルする注文を適正に処理する債務を取引所は負っていたはずだ、とみずほ証券側は主張したようですが、裁判所はそうは言わなかったんです。ただ、そうなると、監督法上の法律構成と、私法上の法律構成がズレていることになる。
しかも、私法上はシステム提供契約ですという話になっていった場合、システム障害があったりしても、いざ、その責任を問おうとしたら、いやいや、システム提供契約の債務というのはシステムを提供することです、システムのバグを100%なくすのは無理ですね、その旨はきちんと説明していましたというのと、ある程度信頼できる開発業者に頼んで作ったんだから、もう私やるべきことはやっていますという話になってしまい、裁判で何が問題だったのかを争いにくくなるんじゃないかなって、その辺が気になっているんですが。

大崎：私は一方で、誤発注とか異常な注文行動の責任は、やはり注文を出した人にある程度負わせるべきじゃないかという気がするんです。取引所が注文の正常な成立に尽力する義務があるということを強調しすぎると、取引所に必要以上にリスクを負わせることになってしまうのではないかという気がするんです。正常に入ってきたものを正常に処理する仕組みを提供していますということ以上をあまり言いすぎるのはかえってよくないのかなと思ったりするんですが。

角田：なるほど。ただ、市場間競争という話がありましたけれども、ある意味では、アルゴリズムを用いて発注する人も、バグ・フリーでない可能性はありますので、

バグのリスクを背負う市場と背負わなくていい市場がもしあれば、それはやっぱり競争という意味ではちょっと不利になるのではないでしょうか。

大崎：それはそうです。だから、自分で法律が求める以上のアディショナルな責任の引受けをしますという市場が出てきて、うちだと、それこそ誤発注が起きようが何が起きようが、その全部に保険が付いています、みたいなマーケットが出てきたら、それは人気を呼ぶと思います。

角田：そうですね。ただ、ちょっと、みずほ証券の事件が外国で起こったらどうなるんだろうかということについて、ドイツの研究者と共同研究*11をしておりまして。日本の裁判所は、東証は故意または重過失がない限り免責できるという条項を、適切なシステムを提供するという取引所が負っている基本的な債務についても、その免責条項が適用可能だと言ったのですが、ドイツだとそれはたぶん通らないんじゃないか、と。ただ、損害賠償の範囲として、誤発注処理がうまくいかないシステムだった

ことによって直接生じた損害に限定することだったら、たぶん効力は維持できるだろうけれども、過失があっても重過失を被害者が立証しない限り全く責任を負わないというのは無理なんじゃないかという話がありまして。実際に同種の事件がドイツで起こって裁判で争われて本当にそうなるかはわかりませんけれど。

ただ、基本的には発注する側の責任でやるべきだという話と、やっぱり安心してうちで取引してください、という法環境を踏まえた市場間競争という視点と言いますか、裁判でいざ争ったときに免責条項というものがどうなるか、とか、その辺をもうちょっと深掘りしてみる価値があるのかなと思っていたのですが。

大崎：国際比較は私も全然やったことがないので、おもしろいんじゃないですかね。同じことが、ドイツで起きたら、フランスで起きたら、どういう解決になるのかはわからないですからね。それは、おもしろい問題です。

私自身は、あの事案の解決はともかくとして、その後、そもそもそういうことで損害が発生しないように、注文の不成立ということを認めようという方向に話が進んだのは良かったと思っているんです。現象としては変なことが起こるかもしれないけれど、そういう場合は注文がなかったことになれば、別に損害も発生しないので。

角田：あれは、みずほ証券の誤発注で、おかしな値段で、処理がうまくできなくって、結局、みずほ証券が逆に、反対売買で買い取ったんでしたっけ。

大崎：というか、要するに、1円で売るというのを出しちゃったんで、みんなが1円で買っちゃったんです。

角田：そうですよね。大儲けした個人トレーダーとか、機関投資家とかがいて、証券会社とかも結構大儲けして、それを無効化するルールがなかったから、何か自主的に返納したんでしたっけ。

大崎：一部のところは自主的に返納したということはありましたけれど、でも、基本的には、当時はいったん成立した約定を解消するという規則がなかったので、今はそれを作った訳ですが。*12 そこは、大きな変化だと思いますがね。

いでしょうか。

「機械反応」に対する法学のアプローチ

角田：すみません、話を戻してしまうのですが、よろしいでしょうか。先ほどの「機械反応」を法的にどう捉えるのかという問いを立ててみたとして、ちょっとここで、法学のアプローチを振り返ってみますと、まずは刑事法で昭和の時代に、機械反応を人の営みと同じように捉えることは「ない」と言ってしまっています。電子計算機使用詐欺罪（刑法246条の2）を新設したのがそれです。つまり、詐欺は「人を欺いて財物を交付させ」ることを言うのですが、「機械は錯誤に陥らない」ので「欺く」とは言えない。だから、「機械反応」に「意思」とか「行為」を認めるのではなく、「電子計算機に虚偽の情報や不正な指令を与えて……不実・虚偽の電磁的記録を人の事務処理の用に供」したという特別な犯罪行為として規定した、と。ただ、これも、法律構成（詐欺罪）という面では、新たな法律を作るという別途手当をすることで揃えた、と言えるかと思います。

他方、民事法では、2003年に預金の不正な払戻しの法的な効力が争われた事案で、窓口において人が印鑑照合などを行ってした払戻しではなく、ATMという機械でなされた不正な払戻しについても、窓口対応と同じく「準占有者への弁済」の問題として処理した最高裁判決があります*13。この判決は、人の営みと機械反応との違いを踏まえ、「機械反応」を実現させる金融機関の営みに着目した「システム提供責任」へと組み換えはしています。あまり意識はされていないように思いますが、実は、この判決のポイントとして、人・機械とで法律構成は揃えた点も重要なのではないかと考えています。

そう考えるようになった理由のひとつに、特殊な電子商取引で未成年者が年齢詐称した場合に、未成年者取消権がなくなるかという問題があります。ここにも「機械は錯誤に陥らない」という刑事法の議論を持ち出せる、そうすれば、未成年者は取消権を失わないではないか、という主張があるのです。確かに、そう考えれば、当面の消費者保護にはなるかもしれないのですが……やはり、民法で取消権を行使できないとの規定が置かれた理由を確認しないと、立法の基礎にあるリスク配分を歪めるような気がして……個人的には、この問題も、ＡＴＭと同じように、原則としては法律構成は揃える方向で考えるべきではないかと考えていたところです。

そういう見方からすると、みずほ証券の判決は大変気になるのです。つまり、立会人がいた時代であれば、取引参加者契約で負っていた取引所の債務の内容は、取引所内で立会人が行っている注文の付け合わせ行為をおそらく履行補助者と構成し、契約成立に尽力するという媒介行為である、と解釈された可能性があったのではないでしょうか。これが人から機械（電子取引システム）になったときに、媒介ではなく「システム提供」債務であると裁判所は言ったのではないか、と。裁判所は、傍論ではありますが、確か取引成立は「機械反応」によるものなので、そこに取引所の独自の「行為」を認める余地はないとも言っていたかと思います。つまり、みずほ証券の判決は、人の行為が機械に代替されると法律構成がズレることを肯定したと言っていいのではないか、と。そういたしますと、ＡＴＭの最高裁ルールとの関係も気になるところです。

先生がおっしゃる、金融における人間の営みの機械代替は、取引の執行などの一部から、徐々に、意思決定段階からそのすべてを機械処理が担うようになってきたという流れからすると、法律構成の置き換えが起きるのはおそらく望ましくないのかな、などもちょっと、気になったのですが、いかがでしょうか。

大崎：私は、みずほ判決、特に高裁判決を必ずしも精読していないので、勘違いがあるかもしれませんが、確かみずほ側が、東証は取消し注文をきちんと成立させ、場合によっては売買を停止する義務を負っていたと主張したのに対し、裁判所は、東証はちゃんとしたシステムを提供する義務を負っていたが取消しができないという不備のあるシステムを提供したという点で債務不履行に当たると言ったと理解しております。*14

東証が手作業で売買約定を成立させていた時代でも、

債務の内容はおそらく同じで、ルールに則って手順を進行させるということで、その過程で瑕疵があり、取引参加者に損害が生じれば、おそらく賠償義務はあったのでしょうが、かといって取引参加者が取り消したいといった注文を完全に取り消すという債務を負っていたとまでは言い切れない、というような話かと思います。その意味では、私は契約上の債務がシステム提供債務になったというか、従来の契約上の債務をシステム的に履行し得るようなシステムを提供する債務を負っているという理解なのではないかと思っております。そのように考えれば、相手が機械だ、人間だというだけで議論が大きく変わることはなく、立法の基礎にあるリスク配分を歪めるという懸念は小さくなるのではないかと思います。

角田：なるほど。そう整理されておられるのですね。

あと、先ほどの相場操縦のアルゴリズムの話は刑事法の問題ですので、罪刑法定主義の縛りがあるので解釈も厳格さが要求されますよね。つまり、犯罪として処罰されることは、予め立法府が制定する法令において、こういう行為を行えば犯罪になり、どのような刑罰が科せられるかも含めて明らかにしておかないといけない。そして、刑罰は国民の権利を制限するものですから、刑罰規定はむやみに広く解釈する訳にはいかない、と。ただ、刑事法の世界で、電子計算機使用詐欺罪のときのような昭和の議論を維持すべきかがまさに問われているのかなと思ったのですが。

大崎：そうですね。この問題は、まさに罪刑法定主義との兼ね合いがあるところでして、それもあって証券取引等監視委員会は、アルゴ案件を刑事告発でなく課徴金で処理しているのではないかなどという悪口を聞くことすらあります。

ロボアドバイザーの法律問題を考える

角田：そういう取引所の電子化の話とは別に、ロボアドバイザーのように、システムが最適なものを提案してくれて、場合によっては自動的にやってくれる場合もあるということでした。

大崎：やる場合もあります。で、損をする場合もありますよね。これは、今のところ、故意に損をさせた場合は問題が大いにあり得るんですけれども、投資一任契約、この資産をこういう条件のもとで運用してくださいという契約を結んだ場合であれば、損失が発生しても賠償するという議論は今のところないですよね。

株価指数が義務違反のベンチマークに?!

角田：私、2015年だったかな、金融法学会で、投資信託の販売・勧誘上の私法上の問題というのを報告したんですけれど、金融機関の方から考えたこともない質問を受けちゃって、答えに窮したという経緯があって。どういう質問だったかというと、ファンド・ラップ――つまり、ロボアドバイザーの投資一任型と言われているものですが、顧客のリスク許容度や投資目的に合わせて様々なタイプの投資信託を組み合わせて運用をしてくれるサービスが、先ほどの大衆化という話じゃないですけど、ずいぶん低額化してきています。そこでは投資一任契約が結ばれている訳ですが、たとえば、TOPIX（東証株価指数）をベンチマークとして義務違反があったとして損害賠償を負いなさい、といった話にはならないでしょうかという質問を受けたんですね。*15

大崎：それは、ならないんじゃないでしょうかね。あくまでもベンチマークを目標にしながら運用します、ということは約束しているし、ですから、故意に顧客に損害を与える目的で売買をしたということが立証されれば別ですけども……。

角田：あたかも偏差値50レベルが、そのTOPIXであるかのような……。

大崎：それは、もともとベンチマークをどう設定するかの話ですが、でもいずれにしても、ベンチマークを設定しました、で、ベンチマークに対して負けました、と。実際、残念ながらそういう商品もあるんですが、それで損害を賠償しろという話は、今のところないですよね。

角田：できの悪いシステムを提供したではないか、という……。

大崎：それは、損失の発生はあり得ますと事前に説明している、逆に事前の損失補償の約束はそもそも法的に禁じられているので、ということなんでしょう。

角田：私もそうなんだろうなあと思ったのですが。

大崎：ただ今後ですね、先ほどの大衆化って話が出てくると、たとえば、ロボアドバイザーでいろいろな質問に答えて結果が出てきて、その資産配分や商品選択に従ったら3割損しちゃった、4割損しちゃったっていう人が、こんなはずじゃなかったって文句を言う可能性は十分ありますね。今までだと、人間が勧誘した場合は、適合性や説明義務の問題として処理されてきました。投資一任契約で損をしたという場合も、投資一任契約が適合的でなかったとか、リスクについての説明が十分でなかったというようなことを主張することになるのでしょうね。

角田：適合性原則違反の典型例は、過度にハイリスクな商品であるとか、顧客が財産的に耐えられないようなリスクを負わせたケースですが、その少額からでもご利用可能という話になってしまいますと、過大なリスクだという主張はなかなか厳しいかなという気がするんです。

大崎：ただ、文句を言う人は出てきますよね。

角田：そうですね。

大崎：実は、以前、消費者問題の専門家と話をしていたときに、投資信託というのは、お金を増やす、あるいは資産を維持するということを目的で買っているわけで、それにもかかわらず損をするというのは、いわば、テレビの受像器が発火したみたいな話じゃないのか、と、製造物責任[*16]だろうと言われたことがあります。もちろん、法的な議論としては、それは全然相手にされない議論ですが、ある種、感情的には理解できないこともない。さっき私も申しましたように、投資をする人みんなが本当に望んでいることは、損せずにお金をたくさん増やすことなんです。それなのに損失が発生する金融商品は、購入した目的に合致していないので、欠陥品だという主張はあり得ると言えば、あり得るんではないか、と。

工藤：しかし、全員が儲けるってことは、理論的に不可能ですよね。そうすると、上の議論も、馬券は全員が儲かることはないですが、みんな儲けたいと思って買うのだから欠陥品だ、と言っているのとほとんど同じことになってしまいます。

角田：金融業界の人にはあんまり言いたくないですね、馬券と一緒では……。

大崎：論理的に不可能なことは要求できない、というふうに言うんですかね。テレビは、きちんと検査すれば、1台たりとも火をふかない製品にできたはずだ。ところが、投資信託というものは、モノの本性として損失を生じさせる可能性はある。だから、そのことを説明していなかったときは問題になるけど、ちゃんと説明していれば問題ないと。やっぱり、そうでしょうね。

工藤：そして、本質的に損失を生じさせることはあっても、その中で、出来のいいシステムが生き残っていくということではないでしょうか。この手のものはだいたいそうだと思いますが、最初は犠牲になる人が必要ですけど、やっているうちに実績が溜まっていって、うちのは信頼できますから使ってくださいと積極的にアピールできるようになって、最終的に出来のいいところに人が集まってきます。損をさせたら欠陥品ではなくて、こういう市場原理で残ったものが出来のいいシステムだというのが自然な流れなのかなと思います。

「販売実績は実力を語る」──ウソかホントか？

大崎：全くその通りだと思いつつ、ただですね、それにすごい問題があるなと思ってもいます。私がさっき申し上げた過去のものに結局基づいているという話で、実際にですね、たとえば、投資信託の販売用資料というものを見ますと、このデータはすべて過去のデータであって将来の収益を保証するものではありません、というふうにちゃんと書いてはあるんです。だから、たとえば、去年一番でしたっていうロボアドバイザーのサービスに今年入ると同じように儲かるかっていうと、なんとも言えないんですよね。ところが勧誘される側はそこの区別がつかない、という問題をどうするかです。もしかしたら、本当に優秀なプログラムであった結果、儲かっていたのかもしれないし、たまたまその年だけ儲かっていたのかもしれない。それは、わからないですよね。少なくとも、勧誘される側は、区別がつかない、と。これはどうしたらいいのかな、って思うんですよね。

工藤：そうですよね。それに、顧客の数が少ない間は結構いい成績をあげるけれども、評判を聞いてたくさんの人がそのシステムを使うようになると、うまくいかなくなるというケースだって、結構あり得る話ですよね。

大崎：実際に、ロボアドバイザーではないですが、投資信託であった話です。みんながあまり注目していない銘柄を発掘してきて組み入れていくことで高いリターンをあげていた投資信託があったんですね。ところが、非常に人気が出てきたものですから、運用額を一挙に引き上げた。そうしたらかえってパフォーマンスが落ちちゃったんです。みんなが注目していない銘柄というのは金額規模も小さい訳なんですね。ただ、リターンというのはあくまで比率だから高かった。ところが、あまりに多くの金額を集めちゃうとどうしても一般的な大型銘柄を買わざるを得なくなって、それまでと同じリターンが得られない、と。

つまり、同じ品質のものを大量に生産できないということになりますね。そう考えると難しい問題です。ふつうの物ですと、同じ性能のものの量、数を、コストはもちろんかかるんでしょうけれど、増やせます。金融の場合は、増やすと性能が下がってしまう可能性があるんですね。もちろん、増やすことによって効率が向上して性能が上がる場合もあるのでしょうけど。

工藤：そういう意味では、コンピュータ相手は決め手が少ないかもしれないですね。人対人でやっているときは、この人信用できるとか、そういうことがお客さんにとって重要な決め手だったりした訳です。それだってあてになるかどうかはわからないけれど、凄腕営業マンが信用でお客さんを集めるということはあったと思います。

角田：人を信用する人ももちろんいると思うし、むしろ多くの人はそうだと思うんですけど、相手が機械となった場合は……。

工藤：人だと話をすれば何となく人柄がわかるから、お客さんにとってみると、自分でいろいろ考えてこの人を信頼できると思ったという、主観的ではあってもある種の決め手が個人の中にできる訳です。一方で、人よりも機械の方が信用できると思っている人でも、ロボアドバイザーAとロボアドバイザーBのどちらが信用できるかを判断しようとすると、プログラムなどは当然公開していないし、実績のデータも会社側が見せてくるデータ位しかなかったとしたら、確信を持って選ぶのは難しいですよね。そうすると比較しようがないロボアドバイザーがずらりと並んでいる状況の中で、どれにまかせるかを決めることになって、対人のときに比べて、やはりだいぶ難しくなると思います。

大崎：特に、ロボアドバイザーのときに難しいのは、さっきちょっと言いましたけど、そもそもリスク選好というか、どの位のリスクをとりたいかというのを質問で把握するっていうのが基本的な形です。これも、精度というか、確からしさがやはり、ものによって相当違うんじゃないかな、と私は思っていまして。

そうすると、たとえば、結果的にものすごい損をしちゃいました、というのでも、提供している側から言えば、いや、あなたがうんとリスクをとりたいと最初に答えているから、たまたま悪い方へ振れちゃった、別に、性能が悪い訳じゃないんですと主張するかもしれませんよね。だから、ここはさらに難しい問題があるんじゃないかなと思っていまして……。

利益相反で訴えるのが難しくなる？

角田：ちょっと別の観点になるんですけれども、人から機械になったことで変わるかなと思っている点として、人が投資勧誘なりをしているときには、実はこの勧誘がうまくいって取引成立したらこんなに手数料をとるんでしょう、とか、そういう利益相反の問題があると思うんですけれど、機械の場合には、利益相反という主張は立てにくくなりませんか。

大崎：いや、そんなことはないんじゃないですか。だって、結局、機械自身がお金をもらう訳じゃないけれど、当然、手数料収入は会社に入るので、会社が、回転売買プログラムなどを作ったり（今のところないと思うのですが）、関連会社の投資信託だけをたくさん買うようなプログラムに最初からなっていたりしたら、やっぱり利益相反の主張はあり得ますよね。

角田：ただ、どういうアルゴリズムを組んでいたか、とかいうことまで分け入って主張していかないといけない訳ですよね。

大崎：確かに訴えるという観点になると、なかなか難しい問題として、証拠開示をどうするかって話は必ず出てきますよね。人の場合だと、より推測しやすいのは確かだと思います。

角田：それから、人と機械で何が違うかといったときに、だいぶ古い話を持ち出すようで恐縮ですけれど、その昔、サラ金業者が対面をやめて自動機械を導入したとき、利用者の心理的プレッシャーを下げたっていう話があったと思います。人から機械になったことによってお手軽になるという面もあると思うんですが、すごい統計処理、ビッグデータを使って、あなたに最適なポートフォリオをご提案しますというと、公平中立とか、そういうイメージを持ちやすくなるような気がしていまして。

大崎：それはなりますよね。実際、ロボアドバイザーはそれで人気が出てるんだと思うんですよ。今までだと、これがおすすめですよって言われても、結局裏に何かあるんだろう、きっとこの担当者が儲かるだけなんだろうみたいに聞いていた人が、ロボアドバイザーがあなたの答えをきちんと分析して結果を出しましたというと、客観的、中立的だと思ってしまう。

角田：そうなると、利益相反とかという主張は、ますます遠のいていくような気がするんです。

大崎：結局、それは実際に、どういう仕掛けになっているかということじゃないですかね。たとえば、ロボアドバイザーが、実は、全部、関連会社の投資信託10本の中から選んでいた。その関連会社の投資信託10本は、いずれも市場平均よりもリターンが非常に低かった。しかも、信託報酬が販売証券会社にたくさん入るような設計になっていた。こうなったら、それはそもそも仕掛けとしておかしいだろうというような、主張はできそうですよね。

角田：それこそ、先ほどの欠陥商品ですね。明らかな欠陥があったという話になります。

大崎：はい、明らかな利益相反と言えるでしょうね。

角田：でも、証明するのは難しくなりませんか。

大崎：どうなんでしょう。そこは、どういう情報を開示させるかということじゃないでしょうか。今のところのロボアドバイザーの設計ですと、たとえば、投資一任などになっていても、全く無制限というのはないと思うので、たとえばファンド・ラップ的なものであれば、どのファンドが選択の対象になるかというのは開示してないといけないですよね。それぞれのファンドの手数料がどうなっているのかも、全部調べればわかることです。いざ、本当に紛争になったら、そんなに実は難しくないかもしれません。

少なくとも、ロボットがやったんだから会社に責任がない、という主張は通らないでしょうね。そのロボットをどういうふうに設定したかは、あるいは、ロボットが提供するサービスをどういう範囲で設定したかは、当然会社が判断している訳ですからね。

工藤：そういうことをするときに、結果を見て、明らかに偏ったことをやっているから、それはまずいだろうというのは言えるとしても、プラグラム自体がどう組まれているからどうだということは議論するのが難しいのではないでしょうか。

大崎：ロボアドバイザーの場合、さっきの組み込まれている商品自体がおかしいという議論はより簡単にできると思うんですけれど、最初のところの、たとえば、リスク選好を判定するプログラムがそもそもおかしいんじゃないかっていうのは、これは投資家側からは非常に言いにくいというか、まさに立証する材料がないですよね。

何となくそんな気がする、という位しか言えない訳です。逆におかしくない、つまり正しいプログラムというものがそもそも考えられるのかという問題もあります。世の中にはいろいろなロボアドバイザーが出ていますが、他のでやってみたら全然違う組み合わせが推奨されるということは実際によくあるんです。いくつかモデル・ポートフォリオみたいなものが出てくるんですけれど、一致はしないんですよ。まあ、一致する方が不思議とも言えるんですけどね。質問も設定の仕方が当然会社によって違いますから。でも、一致しないばかりか結構乖離があるという指摘もあって、そこは確かに問題といえば問題ですが、ただ、唯一の正しい推奨があると考えるのもおかしいですしね。

プログラムを糾弾する可能性は?

工藤：プログラムがどういうふうに組まれているのかは、会社の中でも相当なトップ・シークレットですよね。それを、裁判などで公開しなさい、説明しろと、そもそも言えるものなのか。その辺りはどうなんでしょうか。たとえば裁判所が出せと言ったら……。

角田：みずほ証券の裁判では、ソース・コードが出たようですが。

大崎：それは要するに、プログラム自体がおかしかったということを立証したい、それで協力しなさいという話だったんじゃないですかね。

工藤：たとえば会社側が、我々のプログラムにはバグはないけれど、プログラム自体はトップ・シークレットだから開示して証明することはできないと言ったときにはどうなるのでしょう。プログラムを検証する必要があるので、とにかくプログラムを出せということはできるものなんですか。

角田：それは、裁判で必要性みたいなことを言えば……。でも、なかなか……。

大崎：それは結局、裁判官がこれはバグによる可能性がかなり高いな、という心証を持つかどうかですよね。

角田：一般的には、なかなかそこまで出してはくれない情報ですよね。……自動運転で事故が起こったら、それこそ、なぜなのかっていう原因の究明というのは、第三者機関を作るっていう話も聞きますが。

工藤：金融の問題ってどういう裁判になるのかよく知らないんですが、たとえば、人がアドバイスをして、それが良くなかったとか良かったとかの議論になったときには、その人を呼んできて、どういう考え方だったんだと問いただすことが、割と簡単にできると思うんです。だけど、それを判断したのがプログラムだったときに、プログラムの中で何をやっていたのかを開示しなさいというのは、人ひとりを呼んできてその人にいろいろしゃべらせるのとは、だいぶ違うと思うんですよ。

角田：なるほど。裏にいる開発者を呼んで来ないと……。でも開発者を呼んできてもわからないかもしれないですよね。そうすると、結局、立証不能ということで、勝てませんということになりかねない。そこでは争わない方向で、それこそ、あげられている商品が明らかにおかしいじゃないかっていう話になるんでしょうね。

大崎：特に、投資アドバイスがおかしかったので損害が出たという場合は、一番、主張しやすいのは、やっぱり適合性なんでしょうね。そこまでの複雑な、そもそもその人がいいか悪いかを判断できないような商品を、提供したのが問題だ、みたいな感じになるんでしょうか。それに対して投資一任契約を結んでいる場合は、結構、難しい問題ですね。

角田：おまかせなので。「買いませんか」と勧められて「買います」という判断を普通は適合性で問題にするのですが、その「買います」という判断もおまかせなんですよね、自動化されて……。

大崎：それで、おまかせすること自体が適合的かという議論をすると、かなり判断力の低い人も一任契約を結ぶこと自体については適合的だということになってしまうので……。

角田：一任契約を結ぶまでのステップ――学会でロボアドバイザーのプレゼンテーションがありましたが、顧客のことを根掘り葉掘り聞き出す感じでもないですよね。

大崎：そうですよ。性別、年齢、年収どれ位ですか、とかに答えていって、これが答えですって出るんですね。

角田：だから、ちょっと大丈夫なんだろうかって気がしたんです。でも確かにおっしゃる通り、裁判で証人呼んで来いって言っても難しいですし……。

大崎：でもたぶん、訴えたい方は、こんな簡単な質問に答えたのに、こんなに損が出るような運用になったのは、そこの質問の答えからはそんなに高いリスクをとりたくないっていうのが向こうに伝わっていたはずなのに、それが伝わってないのでこんな運用になった訳で、やはりシステムに問題があるということを言っていくしかないんでしょうね。

角田：逆に言うと、その問題に集約されていっちゃいそうですね。

大崎：まあ、ロボでもめる場合はですね。

法規制のお国柄？

工藤：ロボアドバイザーとかFinTechとか、高速取引みたいなものも含めてもいいですが、日本と外国というか、国によっていろいろお国柄が違ったりするんですか。というのは、以前の鼎談で、個人情報保護などの話をしたときに、アメリカとヨーロッパでは真逆といっていいような考え方をしていたり、日本は日本でまた違ったりしていたのですが、金融の世界ではどうなのでしょうか。

大崎：アメリカが、半歩か一歩先を行っているという傾向が強いですね。広い意味のITというのは、アメリカが発信地なんですね。だから、FinTechと呼ばれるものも日本でもいろいろやっている人が最近増えていますけれども、だいたいはアメリカで試みられたことの応用編みたいなものなんです。ヨーロッパの状況はあまりよくわからないのですが、日本と似たような感じかなというイメージは持っています。オリジナルなものがどんどん出てくるというよりは、アメリカの真似に近いようなものを入れているのかな。高速取引などもアメリカがまずスタート、震源地で、それがヨーロッパや日本に波及したって感じです。ですから、有力な業者もアメリカ系が多い。対応という意味では、あんまり国による差はないような気が……、みんな新しいものをできるだけ取り込んで、活かしていきたいっていう感じでしょう。

工藤：まだまだ、規制という方向にはなっていない。

大崎：まだ、意外にないです。若干、たとえば、日本だと極端な意見としては、高速取引など禁止してもいいんじゃないか、とまで言う人もいたりしますが、そのときに出てくる意見は、禁止すると結局そういうものが全部日本からなくなってよそに移り、日本の市場の機能が低下するのではという反論ですね。国際競争なんだからやっぱりちゃんとやらなきゃいかんと、そういう反論が強いですね。金融取引は、簡単に移動してしまいますんで。

角田：ただ、その取引所に関して言いますと、アメリカと日本は、全然その様相が違うんじゃないでしょうか。

大崎：はい。競争状況は全然違います。日本は、事実上株式ですと、東京証券取引所の市場にほぼ１００％集中しています。

角田：ほぼ１００％なんですか。

大崎：ほぼ。少なくとも90％位は集中していますので。アメリカはそういうことはありません。ニューヨーク証券取引所でも20％位とかですので。

角田：それは何でなんでしょうか。

大崎：それは、なかなか複雑なんですけれども、制度の前提が全然違うというのがありまして、日本は今のところ、あんまり市場間の競争が活発になっていないですね。

角田：システム間競争が日本ではうまくいっていないという議論になるんですか。

大崎：そこは、いろいろな意見があります。アメリカは逆に行きすぎだという意見もあってですね、そんな複雑になって、その複雑なところを利用して高速取引を頻繁にやって小銭を儲けているみたいな状態は決して健全ではないんじゃないか、という意見も強いので、別に日本がまずい訳じゃないんだ、と言う人もいます。一方で、さすがに90％じゃなくて、もうちょっと競争があってもいいんじゃないか、という意見もあるんですね。なかなかここは難しいところで、結局どちらがいいのかっていうのは、ファイナンス理論の人たちがいろいろな分析をやっています。つまり市場の効率性というのがどのぐらいなのか、高いのか低いのか、あるいは、上がっているのか下がっているのかという分析ですね。これもなかなか、一致した結論というのは出ないんですが……。

工藤：現状、結論が出ていないっていうことなんですね。

大崎：まあ、何となく日本の市場は、若干、スプレッドが広い、という言い方をしますが、要するに、売り買いがうまくマッチしない傾向があるという指摘はあります。それが競争で改善するのかどうかは、それにはいろいろな意見がある訳です。

FinTechが何をもたらすか
――展望

角田：FinTechの影響が、今後どうなって行きそうか、というのはありますか。

大崎：ええ、これもいろいろな意見がありまして、金融機関のあり方を根底から変えるというようなことを言う人もあります。その場合は、従来の銀行や証券会社がいわばとって代わられるみたいな意見をいう人もいます。が、私個人は、そこまでものすごい変化ではないんじゃないのかなという気がしています。

もちろん従来の銀行や証券会社の機能に完全にとって替わることを目指しているFinTechもあると思うのですけども、たとえば、ブロックチェーン技術を使えば、取引所というのは要らなくなりますとか、あるいはソーシャルレンディングでは、銀行を介さなくても貸し借りができるということですから、たぶん銀行が要らなくなりますという主張になるんだと思うんですけれども、一方で、今までの金融機関が付加的に提供するサービスを作っているだけっていう、「だけ」という言い方はちょっとよくないのかもしれないですけれど、そういう感じのものもあるのです。ロボアドバイザーなんかはそうですよね。別に従来の銀行や証券会社と対立する訳ではなくて、銀行や証券会社がその機能を自社のサービスとして提供しても全然構わないので。

とはいえ、現金を郵便で送るとかというやり方を別にすれば、基本的には銀行口座を通じてしかお金のやりとりができないというのが伝統的な仕組みなんですけれど、電子マネーが出てきて、それから仮想通貨が出てきて、銀行口座を介さずに、価値の移転ができるようになったということ、これは確かに画期的です。しかし、それが、100%銀行にとって代わるかどうかです。そこまでのインパクトがあるのかどうかですね。銀行の送金システムというか、口座間のネットワークというのは巨大なレガシーですから、これはこれで便利なので、そう簡単に全部置き換わるのかなあ、というふうに思います。

信頼性とか、今のところFinTechのサービスで行う個人間の送金でお金がなくなっちゃったという話は聞かないので、まあ、そっちの方がいいんだと言っている人もいます。一方でたとえば、仮想通貨ビットコインの取引所マウントゴックス（MT.GOX）の経営破綻、あれは詐欺事件だと思うんですけれど、あんな事件があったりすると、果たして仮想通貨は安全か、みたいな話も出てきますよね。だから、全部とって代わるという話にはならないような気がするんですけれど。

角田：金融業の担い手の変化というのは、やっぱり大きいですか。

大崎：それは非常に大きいです。かつ、金融業に必要とされる能力とか、資質みたいなものが大きく変わってきていると思っています。と言うのは……、こんなこと言うと怒られてしまうかもしれないんですが、伝統的には特に日本がそうなんですけど、銀行や証券会社はですね、ITとかシステム開発とかということを軽視していたんです。業務の効率化のための必要なコストではあるけれども、ビジネスの根本を変えるとか、儲けの手段だとかは思っていなかった。ところが、それが高度になると、新しい収益機会があるんだ、単にコストが下がるだけじゃないんだっていう話になってくると、だいぶ位置づけが変わってきますよね。

角田：口座間の送金手数料という意味でも、ゆうちょ銀行に振り込む手数料をコンビニ系の銀行は無料にしますとか、そういうサービスも出てきているので、やっぱり、担い手が変わることによって、従来型のサービスにかかる手数料なるものの概念も変わってくるんでしょうね。

大崎：変わってきましたし、それに当然競争が起きるので、手数料を下げるとか、もっとコスト効率を上げるとか、いろいろな努力が、旧来型と言われる人たちにも必要になってきます。それは、結局、消費者にとってはいいことなので、いいのではと思っているんですけれども。

角田：でも、その金融業界を担ってきた人たちにとっては、やはり、大きな変革の風ということですよね。

大崎：それはそうです。はい。

角田：そういう新しい努力をしましょう、みたいな、消費者にとってもっとフレンドリーになっていきましょうということ以外に、変化というのはあるんでしょうか。

大崎：ちょっと予想がつかないのが、金融システム全体にどういうインパクトが及ぶかということですね。すでに日銀などは意識していると思うんですけれど、たとえば、電子マネーが非常に普及して、特に日本は実は普及率は高いんですけれど、ポイントの還元とかということが普及したので、果たして個人の購買力が、日銀が把握している意味での、マネーの量と一致しているのかという問題が出てきています。日銀の知っている通貨量というものと買えるものの価値が、昔は当然一致していたはずなんですけれど、ズレが出てくる可能性が出てきているんです。まだ、全体を揺るがすほどのことではないのでしょうが。さらに、仮想通貨をバックにしたポイントとかまで出てくると、中央銀行が把握できない世界で、経済活動が行われるということになってきます。

(2016年10月28日収録)

＊1　大崎貞和「インターネットが変える証券市場」財界観測61巻9号（1996年）58～101頁。
＊2　東京証券取引所では、2010年に導入された株式売買システム「arrowhead」が2015年9月24日にリニューアルされ、注文応答時間が1.0ミリ秒から500マイクロ秒未満になっている。http://www.jpx.co.jp/corporate/news-releases/0060/20150924-01.html
＊3　たとえば、スコット・パタースン（永野直美訳）『ウォール街のアルゴリズム戦争』（日経BP社・2015年）参照。
＊4　わが国の状況につき、「ロボアドと資産運用ビジネス―FPの代替に、目標別のポート管理も」ファンド情報237号（2017年）2頁以下。
＊5　大崎貞和『インターネット・ファイナンス―ウォール街は消えるか』（日本経済新聞社・1997年）参照。
＊6　大崎貞和「証券取引システムの現状と展望」証券アナリストジャーナル39巻2号（2001年）23～31頁、31頁。
＊7　ナシーム・ニコラス・タレブ著（望月衛訳）『ブラック・スワン（上・下）―不確実性とリスクの本質』（ダイヤモンド社・2009年）。
＊8　たとえば、アルゴリズム取引を通じて長期国債先物市場でいわゆる見せ玉（約定させる意思のない発注を行って他人を取引に誘引する行為）を行った個人に対して課徴金納付命令が出されたといった事例（平成26年11月6日課徴金納付命令決定）がある。
＊9　吉川真裕「ナイト・キャピタルのシステム・トラブル―SECの文書に基づく実態」証券経済研究85号（2014年）67頁以下。
＊10　東京高判平成25年7月24日判例タイムズ1394号93頁。判決では、取引所は電子取引システムを提供しているとしたうえで、その内容として、適切に機能する電子取引システムを提供する債務に加え（狭義のシステム提供義務）、システム障害があった場合に電子システム外で注文処理等を行うなどのフェールセーフ措置を講じる債務も含まれるが（広義のシステム提供義務）、後者の具体化には取引所の裁量が広く働くとした。結論として、みずほ証券の入力した取消注文を適切に処理できなかったことは狭義のシステム提供義務違反があったが、重過失がない限り免責される旨の免責条項により債務不履行責任は否定した。もっとも、取引所が異常な価格で異常な量の売り注文が処理されていっているのに取引停止権限を行使しなかったのは、著しい義務懈怠というべきであったとして不法行為に基づく損害賠償責任を負うとした（誤発注を出したみずほ証券側にも過失があったとして3割の過失相殺を認め、東証に約107億円の賠償を命じた）。
＊11　Harald Baum, Mihoko Sumida und Andreas Fleckner, "Haftung für Pflichtverletzung von Börsen — Deutschland und Japan im Vergleich", Rabels Zeitschrift, 2018, Heft 3.
＊12　みずほ証券ジェイコム株式誤発注事件を教訓として、日本証券業協会での検討を経てルール（約定取消しルール）が制定され、東京証券取引所では2007年9月30日より実施されている。http://www.jpx.co.jp/equities/trading/cancel/01.html
＊13　最判平成15年4月8日民集57巻4号337頁。銀行預金の通帳をダッシュボードに入れていたところ、自動車が盗まれ、通帳の紛失に気がついたときには何者かに預金のほぼ全額が不正に引き出されていた事件。キャッシュカードの暗証番号を所有自動車の車両番号に設定していたために暗証番号が簡単に破られた事案であるが、銀行は通帳を用いてATMで預金の払戻しが受けられる旨を預金者に明示していなかった点で「通帳機械払いのシステムについて無権限者による払戻しを排除し得るよう注意義務を尽くしていたということができ」ないとした。教材として、角田美穂子「判例学習・5つの処方箋・2法的分析・展開術―通帳機械払いに関する最高裁判決を素材に」法学セミナー614号（2006年）23～28頁。
＊14　大崎貞和「みずほ証券誤発注訴訟東京地裁判決について」内外資本市場動向メモ（No.09-22）2009年12月8日号参照。
＊15　神作裕之・山田誠一・佐久間毅・角田美穂子「シンポジウムⅡ 投資信託をめぐる法的諸問題」金融法研究32号（2016年）99頁。
＊16　製造物に欠陥があり、その欠陥によって損害を被った者は、その製造業者等に被った損害の賠償を請求できる。製造物責任法（平成6年法律第85号、平成7年7月1日施行）という特別立法により、製造業者に「故意又は過失があった」ことを問題とする代わりに、「製造物」に「欠陥」があれば、賠償請求が可能となっているほか（同法3条）、製造・加工・輸入をした業

者のほか、実質的に製造業者と認めることができる氏名、商号、商標等の表示をした者に責任追及ができる（同法2条3項）。欠陥は「通常有すべき安全性を欠いていること」と定義され、その有無は「製造物の特性、その通常予見される使用形態、その製造業者等が当該製造物を引き渡した時期」等を考慮のうえ判断され（同条2項）、「引き渡した時における科学又は技術に関する知見によっては」認識できなかった欠陥であれば免責される（開発危険の抗弁、同法4条1号）。

● 参考文献

《金融取引のIT化・FinTech関連》

大崎貞和「ITと証券取引規制」ジュリスト1512号（2017年）62～67頁

本多正樹「仮想通貨に関する規制・監督について――改正資金決済法を中心に」金融法務事情2047号（2016年）30～39頁

小林信明「仮想通貨（ビットコイン）の取引所が破産した場合の顧客の預け財産の取扱い」金融法務事情2047号（2016号）40～45頁

大崎貞和「証券取引のIT化をめぐる監督法上の課題」金融法務事情2047号（2016年）46～51頁

青木浩子「高齢者の電子金融商品取引利用における業者の民事責任」金融法務事情2047号（2016年）52～57頁

2016年度金融法学会「シンポジウムⅡ 金融取引のIT化をめぐる法的課題」の各報告および質疑応答につき、金融法研究33号（2017年）59～115頁

櫻井豊『人工知能が金融を支配する日』（東洋経済新報社・2016年）

お金のデザイン編著『ロボアドバイザーの資産運用革命』（きんざい・2016年）

片岡義広・森下国彦編（河合健・関端広輝・高松志直・田中貴一編集担当）『FinTech法務ガイド』（商事法務・2017年）

《HFTの出現と熾烈化する市場間競争》

マイケル・ルイス（渡会圭子・東江一紀訳）『フラッシュ・ボーイズ――10億分の1秒の男たち』（文藝春秋・2014年）

スコット・パタースン（永野直美訳）『ウォール街のアルゴリズム戦争』（日経BP社・2015年）

《電子取引システムを提供する証券取引所の法的責任の国際比較》

Harald Baum, Andreas Fleckner and Mihoko Sumida, “Haftung für Pflichtverletzung von Börsen – Deutschland und Japan im Vergleich”, Rabels Zeitschrift, 2018, Heft 3（日本語要約版はNBL近刊）

後日談

角田：大崎先生には、機械が金融にどんな変化をもたらしてきたのか、そして今後どのようなことが課題になるだろうかということについて、そのルーツにあたる1870年代の話から始まって、最近のFinTechに至るまで、さーっと歴史を振り返りながら、なおかつ、何が本質的な問題なのかについて、大変わかりやすくお話しいただきました。その中で転機は実は1970年代だったという話もありましたが、技術革新と、それが普及することによって市場にもたらされる変化とを明確に分けてくださったのも、ポイントでしたよね。それから全体を通して、「金融」の特徴が浮かび上がったと思います。まずは、金融と機械というのが非常につながりが強いというか、見方を変えれば、人間と機械との間の競争が熾烈になっている原因が、明らかにされたように思います

——複数ありましたね。ひとつには、金融が数字を扱う、それは機械との相性が大変いいという話でした。それから、金融というのは仲介、つまり、マッチングをしていると。それは実は機械がとっても得意なので、「中抜き」という言葉も出てましたが、人間が担うのか、それとも機械に任せるのかで競争が熾烈化しているということでした。近時、話題になっているソーシャルレンディングやクラウドファンディングもこの文脈に位置づけられますね。

工藤：あと、機械に向いている分野という意味で言うと、過去のデータを分析して傾向や兆候を割り出して、それで次に何をするか行動を決めるというような作業は、やっぱり機械にすごく向いていると思います。アルゴリズム取引などはそういうところから出てきたのでしょう

が、今回の話で驚いたのは、アルゴリズム取引というのは最近の話かと思っていたら、もう1980年代から起こっていて、そういう意味では結構レガシーな話なんだということです。

角田：そうですね。歴史を振り返ったからこそ、わかったことでしたよね。あと、HFTのスピードという意味では、人間はとても機械にはかなわない世界であるというのに対して、天才型、直感に優れたトレーダーの世界というのは、もしかしたら、機械との競争という意味では、まだ勝敗の結論が出ていないところなんじゃないか、というお話もありましたね。ただ、さりはさりとて人間の五感というのも実は過去の経験から磨いていくというものだとすれば、先ほどの工藤先生にご指摘いただいた過去の分析が得意という話に行きかねない、もしかしたら直感というのも、機械の世界でもあり得るかもしれない、ということをおっしゃっていましたよね。

工藤：金融以外でも、『マネーボール』というメジャーリーグを舞台にした実話に基づく小説で、直感に頼らず統計的なデータ分析結果を活用することによってチームが強くなっていく話が描かれています。金融に限らず、スポーツの世界でもこういうことは起こっているんですね。いろいろな分野で起こることだと思います。

角田：人間の営みという意味では、スポーツも営みな訳ですよね。それがどうなっていくのかというのは、今後の展開が興味深いところですよね。

それにしてもですね、法律家の立場からいたしますと、今回の大崎先生との鼎談の最大のポイントは、そういう、機械との競争が熾烈であれば必然的に、人間が行っていた行為の「機械代替」が起こる訳ですが、そういう機械代替が起こったときの法律論はどうなのか、機械反応の法的評価をどうすべきか、これは、早急に検討すべき重要な課題だと、改めて認識させられました。大崎先生が指摘された例としてアルゴリズムによる相場操縦がありましたけれども、罪刑法定主義が支配する刑事法と民事法とでは異なるアプローチになるのか、民事法の領域でも、人の業務に適用される法律構成を機械が行った場合にも維持するのか否かといった問題、それから、システム提供責任論という議論を深めていく必要性などが明らかになりました。これは、ちょっと大きな宿題として指摘しておきたいと思います。

それから、「取引所」という極めて高度なシステムに障害があった例として、ナイト・キャピタル事件やみずほ証券の誤発注事件に関しても意見交換をさせていただきました。考えてみますとですね、取引所って、いわば、金融商品取引のインフラと言っていいじゃないですか。そして、取引の場を提供しているという意味ではプラットフォーム提供業者でもある訳でして。そういう意味で、ロボット・AI社会のインフラの設置・管理の責任を考えていく上でみずほ証券の誤発注事件が持つ意味は大きいのではないかと考えていたのですが、今回、大崎先生のお考えもうかがえたのは非常に有意義でした。

後は、ロボアドバイザーの問題については、工藤先生から問題提起もいただいていたところでしたが、どうですか。

工藤：大崎先生のお話で、いろいろ腑に落ちました。ロボアドバイザーというのは、結局、工学的には今までやっていたこととあまり変わらないじゃないか、なぜ今さら問題にするのかとずっと思っていた訳です。けれど、問題はその部分ではなくて、ロボアドバイザーの普及によって、エンドユーザーがかなり直接的に取引に参加できるようになるということなんですよね。これまでプロなどの非常に限られた人にしか提供されなかったようなサービスを、普通の高齢者でも受けられるようになると新しいタイプの問題も出てくるだろうから、やはり新たな問題として考えなければならないということなんですよね。

角田：工学的には何ら変わらないという点についてですが、実は、先日、大崎先生にお声掛けいただいてFinTechに関するフォーラムに行ってきたのですが*、その時にロボアドバイザー関係者がおっしゃっていたのですが、どうも、まさに、その質問に対する答えを入力してもらって顧客のリスク許容度を導くプロセス——つまり、入力された回答ごとにスコアのようなものに変換されて――というところ、対面営業で使用されているものを自動化しただけのようですね。対面との違いは、対面だと、提案したポートフォリオをみながら微調整もできるというコンサルテーションが可能だといった辺りなんだそうです。ここでも最新のAIが使われているのかと思っていたのですが、アウトプットがリスク許容度なので、そのためにAI開発がされるのかって感じなんでしょうか。逆に、このプロセスで機械学習、ディープラーニングといった技術を導入してプロファイリングからパラメータを……というのは、むしろ、アメリカで開発してみたがうまくいかなかった、という話でした。

工藤：なるほど。やはり現状のロボアドバイザーは、工学的には今までやっていたのと変わりない訳ですね。

角田：もたらされる変化として大衆化という話もありましたね。これは高齢化社会の到来というのは切り離せないところで、漠然とした不安を抱えている、我々のような中堅世代も、ロボアドバイザーは割と気楽に始められるようになってきているものですから、そういう意味では消費者保護という捉え方もできるという話でしたよね。ただ、普通の消費財の取引とこの金融商品の大きな違いというのは、工藤先生がまさにご指摘されたところだったと思うのですが。

工藤：全員がハッピーになることはできないので、必ず勝つ人と負ける人が出てくるというところですね。

角田：かつ、売れれば売れるほど成功しなくなるというのがありましたよね。消費財の世界で爆発的にヒットした商品というのは、どんどん市場を席巻していくという話なんですけれども、金融商品の場合は悲しいかな、そうではないという。だから、隠されたものを掘りあてない限り、うまく儲からないというところですね。

工藤：やっぱり、金融はニッチをねらってそこで儲けるというのが鉄則だから、大きくなってしまうとニッチにならないからダメ、ということがあるでしょうね。

角田：そこでの消費者問題をどう考えるのかというのは、まだなかなか難しくて解けていないと思います。

工藤：あと、金融商品の場合、消費者が商品を選択する基準として、どういうデータを公開しなければならないかとかいうのも難しい問題だと思います。売れれば売れるほど成功しなくなるんだとすると、過去の実績もあまり役に立たないことになります。携帯電話だったら、どれ位バッテリーもちますとか、どんな機能が付いていますとかでいいけれども、金融商品の場合は、何を基準としてあげていけばいいかということが、かなり難しいように思われます。

角田：確かにそうですね。そのフォーラムでも、ロボアドバイザー関係者も、どうやって選んでもらえるかは相当に意識的に取り組んでいるテーマとして意見交換されました。金融商品ですから市場を相手にしているので、市場が動いたときに顧客のポートフォリオを組み替える「リバランス」をどれだけきめ細かく、かつ、手間をかけずにスムーズにやるかとか（必要ならば相談に乗りますと）、ポートフォリオを構成する内容――つまり資産運用の能力で勝負するとか、ポートフォリオの内容説明を充実化――これは訴訟対策っぽいなという気もしたのですが、そういった辺りで勝負しているようです。あと、もちろん、インターフェースをユーザー・フレンドリーにするというのもありますが。

そのロボアドバイザーが大衆化したときに、今の段階ではロボアドバイザーで提供されている金融商品はそれほど複雑なものではないのですが、今後より多様なハイリスクだったり高額だったりする取引もあがってこないとも限らず、そうなったときに裁判でどう訴えていくのかというのは、大崎先生ともかなりの話になりましたけれども、なかなか難しい問題が出てきそうですよね。この人にこんな商品を売ったのはまずかろう、という実際に選ばれた商品自体が、いかにもそぐわないのであれば、それは裁判でも投資家側が賠償をとれるでしょうけれども、ロボアドバイザー・サービスの問題を裁判で争うのはなかなか厳しそうだということでしたよね。

工藤：そうですね。人が勧誘するのであれば、高齢者の方にそんなひどいすすめ方をしたらダメだろうみたいなことがあると思うんです。高齢の方に対しては、誤解や間違いがないように、普段よりも丁寧に説明しないといけないよねとか、そういうことです。高齢者に限らず、相手を見て適切な対応をするというような。ロボアドバイザーになると、そういうことなしにクリックしていけば取引できてしまって、若い人も高齢者も同じように対応してくれるのはそれはそれでいいのだけれど、説明などを相手によって変えていくことも必要になってくるかもしれないとも思うんです。

角田：一応、顧客に自分の、投資家自身のプロフィールをまず入力させて、それでおすすめ商品が決まるという話でしたから、高齢者だったら、あまりこう……、簡単にならないように、あるいは一回位電話を入れるようにルールを入れることはできますよね。まあでも、その辺がどうなるかですよね。あとは、FinTechという括りでいうと、まさにそのマッチングが機械を通して簡単に、お手軽に、手数料も安くできるようになったというのが、まさに金融機関にとっては脅威ですし、今まで金融機関からはサービスをなかなか受けにくかった人にも、新しい可能性が開かれるということで注目を集めているということなんですけれども、そのFinTechが開いた可能性について、金融機関がどういうふうに関与していくかというのも、今後の注目テーマかなと思いますね。

工藤：ビットコインみたいに金融機関なしで、というような話まで出てきてしまっていますからね。どこまで中を抜いていくのかとか、それがいいのか悪いのかとかも含めて、いろいろ新しい問題が起こってくるでしょうね。

＊　第1回金融資本市場のあり方に関する産官学フォーラム『ロボアドバイザー等の資産運用型　FinTechサービスとフィデュシャリーデューティについて』http://www.pp.u-tokyo.ac.jp/CMPP/forum/report.html

第7回

ロボット投信のインパクトを考える

大和投資信託
望月 衛

本日のゲストは、大和投資信託リスクマネジメント部長の望月衛氏です。望月氏は、投資信託等のリスク管理やパフォーマンス評価に従事しておられ、そのノウハウの一端は一橋大学商学部の投資信託協会・投資顧問業協会寄付講義「アセットマネジメント論」（非常勤講師・林康史先生監修）にゲストとして毎年登壇し、学生にもお伝えいただいております。

一方、望月氏といえば、スティーヴン・D・レヴィット／スティーヴン・J・ダブナー『ヤバい経済学〔増補改訂版〕』（東洋経済新報社・2007年）、ナシーム・ニコラス・タレブ『ブラック・スワン（上）（下）―不確実性とリスクの本質』（ダイヤモンド社・2009年）など、金融・経済学・社会学を中心に世の常識を覆すような話題の書をタイムリーに、そして、作者のリズム感をリアルに伝える翻訳家としても知られております。実は、その翻訳家としての活動においても、投資銘柄さながら翻訳すべき本の選定まで手掛けておられるとうかがい、文献の読み込み方を含め、研究者の鑑を見る思いがいたしました。

本日は、ダイナミックに動いている資産運用業界に身を置かれながら、経済学や社会学の最前線にも幅広くアンテナを張っておられる望月氏に、「ロボット投信の動向から考える、人間とロボット」という、二兎も三兎も追ってしまうようなテーマでお話をお願いしています。

第1部 プレゼンテーション

「ロボット投信」隆盛に至るまで

- 資産運用へのコンピュータ導入
- ノウハウの伝播とその寿命

対顧客営業でのロボット利用

- 革新性の中身
- ロボットと人間、どちらがいいかはお客さま次第
- マーケティング・ツールとしての「最先端ロボット運用ファンド」

金融AIかくあるべし！

第2部 鼎談

ロボアドバイザリー・サービスがもたらしたもの

- コストダウンによって裾野を広げた
- ロボアドバイザリー・サービスを支える人間
- 自動運転車との比較――事故の責任……いえ、自己責任です?!
- ロボットはフィデューシャリー・デューティーを果たせる?!
- 法律論はブラックボックスのままでは済まされない

選挙活動へのロボット投入の是非との対比

- 選挙で形成される民意／金融市場で形成される価格
- ボット投入の是非の決め手

コラム 台風の目となっているフェイクニュース規制のあり方

- ボットの所為に対して責任を負うのは？

行動経済学から見た「自由意思」とは？

- それは「納豆など決して食べない」自由を認めるような
- 「自由意思」によって最適な選択をさせる環境を

ロボット・AIと共存する社会を考える

- 人間は駆逐される……のか?!

コラム ロボットと仕事を、経済的に

参考文献

後日談

「ロボット投信」隆盛に至るまで

資産運用へのコンピュータ導入

広い意味での金融業界に関しては、大崎貞和先生という権威がすでにお話になられたので、資産運用業界——金融業界の中でも主に人さまのお金をお預かりして、安定的によりたくさん儲かるように、有価証券などを売ったり買ったりする業界——に話を限定させていただきます（なお、以下の内容は、望月の個人的な考えによるものであって、所属機関とはいっさい関係はありません）。

運用周辺でロボットという言葉が聞かれるようになったのは、たぶん今世紀になった辺りからです。歴史が短いので、もう少し時代を遡って、コンピュータが導入された辺りの話から始めます。

金融とコンピュータはとても相性がいいです。金融が扱っているのは基本的にはお金です。お金は何が便利かと言うと、簡単に足したり引いたりできるということです。運用業界が目指すのは、単純化すると、お金という数字を少しでも増やすことです。単純化するとこれだけなので、目的ははっきりしています。

また、金融業界がコンピュータを使いたがる理由は、データがたくさんあるからです。たとえば日本の株ですと、東京証券取引所に上場している銘柄が２０００銘柄位ある。それがだいたいは1日少なくとも1回、だいたいの場合1日何回も取引されて、取引されるたびに値段が付いて、それがデータになる。そんな膨大なデータを見て、何事かを決めたり測ったりしなくてはならない。人間だと何人がかりでもたいへんな仕事です。コンピュータは膨大なデータを相手にするのが得意なので、金融業界には結構早い時期からコンピュータが導入されたように思います。そういう金融業界の、特に運用周辺の歴史みたいなものを書いた本によると、運用で本格的にコンピュータが使われるようになったのは、たぶん1970年代頃です。コンピュータを使って、いつ何にどれだけ投資するか、逆に、いつ何をどれだけ手放すかといった意思決定にコンピュータを使うようになりました。

今、申しましたように、資産運用業界では膨大なデータを扱って何事かの意思決定をくだすことにコンピュータが使われるようになったのですが、資産運用の目的——自分のお金なりお客さまのお金なり会社のお金なりを少しでも安定的に少しでも増やすという目的——に照らして、コンピュータと人間とで勝負はついたかというと、そうでもないようです。コンピュータの方がうまい、あるいはコンピュータに対する依存度が高い方がいい結果が出るとか、いやいやそこは人間ができるだけやった方がいいんだよ、という勝負は、折に触れて研究され、議論されているテーマなのですが、実証的にも決着がついてないようです。

運用業界でコンピュータに何を求めるかと言えば、3つ——演算速度と論理的一貫性、それにこちらの考えを移植できることです。ひとつめは、たくさんのデータを素早く処理できるという、処理能力ですね。論理的一貫性とはこういうことです。コンピュータなしで気ままにやっていて、はっと気がつくと、何かおかしなことをやってしまっているということがあります。これから円安になると思い（業界では「相場観」と言います）、それで円安になったら儲かるような証券を買って（「ポジション」と言います）、はっと気がついたらそれとは別に、しかし同時に、円高になったら儲かるような証券を買っていたなんていうことが、ときどき起こります。持っているいろいろなポジションをひとまとめにしたものをポートフォリオと言いますが、コンピュータに分析してもらうと「君ね、こっちの方で円安に賭けて、あっちの方では円高に賭けてるよ、変だから何とかした方がいいな」と教えてくれたりします。あるいは最初からコンピュータに「こういうことをやりたいんだけれど、何をどんだけ買って、何をどんだけ売ったらいい?」と聞くと、「こうすればいいんじゃないか?」とアウトプットしてくれたりします。そこには、論理的矛盾というのはあまり生じません。

これまでの運用業界は主にこの路線でコンピュータを使ってきたと思います。古い言葉で言うと、「エキスパートシステム」というものです。歴史的には、コンピュータがない時代から人間は証券投資をやっていますから、何か業界の常識なり定石なり、すご腕の相場師——業界ではMaster of the universeと言いますが——のやり方なりというのがあって、昔はそれを、部下なりお弟子さんなりが継承してきた訳です。継承するためには何らかの形でモデル化が必要なので、Masterあるいはお弟子さんが、Masterの頭の中にあることを何らかの形でモデル化してお弟子さんに理解と継承が可能な形にし、それがお弟子さんたちに伝わっていくと。モデル化することで人から人へ伝わり広まっていく——これは随分前から行われてきたことなんですね。そして、コンピュータが使われるようになると、そういったモデルをコンピュータにわかる形にして、儲かるやり方をコンピュータに移植する訳です。これまでのMasterは人間で、人間の情報処理能力は限られていますから、コンピュータに移植することで、より広範なデータに対してMasterのやり方を適用し、より巨額の資金を運用する、あるいはより幅広いいろいろな金融商品——日本株だけだったのがアメリカ株にも適用する、といったように、より広く、いろいろなところでMasterのやり方をあてはめる、そんな使い方が中心だったと思います。

この路線の行き着くところは、特にそのモデルを作った人と使う人が同じ場合にあてはまることでありますが、コンピュータのモデルとユーザー兼開発者は、お互いを完全にわかりあっている、という状態です。Masterとその道具ではなく、モデルがその人であって、その人がモデルである、そんな状態が究極の姿です。しばらく使ってみたらうまくいかなくなったとして、あんまりデータ処理の過程を見なくてもこの辺が何かうまくいかなかったんだろうとわかるというレベルで。その辺までいくと、長年一緒に働いてきた「部下」のような（残念ながら、自分で勝手に判断してくれる同僚ではないので）レベルにまでなっていたりします。これがその論理的一貫性とか、考えを移植できるということです。

もうひとつ、純粋に演算速度の方を重視した使い方というのもあって、日本だと1980年代の終わり位からとても盛んになりました。「裁定取引」と申しまして、難しいことはともかく、ほぼ同じもので、ほんのちょっとだけどちらかが安く買えて、あるところで買ったものを別のところに持って行くとほんのちょっとだけ高く売れるということを利用して、安いところで買って高いところで売るという取引です。それにコンピュータがとてもよく使われるようになりました。それはなぜかというと処理速度でして。安い方で買ってすぐ高い方で売ればほぼ確実に儲かります。そんな取引ならみんなやりたいですよね。だから、みんな、具体的には証券会社とか機関投資家ですが、そんなことがあると気づいたらそんな取引をやり始めます。

ここは、金融市場のひとつ美しいところなのですが、チャンスがそこにあるとみんなが気づき、みんながそのチャンスに飛びつけば、もはやそのチャンスはなくなるのです。みんなが買いにいけば値段が上がりますし、売りにいけば値段は下がりますから。ちょっと高かった方が値段は下がり、ちょっと安かった方は値段が上がって、どこで止まるかというと値段が同じところです。そうすると、誰が最初にそのチャンスをゲットできるか、これの追求が行われました。

当時はまだ世界最速の演算処理を記録したクレイ・コンピュータとかがあって、大きくて速いコンピュータを買って、それをどれだけ取引所の近くに設置するか（今の高頻度取引でもそういう追求はされているみたいですが）で、10のマイナス何乗秒かだけでも他人より速ければ、先ほどの利益が手に入るので、そういう方面でもコンピュータが盛んに使われるようになりました。でもそれも今申しました原理で、限界があります。限界というのは、今一番速い人よりもう一歩だけ先に行こう、さらにそれよりも先へ行こう、という競争をやっていると、そのうち限界がきてそういうチャンスはなくなるということです。

実際、そんな競争と同時進行で、コンピュータによる計算にかかる値段はどんどん安くなって、そんなにお金持ちの証券会社なり運用会社なりでなくても、コンピュータを使った投資ができるようになりました。誰もがやれるようになって、今や、もうそういうチャンスはほとんどなくなっている訳です。

ノウハウの伝播とその寿命

ところが、問題はと言いますと、それで安定的に長期にわたって儲ける人や会社やモデルは、あまりないということです。現実にはあるのかもしれないですが、そういう人や会社やモデルはその事実を自分で広めたりすることはしません。

たぶんそんな仕組みが働いているからではないかと思いますが、金融業界には、長い期間にわたって、人よりもたくさん儲けられている例というのはほとんどないです。有名な人というのは何人かおられますが、過去30年とか過去半世紀のオーダーで、あがる名前はだいたい同じです。ということは、ほぼそれだけなんですよね。……ということは、他の人たちは、まあ、それなりの期間にわたって儲けられる人とか、コンピュータを使ったモデル（まだAIまでいきませんので）というのは、おそらく今申し上げた原理で、しばらく儲けて、儲からなくなって消えるということが繰り返されています。

この辺までは、ロボットではなくて道具としてのコンピュータなのですが、最近になって、FinTechで、AIでコンピュータが意思決定とか言われ出したのは、去年の年初位からですか、もう少し前ですか。よく存じませんが、日本の新聞で言われ出したのは、たぶん、日本の大手金融機関がそういうものに手を出して、そういうことを始め出したからだと思います。

最近実用が始まっているのはディープラーニングを使って、チャンスの発見から方法の特定、実行までコンピュータプログラム＝ロボットにやってもらおうというものです。人がコンピュータに「こういうことをやって」「答えが出たら教えて」とやっていたのが従来の姿です。一方、「こういうことをやって」というモデルを与えずに、「自分で儲かるチャンスを探してきて」とコンピュータにデータの海を泳がせて、「こういうことをやったらいいみたいだよ」という答えを探してきてもらうみたいなことというのが、表立って行われるようになったというのが、近年の報道とかに出てきている話だと思います。今のところは、一握りの運用会社だけがそれを利用しているようですが、これも、先ほど申し上げたこれまでの「モデル」と同じ道をたどるのでしたら、成功、流出、拡散、衰退が起きることになるでしょう。最後が衰退なのは、みんなが知ってしまえばチャンスは消滅するからです。

ひょっとして他の業界とか他の分野と違うかなと思いますのは、先ほど申しましたように、みんなが始めてしまうと儲からなくなってしまうということがある訳でして、だから、一握りの人だけがやっている間、しかもそういうことをやっている人がいるよということにまわりの人たちが気がつかない間だけは、ひょっとして儲かるのかもしれません。ただ、金融業界に関して言うと、必ずしも特許とかいう制度がなくても、少なくともこれまでのところは、そういう「儲かるやり方」はそのうちちゃんと、世間とまでは言わないですけれども、たくさんの人たちの知るところになって広められてきました。1人の手に残り、誰もそれを知らないということはあまりないみたいです。さっきの裁定取引というのは、決してそれを始めた人が、こういうことをやってがっぽり儲けたと世間に自慢した訳ではなくて、それでもちゃんと世間に広まりましたから。

❶人→人／機械

裁定取引に限りませんが、典型的なパターンというのは、人が仕事をする中心である金融機関などでそういうことが始まる訳なんですけど、どこかの証券会社の人がすごいことを思いついて、これだったら儲かるぞと始めるんですけれど、たぶん証券会社のある1人のトレーダーさんがやる訳ではなくて（実際そういう取引をするときはトレーダーさん1人かもしれませんが）、その人が儲けているとだんだんその人に預けられるお金が増えていきます。儲かっているお金が大きくなったり、手が広がるに従って、関わる人間も増えてきて、アシスタントとか部下とかを雇い出して、だんだんオペレーションが大きくなってくる。上場企業なら決算情報が出ますから、「あそこの会社は儲けているらしい」という話位は広まって、「何をやっているかはわからないけれど」から始まって、そんなに儲かっているのなら「うちの会社でもやれないのか」「高い給料を出して2〜3人引き抜いてこい」みたいなことになります。他の業界でもきっとそうなんだと思いますが、金融業界ではこういったことが繰り返されてきた歴史というものがあります。そういう形で世間に広まって、そして、世間に広まるとより多くのお金がそういう取引に投入されて、その結果、もうおいしい話は消えてなくなってしまう、という訳です。

ただ、この場合のノウハウの拡散パターンは、Master of the universeから徒弟制的に、弟子は師匠の技を観察して盗む、あるいはこうやるんだと真っ正面から伝授されていた訳ですが、これだと、少なくとも一方が認識できる、あるいはわかった気になるパターンだけしか技として伝達されないことになります。

❷AIがノウハウ開発した場合はどうか？

これが、AIを使って、コンピュータ自身にそういうことを研究開発させるとなりますと姿が変わってきます。ディープラーニングだと人間の認知能力では認識できないパターンも見つけられるかもしれないです。Master of the universeの方はこれが自分のエッジだと思っていて、それにもっともらしい理屈も後からつけたりするけれど、でもAIに観察させてみると彼を成功させているのは全く別の要素だって結果になるかもしれないですね。でも、なぜその要素が大事なのかはわからない、ということです。

そして、ロボットの利用が始まるしばらく前からそうですが、コンピュータモデルの出した結論が、なぜそんな結論になったのか、もうよくわからない、という分野は増えているようです。ロボットに意思決定のフレームワークを作ってもらい、それを実行するプロセスも作ってもらい、実際に運用してもらって、損が出たとして、それがプログラムにバグがあったせいなのか、単に相場をはずしたのかは、わからなくなるでしょう。

伝授する相手が人だとヘッドハンティングや独立で、技が1人のMaster of the universeからだんだん他の人や会社に広まっていくというパターンがあり得るわけですが、AIが自分で学習した戦略だとどうやって広まっていくのかはわかりません。AIで儲かるチャンスを探してこようということ自体、それほどあちこちで行われている訳ではありませんので。うまく儲けてくれたのと元のプログラムが同じAIをよそで生んだとして、それがオリジナルと同じ大人に成長して同じ戦略を学習してくれるとは限らないのではないですか？　これまでの投資戦略とそれを実装するためのコンピュータプログラムは人が作っていて、土俵が同じだとだいたい同じようなところへ行きついていたように思います。なぜかはわかりませんが、たぶん、儲かるやり方はそんなにたくさんある訳ではなくて、だからやっている人たちの間では、お互いがどんなことをやっているのか、ある程度は察しがついていたってことじゃないでしょうか。AIが自分で学習からやってしまう場合、なぜそんなことをやると儲かるのかというのは、人間がやっている場合よりもわかりにくくなり、うまいやり方が広まりにくくなるかもしれません。

以上が、ユーザーから見た運用におけるコンピュータの使い方です。

対顧客営業でのロボット利用

革新性の中身

過去1年間に新聞とかでよく報道された、金融業界でのロボットを利用したサービスは、運用戦略がどうのというところよりも、むしろ対お客さまサービスでのロボット利用です。FinTechと言われて浮かぶイメージは、コンピュータプログラムが人間では思いつかないようなすごく儲かるチャンスを見つけてきて、ガッポガッポ儲けるという方なのかもしれないですが、報じられている話の多くは残念ながらそういうのではなくて、お客さまに対するサービスでの新技術のことです。

よく出てくるのは、証券会社とか銀行に出向いて……あ、出向かないんですね最近は。自宅のパソコンでウェブサイトに行って、自分のアカウントにログインして、「このサービスを受けたいです」とクリックすると、「これからいくつか質問しますから、それにお答えください」と書いてあって、「全財産いくら持っていますか」「お年はいくつですか」「ご家族構成は」とか、「働いていらっしゃる業種は」とか、そういう質問に答えて「GO」とやると、「あなたは、今こういう組み合わせでポートフォリオを作るといいです。円建ての債券をいくら、日本株にはいくら投資して、それからちょっと外国の株にも手を出してみましょう。ちょっと金も買っておくといいです、これ位ね」――これを資産配分とか、アセットアロケーションとか言いますが――というのがアウトプットされてくる訳です。

「金融機関のヒト型営業担当者からアグレッシブな営業攻勢をかけられるのと、パソコンでプライベートなことを根掘り葉掘り聞かれて入力したり、ロボットに向かってそうしたことを語ったりするのと、どちらの方を好むかは、顧客によって様々異なる」という意味で、営業でのロボットの活用は従来からのネット金融取引を大きく進化させたと言うことができるのだと思います。

そういう質問の束とアウトプットの間の関係を結びつける、これもやっぱりモデルなのですが、モデルを作るところでビッグデータとディープラーニングを使う、というのはあり得る話です。たとえば大手証券会社がお客さまについて、自分の会社でお預かりしている財産の資産配分を考えるとしましょう。それぞれのお客さまの特性は口座を作っていただくときにある程度は聞きます。どこにお住まいかなど住所は当然わかりますし、家族構成とか財産額とか、お客さまの特徴に基づいて資産配分を考える訳です。お客さまは証券会社の言う通りに取引する訳ではなく、お客さまご自身の判断で取引を行って、自分が居心地のいい資産配分をその後行っていく訳です。ここでAIを導入して、お客さまの特性と既存の資産配分の間に何か一定の関係が見つかりませんか、というのをディープラーニングでやる。お客さま自身が決めて現在に至る資産配分が平均的には正しいと仮定してのことですが、それに基づいて、個別のお客さまに、他のみなさんはこんなふうにしていらっしゃるようですよ、的な答えを提供するという感じでしょうか。

ロボットと人間、どちらがいいかはお客さま次第

なくなる可能性の高い仕事のひとつに金融機関の営業担当者だという話があって[*1]、まあ、そういうこともあり得ない話ではないとは思うのですが、ひとつ問題なのは、お客さまの資産配分に関して、何ら

かの意味で、より合理的に、より効率的に出した答えというのがより良い結果に結びつくかですけれども、実は、そこはわからないのです。

しかし、ビッグデータを使ってロボットに顧客の資産配分について「ディープラーニング」させ、ロボットが「お客さん、持ってる資産のうち3割は日本の株、5割は円建て債券、2割はパプアニューギニアの土地に配分するのがよろしいです」と言ったとして、それが優れた推奨だったかどうかは、結局わかりません。期待リターンとリスクを使った効用の最大化というモデルを使うとして、効用関数は直接には観察できないからです。本人でも特定できない効用関数を推定して、それを最大化したからうれしいはずだと言われて納得する顧客なんていません。

万が一、推奨が合理的だとわかったとしても、顧客からすると、資産を増やすのが（おそらく）資産運用の目的であり、儲かるかどうかを事前に特定するのは、おそらくロボット技術がどれだけ発達しても無理です。明日の株価をあてろ、というに等しい。だから最適であったかどうかは結局わからないでしょうね。

お客さまが何をお求めであるかというと、それはそれは単純で、一番プリミティブな目的です。「自分の財産を増やすこと」、これですね。でも、人がアドバイスした資産配分なりポートフォリオ構成と、何らかの形でロボット自身が開発したモデルでもって出したポートフォリオ構成と、どちらの方がより速くより安定的に財産を増やすかは、全く何とも言えないです。なぜかと言うと、人生一般に、特にビジネス方面にはそうですが、どれだけ頑張ってもたぶんロボットにも、明日以降何が起こるかはわからないからです。だから、ロボットにせよ人間がやるにせよ、今わかっていることの範囲内で出せるベストの解はこれだよ、までしかいけないと思います。でも明日になったら新しいことがわかっていますから、そしてそれに基づいて結果が出ていますから、今日全力で決めたことがベストの結果をもたらすとは限らない。

有り体に申せば、「ロボットに決めてもらっても損するときは損をする」ということです。損した結果を見て、お客さまは「なんだ、これは」とおっしゃることはあるでしょうね。人間の営業担当者のおすすめ通りにやっていただいても、そういうことはあるようですから。だから平田オリザ先生が「金融業界の人は人間がエライんだよと言っているそうですがそれは幻想」とおっしゃったと聞いていますが、全くおっしゃる通りです。おっしゃる通りですが、逆に申しますと、「ロボットさまってそこまでエライんですか？」とも思います。すべてはお客さま次第。

で、そのお客さまは必ずロボットが好きだ、という訳ではないようです。しばらくロボットに決めてもらって損をしたら、やっぱり人間の方がとおっしゃるかもしれません。もちろん人間が損をさせたら、「だから人間はダメなんだ」と。だから実際このレベルではロボットにまでいく必要はなくて、ずいぶん前から行われているオンライン取引で十分かもしれません。それから、自分が短い期間ですが営業担当者なるものをやっていた経験から言っても、いわゆるゴミ投資家レベルですが自分で金融資産を持っている経験から言っても、人間の営業担当にアグレッシブな営業をかけられると、ほとほと疲れてもう顔も見たくない、というような状態に人間はなり得るものだと思います。そういうお客さまだとオンライン取引を中心におやりになるんでしょうし、同じことを語られても、人が目の前に座ってもらって「お客さま、これはですね……」と言ってもらった方が、自分は気持ちいいと言うか、わかりやすいと感じられる方もいらっしゃると思います。だからこれは正直、好みの問題なので、どちらがエラいと言うことではないのではないかと思います。人間もそんなにエラくないですが、だからと言って、ロボットさまに営業担当がすべて駆逐されるということもないのだと思います。

マーケティング・ツールとしての「最先端ロボット運用ファンド」

あと、今のところお金を持っていて、どんな相手の推奨を聞くか決めるのは、人間であるところのお客さまなので、人間にアピールするポイントとして最先端ロボットが使われることもあります。短い期間……数年という単位で短い期間ですが、「最先端のロボットがあなたにとってベストな投資機会を発見し、人間では気がつかないようなパターンを特定し、それを利用してあなたのためにお金を儲けます」という売り文句でお金を集めて、売り文句通りの運用をする、それでお金が集まる、これは十分あります。これは過去にも、その時々の最先端なるもので起きていました。

反対側では、「こんな実績をあげてきたカリスマ・ファンドマネジャー、天才、THE Master of the universeがあなたのお金を増やします」という売り文句がウケた時代もありました。こういったことはマーケティング・ツールにすぎないという気がします。

金融AIかくあるべし!

最後に、これからの働き方と言いますか、金融業界の仕事についてです。まあ、これまでも、コンピュータの発達と利用によって、なくなった／減った仕事は多いです。証券取引所の場立ちなどはその一例と言えます。業界全体や国全体、あるいは世界全体で見ると、たくさん人を雇う業界、あるいはお給料の高い業界、あるいは仕事がヒトに求めるものは変わるのだろうと思います。それはコンピュータが出てこなくても、これまでも起きてきたことです。集計量では、だからヒトの仕事がなくなるなんて心配する必要はないということなんでしょうが、ただ、各個人レベルで言うと、別の仕事、別の業界に移らないといけないということですから、新たな技能を身に付ける必要があるということです。

ですので、これまでもそうですが、人間の方は従来よりもコンピュータに頼った方がうまくいく分野が増えるのかもしれない。だから、ちゃんとコンピュータと仲良く働けるような人間になりましょう、ということです。ただ、場合によっては、コンピュータが上司的なものになるのかもしれない。ロボットやアンドロイドが今後増えていき、また主役となるような業種や職種が増えていくなら、我々ヒトにできるのは、とりあえずロボットなりアンドロイドに使ってもらえるヒトになるにはどうすれば?と考え、そうなれるようにすること、ということになるんじゃないでしょうか。そのときに備えて、コンピュータに使ってもらえるような人間に自分を育てましょう、と。

でも、ロボットやアンドロイドの考えや好みはわからないから、ふたを開けてみたら、なにそんなの?ということになるのでは、という気もします。

反対側で、最初の方で申し上げたように、ほとんど「オレがオマエで オマエがオレで マイティ・ブラザーズXX」レベルのコンピュータモデルを育てたあげた人間の例から言いますと、コンピュータモデル側にも、あるいはコンピュータモデルを作った側にも、人間に愛されるAIになっていただけたらな、と思います。それがないと使ってもらえないと思うんですよ。

さっきの営業の話でいきますと、コンピュータに「これがお客さまにとって最適な答えです」と言われて、「ああ、そうなんですか。でもなんで?」と言って、そこでわかる説明を聞かせてもらえないと、それを信じていいのかなと疑問がわくでしょう。特にそれを信じたからといって過去の実績からいっても、明日財産が2倍になっている訳ではないのですから、少なくともどうやら当分の間は、お金を出してAIのアドバイスを聞き、コンピュータが出した「こういうふうに取引しなさい」という推奨に従って取引して、あるいは場合によっては注文を出すのもコンピュータにやってもらったとして、その結果で左右されるのは、やっぱりお金を持った人間かその運用会社を経営している誰かであって、意思決定の結果を受け取るのは人間であるのが今の世界です。それならAIにも、何らかの形で人間が納得できるような答えを出さないと、使ってもらえなくなるんじゃないかと思います。

人間が納得できる範囲の答えしか出ないのではAIに判断してもらう意味がなくなってしまいますが、少なくとも自分が出した答えに関して「説明責任を果たす」というAIでないと、ちょっと、人間のジョブ・チャンスを駆逐するようなところまではいけないのではないかと思います。

なかなかそれは難しいことでしょう。当分の間、仲良く一緒に働きましょうという、少なくとも金融業界ではそんな状態がまだしばらく続くのではないかと、私は思っております。

ロボアドバイザリー・サービスがもたらしたもの

コストダウンによって裾野を広げた

角田：多岐にわたるお話をいただきましたが、後半のロボアドバイザーの話をもう少し深掘りさせていただこうと思います。大崎先生のお話でも出ていたところなのですが、たとえばロボアドバイザーのやっていること、サービス内容自体は、人間がやっていることと変わらないし、工学的には昔からやっていたことではないかという話がある一方で、大衆化という話があって、まずひとつ、手数料がより安くなる。

望月：おっしゃる通りです。

角田：それから、投資一任などは敷居が低くなって、大口顧客だけのサービスだったのが、よりいろいろな、そんなにリッチでない方でも入りやすくなったというのは、ひとつの変化なのではないでしょうか。

望月：A証券がやっているパターンはまさにそれで、証券会社がやる投資顧問業務には、投資一任契約に基づくものがあります。証券会社に基本的な制約条件*2を予め与えておいて、「この範囲でうまいことやってくれ」と、いちいちお客さまに対して「私こういう取引をするといいと思いますが、やりませんか」と営業担当者が説明してこない投資顧問契約です。「1年間はあんたに任せた」「うまいことやって儲けてくれ、頼むわ」と証券会社や運用会社に意思決定を託す投資顧問契約です。証券会社の行う投資顧問業の一種に「ファンドラップ」があります。その一部がロボアドバイザーを導入しています。確か数年前ですけれど、たとえばある証券では、1千万円以上預けてくださるお客さまに限ってファンドラップ・サービスを始めました。それが今では、ロボアドバイザーを使ったファンドラップ・サービスなら最低何十万円かで受けられるようになっています。この手のサービスでは悪名高きチャーニング（churning）、つまり売買手数料目当ての回転売買が起きないように工夫されてまして、従来は取引に対して手数料をとっていたのを、このラップのサービスでは「取引ではお手数料をいただきません。お預かりしている資産の残高のｘ％をちょうだいします」という形になっています。この手数料もロボアドバイザーを使ったサービスでは低く抑えているようです。今でも1千万円以上とか、プレミアムとか言って3千万円以上しか受け付けませんみたいなサービスもありまして、もちろん預ける資産額が大きい方が優遇されて手数料は安いのですが、預ける額が小さい場合についても、かなり、手数料は安くなってきています。

角田：省力化というのは、やっぱり起こる訳ですね。

望月：人というとてもお金がかかる材料をあまり使わずに済むからこそ、とても安くできたのだと思います。

ロボアドバイザリー・サービスを支える人間

角田：あと、そのロボアドバイザーの裏で、どれだけの人間が働いているのかというのも気になります。たとえば、顧客に質問項目への回答を入力してもらって、ロボアドバイザーが「あなたはやや保守的ですね」とかリスク選好を出して、そんなあなたにはこれをおすすめしますと結果を出すわけですが、それを裏で人間がチェックしたりするのですか？

望月：いいえ。ロボアドバイザーのシステムの責任者というか、そういう部署はあります。が、もう一度人の目を通してダブルチェックというのはやっていないと思います。

工藤：クレジットカード会社だと、変な使われ方がしていないかをチェックするセクションがあって、ちょっと変な使い方をすると電話がかかってきたりしますよね。ネットで冷蔵庫を買ったことがあって、右開きと左開きを間違えて注文してしまったのですが、すぐに気づいて注文をキャンセルして正しい注文をしたんです。そうしたら、直後にカード会社から電話があって、大型家電を複数購入されていますが身に覚えはありますか、不正利用されていないですかと聞かれました。多分、キャンセルした情報が伝わっていなくて、冷蔵庫を2台たて続けに購入したように見えたのでしょう。それで確認の電話が入った。そういった感じの仕組みはロボアドバイザーにはないのでしょうか。

望月：どうなんでしょうね。このサービスに限らず、証券会社ならどこでも、短期間に買って売って一定以上損が出たお客さまをリスト化してアウトプットする仕組みを持っているのではないでしょうか。

ただ、これに関して言うと、1回そのサービスに申し込んでお金をそれに預けると、あと実際に取引を実行するのは証券会社の方だけです。お客さまが今日「このサービス受けます」と言って、翌日には「解約します」と言い、さらにその翌日……なんてことがあったら別な意味でチェックが入るのでしょうが、ラップ口座で起きる取引については、何かのスクリーニングをやって、変なことが起きたら「こんな変なことが起きているよ」と赤信号みたいなランプが点滅するシステムみたいなものはあるのだろうと思います。その場合、ランプはお客さまに気づいてもらうべく点滅するのではなくて、バグがあるかもしれないからチェックした方がいいよ、みたいな、そちらの方だと思います。

工藤：内部向けですね。

望月：お客さまにやっていただくことは、申し込んでいただく、解約していただく、ただこれだけですから。

角田：そうしたら裏で、たとえば、適合性審査——ちゃんとおすすめしている商品が、顧客の属性や投資目的に適合性しているかを人間がチェックなりしているかというと、それに関しては、もしかしたら疑問かもしれない。

望月：それはありますね。そこは、人間とかコンピュータに限らないのですが、基本的には、お客さまご自身に、「全財産いくらお持ちですか。そのうちいくらをこのサービスにお預けいただけますか。それから家族構成は。お年はいくつでしょうか。年収はいくらですか。借金はありますか」みたいな質問をする訳です。オンラインのラップ・サービスでは、将来設計もある程度打ち込むようになっている例もあるようです。

そういう質問項目を何らかの形で資産配分に変換する訳ですが、そこのプロセスで、「自分はこういうポートフォリオが欲しい」、それを得るためには「ここの質問項目でここをこう答えるとそういう結論が出る、だからそう答えよう」なんてことをやられたら本末転倒ですね。こういうサービスを提供している本来の目的とはだいぶ違います。そんなゆがんだ状態が、ロボアドバイザーに限って起きるということなのかというと、たぶんそうではない。変な話ですが、ひょっとしたら、人間の営業マンを間に介在させた方がそういうことが起こりやすいのかもしれない、という危惧すらちょっと感じます。確たる根拠はありませんが。日々の状態や取引に対してある種のスクリーニングを行って怪しいケースを抽出するというのは、ロボアドバイザーに限らず、それからラップ・サービスに限らず、やっていることだと思います。ことロボアドバイザーに限って、お客さまに対して何かをやっているとは、ちょっと思えないです。

自動運転車との比較――事故の責任……

いえ、自己責任です?!

角田：自動運転が完全に自動化するまでは、誰か、いざとなったら運転者としての責任をとれるような人間をそこに置いておく訳じゃないですか。勧誘の場面はそれと同じではない、ということでしょうか。

望月：そこで、何に対して責任を負うのかですよね。車の運転の例でいくと、人が運転しているケースでは、運転者自身が何かミスって事故を起こしてしまうケース、それから車に何か欠陥があって事故を起こしてしまうケースに対する責任が問題であると。

先ほど言及した質問項目への回答に対応した最適な資産配分や助言内容という答えが、ある程度限定列挙できる形で存在して、お客さまが示した自分の属性と証券会社がすすめる資産配分という結論が結びつけられるなら、その結論がむちゃな内容にならないような制限をかけておけばいいということになりませんか。

角田：アウトプットがめちゃくちゃなものでない限り、

事故が起こっている訳ではない、ということですか。

望月：はい。投資ですと、損したという結果自体は車と違ってリコールしなきゃいけないまでのことではなくて、「すみません、それはお客さまの望んだことをそのままやった結果、起きたことなのですよ」、「ちょっと残念な結果に終わりましたが、投資というものはそういうものなんですよ。ベストの意思決定をしても、損が出ることはありますよ」ということになります。

角田：確かに、人身損害と違って、投資のような自己決定権侵害は、権利侵害があったかどうかがわかりにくいので、自己責任ですよということになりそうだということですね。確か、大崎先生との鼎談でも、出てきた商品のラインアップが明らかに利益相反のものばかりなどでない限り、問題にしにくいだろうということになりました。

望月：ただし、何かバグがあったような場合は別でしょうね。ひょっとしてそのモデルを作った人あるいは会社か、それを使ってサービスを提供している金融機関なり会社、どちらかの責任になるのでしょうが。

ちょっとそれに関するおもしろい例があります。これはロボットやAIの話ではないです。5年位前に、コンピュータモデルの運用で高度なことをとても早い時期からやっていたことで有名なアメリカの老舗で、「モデルにバグがありました。実はお客さまに結構大きいリスクをとらせてしまっていました」ということが露呈しました。これは先ほど申しました自動運転の話でいうと、何かまずいことが起きていたとしたら運転者のせいではなくて、運用会社なりシステム会社のせいだという話だと思います。これで「?」と思ったのは、「なぜ表沙汰になったの?」ということです。

工藤：具体的に何か損害を出したのではなく、出しかねない高リスクなことをしていたのがばれたんですよね。

望月：それで、先に結論を言っておきますと、バグがあったせいで実際にまずいことになったかどうかはわからない、ということです。なぜ表沙汰になったのかというと、内部告発なんですって。逆に言うと、基本的に金融業界はどういうことをやっているのかは、よっぽどのことがない限り公開しないんです。だから、若干危惧があることはあるんですけれど、要するに、誤作動なのか誤使用なのか、ちょっと区別がつきにくいということがあるかなと思います。

お客さまの方からすると、それは逆にも使えて、結果を見て対応を決めると。だから正直たぶん証券会社の人からすると、「いやいやいや私はこの金融商品って、下手するとこれぐらいは損することも十分ありますと説明申し上げましたよ。通話内容はテープで残ってます」とまで言っても、お客さまは「そんなの知るか、自分はそんなこと言われてもわからない」と言って、訴訟になることがあるやにもうかがっております。

角田：逆にそういう公表をしちゃって、時効が完成する前だった場合に、実際損害を受けていた人が、裁判を起こしたとか、お聞きになったことはありますか。

望月：訴訟になったかを調べたんですけれど、実は出てこなかったです。申し訳ない。でも、なっていてもおかしくはないです。アメリカの話ですから。

ロボットはフィデューシャリー・デューティーを果たせる?!

角田：ところで、昨今の投資信託業界のホットイシューとしてフィデューシャリー・デューティー（ＦＤ）論というのがあると思います。このＦＤ論はロボット投信ではどのように展開すれば良いでしょうか？

望月：ＦＤというのは、今のところの日本の運用業界の理解としては昔と変わっていなくて、お客さまの利益を第一に考えなければならないという忠実義務と、プロとして当然に持っているべき専門知識をフルに活用して、ベストの意思決定を行いなさいという善管注意義務、この2つ位だと思います。コンピュータモデルはそれを尽くしてくれたかは立証できるんでしょうかね。不可能ではないと思うのですが、今のところ、その辺りまで考えて、AIによる運用モデルを開発していると言うことはあまり聞いたことがないので……。

角田：ただ、その最近の金融行政で言われているFD論というのは、今まで、回転売買であるとか、顧客の利益をあまりかえりみないで、勧誘している方が、自分の手数料をとりたいとか、自分の歩合給を増やしたいという、そういうインセンティブのもとで顧客を喰いものにしていたんじゃないか、という問題意識がやっぱりバックにあると思うんですよ。だから、そこの発想の転換をしましょうということで、顧客の最善の利益を追求しましょうとかのプリンシプルを重視するという、新しい風を吹き込んでいる面はあると思うんですね。*3

あと、先ほど小口の顧客も対象にするようになったとおっしゃったように「大衆化」の動きもあって、やっぱり顧客で小口の顧客の利益も大事にしようという話とも密接に絡んでいて、消費者保護的な発想で、ロボアドバイザーで売られる、ある程度、がんがん売られた場合の顧客の利益の保護のあり方というのも、法的な課題として出てくると思うんです。

そうなった場合に、ディープラーニングってある意味ブラックボックスですね、という話が問題になってくるんじゃないでしょうか。その昔、工業製品がどんどん複雑になっていって、どうしてテレビから火が飛び出すのかとかですね、その仕組みを消費者自身はいちいち解明できないけれども、でも本当は火なんてふくはずのないものから火が出たのだから、それは欠陥ではないかということで、四の五の言わずに損害を受けた人を救ってあげるべきではないかという考えのもと、製造物責任ということが出てきたと思うんです。業者に過失があったとか、そういうことを証明できなくても、やっぱり、消費者が期待できるような安全性というものを満たしていなかったら、「それは欠陥商品を作ったきみが悪い」という、そういうロジックが出てこないとも限らない。ロボアドバイザーにも、出てこないとも限らないですよね。

工藤：ただ、その機械学習がブラックボックスという話は、中身がよくわからないということではあるんですけれど、それは内部で得体のしれない処理をしているというような意味ではないんです。やっていることはある意味シンプルで、いろいろな入力があったときに、出力の値をできるだけ望ましいものにするために、内部のパラメータをどう調整すればいいかを計算しているだけなんです。望ましいというのは、たとえば出力の値を一番大きくするとか、正解がわかっている問題であれば、入力に対して一番正解に近い出力を出すようにするとか、そういうものです。要するに、目的がはっきり与えられていて、そのためのパラメータの調整を自動的にしてくれるという仕組みなんです。ブラックボックスというのは、自動的に調整されたパラメータがいったいどういう意味を持っているのかを、人間に理解可能な形で解釈するのは難しいということです。逆に言えば、目標自体は人間が与える訳で、機械学習のシステムは決められた手順に従って数学的に最適になるようにパラメータの調整をしているだけで、その処理に曖昧性はないんです。だから、比喩的に言うならば、常に最善を尽くしていると言ってもいいと思います。

望月：作った人が悪意を持っていない限り、ということですね。人間よりも間違いなく、目的に向かってまっしぐらに行ってくれますものね。

工藤：そういうことなんです。だから問題があったとしたら、最初に何をどのように最適化すべきかという設計を人間がする訳ですが、そこにミスがあったということですね。あるいは、設計するときに悪意を持って……、たとえば、お客さんの利益を最大にしろではなくて、会社の利益を最大にというような設定を与えていたとか。そういう場合は、もちろんAIは最善を尽くして、会社の利益を最大化するという与えられた目標を実現するような結果を出してくる訳です。いずれにしても、悪意があったかどうかにかかわらず、問題は人間のした設計にあるんです。逆に言えば、正しく設計されたものであれば、ブラックボックスとは言っても、少なくともその仕組みの中では最善を尽くしているのは確かなんです。

望月：そうですね、「こんなことになるとは思ってもみなかった。お客さま絶対儲かりますと言われて証券買ったのに、大損じゃないか」と言って訴えられるのは、たぶん会社ですよね、営業担当者ではなくて。で、会社から言いますと、営業担当者はブラックボックスです。だから、テープの録音とかをとっているから、おそらく実際に会社の電話で話した内容というものは、これはあるんですけれど、その営業マンが、「うっしっし、この証券、手数料率高いから、これをうまいこと売りつけたら、自分のもらうボーナスがっぽりだ」と思って売ったのか、いわゆるTrue Believerで、「この商品買ったお客さまはみんな天国に行ける、お客さまががっぽりだ」と思ってやったのかわからないです。ただ、人間の営業マンは大昔からいる訳ですが、そう言って訴えられたときは、法律では、というか裁判所は、どういう扱いをするのでしょう。立証責任がどちらにあるとか、どういう形で悪意があるか……お客さまの言うように「確かに騙された」のか、「いやいや、悪いけれどこれは結果で、運が悪かった」のか、裁判所はその線引きはどうやっているのでしょうか。

角田：それは、その人の販売した金融商品によって、どういうお金が動いていたかという、お金の流れを顧客側が立証する。実は、説明しなかったのに、これだけのマージンを得ていたとか、こういうチャージバックを実はもらっていたのではないかとかですね。実は喰いものにしようとしていたということを、その人の心の動きを裁判で立証するのはすごく難しいじゃないですか。ですから、お金の流れ、仕組みを立証する、ということになります。

望月：それですと、最近でてきた運用報酬というか、投資顧問料のとても安いオンライン・ラップ・サービス系というのは、かなり安価なので、それはなかなか難しいですよね。「儲けようと思ってやったら、むしろ手数料率の高いもっと個別株でもやらしとったわい」と。安いサービスだと、大損してもそういう話になりにくいということですね。

角田：安いとなりにくいとは思います。

望月：なるほど。そうすると、ブラックボックスって辺りは、あんまり問題じゃないということになりませんか。

もともと人間だってブラックボックスだから。

角田：あと、「ロボアドバイザーはFDを果たすことができるか」についてのアメリカ・マサチューセッツ州証券局がレポートを出しているそうなのですが、結論は否定的です。理由としては、①こんな簡単な質問ごときではFDを果たすのに必要な情報を集められない、②ロボアドバイザーは顧客の能力を十分に特定できないし、提供された情報の適切性を検証するプロセスがなく、質問に正確に答えられない顧客に対処できない、③ロボアドバイザーの免責条項では、投資が顧客の利益に適うかどうかの決定は顧客の責任であるなど、FDの相当部分が免責されているが、全部免責するような合意は無効なはずだ、と。*4

望月：大変興味深い。マサチューセッツのお役人にぜひうかがいたい。ヒト科のアドバイザーならぜひ①②③を果たせていると思い込んでるのはなぜなの、と。

法律論はブラックボックスのままでは済まされない

角田：会社が訴えられることが多いとしても、やっぱり誰が不法行為をやったのかが問われます。勧誘した営業担当者なりの被用者が不法行為を行った必要があるのです。*5

望月：法律ではないかもしれないけれど、業界団体の自主規制でいろいろあって、その担当者、何年かは働けなくなったりしますよね。

角田：不法行為をしたのが通常の人間ですと「なぜこんなものをすすめたんだ」と言い、「おまえ、実はこのすすめた商品が買われたことによって、これだけのものがポケットに入ったじゃないか」とか、あるいは、「ちゃんと明示せずに、いつの間にかこれだけの手数料を抜いていた」とかですね。そういうことが言えれば、担当者自身が不法行為をしたことになるわけです。だけど、AIの場合は、窓口にいるのは機械、つまりロボットになっちゃっているので、ロボットの裏側の人間を連れてきて、「枠を作った、そこにいない人間が、会社が儲かるように仕組んでいただろう」とか「顧客の利益にもとるようなシステムを見張っていなかったじゃないか」ということで、その裏側の人間に対して「よくもよくも」という話になってしまうので、行き先が違いますよね。*6

望月：今のところ、そこで、人に結びつける訳ですね。

角田：そうならざるを得ないのではないでしょうか。あるいは、会社という法人の不法行為という可能性はあるにしても、「人」がなすべきことをしないで他人の権利を侵害したといえる必要がありますから。

工藤：AIそのものは自分の意思では悪さをしないわけじゃないですか。結局のところ、指示された通りにしか、つまり、プログラムされたり設定されたりした通りにしか動かないんですから。

角田：ところが、それを使っている会社という組織があって、人が動かしている訳です。

工藤：そこなんですね。販売員の場合は、会社とか上司とかが誠意をもって営業しろよって言っているのに、その本人が得をしようとして何か悪さをするということがあり得ます。ブラックボックスが指示されてもいないのに、自主的に悪さをする訳です。これに対して、AIの場合は、プログラムされていない限りは勝手に自分で悪さをすることは基本的にはないだろうから、そういう意味では違いはあると思います。

望月：ちょっと、逸脱してしまうかもしれませんが、そこっていつまでそうですか。最近のAIは、「こういう制約条件のもとでこれを最大化していけばいい」ということ自体を自分で学習していくようになったという点で、従来より一歩進んだという話ですが。

角田：ということは、そういう自己学習をどんどん経ていくと、指示されない限りは悪さをしないとは言えなくなってきたりとか……。

望月：「人間の思いつく範囲では、おまえにとってそれがベストだということになるんだろうが、そうじゃない、これがおまえにとって本当のベストの手だ」と言い出せるようには、今のところなっていないんですね。

工藤：部分的にならら、あり得ると思います。ロボアドバイザーではないですが、アルゴリズム取引などでは、いろいろ学習した結果、勝手にこれが儲かると思って、不正な株価操作に相当するようなことを、解として導き出してやってしまうAIが出てくるとか、そういうことはあり得ます。そういう意味では、ロボアドバイザーも、勝手に悪さすることが絶対ないかどうかはわかりません。でも、もしAIが解として良くない振る舞いを選んだとしても、それはAIが悪意を持ったというよりは、プログラムなり設定なりのバグだと捉えるべきだと思います。

望月：今すぐそれをやったら、「はい、作った人、あなたはちゃんと証券市場のルールをこいつに教えませんでしたね、あなたが悪いんです」。これで正しいと思うんですけれど、ときどき、アルゴリズム取引で、ああいうことが起きてしまうかなとよく引きあいに出されるフラッシュ・クラッシュ（瞬間暴落）とかって、たぶんルールはちゃんと書いてあって、自分たちはルールを守ってやってくれと言ってたんだけれど、コンピュータがいろいろやった結果、人間では思いつかなかったような、こうやればルールを満たしているけれど、なんかうまいことやれるよっていうことを見つけちゃったりするというのはあり得ると思いますよ。フラッシュ・クラッシュだって、クラッシュが起きたのだから、たぶん結構たくさんのアルゴリズム間でのコンセンサスがとれた状況になって、それがコンセンサスだとなれば、みんなが同じことをやるようになる訳ですから、証券市場って。でも、みんなが完全に同じことをやると値段がつきませんからね。で、その方向にだけ、どんどんフリーフォール（急落）とか爆騰とかする訳ですけれど、それが起きちゃったという訳なので、だからそのなんて言うのでしょう、違法とか不法ではないのだけれど、「えー、そんなのありー？」というのが、もう起きているのか、これから増えるのか、それとも将来的に始まるのか、そういうことがあるのかなと思います。

選挙活動へのロボット投入の是非との対比

角田：資産運用と選挙活動の話にちょっと移りたいと思います。平田オリザ先生との鼎談のときに、選挙活動にボットをトランプ陣営がどうやら大いに活用したようなのですが、ドイツで「そういうことはドイツではやってくれるな」「いや、やるぞ」というのが論争になっているという話題について意見交換をさせていただきました（→260頁以下）。そして、これは工藤先生からの問題提起だったのですが、証券市場ではもう久しくロボットが跋扈しているではないか、どうして選挙でそんなに騒ぎになるのか、と。そこをどう考えたらいいのかなって、悩ましい問題だと思うのですが、どう考えられますか。

望月：この話をうかがって思いましたのは、まず、第一義的には「基本は同じ」ということです。ボットがいなくても、フェイクニュースだかプロパガンダだか、一応中傷ということにしておきますが、それをばらまくなんてことはしばしばやられてきた訳で、別にコンピュータは要らなかった訳ですよね。名指しは避けますが、1930年代のどこかの国ではですね、プロパガンダと扇動をやるときに、コンピュータは使ってなかったんじゃありませんでしたっけ。だからコンピュータに限った話ではないと思います。

ただ、量が質を変えるというのはあります。ボットが量的にいっぱい宣伝だの偽ニュースだのをばらまくことに利用された訳ですね。ボットがやらかすオーダーで量が増えると、質の方にも影響はあるだろうと思います。だから「全然問題ない。1930年代と同じ」とまでは思わないですけれど、ボットだけが問題なのはどうしてなのだろうとは思います。

選挙で形成される民意／金融市場で形成される価格

角田：いきなり結論を言っていただきましたが、ちょっと順番にうかがっていいでしょうか。選挙を通して形成される民意というのがあると思うのですが、金融市場で形成されるマーケット・プライスというものと、基本的に同列に論じていいとお考えでしょうか。

望月：第一義的には同じだと思うのですが、ひとつ違うことがあるとしたら、金融市場では、単純に言うと「みんなが買いに行くと値段が上がって、値段が高くなると人気がなくなる」。安いから買う、高いから売る。これが基本ですよね。だから、みんなが買いに行ったら値段が上がって、「ああ、こんな値段では買いたくないな」って、そこで一応止まるはずです。とはいえ、本当にそうならバブルは起きないはずなので、わからない部分もありますが……。

それに対して選挙って、一握りの売り手＝候補者がいて、自分に投票してくれと煽りますね。買い手＝有権者はたくさんいて、どの候補者に投票するかを考えるという構図ですよね。みんなが同じ人に投票しても、その人の値段はたぶん変わらないですよね。無理矢理経済学的に考えると、たくさんの人が投票する人に投票するよりも、自分が投票するかどうかで当落が決まるようなぎりぎりの人に投票した方が、「自分のおかげだよね」と言って、後でいろいろ……ということはあるかもしれませんが、ちょっと無理がありそうです。

金融市場では値段が変わって、その値段自身がその後の買ったり売ったりする行動に影響を与える。でも選挙だとどうもそうでもない、ここは違うという気がします。

それから、金融市場では「風説の流布」は違法行為です。ボットで問題とされているのは風説の流布っぽいからですよね。金融市場でも風説を流布しても誰も信用しなければ市場には問題は起きないわけですけれど、選挙はその点で金融市場と似ているのかもしれません。情報を流すと値段が変わってしまうかどうかが金融市場との異同を決めるところかなと思います。だから選挙だと、選挙期間中は当選確率が値動きよろしく動くかもしれない。でもいったん当選すると、何か変なこと、たとえばスキャンダルでもない限り、任期の間はそのお仕事を続けられる訳でしょう。金融市場の場合って、何かありました、さあ次どうしますか、と毎秒毎秒勝負になるので、そこが違うところです。

角田：次に、意思決定を支える情報についてですけれども、北川正恭先生という方が早稲田大学におられて、三重県知事なども歴任されましたけれども、選挙で争点を集約するためにマニフェスト運動を以前からおやりになってますよね。*7 あれって、その人の人柄、経歴とか知名度とかではなくて、政策論議を展開することでより良い選択を導けるようにしようとしているものです。そういう意味では、投資の世界では目論見書というものがあって、投資信託ですと、どんな目的でどこで何に投資しているか、どんな手数料がかかるかなどの商品を選ぶにあたっての重要情報が書かれている。そういうのと似てなくもないという気がしたんですけれど、この辺りはどうお考えになりますか。

望月：予め私に託してくれたらこういうことをやります、というところはたぶん同じなんでしょうね。違いがあるとしたら、投資信託の目論見書って契約みたいなものだと自分は思っています。目論見書は厳密な意味では約款というもので、投資信託は「信託」、つまり受託者と委託者の契約なので、厳密に約款に書いてある通りやらなかったら契約違反です。政治家さんのマニフェストの場合は、いかがでしたでしょうか。

角田：基本は同じだとしても、金融の方が受託者もっとずっと厳格にやっているので、一緒にしてくれるなと、そういうことですか。*8

望月：似ていると思いますのは、このファンドでお預りしたお金は全力で日本株に投資させていただきますとか言って……、もちろんその通りやる訳ですが、お客さまにとって望ましい結果になるかどうかは、何とも言えない点です。少なくとも、言ったことをやらずにいるよりはずっといいだろう、やらなくていい訳ないだろ、という話ですよね。昔から目論見書を作ってやっている業界の人間としては、そう思います。

ボット投入の是非の決め手

角田：ボット投入に関するスタンスという意味ではどう

台風の目となっているフェイクニュース規制のあり方

アメリカの大統領選挙や２０１７年2月のドイツ大統領選挙におけるＳＮＳやフェイクニュースの影響に関する本格的な定量的な調査・研究も発表されるなか、[*9]ドイツでは２０１７年９月の議会総選挙に間に合わせるべく連邦司法相Maasの強力なイニシアティブのもと3月14日にＳＮＳのプラットフォーム上で拡散しているヘイトスピーチおよびフェイクニュースへの対策を強化する法案が提出された。同法案では、ＳＮＳのプラットフォーマーに対して利用者に違法コンテンツ通報プロセスを「わかりやすくて容易に、即座につながり、いつでも利用できる形で」提供することを義務づけた上で、明らかな違法コンテンツは24時間以内、違法と疑われるものは7日以内に削除またはブロックしなければならないこととし、違反に対して最大5千万ユーロの罰金を科すこととしている。[*10] ＥＵの副委員長（デジタル単一市場担当）は欧州の技術革新の芽を摘む危険性、過剰規制の危惧を表明したほか、ＳＮＳ業界は強く反発したが、この法案は、激論の末、ほぼ変更なしに成立している（Gesetz zur Verbesserung der Rechtsdurchseztung in sozialen Netzwerken (Netzwerkdurchsetzungsgesetz: NetzDG), BGBl. I 2017 S.3352. ２０１７年９月１日に公布、同年10月１日に施行）。

わが国にとっては、ヘイトスピーチやホロコースト（ユダヤ人大量虐殺）の否定を禁じるなどの言論の自由に厳しいドイツ法の特殊事情もさることながら、むしろ、その根底にある、自ら不法行為を行っていないとしても、他人の権利侵害をより容易・重大にする形で支援した者は、たとえ故意がなく過失によって当該行為を行ったとしても責任を負うという法理（妨害者責任法理など）を日本にも導入する理論的可能性を検討すべきであろう。

なのでしょうか。別に構わないということでしょうか。

望月：ボットでやらなければ他の方法でやるでしょ、ということです。人によっては、マスコミはボットの一種だとおっしゃっているのではないですか。特定の候補者ととても考えの合っている組織なり個人なりの主体がマスコミに属する活動をやっていて、あの人たち／あの人の言っていることはむちゃくちゃだと別の人たちから非難ごうごう、そういうことはありますよね。それならなぜボットだけ問題視するのか。ドイツのみなさん、マスコミが選挙の報道するのを問題視はしなかったですよね。フェイクニュースとかって言葉が飛び交う今どき、彼らがFrankfurter Allgemeine（ドイツの新聞）を問題視しなかったのはなぜでしょうか？　いや、Frankfurter Allgemeineは普通にまっとうですけど。

角田：それは、ちゃんと責任をとる主体があるからですよね。マスコミならマスコミというその主体がいるのに対して、ボットは主体がどうなっているのかが見えないじゃないですか。

望月：でも、マスコミは責任をとっていますか？　何か報じておいて、本当かどうか尋ねられてもソースは明かせない、自分らは明かさなくていいことになってるとのたまうのが、マスコミさんの常套手段であると素人目には思えるのですが……。

角田：それでも、事実無根の報道によって、社会的な評判が下がったものは、裁判所に訴えることができて、実際、名誉毀損を認めた判決というのもあります。ネガティブ・キャンペーンで、ちゃんとした取材をしないでやった場合ですね。確かにマスコミの場合は、その取材、報道内容が真実でなくて社会的評価が下がってしまったら、基本的に一般人なら責任を問われるところ、それは信じるのに相当な理由があれば免責されるという、要求されるレベルが一段下がっています。でも、その相当なものもなかった事件があって、慰謝料を命じた判決というのは実際あります*11。だから、責任を負わない訳ではないです。

今のは選挙活動の話ですが、金融の世界も基本は同じで、外資系メディアのフェイクニュースによって公開買付が不成立に終わってしまったという事案で、メディアが訴えられています[*12]。という訳で、おおよそ、報道機関なるもの、適切な取材に基づいて真実かつ正確な報道をする責任を負うことが前提になっている訳です[*13]。ボットの場合だと、その論理が及ばないじゃないですか。ロボットは人格がないですし、マスコミだったら、責任主体として会社があって、社会的にも一定の役割を果たしているけれど、ボットにはそれがない。

ボットの所為に対して責任を負うのは?

望月：その責任主体の話、もう少し突っ込みますと、あれって、出元は特定できないものなのですか。ボットには、そういうものをばらまいた人という概念すらないのかしら。

工藤：まあ、現実的には出所を特定しにくいこともあると思いますが、原理的にはボットを作った人やばらまいた人がどこかにいる訳です。

望月：今の我々の社会の枠組みを変えずに対応しようとすると、作った人を特定して、「あれまずいことになっているから、止めてくれ」と。それができるなら……。

工藤：ネット上での発言がどんどん拡散して自分ではコントロールできなくなってしまうように、自分の作ったボットが想定を超えて広まってしまい、自分の力では止めたくても止められないということはあり得ます。こうなるともう、凶暴なペットが暴れている感じに近いかもしれません。

角田：法的責任を負う主体を考えるにあたっては、その問題を起こしたロボットと一定の関係にある人間なり法人なりを探すことになります。

ロジックとして考えられるのは、❶望月氏が指摘された製造者としての責任、❷工藤先生が指摘された管理・監督者としての責任のほかに、❸他人の権利侵害をするようなボットに「場」を提供して市場攪乱に手を貸したプラットフォーマーとしての責任辺りでしょうか。

❷のペットですと「管理者」という存在がいて、両者

の間には犬ですとちゃんと飼い主としての犬鑑札と狂犬病予防注射を受けましょうとか、そういった関係が社会的制度としてある訳です。ボットについて、いちいち登録とかを考えるのはちょっと難しそうな気がします。その意味で、むしろ❶の製造者というロジックの方が適していそうな気がします。ただ、ぴったりくるかと言えばそうでもなくて、プログラムを製造物と言っていいかとか、昔から議論があるところなのですが、その問題をクリアしたとして——製造物責任の領域で議論されている考え方に、製造者が製造物を市場流通に置いた後でもその製造物が市場で弊害を引き起こしていないかをちゃんと監視する義務があるというものがあって、それが近いような気がします。[*14]

❸は先ほど望月氏が出所を特定できればとおっしゃいましたが、そのために必要な発信者情報開示や権利侵害となるような記載の削除請求をしていく段階から、その相手方はフェイスブックやツイッターなどのソーシャルネットワーク（SNS）ということになります。これはネット掲示板に名誉毀損的な書き込みがあった場合の問題の応用編と言えるでしょうが、最近、検索エンジンをめぐって「忘れられる権利」なる新しい権利を認める必要があるかなども話題になっているように、[*15]情報通信技術の進展によって大きな社会的役割を果たすようになってきたプラットフォーマーの責任をどう考えたらいいかは、今後、検討していかなければならない大きなテーマだと思います。[*16]そしてこれは、小向太郎先生との鼎談のときにも話題になりましたけれど（↓151頁以下）、表現の自由とか、個人情報に関する法的ルールの基本的スタンスが、日本、ヨーロッパ、アメリカなど、国によって違うところでして、外国の事情を参照するにしても難しさが増しているところでした。

行動経済学から見た「自由意思」とは？

それは「納豆など決して食べない」自由を認めるような

角田：折角の機会ですので、望月氏の得意分野の行動経済学についても、お話を聞かせていただいていいでしょうか。

望月：あれは訳しているだけだから、全然得意分野じゃないんですけど。

角田：でも、この分野の旬の、最先端の文献を読んでおられると思うので、ぜひ。

意思形成の過程で、いろいろな人間の意思形成をしていく間に、いろいろなバイアスがかかることがだいぶ知られてきているのですが、そういう立場の方って、そもそも自由意思に対して、どのようなスタンスをおとりになるのでしょうか。

望月：こんなときに思いつく例って、不適切な例ばかりなんですよ。たとえば、こんな感じです。自分は大阪もんでして、納豆は人間が食うものではないと思っています。思っていますが、納豆が好きな人はもちろん人間です。その方の自由意思は認めます。自分は決して食べる気がしませんけれど——というのが、自由意思に関する自分のスタートラインです。

そもそも行動経済学というのは何なのかと言いますと、「こういう状況ではこういう行動をとるのが合理的で最も適切な行動・選択である」と標準経済学が考えるところで、「でも、あんまりみんなそうしていないんだけど」というのをまず実証的に示す。つまり、実験室や実地実験で調べたりする流儀の学問分野です。科学だと、その後なぜそんな行動をしているのだろうかと説明を付けたりするものだと思うのですが、そこはあんまり発達してない気がします。正直、自分は傍目から見物するだけの立場ですので、あまりディープなことは言えませんが。

そして、人々が標準経済学が主張する、何か合理的な答えとは違う非合理的な選択をしてしまうような傾向、すなわちバイアスが生じる傾向があったとしましょう。標準経済学が主張することがいつも正しい訳ではないかもしれませんが、今はその主張が実際に合理的なものであったとします。そういうときに、そこに法律なり規制なりでもって、これしか選べないようにするということも、確かに世の中で行われているような気はいたします。しかし、行動経済学者の人らは、何せ経済学者なので、あまりそういう手は好んでおられないように思います。経済学者の人たちが好むのは、そのバイアスに対して、特定のバイアスが生じる傾向を逆手にとって、人がより合理的な選択をしやすい環境を作ってあげればいいではないのというような手です。あるいは、バイアスが1つだけでなく、たくさんあったとして、このバイアスとあのバイアスが相殺しあうような状況を作ってあげて、一歩でも合理的な行動に近づけるような状況を作ってあげるのはどうなの、なんてやり方も考えているようです。そういう手口はベストセラーのタイトルにもなってますが『Nudge』*17という名前が付いています。行動学ではなくて、経済学の方から行動経済学を始めたのは、たぶんこの本の著者の一人であるセイラー先生という人が最初だと思います。彼はよく、こういう解決策を提唱していらっしゃいます。

「自由意思」によって最適な選択をさせる環境を

望月：つまり、自由意思ということで言えば、本人が自由意思を行使したような気になって自分から適切な選択肢を選んでしまう、そういうふうに仕向ける環境を作ってあげればいいということになると思います。業界的には、有名な例が2つあります。

❶確定拠出年金の「入り口」*18

望月：ひとつめは確定拠出年金の例です。若いときからずっと勤め上げて65歳だか70歳だかになると、死ぬまで半年に1回でしたっけ、一定額は厚生年金がいくらか受け取れる、これは確定給付年金と言います。古典的な年金です。一方、確定拠出年金と言うのは、70歳になったらもらえる額ではなくて、仕事を引退するまで毎月積み立てる額が一定のイメージです。積み立てたお金をどう運用するかは、加入者自身に任されます。世界的にはアメリカやイギリスがよく知られていて、アメリカだと401K（フォーオーワンケー）、イギリスだとIRA（Individual Retirement Account）がそれにあたるでしょうか。[*19] 昔は口座を作って、「今回の入金です」と口座に入金されたお金は預金だかMMF的な安全な投資対象に自動的に投資されて、その上で「さてどこに行こうか、何に投資しようか」と加入者が考えた、あるいは考えてくれという仕組みになっていました。

でも、なかなか動かないのですよ、これがね。業界なり政府なり運営機関なり制度を作った側のもくろみとしては、ふたを開けてみないとわからないにせよ、とても長い期間投資していれば、まあまあ株の方が儲かることが多いみたいよ、大幅にね、だから株なんかに投資してほしいな、と考えた訳ですけれど、加入者はいったん口座にお金を入れてしまったら最初に自動的に購入した資産である預金やMMFからなかなかお金を動かしてくれない。じゃあということで、その入り口のところで、株に何割か、債券に何割か、外国株に何割かお金を分散して投資する投資信託にお金が入るようにした。これだったら最悪加入者がその後全く動いてくれなくても、ある程度リスクをとって、そのかわり普通預金よりは長い目で見ると儲かる見込みのある金融商品を加入者に持っていただくことができる。

これは、だいたいの人は全財産をまるごと普通預金のような安全な資産に投資するのが最適ではないよというファイナンス理論の考えに基づいています。リスクはあってもがっぽり儲かることもある資産をいくらかと、それから普通預金ほど安定はしていないけれど、まあそれなりに儲かる資産とか、あるいは他の資産が下がるときに、インフレのときなど値段の下がらない金とかインフレリンク（連動）債とかそういうものをいくらかと、というふうに、いろいろリスクのある資産をあれこれたくさん持つのが最適だよという、標準正統派ファイナンス理論が出した答えが一方にあって、もう一方にはそうなっていない現実がある訳です。入金したら自動的に最初に持つことになる普通預金やMMFから動いてくれないのは、それってきっと、保有効果（endowment effect：自分の所有するものに高い価値を感じ、手放したくないと感じる心理現象）が働いているんではないか。いろいろなものにバランス良く投資する投信とかがあったとしても、持っていないものは自分のものでない、だから今持っている普通預金に執着がある、みたいな効果が働いているせいではないか、とセイラー先生は考えた訳です。だったら最初に、持たせたいもの、たとえば分散投資するバランス型ファンドを持たせてしまえばいいじゃないか、となった訳です。これがバイアスを逆手にとったケースです。

❷給料天引きもやり方次第[*20]

望月：もうひとつ例を。アメリカでは貯蓄率が低いのが問題視されておりました。だからたとえば401Kの拠出金は給料から天引きにする訳です。天引きなら最初に「加入する、毎月いくらいくら拠出する」とサインアップさえしておけば、後は本人が貯蓄とか投資とかを毎度毎度自由意思でやらなくても、勝手にお給料が払い込まれる前に差し引かれますから。ところが、なかなかこれにサインアップしてくれない。なぜかと言うと、アメリカは日本ほど若い間でも自動的にはお給料が増えなくて、だから天引きされると手取りが減ってしまう訳ですよね。減るのはイヤですよね。減るのではなくて貯金しているので、もちろんそれは自分のものなんですけれど、来月から手取りが減ると思うとイヤな訳ですよ。で、どうするかというと、「わかった。次に昇給があったら、その昇給分の半分を貯蓄するということにしない？」と持ちかける訳です。

この事例は、こんなふうに考えることができます。貯蓄は他人のものではなくて自分のものではあるけれど、それが使えるようになるのは何十年か先だから、今使えるのに比べると嬉しくはない。けれども、投資するのだから、使えるときになったら増えていると期待できる訳で、そこはある程度オフセットし合う。遠い将来まで我慢する分だけ、それに見合った報酬もちゃんとあるんだよ、両者合わせるとトントンだ、と。それなら今日投資するのも、今日使ってしまうのも、その財産を持っている本人にとっての嬉しさはあまり変わりないはずだ、あるいは変わりないように投資するはずだ。これが正統派標準ファイナンス理論の考えです。しかし実験や実証をやってみると、人って、遠い将来——遠いと言っても別に何十年も先のことではなくて、それが10年先、数年先であっても——そういう標準理論が言うほどには、遠くのことには気がいかないみたいで、今のことの方が将来のことより嬉しい。ずっとずっと嬉しい。たばこを吸う人や、それから子どもなどは特にそうですよね。ということで、基本的にみんな宵越しのお金は持たない、持ちたくない。それに対してどうするかというと、じゃあ、お金を貯金しなければならない方も将来の話にしてしまおう。本当は昇給がここまであったはずなのに、手取りではそれがこれだけ減る、これは嬉しくない。でも、それを今日ではなくって、先の話にしてしまおう。その嬉しくないことも将来だから、嬉しくなさもちょっとは小さいはずでしょう？

経済学が隅からから隅までそうだという訳ではないのですが、標準的な経済学って、個人の自由意思による選択が何よりも大事なことのひとつだと考えているように自分には見えます。だから、人に何事かを強制するのではなくて、自由意思で望ましい選択肢を選ばせよう、少なくとも経済学が考える望ましい選択肢を選ぶよう人を仕向けておいて、でも人それぞれがそれを選んだのは自由意思だと本人は思うように、仕向けた側としては自由意思だという振りができるようにしよう、それが一番うまくいく作戦だと。

角田：目標設定としての自由意思って、社会の目から見て合理的な方向に人々の選択を仕向けるような制度設計のようですね。法律家から見ると、自由意思というのは自己責任の裏なんですよ。自己責任というものと表裏の関係にあるところの自由意思というのは、あまり考えておられない感じに聞こえたんですけれど、その理解は間違っているのでしょうか。

望月：逆に規制でやりますと、自己責任ではなくなってしまいますよね。だから、そこのところは、本当は「だって、これを選んだのはおまえだろう。別に押し付けてないよ」と言いたいが故なのかもしれません。そこに目的がある訳ではないですが、あくまでも、それが表目に出ても裏目に出ても、その成果はご本人のものなので……。

角田：そういう意味では、自己責任なのでしょうね。

望月：はい。そういう形で意思を尊重するが故に、尊重しないと思った方向に進んではくれないが故に、本人に選ばせる。それでも「いいや、自分は貯蓄をしない」「いいや、自分は断固として納豆を食う」と言うなら、納豆を食べさせてあげればいいのだし。

角田：お話をうかがいながら、法学の分野で内田貴先生が提唱された「制度的契約論」というものを思い出しました。「特定の当事者同士の契約関係でありながら、一方当事者が、同様な契約を結んでいる他の当事者や、まだ契約関係にない潜在的な当事者への配慮を要求されるような性質の契約」で、典型例は、それまで行政的な措置によって給付されていたサービスが、民営化されて締結されるようになった契約です。

有名なものとして、ある私企業の年金契約をめぐる集団訴訟があります。これは、1960年代から導入されていた、社員退職金規程に基づいて受け取った退職金の一部を年金原資として会社に預託し、それに一定の給付利率による利息を付して一定期間にわたって支給するという福祉年金の給付利率を、2002年9月に、それまでのような労使合意によらずに全退職者一律に2%引き下げることにしたのですね（利率は長らく10%でしたが、1990年代後半以降、労使合意によって漸進的に一定時期以降の退職者を対象に利率引下げがなされています）。古典的な「契約」の理解を前提にすると、個別の合意もなしに給付利率が最大で12%あまり削減される……これは受け入れがたいということで、訴訟になった訳です。

裁判では、問題の福祉年金制度は、「契約」によるとは言いながら個別の交渉で条件を変更することを認めると、退職年次が近接しているにもかかわらず給付利率の引下げ幅が異なるといった不公平を来すことになるなど、私的企業年金の「制度」としての性格を加味した「契約」観が必要ではないのか争われました。裁判所は企業年金制度の論理を参照しつつ、95%近いものの同意が得られていたことを重視したのですが、オプトアウトの可能性も認めずに、これを契約と言っていいのか、という批判もあったのです。*21 そういう意味で行動経済学の考え方と法律論とは、緊張関係を生み出すことも十分考えられるように思われます。

ロボット・AIと共存する社会を考える

角田：すみません、いろいろと話題が飛んで恐縮ですが、プレゼンテーションの最後の方でお話いただいたロボットやAIと共に働くような社会について、もう少しお話をうかがえればと思います。特に、AIにも説明責任を果たすよう注文を付けておられたのも興味深くうかがったのですが、まずは、ロボットとの付き合い方というか、コミュニケーションのとり方についてはどのように考えておられるのでしょうか。

望月：平田先生も言及しておられる石黒浩先生の、「中で何が起きてもいい、ロボットが人と会話していてもいいし、このロボットと自分は会話できていると人に思わせてくれるだけでもいい。それだけで、その人は十分にAIとコミュニケーションができていることになる」というコメントは大変重要だと思います。会話している気になっている人間の方の会話している気がある程度高まれば、会話相手のロボットなりアンドロイドなりを人のように扱いたくなるという意識を持つということですよね。ただし、そのとき、アンドロイドの中で本当は何が起きているのかはわからないし、人間扱いされて喜ぶかどうかはわからないでしょう。

人間は駆逐される……のか?!

望月：何年か前から時々話題になる、AIにとって代わられてなくなる仕事50種でしたっけ、ありましたよね。ちょっとだけ経済学をかじった人間として言いますと「何スカタン言っとるんだ」なんですよ。イギリスで起きたエンクロージャという、囲い込み運動がありましたけれど、それで本当に人間が羊に喰い殺されましたっけ。*22 その後、ラッダイト運動というのもありましたが、人間は機械に駆逐されましたっけ――いや、我々人間は生き延びましたね。新しい仕事が生まれたからですな。

それから、人間に悪いことばかり起きたんでしたっけ。なぜ駆逐されるって話だったかというと、機械でやった方が効率的で、同じものが安く作れるからだ。ということは物価が下がる、しかも消費者としての我々にとってはとてもいいことが起きる。なので人々はいいものが安く手に入るようになり、そんな安くていいものがありふれてしまって、我々はもっと他のものに価値を見出すようになった。第一次産業から第二次産業から第三次産業へ。社会の産業構成がなぜ変わってきたのかというと、消費者というか、買う側がありがたがるものが変わってきたからですね。まずは「ご飯が食べられなくちゃ」から、「車が欲しい」から、「より良いサービスを」というように。食べ物が安くなった。飢え死にしなくなった。車も安くなった。でもサービスは、生産性が上がらなくて値段も安くならない。そんな時代が長々と続いていて、どうしてなんだろうと思っていたところへ、ついにやって来ました、自分で考えを持てるロボットさまの登場です、というのが今なり今後なりなのかもしれません。

この段階に至ると、サービス産業、たとえば金融業界の、世間さまに言わせると高いらしいお給料は下がるかもしれません。もっと劇的に人間は金融サービスから駆逐されるかもしれません。でもそうなったときは、かつては人間がやっていたサービスが、もはやありふれた世の中になっているでしょう、というのがひとつ。ラップ・サービスは、安くなったけれど誰もありがたがらなくなる、ということです。たぶんそんなときが来ても、人々がお金を使う対象が変わっていって、そこにまた新しい産業が生まれている。そこに人間の雇用があったりはしないだろうか、と思う訳です。もうひとつは、今のところ、何にお金を使うかを決めるのは、私たち人間だけだということです。だから、話はロボットが人間の要求をどこまで満たせるかに終始する。これがロボットにも財産権があって、ロボットに対してロボアドバイザーが資産運用のアドバイスをするって世界になったら、さすがに人間は駆逐されるかもしれません。そこに人間が入り込めないかもしれないという意味で。

それに関連して、先日、ビル・ゲイツ氏がロボット課税をと話していたのをどこかで読みました。[*23] 記事の見出しを見てたぶん誰もがこう思ったと思うのですが、ロボットに仕事を奪われる人間がいる訳だから、そのロボットにはちゃんとお給料を払って、稼ぎにも所得税を課そうという話かと思ったら……違うんですね。

角田：そういう話ではないみたいですね。今後、人間がやっていた仕事の多くがロボットにとって代わられる。そういう人々の生活を守ることが、重要な課題だ。ロボットに課税することによって、それを財源として人間の労働者が必要とされている仕事——福祉や教育の分野など——に就くための訓練や支援をすべきだ、というような話でしたね。

望月：という訳で、なくなる仕事は多いと思いますが、お金を使うのが我々人間だけである間は、社会全体で人間の仕事が減る、なくなるということにはならないのではないかと思います。ただ、人間を使う仕事はどんどん変わっていくのかもしれません。私が学生時代に就職活動をしたころは「鉄鋼不況」と言ったのですが、それまで大口の雇い主であった重工業産業が円高不況でもって国内から出てしまい、その後、高炉などがどんどん閉鎖されていきました。で、鉄鋼業界の仕事は減る。でもその一方で、また別の産業が栄えて人を雇い、日本全体で見ると、別に仕事は減らなかった訳です。経済学の人たちは、目の前にいる仕事を失った人、仕事に就けない人が、短い間に何とか、人手を増やそうとしている別の産業に移っていけるようにするためには、どうしたらいいかを考えるのだと思います。職業訓練とかの話になるんですけれど。訓練が実を結ぶまでその人は稼げないので、その間を支えてあげるためには、失業保険とかマイナスの所得税とかベーシックインカムとか、そういう制度で最低限の生活は支えると。

そこから先は……、また最低ラインをどこで引くかというのは社会のコンセンサスですが、昔はこんなに稼いでいたのだから、それと同じぐらい貰わないとイヤだって人もいるでしょうね。でも、だったら頑張って新しい技術を身に付けて、新しい仕事でも前の仕事と同じぐらい成功してくれと。この辺り、運用業界で日常的に起きていることと変わりないと思うのです。長年かけて身に付けた技術が、社会や経済や産業の構造変化でもはや求められないものになるのって、買った株が値下がりしたのと変わらないことないですか？「残念だったたな、きみは間違っていた、その大昔にきみが買った株は今は値段が下がっているんだよ。でも、それを自由意思で選んだのはきみだったはずだろ」って。でも人間の仕事の場合、「きみが生きていくために最低限必要なこと（最低賃金とか生活保護）は用意するから、そこからもう一度這い上がれるかは、きみ次第だ」という保険が、今の我々の社会には用意されています。我々人間が財産権を握っている間は、そういうのが続くんだろうなあ、という気がいたします。

これまで、機械やコンピュータは人間でやるとコストが高すぎて割に合わない仕事で主に使われてきました。あるいは、機械やコンピュータが発達して、人間でなくてもそういうものでできる仕事はお給料が安くなり、そういう仕事を経て提供されるモノやサービスの価格は下がりました。最近よく言われるようになった、お給料の高い「知的で高度な」仕事を担うのが人からコンピュータに置き換わっていくと、逆のことが起きるでしょう。つまり、機械を使ったのではコストが高くて割に合わないけれど、人間を使えば、ひょっとするとお給料が安くなったが故に、安くなった人手を使えば採算がとれる、そんなことになるのではないでしょうか。金融業界で私がいただいているお仕事も消え、翻訳の仕事も消えるまで、そうかからんのかもしれませんが、それで食べていけなくなったら、誰でもない自分が悪いんです。仕事がある間に修行を怠って、せめてセヴン・オブ・ナイン[*24]だかデータ少佐[*25]だかゴーレムXIV[*26]だかに使ってもらえるような手に職を付けておかなかった訳ですから。

（2017年2月24日収録）

ロボットと仕事を、経済的に

望月衛

イントロ

僕は、営利追求組織、中でも何ものかを安く買って高く売って差額で儲ける運用会社で働いており、ついでに趣味で、英語の本を日本語にするなんてこともやっている（人はそれを「横のものを縦にするだけ」と称する）。どちらの営みも気に入っているのだが、最近、どちらも先行きが怪しいという論説や論文を見かけるようになった。運用会社でやっていることも、趣味でやっていることも、そのうちAIにとって代わられると言う。そう言えばまだ20世紀だった頃、職場の同僚から、自動翻訳ソフトが一番発達しているのはグローバルなメーカー、たとえばGEだ、彼らは、多数の言語に自分たちの作業マニュアルを翻訳しなければならず、またマニュアルはどんどん更新されるので、翻訳業者を雇うよりも自分のところのプログラマーに翻訳ソフトを書かせた方がよほど安くつくと判断したからだと聞いた。思えばあの頃、もう終わりは始まっていたのだ。そして今、こういう本を出そうという角田先生や工藤先生のような方々がおられるということは、もういい加減、法律も整備しないとヤバいところまで来ているということだろう。

僕は法律に関してもロボットに関しても良く言ってエンドユーザー、平たく言ってど素人である。角田先生、工藤先生とお話をして、それを改めて思い知らされた。そこで、せっかくの機会なので勉強することにした。僕が動ける間に運用だの翻訳だのがロボットにとって代わられるなら、今のうちに、駆逐されない手に職と趣味を手に入れないといけない。そんな動機のもと、僕が勉強して知ったことを経済の側面からまとめてみることにする。

1 総生産量

(1) この世に悪い技術革新なんてものはない

ロボットや最近話題のAIに限らず、経済全体のレベルでは技術革新は必ず良いことをもたらす。あるいは、技術革新が良いことをもたらすというのはトートロジーに近い。「より少ない投入量でより多い産出量」、あるいは「同じ投入量でより多い産出量」をもたらすのが経済的な意味での技術革新だからだ。新しいモノやサービスも広い意味では、「より多い産出量」のうちだと考えていい。新しい何事かが、モノやサービスとして流通するなら、それは産出量の増加、少なくとも増加する可能性があるということだから。

(2) 技術の革新とその伝播

技術革新は天から雨のように降ってくるわけではなく、目的やインセンティブを持った誰かが実現するものである。技術革新を実現した人は、他社と同じものをより安いコストで生産したり、他社と同じ価格でより優れたものを販売したりできるので、同業者より大きな儲け、つまり超過リターンを獲得できる。

そうした技術革新は、様々な経路をたどって発明者から社会全体に伝播する。技術供与が行われたり、特許によって存在が世間に周知され、特許切れによって広まったり。あるいはMaster of the Universeからその弟子へ伝授され、弟子ののれん分けなり裏切りなりによって他社へと移植されたり、あるいは産業スパイに盗まれたり(?)、といった経路で新しい技術は世間や業界全体に広まり、当初は開発した人や企業に超過リターンをもたらした新しい技術は、もはやありふれたものになり、超過リターンは消え、業界全体の生産性の向上が残り、経済全体の産出量あるいは可能な産出量が増加、社会全体が豊かになる。経済系の人たちが技術革新に好意的、技術革新の進んだ未来に楽観的なのは、おそらくそうした考えによるものと思う。やや乱暴だが、こういう言い方をしてもいいかもしれない。「技術革新でモノやサービスは安くなる」と。

（3） 本当の問題の所在、あるいは、私はいかにして心配するのを止めて、ロボットを愛するようになったか

そうした考えに基づけば、「今、此処にある問題」とは、ロボットやAIが社会・経済に増えてきたことではない。むしろ、ロボットやAIが社会・経済にもっと増えて生産性が向上し、与えられたリソースの下でもっと生産量が増えていないことが問題なのだ。たとえばAIやオートメーションが経済に与える影響を分析したアメリカの調査報告書によれば、オイルショック以来停滞していた生産性の伸びは、1990年代後半から2000年代の前半にかけて一時改善したが、その後は再び停滞している。1990年代後半はインターネットが普及した時期でもあり、ニューエコノミーなどという言葉も生まれたが、生産性の伸びがインターネットのおかげだったかどうかはわからない。状況証拠は挙がっているが、直接的な証拠がある訳ではなさそうである。

（4） 異論：生産性は本当に向上していないか

近年の技術革新が社会に果たしている役割を、GDPなどの経済データは十分に捕捉していないという主張もある。たとえば、暇な時間に他人のツイッターを見ている人は多いし、歩行中や電車に乗っている間に携帯端末を見つめている人はとても多い。しかし、そうした効用は経済統計にはなかなか現れない。ほとんど機会費用がない、つまりタダだからだ。論者によっては、「ロボットが奪うのは、仕事ではなく余暇だ」とも言う。

2 分配

経済全体の集計量で見ると、ロボットを含む技術革新は社会を豊かにする、という点に関しては、あまり異論は見られないようだ。一方、そうして豊かになった分は誰が手にするのか、つまり分配の面では懸念すべき点もある。

(1) **格差の拡大**　同じモノを生産するのに、ロボットなどの機械設備(≒資本)を多用する方法と人力を多用する方法の複数の方法(あるいは、資本を多用する業種と人力を多用する業種)があるとして、前者の生産性が向上すれば人力の価格つまり賃金は相対的に下落、一方資本の価格は相対的に上昇する。生産方法を決めてロボットと人のどちらをどれだけ使うかを決めるのは企業であり、企業は利益を上げるのが目的だから、人力の価格が生産性の低さに見合うところまで十分に下がればロボットが人を職場から駆逐したりはしない訳だが、そういう職場で働いて得られる給料は低くなる。また、人の給料はそうやすやすと、またそう急激には下がらないもののようだから、その場合企業はロボットを多用した方法の方を選ぶだろう。その結果、労働力を提供して所得を得る人たち(労働者?)と資本を提供して所得を得る人たち(資本家!)の所得格差は広がる。

(2) **熟練労働と非熟練労働**　そうした変化は、たとえば産業革命の昔からあるものだが、どういう労働がとって代わられやすいかは時代によって違う。19世紀は、熟練労働者が機械化によって非熟練労働者にとって代わられた。20世紀は、非熟練労働が機械に置き換えられ、熟練労働の生産性と賃金はむしろ上昇している。

では21世紀はどうなのかと言えば、これまでのところは20世紀の延長線上の技術革新が多いが、報道や各種の未来予測が大きく取り上げているのは、熟練労働や頭脳労働に属する仕事にロボットが進出するという展開の方である。すでに始まっている動きの例を1つ挙げる。報道によれば、世界でも大手の金融機関で、以前は600人のトレーダーを擁していたトレーディング部門が、今では200人のエンジニアと2人のトレーダーで運営されている。トレーダーと言えば金融機関でも給料の高い仕事であり、ビジネススクールを金融系専攻で出る人たちが目指す職種である。他の業界や職種でも同様の動きがあるのだとすれば、今までは格差を乗り越える一番の方法の1つだった、高等教育の獲得・提供が将来には有効でなくなるかもしれない。トレーダーでなくなった人たちは、金融機関でもトレーダーほど儲からない仕事をするか、ロボットよりも安くつく給料を受け入れるかのどちらかになるのかもしれない。

(3) 勝者《スーパースター》(ほぼ)総取り　賃金が下がれば資本の収益が上がるはずだが、データを見るとそうなってはいないとの調査がいくつかある。生産性の向上で経済の生産能力が高まり、一方で賃金一般が下がるなら資本一般への分配が増加してもいいはずだが、労働分配率も資本分配率も低下している。つまり、企業が人を雇い、設備を入手して事業を行って利益を獲得しようというときにかかるコストは、むしろ低下している。上昇しているのは利益であるということになる。利益が見込める事業や分野があれば新しい企業が参入し、価格が競争で低下するか生産要素の価格が上昇して利益は低下するはずだが、そうなっていない、つまり持続的な超過収益が生じているということになる。

それに加え、特定の企業への集中度が高い業種ほど超過利益が大きく、また集中度が高い業種ほど労働分配率が低い。これは、そうした企業が価格を高く設定することで利益を最大化している可能性をはらみ、経済全体の厚生の最大化という観点からは望ましい状態ではない。

大きな利益が実現しているのに競争でそれが消滅しないのはなぜか。原因は解明されてはいないようだが仮説は論文などで示されている。すなわち、エンタテインメントやスポーツのように、ある供給者と別の供給者の提供するモノやサービスがまったく同じではなく、代替が不完全であり、また需要側ではある人の消費が他の人の消費を妨げないモノやサービスでは、一握りの供給者に需要が集中し、彼らは大きな超過利益を獲得できる。この特性はインターネットなど、情報技術が大きな役割を果たす業種に顕著な特徴であり、世界長者番付の常連に、そうした業種に属する業界大手企業の創業者兼CEOが名を連ねているのは、この考えの状況証拠であると言えるかもしれない。

3 人間の仕事はどうなる?

今後、AIの発展でロボットが一層賢くなり、社会にさらに進出してきたら人間の仕事はどうなるだろう。意見はだいたい、仕事の数あるいは量(時間で測って)が減る/増える/わからない、の3つだ。つまりコンセンサスはない。前述したように、技術革新があるとそれまで人がやっていた仕事に必要な人手が減ったり人の給料が下がったりする可能性がある。汎用のテクノロジーが大きく進めば、社会全体で労働の対価である賃金が下がり得る。ただその一方で、技術革新に対応した新しい仕事が生まれたりもする訳で、社会全体で見ると、将来なくなる仕事と新しく生まれる仕事のどちらが多いかはわからない。そんな中で、わかっていることは2つある。1つには、技術革新で効率が良くなった業種では、少なくとも短期的に、なくなる仕事や仕事を失う人が出る。あるいは、仕事はなくならなくても、給料や稼ぎが減るかもしれない。しかしもう1つには、産業革命以来の200年を超える期間で見て、技術革新が続くなかでも、社会は新しい仕事を生み出し、仕事を失った人たちを吸収してきた。今後も、そう期待していいかもしれない。

ただ、物価が上がっても賃金が上がらないなど、そうした過去にありがちだったのとは相反する現象も最近起きているし、チェスや将棋で最高峰の人間にコンピュータが勝ったとか、ロボットが東京大学に受験するのを諦めた（でもヒト科の受験生に混じって受けた模試ではトップ20％入り、一流大学A判定ゲット）とか聞くと、もう、ロボットにできて人間にできないことはあっても、人間にできてロボットにできないことなんて、愚かなこと以外になくなりそうな気さえする。

4　オレの仕事はどうなる？

AI脅威論の論説の多くが、これからAIが滅ぼす仕事の話をしている。これからの技術革新、特にAIの発達で、どんな仕事がなくなるだろう？　この点に関しても、意見は様々だ。人によってはロボットが給料のいい仕事から人間を駆逐すると言うし、人によっては、駆逐されるのはむしろ単純で給料の安い仕事だと言う。今回読んだ論説や記事の範囲で言うと、意見が割れているのは、想定している時間の長さが原因だ。

前述のように、20世紀以降の技術革新は、主に非熟練労働の効率化を促した。その延長線上で考えていくと、残るのは機械で置き換えるのにも値しない、給料の安い仕事ばかりだということになる。たとえば翻訳なんて、もともとペイのいい仕事でもなければ誰にでもおすすめできる趣味でもないけれど、その人が翻訳したというだけですでに数万冊も売れるような、もちろん訳す元の言語に関しても訳す先の言語に関しても奥義を極めている翻訳者の皆さんはともかくも、僕などは早いところ他の趣味を見つけた方がいいのだろう。

一方、将棋とか受験とか、何なら資産運用とか金融取引とかにAIが進出していることに注目する人たちは、命以外にたいしたものを親から授からなかった僕みたいな人間が、人並みの生活を手にする唯一の道だった教育が、今後はこれまでの機能を果たさなくなると言う。教育を受けることで手に入れられた熟練労働はロボットが担うようになるからだ。ただ今のところ、AIがどんどん賢くなって、それまでは教育を受けた人の頭の方が勝っていた分野のいくつかでAIが人を上回り始めているというところまでであり、AIが人を駆逐するところまで行っている分野は、まだそう多くなさそうだ。そういう分野で近い将来に起きるのは、仕事の内容の変貌なのかもしれない。警備員の主な仕事が、警棒を携えての見回りから、監視カメラでのモニタリングと警報装置の操作に変わったように。あるいは、熟練／非熟練の境界が、どんどん熟練度の高い方へ上がってきているのかもしれない。僕は職探しはしなくていいかもしれないが、とうぶん持たせようと思ったら老骨に鞭打って勉強を続けるべきなのだろう。

5　終わりに

この世の始まりの頃、働く日と言えば週6日だった。日本ではバブルの頃に週休2日が広まり、今や週休3日や7時間勤務制が論じられるようになっている。そうした間にも、1人当たりのGDPは成長を続けている。人間は技術革新で余暇を増やし、今ではその余暇に最新の技術革新を活用している。将来、働く時間や日数はどんどん減り、24世紀頃には、仕事と言えば、ローマ市民のようにlaborではなくworkを指すようになるのかもしれない。でもそんな、スタートレックのデータ少佐とリプリケーターとトランスポーターの時代は——VRはヒト科のもっとも基本的な楽しみのために活用され始めているようだから、ホロデッキが生まれるのは、結構早いかもしれないけれど——当分先のようだ。

●参考文献

David Autor, David Dorn, Lawrence F. Katz, Christina Patterson, and John van Reenen, "Concentrating on the Fall of the Labor Share," IZA Discussion Papers 10539, IZA Institute of Labor Economics, 2017.

Ryan Avent, The Wealth of Humans：Work, Power, and Status in the Twenty-first Century, St. Martin's Press, 2016.

Ryan Avent, "The productivity paradox," medium.com, 2017. https://medium.com/@ryanavent_93844/the-productivity-paradox-aaf05e5e4aad

Simcha Barkai, "Declining Labor and Capital Shares," Job Market Paper, University of Chicago, 2016.

"Why taxing robots is not a good idea," The Economist, February 25, 2017. https://www.economist.com/news/finance-and-economics/21717374-bill-gatess-proposal-revealing-about-challenge-automation-poses-why-taxing

Izabella Kaminska, "AI's inflation paradox," Financial Times Alphaville, February 24, 2017. https://ftalphaville.ft.com/2017/02/23/2184973/ais-inflation-paradox/?mhq5j=e5

Paul Krugman, "Robot Geometry（Very Wonkish）," New York Times, March 20 2017. https://krugman.blogs.nytimes.com/2017/03/20/robot-geometry-very-wonkish/?_r=0

Paul Krugman, "Rise of the Robots," New York Times, December 8, 2012. https://krugman.blogs.nytimes.com/2012/12/08/rise-of-the-robots/

Sherwin Rosen, "The Economics of Superstars," The American Economic Review, vol. 71, no. 5（Dec.1981）, pp.845-858.

Manu Saadia, Trekonomics：The Economics of Star Trek, Pipertext, 2016.

Duncan Weldon, "Droids won't steal your job：they could make you rich," Prospect Magazine, March 16, 2017.

The White House, "Artificial Intelligence, Automation, and the Economy," Executive Office of the President, December 2016. https://www.whitehouse.gov/sites/whitehouse.gov/files/images/EMBARGOED% 20AI% 20Economy% 20Report.pdf

Matthew Yglesias, "Robots aren't taking your jobs – and that's the problem," vox.com, July 27, 2015. https://www.vox.com/2015/7/27/9038829/automation-myth

＊1　2016年12月に公表された証券監督者国際機構（IOSCO）のロボアドバイザーに関する報告書に「オンラインで投資助言サービスが提供されている場合に人間の関与の具体的内容」に関する記述がある。それによれば、回答した11か国すべてが重要なポイントでは人間が関与していると回答しており、人間のサポートも提供するハイブリッド・モデルしかない、完全自動化された業者の存在を把握しているのは3か国にとどまる（その場合も、対象顧客を絞り込む、ハイブリッド・サービスの選択肢も与えるなどのセーフガード措置を講じていると指摘）。The Board of the International Organization of Securities Commission, Update to the Report on the IOSCO Automated Advice Tools Survey, December 2016, pp.5-7. わが国のロボアドバイザーについては、「ロボアドと資産運用ビジネス●FPの代替に、目標別のポート管理も一提携急ぐ独立系、IFAにも提供」ファンド情報237号（2017年）2頁以下。

＊2　商品取引はやるな、年率1%は利子配当収入を出せ、といった制約。

＊3　金融庁「顧客本位の業務運営に関する原則」平成29年3月30日。金融審議会市場ワーキング・グループ報告「国民の安定的な資産形成に向けた取組みと市場・取引所を巡る制度整備について」平成28年12月22日も参照。

＊4　森下哲朗「FinTech時代の金融法のあり方に関する序論的検討」黒沼悦郎・藤田友敬編『企業法の進路—江頭憲治郎先生古稀記念』（有斐閣・2017年）771頁以下、817頁。

＊5　民法715条では「ある事業のために他人を使用する者は、被用者がその事業の執行について第三者に加えた損害を賠償する責任を負う」とされており、損害を被った者が会社を訴えるためには、①使用関係の存在、③不法行為が「その事業の執行について」行われたこと（被用者の職務との関連性を有すること）、③被用者の不法行為が成立していること、を立証しなければならない。

＊6　たとえば、金融業者が採用すべきプラクティスを示したアメリカ・FINRAレポートでは、ロボアドバイザーで提供されるアドバイスが法令・自主規制遵守を確保できるようなガバナンス・管理態勢を要求しており、顧客プロファイルの適切性確保のためのガバナンス・管理態勢などの重要性を指摘している。森下・前掲＊4　816頁以下。

＊7　早稲田大学名誉教授、早稲田大学マニフェスト研究所（http://www.maniken.jp/）顧問。

＊8　民間シンクタンクの公表しているマニフェストの評価は総じて芳しくない。PHP研究所「マニフェスト白書」、言論NPO「マニフェスト評価」など。もっとも、北川先生によれば、マニフェストには選挙公約の事後検証を可能にする効果も見込まれているとする。

＊9　「FT.com：EU、独の偽ニュース規制法案を批判」日経新聞2017年3月21日、「FT.com：米大統領選、ツイッターの4分の1が偽ニュース」日経新聞2017年3月28日、Junk News and Bots during the German Federal Presidency Election：What Were German Voters Sharing Over Twitter?, Oxford Internet Institute, University of Oxford, http://comprop.oii.ox.ac.uk/2017/03/26/junk-news-and-bots-during-the-germany-federal-presidency-election-what-were-german-voters-sharing-over-twitter/

＊10　Die Initiative gegen Hasskriminalität im Netz, http://www.bmjv.de/WebS/NHS/DE/Home/home_node.html；Gesetz gegen Hate-Speech；Künast kritisiert Maas-Vorschlag als "Schnellschuss", http://www.n-tv.de/ticker/Kuenast-kritisiert-Maas-Vorschlag-als-Schnellschuss-article19780783.html

＊11　たとえば、東京高判平成9年1月29日判時1597号71頁。

＊12　東京地判平成26年8月6日金判1449号46頁。訴えられたのは、経済・金融専門の外資系メディアである。もっとも、虚偽の「記事の配信につき少なくとも過失があった」とされたが、「公開買付けの不成立との間に因果関係があったとはいえない」として損害賠償請求は認められなかった。

＊13　ジョン・ミドルトン「誤報・虚報被害者の救済法」法学セミナー670号（2010年）22頁以下参照。

＊14　三間地光宏「製品流通後の製造業者の義務について」山口経済学雑誌43巻6号（1995年）173頁以下、Gerald Spindler, Produkthaftung für Finanzmarktprodukte?--Parallelen und Unterschiede, in；Matthias Casper/ Lars Klöhn/ Wulf-Henning Roth/ Christian Schmies（Hrsg.), Festschrift für Johannes Köndgen zum 70.Geburtstag, RWS Verlag, 2016, S.615-635.

＊15　最決平成29年1月31日民集71巻1号63頁。宮下紘・判例時報2318号(2017年）3頁。
＊16　森亮二「プラットフォーマーの法律問題論」NBL1087号（2016年)。
＊17　Richard H. Thaler and Cass R. Sunstein et al., Nudge：Improving Decisions About Health, Wealth, and Happiness,2009. 訳書として、リチャード・セイラー／キャス・サンスティーン著（遠藤真美訳）『実践行動経済学―健康、富、幸福への聡明な選択』（日経BP社・2009年)。
＊18　セイラー／サンスティーン・前掲＊17「第7章　オメデタ過ぎる投資法」189頁以下参照。
＊19　参照、日本証券経済研究所・杉田浩治「確定拠出年金（DC）をめぐる世界の動き」(2015年)。http://www.jsri.or.jp/publish/topics/pdf/1505_01.pdf
＊20　セイラー／サンスティーン・前掲＊17「第6章　意志力を問わない貯蓄戦略」167頁以下参照。
＊21　内田貴『制度的契約論―民営化と契約』（羽鳥書店・2010年)。川角由和「大阪地裁松下年金訴訟に関する一考察―『制度的契約論』考」龍谷法学38巻4号（2006年）1頁以下。
＊22　トマス・モアの第1次エンクロージャー批判「羊はおとなしい動物だが人間を食べつくしてしまう」。同（平井正穂訳）『ユートピア』(岩波書店・1957年)。
＊23　The robot that takes your job should pay taxes, says Bill Gates, https://qz.com/911968/bill-gates-the-robot-that-takes-your-job-should-pay-taxes/　同インタビューに関する記事として、「FT.com：ロボットへの課税にも一理あり（社説)」日本経済新聞2017年2月21日。http://www.nikkei.com/article/DGXMZO13156170R20C17A2000000/
＊24　『スタートレック』に登場する、個体としての名称を持つボーグ（宇宙生物的なもの)。
＊25　『新スタートレック』に登場するアンドロイド。
＊26　スタニスワフ・レム（長谷川一雄ほか訳）『虚数』(国書刊行会・1998年)。人知を超える存在として登場する高性能コンピュータ。

● 参考文献

《AIの資産運用への応用》
酒井浩之・田丸健三郎・ベネット ジェイスン・光定洋介「座談会・AIと資産運用」証券アナリストジャーナル2017年10月号6～27頁
《行動経済学について》
リチャード・セイラー＋キャス・サンスティーン（遠藤真美訳）『実践行動経済学』(日経BP社・2009年)
マイケル・ルイス（渡会圭子訳）『かくて行動経済学は生まれり』(文藝春秋・2017年)
《資産運用業界における学問・モデル化が波及していく過程》
ピーター・バーンスタイン（青山譲・山口勝業訳）『証券投資の思想革命―ウォール街を変えたノーベル賞経済学者たち〔普及版〕』(東洋経済新報社・2006年)

後日談

角田：大変多岐にわたるお話をいただいたんですけれど、まず最初の方から。今、ロボット投信が隆盛なのですが、それに至るまでのお話を振り返っていただきました。その中で興味深い話として、資産運用の判断を人間が行う場合と機械が行う場合で、そのノウハウ、つまり儲かるやり方の伝わり方が変わるか変わらないかというのがありました。Master of the universeがその弟子に伝えるとか、Master of the universeがやっていることを機械に移植するというときには、人間が、どこがポイントであると認識して、それをコピーした機械の状態も、人間があたかも自分の体の延長のように認識できる。それに対して、AIがいろいろな機械学習を経て見出したようなノウハウというのは、どこがエッジかということを人間が知るのが非常に難しくなるのではないかという話だったかと思います。つまり、ノウハウの伝播のパターンが変わるという理解でよろしいのでしょうか。

工藤：まずAIを使うようになると、どこがエッジかわかりにくくなるということはあると思います。ただ、AIを使って取引をしている人間同士は、プレゼンテーションの中でも出てきましたけれど、お互いどんなことをやっているのかある程度察しはついているということがあるので、具体的にどこがエッジかはわからなくても、どういうふうにAIを使いこなしているかという部分に関しては、ある程度察しはつくだろうと思います。

角田：そこは人間が行っている作業だから、だということですか。

工藤：ええ、結局、AIをどうやって使うかというノウハウがなぜか知れ渡って……というふうに、基本的には人間が取引していたときと同じことが起こる気がします。

角田：望月氏とのプレゼンテーション、鼎談を通しての1つのキーワードが、ブラックボックスというものをどう考えるのかだったと思うのですが、AIトレードがよく使われることになったとしても、すべてがブラックボックス化する訳ではないということですね。

工藤：それを設計したり使ったりする人間が必ずいる訳ですから、最初から最後までブラックボックスになるのではなく、ある部分がブラックボックスになる訳です。どこがどうブラックボックスになっていて、どこにどう人間が関わっているかというようなところを、きちんと区別して考えることが大事になるのだと思います。

角田：次にあったのが、ロボアドバイザーの話です。人間が行っていた金融商品の営業というものが、ロボアドバイザーによってロボットに置き換えられてしまったのかという問いを立てたとして、確かに機械によって省力化であるとか、低コスト化という変化が起こってくるけれども、その程度のことにすぎないのではないかという話でしたよね。あれをロボットと言っていいのか、というコメントもいただいたところです。アメリカの現状レポートみたいなものを最近読んだのですが、それによると、ロボアドバイザリー・サービスといえども、ハイブリッド型と言って、機械のすすめる商品について人間からもアドバイスが欲しいと思ったならば、その可能性を認めているものであったり、あるいは、とにかく人間のサービスとロボットのサービスを組み合わせてコストを低く抑えているものであったりというのが、市場を席巻しているようです。完全に機械に代替して人間の仕事がなくなるとか、そういう話ではないし、むしろ機械がどう動いているかを監視するという新たな人間の職業も生まれているという話が出ていましたね。だから、川口大司先生がおっしゃった機械代替の話ではないですが（→72頁以下）、ロボアドバイザーになったときに人間の仕事がなくなっているという訳ではないようですね。

それから、望月氏のコメントで非常に印象的だったのが、人間がすすめていた場合とロボットがすすめていた場合とを比較したとき、ロボットもブラックボックスかもしれないけれども、訴えられる会社からしてみれば人間もブラックボックスであるという話でした。あれはちょっと、法律家として黙っていていいのかなと、実は躊躇したんですね。人間の場合はやはり過失があった場合には法的責任を負う、ということになります。望月氏のお出しになった例では、この商品をすすめたことで自分のボーナスががっぽり入るという話と、この商品を買えばそのお客さんがものすごくハッピーになると本当に信じ切っていた話とを区別できないということでした。でも、やはり両者は違うと思うのです。営業担当者ならAIとは違って、おすすめにあたってルールに則って説明責任を果たすべき存在ですし、あと、営業担当者が何を考えていたかは、故意ならともかく過失なら問題としないので、この点をもってブラックボックスだというのもちょっと違うように思います。過失は客観化していて、なすべきことをしなかったことを問題としますので。でも、具体的にどんなルール違反があったかは、これは被害者の方が具体的に特定しなければいけないのですが、それはそう簡単なことではないというのがまず1点あります。もう1つあるのは、おそらく契約書の中で、「リスクがあることなどきちんと説明を受けたので、私は理解しています」ということについてサインをしていると思うんですね。そういう会社側が免責を受けられるような条項がほぼ確実に入っている。その条項の効力がそのまま認められるかどうかを争うにしても、それもなかなか大変で、おそらく会社に重過失があったのに責任を負わないとしたのなら、効力が認められない可能性が高い。重過失があったのかとそれを顧客側が立証するのはすごく大変なことなので、人間がすすめた場合だってブラックボックスだと言うのは、確かに言われてみればブラックボックスというものに近いかなとも思えてしまって、それで黙っていたということでした。

工藤：それに関してなのですが、僕は鼎談のときはどちらかというと、人間もAIもブラックボックスでどちらも同じだという見方に同調していたのですが、角田先生のおっしゃった法律的な観点とはまた少し違った観点から、必ずしも同じではないのではと思い始めています。それにはきっかけがあって、最近、ゼイナップ・トゥフェックチー（Zeynep Tufekci）さんという方の講演のビデオを見たんです。その中で言われていたことなんですが、たとえば、会社が人を採用するときに、その判断を補助するようなAIシステムを導入したとします。そのシステムは、今までどういう人を雇ったらどんな働きぶりであったというような過去の実績データをたくさん学習して、それに基づいて、この人を採ったらいい、という提案をするというようなものになるでしょう。その学習の結果、たとえばですね、白人を採った方が有利であるとAIが判断する可能性があると言うんですね。もちろん、AIが直接「白人を採った方が有利だ」という訳ではなくて、有意に白人ばかりを推薦するようになるとかですね、そういうようなことがあり得るという訳です。現実にその社会に差別が存在していて白人が有利であったとしたら、結局そういう社会の中では白人の方が成功する確率が高いので、過去のデータを見る限り白人を採用する方が有利だと結論づけられてしまう訳です。人間の人事担当者であれば、差別によるバイアスのせいでこれまで白人の方が有利だったのであれば、これまでの実績を理由に白人を優先的に採るということはいけないことだというふうにされる訳です。差別をなくすように努める倫理的な責任がある訳です。ところがAIの場合は、差別も何もなく単に今までの実績から学習して「機械的に」結果を提示しているだけなので、AIシステムに仕事を放り投げることによって結果的に倫理的責任を回避できるようになってしまう。でも本当にそれでいいのかということを、その講演の中で言っていたんですね。そういう観点はあると思うんです。だから、同じブラックボックスではあったとしても、やっぱり倫理的な責任を負うべき主体である人間が、それを負わなくていい……というか負いようがないというか、そういうAIシステムに倫理的責任を伴う判断をまかせてしまうことには、慎重にならなければいけない側面があると思います。

角田：そうですね。今の関連で言いますと、後半の鼎談で話題になった政治の方ですね。選挙活動にボットを投入するのと、金融市場でロボットが投資を行うのと、何がどう違うのかということにも関係してきますよね。いろいろ意見交換しましたけれども、基本変わらないのではないかというのが望月氏のお考えだったのですが、今の話だと、選挙活動というのは人間の主観的なものに非常に強く関わるのに対して、金融はお金の計算であり価格の話でありますので、やっぱりそこでちょっと差が出てくるかもしれないということですよね。

工藤：はい。やはり倫理的責任みたいなものがより深く出てくるであろう政治の方が、AIの導入にはより慎重になるべきだという主張はあり得ると思います。

角田：今の点に関連する個人情報保護法制のトピックスに、「プロファイリング規制」というのがあるのですが――これは要するに、購買履歴などからセンシティブな情報が機械によって自動的に推知されてしまって、知らないうちに自分に関する重要な決定がされてしまうことを阻止する権利が人間にはあるんだと。こういった権利がEUでは導入されることになっているんですね。倫理的判断は人間に留保すべきだという話は、EUの個人情報保護法は人権をベースにしてますから、こういった権利として制度化するという議論がしやすいのだろうなと思いました。

それから、前半のプレゼンテーションの最後の方でいただいたものとして、金融にAIが入ってくるとしても、サービスを享受する側はやっぱり人間なので、AIにも人間が納得できる説明責任をという、そういうリクエストで締めくくられました。これもなかなかインパクトのある提言だったように思います。これは、AI開発者にとっては、喉元のナイフのようなものではないかと思ったのですが。先ほどの人事採用でAIを用いた場合の話もありましたけれども、結果しか出さないから説明責任を果たしていないではないか、という気も若干したのですが、この辺はいかがなものでしょうか。

工藤：確かに入力をしたら最終結果だけを出してくるシ

ステムで、どういう理由でその結果が出てきたのかを後からきちんと解明するのは難しい。ただ一方で、技術的な課題を与えられたら、それに向けて手法を開発するのが工学者の基本スタンスだというのもあるんですね。ですから説明責任を果たす必要があるというお題を与えられれば、今ある技術で対応できないならば、新たな技術開発をするだけだとも言えます。もちろん、新たな技術がすぐに実現するとは限りませんが……。それから、説明責任とはこういうものだときちんと定義して、課題設定が明確にされる必要はあります。現実の課題を扱うときは、課題設定を明確にする作業の方が、その後の技術開発よりも難しいということもしょっちゅうあります。

角田：なるほど。後は選挙活動へのボットの投入という話のなかで、マスコミは社会的責任を負う主体として存在するのに対して、ボットは責任主体として存在していないから、そこは大きな違いではないかということを私が言った後で、「いや、出所を突き止めて責任をとらせるというのはありなんじゃないか」ということになりましたよね。それはそうなんですけれども、こんな話もあります。ネットの掲示板で誹謗中傷されたので訴えたいというときに、まず誰がそんな書き込みをしたのかを突き止めるために、発信者情報開示請求というのをやります。その開示請求ができるというのは、プロバイダー責任制限法という法律にちゃんと認められた権利なんですけれども、ある弁護士さんから聞いた話によると、その権利行使をするために弁護士に頼むと、IPアドレスの開示とかそういうものの結果を得るために20万円かかるそうなんですね。1件20万円と言っても、突き止めて結果が出たら、その人を相手にまた裁判を起こすという話なのです。さらに弁護士に頼むとそれなりに費用がかかりますし、手間も時間もとられるので、これは結構違いとしては大きいのかなと思ったんですよ。量的な違いにすぎないものも、差が膨大になると質的な違いになるという話が後半でありましたけれども、これもその話に近いのかなと思いましたね。

ただ一方で、ある意味では、量的な変化という側面も否定し切れないと思いますのは、2017年1月31日に検索エンジン……、ネット上の検索の結果として自分の逮捕歴が出てしまう、その記事の削除請求をした事件についての決定*が出たんですけれど、その中で検索エンジンも1つの表現行為を行っていて、現代社会においてマスコミに近いような役割を担っていると最高裁が言っているようにも見えるんですね。なのでまあ、連続性が全くない断絶した世界だということにも若干の躊躇があって、プラットフォーマーという言葉がありますけれど、そのプラットフォーマーとしての責任というのがあっていいのではないのかなと、一方では思っているのです。質的変化という面もありつつ、なおかつ連続性もあるという状況ではないのかなと思います。

工藤：全くその通りで、ロボット技術やAI技術の話をすると、そういう話はよく出てきます。新しい技術ができると新しい問題もどんどん出てきてしまうのですが、よく考えてみると、それは質的に新しい問題ではなくて従来もあった話で、たとえば一度に処理できるデータの量が桁違いに大きくなったとか、影響を及ぼす範囲が桁違いに大きくなったとか、そういう量的な違いでしかないということがたくさんあるんですね。ただ、その量的な差が非常に大きくなると、もう質的な差に匹敵するほどの問題になってくるわけです。その場合、どこまでが量的な差でどこからが質的な差なのかとか、何を従来の枠組みで考えて、何を新たな枠組みで考えるかとか、そういう線引きはとても難しい問題になったりします。

角田：なるほど。線引きをどうするかに絡んだ話題として、ちょっと話が戻ってしまうのですが、プログラム・トレードのときに、バグがあった場合は、話は別ですねということで、話を分けて議論していたと思うのですけれど、バグがあったというのはなかなか裁判で立証するのは大変だと思うのですよ。だから当事者からすると、バグがあったというのはブラックボックスと言っているのと何が違うのだろうとちょっとだけ気になったのですが、やっぱりバグというものは明確に分けるべきものなのですか、工学的に見て。

工藤：分けるべきものだと思います。こういう入力に対してこういう結果が出るようなシステムが欲しいと思って設計したにもかかわらず、どこかが悪くて期待した結果が出ないものを作ってしまったら、それはやっぱり設計のミスかプログラムのバグなんです。それはブラックボックス、つまり学習結果のパラメータの意味を人間に理解可能な形で解釈できないこととは、概念的に全く別のものです。確かに裁判で争うとか、そういう具体的な場合に、切り分けが難しいということは起こると思います。しかし、ただ区別が難しいケースがあるからという理由で、最初から区別せずに一緒くたに議論していいというものではないと思います。

角田：わかりました。それから最後の方で……ロボットがお金を持つようになって、ロボットが投資信託を買うようなそういう時代になったら、どういうサービスを享受したいかというのは、それは人間の予測はなかなか難しいので、そうなってくると金融業界から人間の居場所がなくなるかもしれない。しかし、当分はそうはならないから、ロボット・AIとうまく一緒に働きましょうということでした。ところで、そのロボット・AIと一緒に働くことが何をもたらすかということについて、「勝者《スーパースター》の経済学」という労働経済学の話題も提供いただきました。一握りの勝者《スーパースター》と大勢の貧乏人から成る社会になると。個人としては大変だろうが新しい職が生まれてくるし、社会全体としては豊かになるのだからと楽観視することで思考停止していない辺りが、大変おもしろいと思いました。これについてはいかがでしょうか。

工藤：すでに8人の富豪が世界の下位半分の人と同じだけの富を持っているそうなので、ロボットがなくても十分そんな世界になってるじゃないかと、まず思いました。**8人の富豪はIT系が多いみたいなので、つまりITによって、すでにかなり富の不均衡は発生している訳で、ロボットやAIの登場がそれとどう関係するのかに興味があります。メカニズムとして同じなのか違うのか。このままのペースで不均衡が進むのかさらに加速されるのか。ITの場合は、場所などの物理的な条件に拘束されずに世界中で同じようにサービスを提供できるという点が画期的だった気がします。AIはともかく、ロボット（物理的に世界と関わるという狭い意味でのロボット）というのは実体があるので、そういう意味では物理的な条件に強く拘束されます。瞬間移動はできないし、複製も手間がかかります。だからITとはモノが違うという気はするのですが、富の不均衡という観点から見たときに、違いがあるのかちょっとわかりません。考えてみたいと思います。

角田：おもしろい問題提起ですね。AIやロボット技術がもたらす効果について、法学の世界でも経済学の世界でも、これからいろいろと研究が盛り上がりそうです。

＊　最決平成29年1月31日民集71巻1号63頁。

＊＊「世界の大富豪上位8人の資産、下位半分36億人の富に相当」ロイター2017年1月16日。http://jp.reuters.com/article/davos-meeting-inequality-idJPKBN1500T1

第 8 回

医療・介護ロボットと法

民法・医事法　東京大学
米村滋人

本日のゲストは、東京大学の米村滋人先生です。米村先生と言えば、東京大学医学部在学中に司法試験に合格され、混沌とした民法・不法行為法学に鮮烈デビューされた異才（遠藤典子「アマデウスたち Loved by God K.015 米村滋人―ゴールは制度としての医療改革」週刊ダイヤモンド 2007 年 7 月 21 日号 130 頁。http://diamond.jp/articles/-/4679）で、民法の研究教育と並行して、循環器内科医として病院で診療にあたってこられたご経験に裏打ちされた『医事法講義』（日本評論社・2016 年）は、難題山積の医事法の世界を深く、広く見通す、最先端にして最高峰の体系書として知られております。

多方面でご活躍されている米村先生ですが、最近は、大学病院などの倫理委員会の委員を務めていらっしゃる関係で、最先端分野の医療や医学研究に関連する法律問題の検討というものが、先生の研究テーマの 1 つになっているとうかがっております。

本日は、「医療・介護ロボットと法」というテーマでお話をお願いしております。

第１部
プレゼンテーション

医療ロボットの現状

- 医療用ロボット
- 介護用ロボット
- 医療・介護ロボット利用に関する法的課題

ロボットによる損害と法的責任

- 法律の基本的な仕組み
- 過失に基づく責任
- 製造物責任
- 開発／製造／販売／使用段階の関与者たちに責任があったら？

ロボットの研究開発と法

第２部
鼎談

医療・介護ロボット研究のフロンティア

- ロボット研究者の立場から
- 製造物責任という特別民事ルールの射程

医療の自動化の可能性について考える

- 医療ロボット分野固有の事情？
- 自動運転車の事故との対比

医療におけるAIの活用

- 救急医療のトリアージ

筋電で動くロボットスーツについて考える

ロボットを人間社会の中にどう位置づけるか

- 人の「死」をめぐる理解
- 人とモノの境界線がもたらす法的扱い
- 科学技術社会論（STS）とは？

参考資料
後日談

医療ロボットの現状

初めに、医療・介護ロボットの現状について、簡単にまとめてみたいと思います。私自身は必ずしも医工学やロボット工学の専門家ではないので、十分にフォローし切れていない部分、あるいは正しく理解できていない部分もあろうと思いますが、その点はご指摘をいただければと思います。

医療用ロボット

まず、医療用ロボットというものについてお話してみます。

医療用ロボットとして真っ先に挙げられるのは、手術支援ロボットであるダ・ヴィンチ（da Vinci）というものです。これは、最近かなり広まってきていまして、実際にも臨床の現場で使われるようになってきている医療用ロボットです。タイプとしては、腹腔鏡などと呼ばれる内視鏡を用いた手術に似た手術ができるのですが、構造としては数本のアームが実際の手術操作を行い、術者である医師はモニターを見ながら操作盤によってアームを操作することで手術が行われるというものです。

従来の内視鏡下手術では、術者がアームそのものを手で持って直接操作していたので、ちょっとした手の動きで、意図していない部分を切ってしまったり、1つのアームの操作に気をとられてうっかり別のアームで組織を傷つけてしまうというような危険性があったのですが、ダ・ヴィンチによる場合には、アームはロボットを介した指令のみによって動きますので、人間が意図的に指令を出さない限りは動きません。また、術者の手のぶれは補正されるようになっている上、手の動きは縮小してロボットに伝えられるようになっています。具体的には、設定にもよるのですが、最大で5センチの動きを1センチに縮小する形でロボットに伝えることもできるようになっています。そういったことを併せて、手動操作に伴う危険性というものは極めて小さくなっています。他にも、モニター画像も3D画像で見やすいように工夫されていたりとか、アーム自体も非常に細かい動き方ができるようになっていたりとか、内視鏡下手術よりも格段に扱いやすくなっている状況です。まだ件数が少ないので、きちんとした手術成績がデータとしては出ていないのですが、医師の間ではとても評判がいいようです。私自身が個人的に聞いた範囲ですと、よほどゴッド・ハンドみたいな外科医と比べるとちょっとわかりませんが、普通の外科医がやるよりもロボット手術の方が安全だ、という評価が一般的なようです。

ダ・ヴィンチの他にも、ロボットを活用した手術というものは徐々に行われるようになっています。たとえば、もうひとつ手術支援のロボットの例を挙げますと、術者の腕を下から支える構造で手ぶれや腕の負担を少なくする方式のロボットが開発されています。これは、iArmSというものです。

また、手術の場面以外にも、ロボットが活用される例が出てきています。たとえば、膨大なカルテ情報の解析によって患者の傾向を評価し、最適の治療方針を知ることができるというようなプログラムも開発されています。ある病院では、MENTATというプログラムによって、精神科の入院患者のデータを解析することにより在院日数の長期化をもたらす背景を分析し、特定の患者について入院期間短縮のために必要な支援の内容を知る、という取組みもされているようです。

この精神科の領域では、入院期間の長短がかなり重要な問題なのです。これはあまり精神科の医療をご存じない方にはぴんとこないことかもしれませんが、かつての精神医療では、多くの患者が年単位での入院を余儀なくされていました。最初のうちは、医学的に入院が必要な状況があるのですが、精神障害をお持ちの患者さんの中には、家族の支援がなかなか得られにくいとか、仕事が見つかりにくいために、病院から出されると途端に日々の生活に困ってしまうというような方が、どうしても多くおられまして、退院しようにも退院できないケースがかなり出てきてしまうのです。先ほど「かつての精神医療では」と言いましたが、実は少し言いすぎで、減ったとはいえ、現在もそういう形で長期に入院せざるを得ないケースはかなりあるとされています。そういうことがなるべく起こらないようにするためには何をすればいいのか、入院早期からどういう対策をとっていくと、より短期に退院できるのか。そのような、医学的な側面以外の社会的な要素で入院期間が延びてしまうことをどうやったら防げるのかを検討する必要があり、このプログラムはその種の分析のためのものです。様々な社会的背景などを考慮して、適切な入院計画、それから退院後の手当までを企画立案できる、というものです。

介護用ロボット

次に、主に介護場面で用いられるロボットを紹介します。これには、要介護者本人に装着して補助するタイプのものと、介護者に装着して補助するタイプのものが存在します。

まず本人に装着するものとしては、「ロボットスーツ」と言われるものがあります。これは、本人の上肢や下肢に表面筋電図電極を付けておき、本人が手を動かそうとした場合に、そこで発生する微細な筋電図を拾って手の動きをアシストするようにロボットが動く、という仕組みのものです。本人が行おうとしたことを、容易にできるようにするタイプです。この種の機器は、本人の意図したことを読み取って補助するというものですので、本人にとって違和感が少なく、また設定を調整することでリハビリテーションの目的でも利用できるということで、活用の幅が大きいと考えられます。

それから介護者に装着するタイプのものは、たとえば圧縮空気を用いた人工筋肉により、入浴介助の際のベッド・浴槽間の移動を容易にするような仕組みのものが存在します。介護士や看護師の業務には身体的負担の大きいものが多いので、今後は同様の補助機器の開発が期待されています。

医療・介護ロボット利用に関する法的課題

このような医療・介護ロボットの利用場面が拡大している中で、それに伴う法的な問題について懸念する声も出てきているのが現状です。問題として指摘されるものにはいくつかあるのですが、私の方で法的な観点から整理してみますと、第1は、機器が誤作動等によって事故を起こした場合の法的責任の問題であると思われます。その中でも、機器やシステムの内容によって問題状況が少しずつ異なるのですが、ここでは、①「テレ・オペレーション」と呼ばれる、遠隔操作システムを有する機器、ダ・ヴィンチもその1つと考えられますが、こういった機器が誤作動を起こした場合にどのような法的責任が発生するかという問題、②AIが既存情報の解析によって一定の判断を下し、それによって事故が発生した場合にどのような法的責任が発生するか、という問題の2つを扱いたいと思います。

また、第2に、これらの機器の研究開発に関して、法的にどのようなルールを適用していくのがいいのか、という問題があります。これは、直接には医薬品医療機器法（旧薬事法）などの開発途上の医療機器に関する規制法と密接に関係する問題なのですが、これについても、別途取り上げたいと思います。

ロボットによる損害と法的責任

法律の基本的な仕組み

最初に、法律の基本的な考え方についてお話しておきます。まず、「法的責任」と言われる場合には、通常は民事責任と刑事責任の両者が含まれます。これ以外にも、特別の行政的責任（行政処分等を受ける可能性がある場合などの責任）が法律によって定められている場合には、それも含めて「法的責任」という表現が用いられることがありますが、ロボットの問題については、損害が発生した場合の責任に関してはそうした行政責任を定めた法律がありませんので、ここでは考えなくて良いと思われます。そうすると、民事責任と刑事責任の2つが検討の対象になる訳ですが、これらは大雑把にはよく似ていて、「過失」のある者が責任を負う、というルールが原則になっています。

民法七〇九条（不法行為による損害賠償責任の規定）は、「故意又は過失によって他人の権利又は法律上保護される利益を侵害した者は、これによって生じた損害を賠償する責任を負う」と定めています。この条文では、故意・過失がある場合に初めて責任が発生するという立場（これを「過失責任原則」と言います）をとっています。また、刑法二一一条（業務上過失致死傷罪の規定）は、「業務上必要な注意を怠り、よって人を死傷させた者は、五年以下の懲役若しくは禁錮又は百万円以下の罰金に処する」と定めています。ここでは「業務上過失」という、やや特殊な概念を使ってはいますが、やはり過失のある場合に責任が発生することを明らかにしています。したがってここでは、ロボットによる損害について過失のある者がいるのか、ということが第1に考えるべき問題であることになります。

また、民事責任に関しては製造物責任法という法律があり、製造物の欠陥から発生した損害に関しては、過失が証明できなくても損害賠償責任を追及することができます。したがって、いずれのロボットに関しても、この製造物責任が発生することがないかを考える必要があります。

過失に基づく責任

まず、過失に基づく民事責任・刑事責任が成立するかを考えます。これは、実のところ事実関係によって大きく判断が違ってくるのですが、一般論として定式化すると次のようになります。誤作動を起こし得ることがわかっていた、あるいはデータをきちんと解析すれば容易に誤作動の可能性を認識できたのに、それをしないまま製品化してしまった、というような場合には、ロボットの開発者や製造者に過失が認められ、責任が発生する可能性があります。また、ロボットの操作者に関しても、不注意な操作によって損害を発生させたような場合には、過失が認められ責任を負う可能性があります。いずれも、それぞれの事故に至る事実関係や背景事情を詳細に検討し、誰にどのような義務があったのかを確定した上で判断されますので、ロボットの企画・製造・販売・使用の各段階に関与した関係者すべてについて、それぞれの立場で行うべき義務を尽くしていたかが判断されることになると思われます。

❶「テレ・オペレーション」の責任

その上で、個々のロボットのタイプに関して若干検討したいと思います。まず「テレ・オペレーション」のシステムの場合には、機器操作につき専門的な技能を要する可能性が高く、製造者ないし販売者の側で機器操作に関する教育・研修等の必要性を告知していたか、また、教育・研修等において必要な警告等を行っていたか、ということが問題になるだろうと思います。システムそれ自体に不備があり、そのようなシステムを組み込んだロボットを製造販売したことに過失がある、と判断される可能性もない訳ではありませんが、専門的な医療機器にある程度の危険性は避けられませんので、多くの場合には、一定の安全対策をとっていればシステム自体に不備があるとはされず、それに適切に対応するよう指導・警告する義務が発生するという形になると思われます。したがって、製造者・販売者の情報提供や教育・研修等に関する義務が尽くされていたかが、最大の問題になります。

機器の操作者については、当該機器についての教育・研修を受け相応の技能を有する一般的な操作者が行うであろう操作を行った、にもかかわらず誤作動等により損害が発生したのであれば、過失はないと思われます。他方で、過去に同様の誤作動等が起こっていたのに操作法を改めることをせず、誤作動等の発生を防止しなかったというような場合には、過失による責任を負うこともあり得ます。

❷AIによる判断が介在した場合の責任

AIによる判断が介在した場合は、そのAIの判断が、ⓐ人間の判断を支援する、ないし参考情報を提供するのにとどまるのか、それとも、ⓑそのまま機器を作動させるかで、状況が大きく異なります。

ⓐの場合には、AIの役割はあくまで情報提供で、その後に人間が改めて判断することが前提となっていると考えられますので、一次的には、後に判断した人が責任を負うことになります。ただし、AIの判断が極めて不適切で、それが容易に発見・修正可能なプログラムのミスによるものであったような、ど

ちらかと言えば例外的な場合には、AIのプログラム制作者の過失が認められる可能性もあります。

ⓑの場合には、判断が微妙になります。もちろん、AIやロボットに対しては責任を問うことができず、責任を負うのは人間だけですので、AIが判断した内容が人間の手を介さずに実現してしまった場合には、AIを組み込んだ機器の製造者やプログラム開発者の責任を考える他ありません。これらの者が責任を負うかどうかは難しい問題ですが、過失判断の原則論から言えば、AIがどういう場面でどういう判断をするのか、十分なシミュレーション等を行って誤判断の危険性がないかをきちんと確認していたかが問われることになるでしょう。ある程度きちんとしたシミュレーション等を行っていて、それでもなお発生した誤判断の場合には、これら関係者の過失は否定され、責任は発生しない可能性が高いと思われます。しかし、どこまでの確認作業を行えば「十分」と言えるのか、ディープラーニングの導入を行った場合などにはAIの判断プロセス自体が可変的となっていて、事前にアルゴリズム化できないとすると、かなり難しい判断になる可能性もあります。

製造物責任

次に、製造物責任による民事損害賠償責任について検討します。これは、製造物に「欠陥」があり、これによって被害者の生命、身体、または財産が侵害され損害が発生した場合に、過失が証明できなくても損害賠償責任を認めるとするものです。ロボットの場合には「欠陥」があったと言い得るかが最大の問題ですが、「欠陥」としては、一般的に「製造上の欠陥」「設計上の欠陥」「指示・警告上の欠陥」の3つの類型があると言われています。「製造上の欠陥」とは、大数的に必ず発生する不良品・規格外品の欠陥、「設計上の欠陥」とは、製品設計自体に損害発生の危険性が大きいと判断される場合の欠陥、「指示・警告上の欠陥」とは、製品に内在する危険性は製品使用者への適切な指示・警告により低減できたにもかかわらず、適切な指示・警告が行われなかった状況を言います。ただし、具体的にどのような場合に「欠陥」があることになるのかの基準は必ずしも明確ではなく、実のところ過失責任の場合とどれほど大きく異なるかは疑問だという立場も存在しています。

以上のことを前提に、それぞれの場面についての責任の内容について考えてみたいと思います。

❶「テレ・オペレーション」の責任

まず、「テレ・オペレーション」の場合には、そもそも製品ないしシステムの設計自体が重大な損害発生の危険性を有しており、「設計上の欠陥」が存在すると判断されれば、製品の製造業者（これは物理的に機器を製造した者を言います。外国で製造された製品の場合は輸入業者を意味します）が責任を負うことになります。ただ、そのように製品やシステムの設計自体に欠陥があると判断される場面は、それほど多くないと思われます。少なくとも、たとえばダ・ヴィンチに関しては、十分に危険性が制御されているものと思われ、仮に何か例外的な場面での安全性が確保できていなかったということがあったとしても、システム全体に欠陥があったと判断される可能性は高くないだろうと予想しています。

他方で、そうは言っても危険性はゼロではありませんので、その危険性を低減させるための適切な指示・警告が必要です。したがって、製造業者としては、製品使用者である医師・医療機関等に対して十分な情報を提供し、危険な使用法をとらないよう指示・警告を伝達する必要があります。もっともほぼ同様のことは、過失責任の場合にも情報提供等に関する義務違反の判断で考慮されますので、過失の肯定できない場合に、欠陥を肯定できる可能性はそれほど高くないと考えられます。

❷AIによる判断が介在した場合の責任

AIによる判断が介在した場合については、ここでも、ⓐ参考情報提供にとどまる場合、ⓑAIが直接機器を作動させる場合、の2つに分けて考える必要があります。

ⓐの場合は、やはり、人間が最終判断を行う前提で情報提供がされているため、AIの判断が誤っていても直ちに欠陥が肯定されるわけではないと思われます。参考情報という点を割り引いてもなお重大な危険性があると判断されるような場合には、欠陥（設計上の欠陥）が肯定される余地がありますが、これも例外的であろうと思われます。

ⓑの場合は、過失判断に比較して、欠陥は肯定されやすい可能性があります。過失の場合には、原則として損害発生が具体的に予見可能でなければ肯定できないのですが、欠陥では危険性が存在すればいいとされています。そうすると、AIが、可変的なアルゴリズム等を通じて独自の判断を加え動作を行う結果として、重大な損害が発生する危険性があるとすると、それは不相当な危険性であるとして欠陥を肯定する可能性はあると考えられます。この点は、おそらく法律家によって見解の分かれ得るところで、ここでも、製造物責任の欠陥は過失とほぼ同様の範囲でしか認められないのだという見解もあるだろうと思うのですが、私個人は、この場面では両者に違いが出てもおかしくないという見通しを持っています。もっとも、この点は次の研究開発の規制に関する問題とも関連しており、医薬品の治験のように、厳格なプロセスの下で実際に人間に適用し一定の安全性が確認できている場合には、それ以上の危険性については原則として問わないという考え方も成り立ち得るだろうと思います。ですから、ここでの問

題は、周辺的な行政審査の仕組みなども考慮しつつ、考える必要があるだろうと思います。

開発／製造／販売／使用段階の関与者たちに責任があったら？

以上が製造物責任についての問題なのですが、過失責任の場合と製造物責任の場合を通じて、複数の人が責任を負った場合の関係について、ひとことだけ補足しておきたいと思います。

一般論として、機器の開発者とプログラムの開発者は別の人である可能性がありますし、それを実際に操作する人も別のことが多いと思います。そうすると、複数の人が責任を負う可能性が出てくるのですが、誰かが優先的に責任を負って、他の人は責任を負わないのか、あるいは全員が責任を負うのか、ということが問題になります。しかし、正直に言うと、よくはわかっておりません。

基本的には、それぞれ独立に判断するというのが原則で、それぞれの人が、それぞれ過失があったかなかったか、欠陥のある製造物を製造したかどうか、ということが問題になりますので、誰かが責任を負ったから他の人が責任を免れるということはありません。ただ、例外的に、複数の人（または複数の事業者）が開発に関わっている場合で、1人の人が開発した機器を組み込んだ際に、他の人がその機器の動作に関して必ずチェックするという仕組みがとられているような場合には、後の人がチェックすることが前提で、ある程度誤作動などが起こり得る機器が納品されている可能性もありますので、そういう場合には、最初のその機器を提供した人または事業者は責任を負わなくなる可能性がない訳ではありません。それは個別のケースバイケースの判断なので、一概に言うことはできませんが、多くの場合はそれぞれの人が独立に責任を負う、ただし例外的に、他の人が責任を負った場合に責任を負わなくなる人が出てくる可能性もある、ということになります。

製造物責任に関しては、責任主体が製造業者ということで法律に規定されていますので、製造業者にあたる人は、基本的には責任を負うということになります。これは部品であっても同じで、部品の製造業者はその提供した部品について欠陥があれば責任を負います。その場合も、部品の製造業者が責任を負うから本体の製造業者が責任を負わないということではありません。本体も製造物ですし、部品も製造物なので、それぞれ欠陥があると判断されれば、両業者とも責任を負うということになります。

ロボットの研究開発と法

第2の法的な問題として、ロボットの研究開発におけるルールをどのように考えるかという問題があります。ロボットによる医療・介護は、一般には大変有用なのですが、この種のロボットは医薬品医療機器法上の「医療機器」にあたることが多く、有用で安全なロボットを完成させるためには、同法に適合する形で治験を行い、製造販売に関する厚生労働大臣の承認を受けなければなりません。

特に問題となるのは、①通常の医薬品・医療機器の場合と同様に、治験によって、実際に人に適用して大きな危険性がないこと、既存治療に比して有用性があることを確認しなければならない訳ですが、それを行う際の規律がどうあるべきか、②ロボットに対する厚生労働大臣の「承認」の基準はどうあるべきか、という2つが挙げられると思います。

①については、現在、治験実施の可否は各医療機関に設置されている「治験審査委員会」が判断して

います。ただ、通常の医薬品や医療機器であれば、試験管内の実験や動物実験の結果からある程度の安全性・有用性が確認することができる一方で、ロボットの場合には最初から人に対して適用せざるを得ない場合も多く、治験実施前の段階で一定の安全性等を確保することが難しい傾向があるのではないかということが気になります。たとえば、ダ・ヴィンチのような手術支援ロボットの場合には、一応動物の手術に使用し、そのデータで安全性を確認することができますが、人の腕を下から支えて手術支援する機器は、やはり人に使ってみる必要がありますので、動物実験で代用するという訳にはいかないものです。ロボットスーツのようなものも同様で、実際に人が装着して、装着感とか実際に動かそうと思ったときにどういうふうに機器がアシストしてくれるのかということを確認しなければいけませんので、動物実験やシミュレーションでは、限界が出てくるだろうと思います。そういった場合に、人体に適用する前にどのような基準で審査を行うべきかということが、今後の課題になるように思われます。

②については、ロボットの場合には状況に応じて動作のしかたが異なることや、AIが判断する場合には単一のアルゴリズムで判断する訳ではないこともありますので、どのような範囲で厚生労働大臣の承認を行うべきかが問題となる可能性が高いと思われます。実は2013年に薬事法の改正が行われまして、名前も変わり「医薬品医療機器法」となったのですが、この際に医療機器の承認に関するルールが大きく変わりました。医薬品だけの法律だと思われがちだったものを、医療機器についてもかなりちゃんと定めているんだよ、ということを明らかにする意味もあって、「医薬品医療機器法」という名前になった訳ですが、その際に、医療機器独自の承認ルールが導入されました。

医療機器の場合には、承認後の微細な設計変更等を許容できないと困るということがあります。先ほどの①のロボットの場合だけではなく医療機器全般にあてはまることですが、どうしてもシミュレーションなどではカバーし切れず、実際に臨床の現場で使用してみなければその機器がうまく作動するかどうかが確認できないというケースはよくあります。実際に使ってみて、微細の形状を変更してみたり、動くタイミングをずらしたりとか、そういう調整が必要になる訳です。ただ、そうした微細な設計変更のたびに、もう一度承認申請が必要だということになると煩瑣に絶えないということが、以前から言われていました。そういうことがありましたので、今回の新しいルールでは、機器の特性に応じた「製品群」を単位として承認を行うことになりました。その意味では、ロボットについても、内部で動くプログラムを特定せずに承認を行うことができるようになったと言えます。ただそうは言っても、全く無限定という訳にはいきません。発売後にプログラムは時々刻々アップデートされる、提供されるプログラムはネットを介してダウンロードされるというだけでは、ちょっと承認申請は難しいと思います。そのプログラムの大枠は特定されていないといけないのではないか、という気がします。ですから、ディープラーニングによってプログラム自体がどんどん変わってしまうような場合、人の手でそれを制御できないということになりますと、そういう場合には、包括的に厚生労働大臣の承認を与えることができるかが問題となってくるのではないかと思います。これについては、これからの問題ですので厚生労働省の方で検討するものと思いますが、医療機器としての承認を与える以上は、承認後に生じ得る設計変更の範囲は予測可能である必要があるように思われますので、全くAIがプログラムを改変できるというような場合には、医療機器の承認は出しにくいのではないかと懸念されます。この辺りも、医療用ロボットの研究開発に大きく影響を与える事情ですので、早晩検討が必要でしょう。

医療・介護ロボット研究のフロンティア

ロボット研究者の立場から

角田：広範囲にわたるお話を、コンパクトに、かつものすごく明快に整理いただきまして、ありがとうございます。そうですね、まずは、医療・介護ロボットをめぐる状況について、ロボット研究の現場におられる工藤先生から、何かコメントなり補足なりがあれば、お願いできますか。

工藤：そうですね。今回の準備のために医療ロボット全般について概観したような文献を探してみたのですが、思ったよりもそういうものが少なくて正直、ちょっと驚いたんですよ。医療ロボットの歴史についてまとめたサーベイ論文などがいろいろあるのだろうと思っていたのですが。少なくともロボット業界では、ちょっと古いのですが2012年のBeasley論文[*1]位で、他にはいいものが見つけられませんでした。思うに、実用化されているロボットとしてはダ・ヴィンチの一人勝ち状態で、あまり歴史を概観するというような状況ではないのかもしれないです。

ロボット研究の世界ではICRAとIROS[*2]という2つのトップ・カンファレンスがあるのですが、そこには医療ロボット関係のセッションも結構あります。専門がそっち系ではないのでちゃんと内容を見たことはなかったのですが、試しに去年のICRAとIROSの医療関係のセッションでどんな発表があったのかを調べてみますと、やはり手術系が一番多くて、パワースーツや筋電義手などがそれに続く感じです。意外と自動化という方向は少なくて、実用に向けた地道な基礎研究が多い印象です。

米村先生から介護用ロボットとして言及があったパワースーツは、やはりCYBERDYNEのHAL®がリードしている感があります。そこで、HAL®を開発された山海嘉之先生の論文を昔のものからざっと眺めてみたのですが、2010年位まではシステムの基礎技術に関するものが多かったのに対し、それ以降は応用系が多く、特にどうやって安全認証を通すかのような論文が何本も出ているようです[*3]。やはり、実用化を目指すのであれば、研究者も認証などのプロセスを踏まえて研究開発を進める必要があるということですね。

米村先生からお話があった2013年の法改正で薬事審査のシステムが変わったという話は、2015年の機械学会誌でも紹介されていました[*4]。これも同じことで技術者の側も法的な枠組みがどのようになっているかを知っておく必要があるというメッセージなのでしょう。以前に医療ロボット関係の研究をしている研究者から、日本では規制が厳しくて医療ロボットの研究がしにくいらしいという話を聞いたことがあったのですが、改正はそうした点も考慮に入れたもののようです[*5]。制度との絡みということでは、筋電義手についても制度的な問題から日本が欧米に立ち遅れているということがあるようです。電気通信大学の横井浩史先生が日本の筋電義手研究の大御所なのですが、インタビュー記事の中でそういった話がされていました[*6]。

介護ロボットでは、去年のロボット学会誌に「ロボット介護機器開発・導入促進プロジェクト」という特集が組まれていました[*7]。内容を読んでみると、やはり技術的な側面もさることながら、どのように現場のニーズを拾い出すかや、どのように技術を現場に取り入れていくかのプロセスをきちんと考えていこうという方向性がロボット業界の中に出てきているという印象を受けました。

それに関して、医療現場や最先端のことをよくご存じの米村先生にお聞きしたいことがあります。私はロボットの研究をしていますが、医療用ロボットに関しては全然専門ではないのでよくわからないのですが、こういうものを開発するときに最終的には承認をとらなければならないので、やはり医学部の先生と一緒にプロジェクトを立ち上げて、やっていくことが多いのだろうと思います。そうすると、工学部だけで閉じているような普通のロボット研究と比べて、研究を進めるプロセスがいろいろ違うのかなと思ったりするのですが、その辺りのことに興味があります。実際に何かそういうプロジェクトをなさったことはあるのでしょうか。

米村：私自身がその種のプロジェクトにかかわった経験はありませんが、いくつかの有名なプロジェクトについて聞いたことはあります。もうだいぶ昔のものになりますが、人工心臓の開発にかかわるプロジェクトには著名な研究者が加わっていて、私もそれなりに知っています。

おっしゃる通り、その種のプロジェクトは、複数の分野の専門家が関与する形で行われることが多い印象です。特に中心になることが多いのは、医用工学あるいは生体医工学と呼ばれる分野の専門家です。これは、大学によっていろいろな名前がつけられていますが、多くの大学の医学部または工学部にある専門分野のひとつで、医療機器の開発などにかかわる研究を行います。そこの講座の先生が中心となって作るのが普通なのですが、ただ、医用工学の人も、特に医学部の講座の場合には詳しい工学の知識がある訳ではないことが多いので、そこは工学部の先生方と一緒に作るという形になります。実際に臨床応用するときは、また別途、心臓外科の先生に「これどうでしょうか。使ってみていただけますか」と言ったりしますが、開発段階ではいきなり臨床の外科医が出てくることはなく、医用工学分野の人が中心となって作ることになると思います。やっぱり、それぞれの大学ごとに力を入れて作る機械には特徴があって、東大タイプの人工心臓、女子医大タイプの人工心臓という形で区分けがされるんですね。医用工学の先生がハブになって、工学部の先生ともタイアップしますし、企業ともタイアップします。実際に作ってもらわなければいけないので、医療機器メーカーと共同研究のチームを作って、あるいは寄付講座を作ってもらって、お金をもらって開発する、ということは実際にされています。

工藤：医用工学の先生というのは、基本的には医学部を出られた方が多いのでしょうか。

米村：医師免許がある人もない人もいると思います。医師の視点からどういう医療機器が必要であるかがわかることも重要ですし、工学系の先生がきちんとした工学の知見を応用して研究するというのも重要ですから、医学部出身の人と工学部出身の人が両方いる場合がむしろ多いのではないでしょうか。

製造物責任という特別民事ルールの射程

角田：次に、ちょっと法的な観点について、話していただいた内容の確認をさせていただこうと思います。ロボットが使われるまでの過程で、開発／製造／販売の段階で様々な当事者が関与していると整理してくださったのですが、たとえば、ソフトウェアを提供している人というのは、この中のどれにあてはまるのでしょうか。

米村：私は、部品提供者と同じ位置づけだと思います。ハードもソフトもその機器を構成する一部分、というイメージを持っていますので、ソフト部分だけを提供した人は、部品製造業者と同じ扱いで良いと思います。

角田：製造物責任というのは、製造物についての特別の民事ルールということなのですが、ソフトウェアが製造物かという問題も別途ありますよね。

米村：あります。

角田：その話と、今の「部品」は、たとえばソフトウェアであっても、「部品」の扱いになるのでしょうか。

米村：それは提供の仕方によると思います。ソフトウェア単体では法律上の「製造物」にはならないのですが、ソフトウェアが搭載された状態の物として提供している場合には、製造物責任法の適用があるというのが、一般的な理解だと思います。他方で、本当に純然たるソフトウェアだけを販売して、ユーザー側でそれを入れるという形になっている場合には、製造物責任は成立しませんので、通常の過失責任だけということになります。

その理由について、もう少し詳しくお話しておきます。製造物責任法は、「製造物の欠陥」がある場合に責任が発生するものとしていますが、「製造物」というのは、形のある動産でなければならないとされています。ソフトウェアは「製造物」にあたらないので、欠陥があったとしても製造物責任は発生しないとされていますが、これについては立法時から議論がありました。いくつかの理由からソフトウェアは通常の製品とは別に扱う必要があるということで、あえてソフトウェアは「製造物」から外すことにしたのでそうなっている訳です。

ただし、ソフトウェアが搭載された状態で販売されている物はやはり動産ですので、その場合は全体として製造物にあたることになります。そういう物の欠陥については、ソフトウェア部分の欠陥であっても、製造物の欠陥であるということで製造物責任法の対象になるという区分けがされているのです。

角田：プラス適用される法規範がどちらかで結論自体はそんなに大きくは変わらないだろうというのが、先生の整理ということでよろしいのでしょうか。

米村：はい、そう大きくは変わらないだろうと思います。

角田：ディープラーニングという技術が使われている時代、大量のデータを学習させてAIがどんどん学習を積んでいくというときに、提供されたデータに問題があったのではないかというのは、先生の整理ですと「部品」になるのでしょうか。それとも、開発段階でどのような材料を仕入れていたかの問題になるのでしょうか。

米村：ディープラーニングでも従来型のプログラムでも根本的には同じことだと思うのですが、どういう情報を収集・解析して内部プログラムを変更するかについては、あらかじめプログラミングされているはずです。ディープラーニングも、すべてが後から生み出されるわけではなく、ディープラーニングのプログラムの結果として出てきているものですので、後でどういう情報が付け加えられたかということはあまり考えずに、当初のプログラムの動作の結果として起こっているものだ、という位置づけをしているのがこの整理です。

ただし、後から付け加わる情報の供給者が何か変な情報を提供したからプログラムの動作がおかしくなったというような場合には、確かに別の問題が起こってくる可能性はあると思います。

たとえば、手術支援ロボットで、仕様上は脳の手術だけに使うという前提で設計されていて、脳のいろいろな画像を解析し、適切なアームの位置などを割り出して安全に手術ができるようにプログラムされているような場合に、それを腹部の臓器の手術に使ってしまったとします。それで2〜3回手術しても事故は起こらなかった。しかし、それによっておかしな学習をしてしまって、その機械をまた脳の手術に使用した場合にトラブルが起こったというようなことが仮にあったとすると、それはやはり使い方がまずかったので、AIが誤作動を起こしたということになります。それはプログラムの問題ではなくて、使い方の問題ですよね。ですから、その場合は使用した人の責任ということになると思います。

角田：先生がプレゼンテーションの中で、AIが可変的なアルゴリズムを通じて独自の判断を加えて機械を作動させるという場面で、重大な損害の危険性があったらもう欠陥ありとされるんじゃないかというお話、ディープラーニングさせるデータを提供した者も「部品」の「製造業者」になる可能性もあるのかなと一瞬思ったのですが、基本的にはなさそうだということでいいんですね。

米村：そうです。「部品製造業者」というのは、最終的な製品が完成する前に「製造業者」に部品を提供する者を言い、最終的な製品が完成した後にユーザーに提供する場合（ユーザーのところで製造物と結合させる場合）は含まれていません。その場合は、ユーザーに提供された「部品」について独立に製造物責任を問題にすることはあり得ますが、情報の場合はやはり「動産」にあたりませんので、製造物責任の問題は発生しません。それに、先ほど説明した通り、多くの場合はディープラーニングでどういう情報が学習の対象になるかはユーザーがコントロールできるはずで、それについて問題が生じた場合は、ユーザー側の管理が悪かったということになる可能性が高いように思います。そうすると、「誤使用」と同様の問題となり、むしろ製造業者の責任を否定する方向に作用するのではないかと思います。

医療の自動化の可能性について考える

医療ロボット分野固有の事情？

角田：あと、自動化の話も気になっていた話題です。自動運転との比較で、工藤先生にロボット工学における議論状況をサーベイしていただいたところ、医療ロボットに関しては、一般的な産業ロボットですとか、これまで何人かの方にお話をうかがった金融業界での人工知能による取引とは、どうやらだいぶ様相が違うということでした。

工藤：自動化の研究自体がそれほど多数派ではないのだな、というのが私の率直な印象です。私が行っている分野はロボット研究の中でもいろいろと自動化しようという動きが強いので、ロボット研究者はみんなそうしたくて仕方がないのではないかと思い込んでいたのですが、先ほど述べたように、医療ロボット関係のセッションを見ると、では、それよりも地道なと言うか、具体的にある問題をどう解決していくかというような研究が多いなという印象を持ちました。やっぱりそれは人の命に関わる話ですし、安全とかいろいろ考えなければいけないということが関係しているのでしょうか。

角田：その「この分野では扱うものがこういう特性を持つので」というのは、金融の方は前置き的に必ずおっしゃっていたんですね。扱うものが数字なものですからと。そういう意味からしますと、やはり医療というのは扱うのが人体なのでという、扱うものが何かということによって、ロボットとかAIのニーズというか、そういうものがだいぶ違うということなのかしらね、ということをちょっと言っていたのです。先生のお考えというのは、自動運転の世界であるとか金融の世界で言われている、いわゆるAI・ロボットがもたらす問題というのと何となく齟齬というか、そういうものを感じておられるのかなとか、その辺の感触はいかがでしょうか。

米村：根本的なところで違いはないと思うのですが、発展段階と言いますか、スピードの違いはあるかもしれません。どうしても医療の場合は、確かに人体そのものを扱いますので、製品開発は慎重にならざるを得ないという面があるでしょう。

自動運転だって、実は人の生命身体に関わることなので、結局もたらす結果は同じだと思っているのですが、やっぱり自動運転の方が開発しやすいですよね。交通状況とかはパターン化しやすく、シミュレーションも容易だからでしょう。

医療というものは情報も不確実なことが多いですし、同じ画像でも見え方が人によって違いますので、それを同じように評価するというのは、実は人間の目でやってもかなり難しいところがあります。それを、きちんとした形でアルゴリズム化して全例で正しく評価できるようにする、ということは相当大変だと思います。そういういろいろな制約条件があるものですから、いきなり自動化に踏み込むのはちょっとしにくいと思われている部分があるのでしょう。ただそれは、最終的な目標が違うということではないだろうと私は思っています。

角田：たとえば、金融業界で最近話題になっているフィデューシャリー・デューティー（あるいは顧客本位原則）というのがありますけれども、ロボアドバイザー、つまり、ロボットがフィデューシャリー・デューティーを果たせるだろうか、という問題を立てたとして、それについて否定的なレポートがアメリカで出ているそうです。

それはなぜかと言うと、そのロボアドバイザー、まだ発展段階の初期にあると位置づけてしまえばそれだけの話なのかもしれないですが、ロボットがいくつかの質問をして顧客の回答を自動処理するということによって適合性原則を果たしているサービスだというふうに仮に位置づけるとすると、顧客の属性をフィデューシャリー・デューティーを果たしたと言えるほどにはきちんと把握できていないではないかという辺りでどうやら限界があると言われているそうです。先ほど先生がおっしゃったようなアルゴリズム化の難しさとか、人間が見ても難しいのにそれが果たして機械にできるのか、ということは何となくわかるような気がします。

他方で、自動運転がこれだけ話題になるのは、人間はやはりミスをするから、それよりは、先ほどのダ・ヴィンチの話でもありましたが、一般的な人間の外科医よりはロボットの方がうまいというのがありますので、そういう意味では、ニーズとして自動化、機械化ということが出てきてもおかしくはないような気がいたします。

米村：おっしゃる通りだと思います。ある程度、場面をきちんとパターン化していって、同じようなことが起こる場面をきちんと切り出すことができれば、そこはどんどんロボットとかAIに置き換えていくことができるのではないかと思います。徹頭徹尾、医療が全部置き換わることになるかどうかはわかりませんけれども、場面、場面では使えるのだろうと思います。

自動運転車の事故との対比

角田：次に、プレゼンテーションの最後の方で触れていただいた自動運転車の事故との対比について、考えたいと思います。たまたま最近、運転支援の自動ブレーキが作動しなくて事故が起きたというニュースがありましたが、あの事故の原因というのは、先生がおしゃっていた適切な形での指示・警告が行われなかったという事件でしたっけ、新聞記事[*8]によると……。

米村：これは、販売店員がブレーキを踏まないように指示してしまったという事故ですね。

角田：そうでした、運転支援システムを搭載した自動車を試乗した客に、販売店員が本来ブレーキ踏むところで「我慢してください」と言ったので、ブレーキ踏まないまま信号待ちの車に衝突してしまったという。それは、別に車に故障があった訳ではなく、その運転支援システムが、雨の日の夜で、しかも前の車が黒くて、うまく認識できなかったという。でも、マニュアルでは、雨の夜にはその機能の使用は禁止していたという話でした。

工藤：これは責任問題で言えば、もう明らかに車ではなくて人でしょう。さすがにこれは、製造に関するところの責任はないですよ。

角田：それはそうですね。ただ、それは設計段階から問題があった訳ではないということではありませんか。

工藤：暗いときや雨が降っているときには使うな、一般道で使うなとマニュアルに書いてあったんですよね。「ブレーキを踏むのを我慢してください」って言ってしまった販売員は悪いと思いますが、メーカーの責任はないんじゃないですか。

角田：確かにメーカーの責任を考えるのに適した例かは微妙かもしれませんが――でも、ここに4当事者がいて（→186頁以下）もちろん販売員も悪いですけれど、ユーザーも悪いですよね。

米村：試乗した本人ということですか。

工藤：それは、踏むなと言われたからといって、信じて踏まなかった方もダメだということですか。

角田：マニュアルを見れば書いてあったんじゃないですか、ということにはならないのでしょうか。営業担当者が何と言ったとしても、軽率に信じてしまったのはドライバーの落ち度であるとか。

米村：現在の交通ルールからすると、そうなるんでしょうねえ。誘導員が誘導を誤った場合も、第一次的には運転者の責任ですから。

工藤：本当に裁判になったらそうなのでしょうが、車を買おうとお店に行ったら、ブレーキを踏まなくても停まる機能が付いている車というのがあって、そこで「あなたの車はブレーキを踏まないと事故ってしまうでしょうが、これは大丈夫なんです。やってみてください」と言われたから信じてやったというのは、状況としてはだいぶ同情できます。そもそも試乗のときにマニュアルなんて読まないですし。だからと言って、一般道でそんな実験してしまうのかということであれば、確かに運転していたお客さんの方も軽率の誹りは免れないと思いますが。

米村：まあ、同情すべき点はかなりあると思います。ただ、法律の建前としては、直接手をくだした人が、まず、第一に責任を負うんですよ。特に刑法はそういう考え方をとっています。ですから、横でアドバイスをしていた販売員がどう言ったかとは関係なく、運転者がブレーキを踏むべきところを踏まなかったというので、運転者本人がまず責任を負い、それに加えて横で「ブレーキを踏まないでください」と言った人も、共犯として責任を負う場合があるという位置づけになると思います。

角田：でもそうすると、何と言うか、過渡期というのは、自動運転車の利用者は、「あ、今、踏みたい。けど、今、踏んではいけない」とか、すごく難しい判断が求められますよね。そんなことはないのでしょうか。

工藤：ただこの場合で言えば、やっぱりブレーキをかける必要があるときは、いつだってかけなければいけないんですよ。自動運転車ではなくてアシストだから。ブレーキアシストは、脇見とか、居眠りとか、何かの拍子にブレーキを踏まないという操作ミスをしても大事故につながらないように、その前でブレーキがかかるような機能が付いていますよというだけなので、もっぱらそれを使ってブレーキをかけずに停まるようなことは禁止のはずです。この事故ではクルーズコントロールですが、それでもあくまでアシスト機能ですから、ハンドルから手を離してもいけないし、必要に応じてブレーキを踏めるようにしていないといけないはずです。これが完全自動運転の場合であれば、また違うかもしれませんが、少なくともこの事故の場合はそういうことだと思います。

米村：もしも自動運転車がすごく普及して、自動運転車の場合にはいろいろな道路交通法上の義務が外れるような法改正がされたのであれば、話は違ってくるかもしれません。たとえば、自分でブレーキを踏まなくても、一時停止の場所に来たら一時停止してくれるはずなのに、一時停止しないでそのまま通過してしまったという場合は、道路交通法違反にならないという規定になる可能性もあります。ただ、残念ながら現行法はそうなっていないので、自動運転車に乗っていようとも、アシスト車に乗っていようと、普通の自動車に乗っていようとも、運転者は法律上、ブレーキを踏むべきシチュエーションであったら踏まなくてはいけない訳です。だから、ブレーキを踏んでない時点で、もう違法なんです。違法行為があっても事故が起こらないかもしれません、というのがアシスト車の売りではある訳ですが、だからといって違法行為をしてもいいことにはならないので、違法行為をしたら当然責任は発生することになります。

工藤：今の運転アシストで問題が起こるとしたら、本人がブレーキを踏んでおらず、ブレーキを踏む状況でもないのに、勝手にアシストブレーキが効いて車が停まってしまい、停まる状況でないのにブレーキをかけたから、後続車が追突してしまったというような場合でしょうか。

角田：新井紀子先生にお話をうかがったときに出てきた話ですよね（↓22頁）。確か、急な坂を何か障害物と認識してしまうシステムがあるという話をされていましたね。

工藤：そっちだったら、システム側の責任がどうだとか、そういう話もあり得るのかなと思います。

角田：そのパターンだったら、そのシステムにはこういう癖があるということを、きちんとマニュアルで、開発者が指示・警告をしておかなければならない、と。

工藤：しておかなければならないのもそうなのですが、先ほど角田先生がおっしゃった、その機械の特性をかなり熟知していて、問題が起こるのか起こらないのかを予測したり、誤動作しそうなのであれば自動運転のスイッチを適宜切るとか、そういうAIのシステムに関する割と高度な判断をドライバーが下さなければならなくなってしまうような状況が起こり得ると思ったんです。

角田：確かにそうですね。

米村：自動運転車の運転を、普通の人が普通にできるようになるというのは、ちょっと先なんじゃないでしょうか。特に最初のうちは、警察も、普通免許でそのまま運転ができるという制度にはしないのではないかと思います。ある程度、自動運転車の特性や運転の技術的な側面を教えるような講習を受けて、自動運転車免許みたいな特別の免許を持っている人でないと運転してはいけない、というふうにするのではないかという気がしますね。

角田：その、過疎地での高齢者のモビリティ確保みたいな話も、マスコミでは流れていますよね。だから、そんなに高いレベルの、何か技能を求めるものではない形で普及させようという流れなのか……。

米村：将来的にはそうだと思うのですが、すぐにそうなるかどうかというところが問題だと思います。

ダ・ヴィンチの場合もそうですけれど、やっぱり、操作の仕方が特殊なので、気をつけなければいけない点も当然ありますから、最初はそれなりの教育訓練を受けた人でないと扱ってはいけないことになるのが普通で、それが普及してくるまでにはちょっと時間がかかるんだと思います。だから最初のうちは、普通の自動車よりもかえって特別の技能や訓練が要求されるという状態が出現することは十分あり得ることだと思います。

工藤：ダ・ヴィンチは、認定の仕組み等は何かあるのですか。この人はダ・ヴィンチを使って手術をできるというような。

米村：オフィシャルにはないと思います。ただ一応、教育・研修を受けないといけないということになっていて、あれはメーカーの方で独自にやっていると思います。心臓のカテーテル治療の場合は、使う機器や製品によって多少注意点や扱い方が違うので、研修を受けて認定証をもらわないと、その種の機器や製品を使った治療ができないという仕組みがあります。これもオフィシャルのものではありません。メーカーの方で作っている基準で、それを受けた医師が治療する場合でないと販売しない、という仕組みです。同じようなメーカー側の自主規制を自動運転車でもやる可能性はあると思います。

医療におけるAIの活用

角田：医療におけるAIの活用の状況なのですが、たとえば、金融の領域ではワトソンを積んだペッパーが住宅ローンの相談の顧客対応で常に横にいて、セカンドオピニオンを提供するというような使われ方も、ＩＢＭのホームページなどを見ると出てくるのですが、医療の方でそれに類似の状況というのは考えられるのでしょうか。

米村：それは、考えられるように思います。ある状況のときにどういう治療法が第一選択になるかをアルゴリズムに従って判断させるものは、もちろん患者さんも利用できるし、医師も利用できるし、いろいろな使い方が可能だと思います。

角田：ただ、それは医療行為になりますよね。

米村：それは、どう使うかによります。先ほどの私の分類でいくと、AIが支援型のもので、参考情報を提供しているだけであれば、最終判断を下すのは医師なのでAIの判断自体が医療行為になるわけではない、ということで大丈夫だろうと思います。

角田：そうすると、患者自身がユーザーになる、ということもあり得るということですね。

米村：あり得るのではないでしょうか。最終的には医師の診断を受けてくださいというコメントが出てくるのであれば、それで大丈夫だと思いますけれど。

工藤：ただそういう診断システムは、FinTechとは違って、医療だとやりにくいかなと思うんです。FinTechだと質問項目が、資産をどれくらい持っていますかとか、年齢とか家族構成とかそういうものなので、本人が入力するなら特に難しいことはありません。でもどんな病気の可能性があるかを調べるときには、体温ぐらいなら自分で測れるけれども、いろいろな検査の結果とかそういうものが必要で、それらはそもそも医療機関に行かないとわからない情報だったりするので、入力すべき情報が自分だけでは手に入れられず、結局のところ医療機関に行かざるを得なくなるのではないでしょうか。

救急医療のトリアージ

米村：必ずしもそうとは言えないかもしれません。たとえば救急医療の場面で、限られた情報で迅速に重症度や緊急性を判別することが必要になる場合があります。私は、以前、総務省消防庁の救急業務に関する検討会に入っていたことがあるのですが、そこで検討していたのは、119番通報での救急要請が増えてしまい、救急車が不足して搬送時間に影響が出ているという状況があったため、119番通報の電話で聴取された情報を分析し、アルゴリズムを作成して、電話の情報から重症度や緊急度を分類する、「電話トリアージ」という試みでした。その検討に熱心に取り組む救急医の先生が何人かいらっしゃったのですが、そのご尽力もあってずいぶんきちんとしたアルゴリズムができたという印象です。それによれば、相当に確度の高い判断ができるということもわかりました。「頭が痛い」という情報があれば、それだけで緊急度A、「おなかが痛い」はさらにいくつか質問して緊急性を判断する、というようなものです。そういう形で分類していくと、3分位の電話のやりとりで出てくるキー・フレーズだけで、だいたいきちんと判断ができるんです。同じことは、AIにやらせても、おそらく問題なくできるだろうと思います。

角田：その時点では、どういうシステムだったのでしょうか。

米村：119番通報を受けた人が分類していくという設定でしたが、あくまでも試行段階で、実地には移さなかったんです。ただ、119番通報の通話内容はすべて保存されていますから、後でそのアルゴリズムを使って分類してみて、その人が実際に病院にかかったときにどういう状況だったかという記録と比較対照すると、かなりぴったり合っているという結果だったということです。それで、「電話トリアージ」も実現できそうだ、ということにはなったのですが、やはり直ちに導入するのにはいろいろ問題があり、そこまではできませんでした。

角田：それは、法規制の壁という理解でいいのでしょうか。

米村：法規制の壁ということではないのです。救急業務の態勢に余裕があって、いつでも救急車は空いていますよ、どこにでもすぐ行けますよ、という状態だったら、別にトリアージをする必要はないのですが、救急車があちこちに出払っているというときに、緊急度の低い人から電話がかかったらどうするか、というのが問題で、そのときにトリアージを行ってはどうかということでした。

角田：その判断がとても大事ですよね。

米村：はい、救急車をなるべく必要な人に優先的に配分できるように、受診相談サービスの充実化や、救急車の配分システムの見直しなどとあわせて、「電話トリアージ」という方法で、優先度の低い人には、その地域に残った唯一の救急車を送るのではなく、別のもっと余裕のある地域から送って、その地域の最後の1台は残しておくという判断をしてもいいのではないか、というような議論がされていました。ただ、トリアージを実地に移すためには、関係機関との連携や職員の教育・研修体制の整備が必要で、そこまでの体制が整っていないということで、まだ実地には移すことができていません。

工藤：そうすると、実地に移せるかどうかはいろいろな要因があるとしても、純粋に技術的な面だけで言えば、システムの設計の仕方によっては、医療機関でなくてはわからない情報を使わなくても、いろいろな判断ができる可能性があるということなんですね。

米村：はい、十分に判断できると思います。最終診断に至らなくても、緊急度の判定だけでもできるようであれば、一般の方にも医療関係者にも、相当大きな助けになると思います。

角田：そういうことは得意そうですものね。

工藤：ときどき情報番組などで、頭痛は思わぬ病気のシグナルかもしれないので、頭が痛かったら必ず医師のところで相談してくださいみたいなことを言うんですよ。でも頭が痛いだけでいちいち病院に行くのは現実的じゃないですよね。手近にもうちょっと詳しく状況を判断してくれるAIでもあると、割と役に立つという気がします。

筋電で動くロボットスーツについて考える

角田：ちょっと次の話題、筋電で動くロボットスーツという問題に移させていただきたいと思います。ロボットスーツのお話もいただいたんですけれど、新井先生からの問いというのがありまして（→53頁以下）。筋電をベースにとるということで、「筋電を意思と言っていいのか」という宿題をたまわりまして、まずその点に関しては米村先生のお考えをいただけますでしょうか。

ロボットスーツを着用しているときに、自力では動かせないようなものを動かしていて、それが他人にあたって怪我をさせてしまったというときの法的責任を論じなければならない場面になったときに、筋電ベースで動いていました、それは自分の自由意思で動いていたと、まず言えるのかどうか、という話についてはいかがでしょうか。

米村：それは、「意思」という言葉で、何を表現しようとしているのかということによるのではないかと思うのですが、動かそうというつもりはある訳ですよね。

角田：あります。

米村：動かそうというつもりはあって、しかし、思っていない動きでアシストされてしまって、何か他の人にぶつかったりとか、何か動かしたり……。

角田：あるいは、自分が認識していないところに人間がいて、大きなものを動かそうとしたら、思いがけず人がいてがーんとあたって怪我をさせたというような場面などですね。思いがけない動きではなくて、自分がやろうとしていた動きをしていたら、思いがけずあたってしまったとか。自分ではとても持ち上げられないような、大きなものを動かしたために、ぶつかってしまった、といったらどうでしょうか。その、くしゃみをしてしまったらという話も後で出てきたのですが、そのくしゃみの話はまず置いておいて、それだといかがでしょうか。

米村：本来、適用すべき場面ではないところで適用してしまったということでしょうか。つまり、本来、そんな大きなものを持ち上げるときに、そのロボットスーツを使ってはいけないのに……。

角田：そう考えた方がいいということでしょうか。今回の企画で森田果先生にも同じ問いについてうかがったのですが（→215頁以下）、「原因において自由な行為」というロジックを使われたんです。ロボットスーツを着ている状態は、酩酊状態と同じなんじゃないかと、意思がないような状態であると。で、むしろ、その前の段階でロボットスーツを使うべきかどうか、その場で着用していいかどうかの判断は自由意思で行うので、その時点で適切な判断がなされたのか、なされなかったのかを問題にすると。

米村：わからなくはありませんが、私自身は、その議論にはあまり意味がないような気がしています。

角田：それはどういうふうに意味がないのでしょうか。

米村：たとえば、車の運転をしているときに、アクセルとブレーキを踏み間違えた、というのと何が違うのでしょうか。

角田：そうすると過失は問われますよね。

米村：踏んでいる行為は同じですよね。ところが、ブレーキを踏むべきところでアクセルを踏んでしまったので、気持ちとしては車を停めようとしているのだけれども、逆に急加速してぶつかったというときに、「それは意思があるか」ということを問題にするでしょうか。

角田：だから、その何と言うか、過失を客観化していて、で、為すべきことをしなかったのだから、過失があったんだという……。

米村：機械を操作しているんですよね。機械を操作しているときに……。

角田：操作をしているときに頭で考えて操作している訳ではなく、筋肉の筋電で操作しているという、そこです。

米村：そこは、そんなに違いがあるかということだと思うのです。

角田：まさにそこです。踏み間違いと同視していい、というお考えでしょうか。

米村：私はそうだと思うんですけどね。

角田：事前の打合せのメールでお問い合わせをしたときに、てんかん発作でアクセルを踏み続けて事故を起こしたのと同じではないか、というお話をいただいて、なるほどと思ったのですが。てんかん発作でアクセルを踏み続けてしまったという状態は、意思能力を喪失した状態で、動く可能性がない状態ですので、森田先生がおっしゃったような原因において自由な行為というのは、てんかんが起きそうだなというのなら車に乗るべきではなかったということは言えそうかな、という気はしたのですが。そういうお考えなのかな、と思いつつ……。

米村：正確な説明をする必要がありました。てんかん発作の場合、現在の考え方では過失は否定されませんので、その点ではロボットスーツの場合でも同じなのですが、てんかん発作の事例では、自律的に行動できない状態になっているという理由で、民法七一三条の規定により「責任能力」を欠いた状態であるとして免責される可能性があります。もっとも、同条にはさらに「ただし、故意又は過失によって一時的にその状態を招いたときは、この限りでない」という規定があり、故意・過失により自律的判断のできない状態を招いたときは免責されません。この、ただし書きの場合について、「原因において自由な行為」という理論で説明するのが一般的です。ところが、ロボットスーツの場合には、一般的には使用者が自律的に判断できない状態にはなっていません。あくまで、10センチ動かそうと思ったら、機械の方で反応して50センチ動いてしまった、というにすぎませんので、それは操作法を間違ったということと同じだと思います。民法七一三条によって責任能力が否定される状態になっていませんので、「原因において自由な行為」の適用もありません。

角田：私は、象に乗っている人ではないかということを、森田先生とお話したときに言ったのですが、基本的には、象使いであれば象をうまくコントロールできます、ただ、その象も暴走することもあって、象使いを牙で刺してしまったとか、そういうことがたまに起こるようでして、振りが大きくなってしまうという意味では、そっちなのかな、と。それだと、先生のお考えとは近くなりますでしょうか。

米村：そうですね、近いと言えば近いと思います。

角田：意思とは何かということを、筋電でも今の時代は意思と言っていいのだということまで言い出したら、それは結構大変な議論になってしまうなあ、という気がしていて……。

米村：「意思」というのを何のために持ち出そうとしているのかというのが、私にはちょっとわからないのです。少なくとも法的な責任という意味で言うと、そこで「意思」を問題にする意味はあまりなく、意図的に動かしたかどうかで、責任の有無は変わらないと思います。現在の損害賠償法における過失は「客観的過失」であるとされていますので、本人が何かの「意思」を持っていたかどうかにかかわりなく、その状況でとるべき行動をとらなかった場合には過失になります。たとえば、車を運転中に考えごとをしていて、アクセルもブレーキも踏んでいなかったけれども車を惰性で走らせていたら、横から歩いてきた歩行者に気づかずにはねてしまったという場合、別に何も意図していなかった、単にボーッとしていたらぶつかったのだということでも、それは十分に過失になります。歩行者が近づいてきたら、歩行者の動きに注意してブレーキを踏むなどしなければならないのです。ですから、本来、ロボットスーツが正しく動作するように注意すべきところを、きちんと制御できずに事故が起こってしまったというのは、そのような動作を意図していなかったとしても、過失になり得ると思います。事故の瞬間にどう思っていたかということは、基本的にあまり関係なくて、結局のところ、ロボットスーツの操作法に習熟できていなかったために、他人に損害を与えてしまったというにすぎません。その場合に、習熟していなかった使用者が悪いのか、きちんと指示・警告などを与えなかった製造業者や販売業者などが悪いのか、それは両方の場合があり得ると思うのですが、それについて、本人に意思があったかなかったかで責任の有無が変わるということはないと思います。

角田：なるほど、わかりました。

米村：これが過失の話ではなくて、故意があるかどうかという議論だったら、意思があったかどうかは重要な要素になります。10センチ動かそうとしたら50センチ動いてしまったという場合でも、故意でぶつけたことになるのかというのは、刑法の問題であれば、傷害罪（故意犯）になるのか、過失傷害罪（過失犯）になるのかの違いを生じることになります。その文脈で考えるのなら、十分意味のある議論だと思います。ただ、刑法でも、この場合に故意があると考えるのでしょうか。

角田：それは、ちょっとなさそうですよね。やっぱり操作を誤ったというところで、捕まえるんでしょうね。

米村：そうですね、故意は否定されて、結局は過失の問題になりそうな気がします。余談になりますが、「意思」という言葉には注意が必要だと思っています。基本的に法律の世界では、「意思」という概念は様々な場面で登場します。それらの概念は、理念的にはすべて同じもので、近代哲学や近代思想に由来するものとして扱われているのですが、個別的には全く違った意味で使われているように思います。たとえば、「契約の締結意思」という場合の「意思」と、不法行為における故意の内容となる「意思」は、全く違うものとして運用されています。そのため、単に「この場合に意思がありますか」と聞かれても、「それは答えられません、問題場面によって違います」という答えにならざるを得ないような気がするんですよね。

角田：余談ついでに、折角の機会ですのでうかがってもいいでしょうか。先生の分類で言いますと、AIによる判断が介在していて、AIの判断によってそのまま機器が作動する仕組みになっている場合に、「故意」というものをどう考えたものか、先生のお考えをお聞かせいただけませんか。金融の話をうかがった際に、AIが自己学習を経て相場操縦としかいいようのない発注を繰り返しているときに、相場操縦は故意犯なのですが、相場操縦を認定できるのか、罪刑法定主義の問題もあって悩ましい問題だというお話をいただいたところです（➡320頁以下）。刑法には「機械は錯誤に陥らない」というテーゼもありますが（刑法二四六条の二）、いかがでしょうか。

米村：私は、刑法については必ずしも責任あるお答えができる立場にないのですが、刑法でも民法でも、機械には故意も過失もない、というのが基本的な考え方だと思います。それは、主観的非難を加えることができるのは人間に対してだけだからです。もう少し平たく言えば、誰それにこのような損害が発生するから、それを避けるためにこれこれの行動をとらなければならない、という思考を働かせるのは人間だけで、そのような思考をせよ、と要求できるのも人間に対してだけだからです。民法では、過失については先ほど述べた通り「客観的過失」と理解されていて、主観的非難可能性とは切り離されているのですが、故意については現在も主観的なものとして説明されています。刑法でも同様です。この考え方によれば、AIが相場操縦的な発注を行っても、AIの故意責任は問えません。せいぜい、AIがその種の発注を行わないようなプログラム制御をしなかった開発者の過失責任が問われるだけであろうと思います。私は、この結論が特におかしいとは思いません。AIが自己学習によってある程度自律的に行動できるようになるとしても、物事の是非や善悪を判断し、自らが従うべき規範を自ら作り出すというようなところまでは、なかなか到達しそうにありません。そのような段階になればまた考えなければならないかもしれませんが、当分は、機械に規範意識を求めることはできないという前提で、機械の故意責任は問えないということにならざるを得ないと思います。

ロボットを人間社会の中にどう位置づけるか

角田：これまで、いろいろな方に来ていただいて、いろいろお話をする中で、早晩人間社会の中に深く入り込んだ存在になるであろうロボットをどうやって認知していけばいいのかということを考えるようになりました。平田オリザ先生からは、ロボット法という話も出てきました(→264頁以下)。最近ですと、動物法という領域があって、一定の動物に限定的ではありますが権利主体としての位置づけを与えていますが、AIとかロボットというものは、ちょっと動物とは違ったロジックが必要な気がしております。で、人間社会の経済的発展と支えるとか、人間と機械の関係に関する社会的、倫理的なものの見方が変化するとか、そういったことも考えていく必要があるだろうと。ついては、社会的、倫理的な境界線が動くのかどうかはどうやって考えたらいいのかというときに、先生のご専門の医事法の領域では、人の死をどう捉えるかという問題が、技術の発展によって動いたと言っていいのではないかと。その経験は、ロボットやAIが人間と機械の境界線を考えるにあたっても、何か示唆をもたらしてくれないだろうかということについて、ちょっとお考えをうかがえたら嬉しいのですが、いかがでしょうか。すみません、無茶振りで……。

米村：これは答えにくいお尋ねです。人の生死の境界が動いた例として、脳死の問題をお考えなのでしょうか。

角田：はい、そうです。

人の「死」をめぐる理解

米村：脳死の問題が出てきたことによって生死の境界が動いたのかどうか自体が、議論の対象になっています。*9 従来の死の判定基準は、いわゆる「三徴候説」によるもので、これは、心停止（脈拍停止）、呼吸停止、瞳孔散大という3つの徴候を確認することで死を判定するものです。ただ、呼吸停止と瞳孔散大は脳幹機能の喪失を見ていますし、心停止があれば間もなく脳死に至りますから、結局、これは脳死を判定しているのだと言う人もいます。そういう立場からは、もともと人の死は脳死によって判断されていたのであって、変わっていないということになります。しかし、当然ながら、三徴候説による判定と脳死の判断は異なるという立場もあります。

加えて、これも誰もが賛成している議論ではないのですが、死の概念と死の判定方法は違うという議論が、有力視されています。これは町野朔先生（上智大学名誉教授）の議論なのですが、三徴候で判定するとか、脳死判定基準で判定するとかいうのは、死の判定方法の問題であって、実体的な死の概念とは異なるという考え方です。死の判定方法はあくまで技術的な問題で、技術水準によって変わっていくので、ある時代には判定できなかったものが、別の時代には別の方法で判定できるようになることがある。そのため、新たな技術水準に合わせて死の判定方法が変更される場合があり、それによって、見かけ上、生死の境界が動いたように見えるかもしれないが、それは必ずしも死の概念を動かしたということにはならない、というものです。町野先生自身は、脳死判定基準によって死を判定しても、実体的な死の概念は動いていないと主張したんですね。もともと実体的な死の概念は脳死であって、その判定方法が三徴候から脳死判定基準に変わっただけだとおっしゃる訳です。ただ、その主張には批判も多く、やっぱり脳死判定基準は死の概念を変えているという主張も根強くあります。これは、従来の「三徴候説」をどのように理解するかにかかわります。先ほど述べた通り、呼吸停止・瞳孔散大が中心だと見れば、概念的に脳死と重なる部分も大きくなるのですが、「三徴候説」は心停止（循環停止）を基本に置いた考え方であると見れば、死の概念自体が心臓死から脳死に移行したのだと考えることになります。全般的には、後者の立場が多数を占めています。ただいずれにせよ、死の概念と死の判定方法を区別するというのは、かなり受け入れられている考え方だと思います。

私自身は、少なくとも死の判定方法については、その時代の医療技術の水準によって動くことがあり得て、そうすると、どの時点で「死」と判断するかが大きく変わるように見えることもあると考えています。判定方法が変わることによって、かつては死者に分類されていた人が生きているとされることもあり、また逆に生きていると判断されていた人が死んでいることになることもあります。まさに、そういうことが起こったのがこの脳死問題であると整理することができると思っています。

もう少し具体的に言うと、どの時点で「死」と判定するかについては、抽象的にはほぼ見解の一致があります。それは、point of no returnと表現されていて、もうこの段階からは生き返らないという点を見出すことが基本です。それがどのように判断されるべきかについて、おびただしい議論がある訳ですが、現在では、心停止・循環停止を確認しても、それはpoint of no returnにならないというのが、医学関係者の大多数の見解だと思います。心臓が止まっても、心臓マッサージ等の蘇生術を行うと蘇生する可能性がありますし、経皮的心肺補助（PCPS）などの機械を使ったり、人工心臓を埋め込んだりすることによって、本人の心臓が止まったままでも「生き続ける」ことができます。ある瞬間心臓が止まっていても、直ちに死んでいるとは言えないのです。

もちろん、誰もが脳死判定を受けるという訳ではありません。通常は、分単位で正確に死亡時点を決める必要は少ないですし、蘇生を試みなければ脳死の時刻と心臓死の時刻には大きな違いがないので、心臓も脳も死に至っていると推測される段階にまで至ってから三徴候を確認して死亡診断をします。心肺停止の状態で蘇生を試みる場合には、心臓が止まった状態がある程度継続していて、低酸素状態のために脳が損傷している可能性が高く、心臓も蘇生しないだろうと予想された段階で死亡と判断します。その意味では、非常に評価的ないし恣意的な判断の仕方をしている訳です。そういうこともあり、心停止・循環停止の時点でpoint of no returnと判断する訳にはいきません。そうだとすると、客観的に判断できる死の基準として、残っているのは脳死しかないというのが私の基本的な理解です。その意味で、脳死で判断するということには十分な正当性があると思っているのですが、それは現在の技術水準を前提にした話で、もしかすると、将来、脳死でもpoint of no returnを表さないという状況が出てくるかもしれません。そうなったらまた別のことを考えなければいけなくなりますね。

角田：その技術水準が動いたときに、家族の同意を得てという話も出ましたけれども、家族がなぜ同意するようになるのかとか、そういう研究はあるのでしょうか。社会的承認という言葉が、ひとつのキーワードだとしますと、社会的承認を得られるように動かしたものは何なんでしょうか。

米村：それは、臓器移植法により、家族の同意がないと脳死判定ができないことになっていますし、三徴候の死の判定については特に法律はないのですが、しかし実務的な医療現場での運用としては、ほとんど全例と言っていい位、いつ、どのタイミングで死亡確認するか、ということについては家族の同意を得ています。だから家族が、「いや、ちょっと待ってください。まだ弟が来ていませんから」と言ったら待ちます。もう明らかにどう見ても死んでいる人でも、家族が「待ってほしい」と言えば死亡判定をしない運用が多いです。まあ、「あと1日かかります」などと言われたらさすがに待てませんが、「あと30分で来ます」と言われたら普通は待ちますね。基本的に、死亡判定は客観的なものではなく、やっぱり社会的なものであると思います。

もしも、紛争になって、死亡時刻によって大きな法律効果の違いが発生する状況になると、話は違ってきます。たとえば、死亡時刻の前後により相続額の違いを生じる場合がその典型例です。そういう場合に、後で裁判所が死亡時刻を認定するということになると、おそらく、医者が死亡時刻を多少前後させているのは不当なことであるという判断がされて、客観的に死亡したと考えられる時刻をもとに、本人の死亡時刻を事実として認定すると思いますが、医療現場ではそこまでうるさいことは言わずに、客観的に死んだ時点ではなく、社会的に「みんな」が受容した時点で死亡宣告をするという運用がなされる訳です。だから、それは、やっぱり死は社会的なものであって、必ずしも医学的、客観的な状態だけで決まっているものではない、みんなが受け入れるという環境が整って初めて死になる。「社会的な死」が大きく「医学的な死」と乖離するようだと困るけれども、乖離が大きくない範囲では、社会的な要請にも相応の配慮が払われる、ということだと思います。

ただ、そのことと、ロボットと人の境界がどこかという問題が同じ問題なのか、私はよくわかりません。

角田：同じではないとお話をうかがって思いました。ただ、社会が受け入れていく条件は何なのか、ということを考えていく必要性があるとして、何が手がかりになるかというときに、たとえば、動物に権利を認める動きというのがあったと思うのですが、ロボットの方が動物よりももしかしたらもうちょっと、経済活動であるとか社会生活とかの関連の度合いが高いような気がしていてですね。もしかしたら手がかりになるのではないかということを思ったので、ちょっと振ったんですけれども。かなり距離感があるという実感でしょうか、そうすると。

米村：死はものすごく、人間の存在それ自体に関わる問題です。どういう状態を死んでいるとみなすか、生きているとみなすかというのは、「そもそも人間は何か」という問いにつながります。まあ、ロボットと人間の境界もそういう問題を内包しているのかもしれませんけれど。

人とモノの境界線がもたらす法的扱い

角田：先ほど名前の出た平田先生は、中高生への教育プログラムとしてロボット演劇プロジェクトというのをやっておられて、そこで子どもたちに人間とロボットの境界線を考えさせてみると大人よりよっぽど柔軟な発想をするとおっしゃっていたんです。そこで出された例というのは、たとえば、お子さんが事故で急死してしまった場合に、そのお子さんのいろいろ残っている画像とかをもとに、そっくりのジェミノイドを作り、そのジェミノイドを家族のように扱っていたと。そこにあるとき、深夜、泥棒が入ってきて、それでその泥棒が何かを物色していたら、人影があるのでその泥棒がジェミノイドに襲いかかろうとしたときに、その親が目撃して、もみ合っているうちに泥棒を殺してしまいました。そういうときに、それは正当防衛になるのだろうか、緊急避難にすぎないのか、という話をなさって、やっぱり人かモノかというので、法的な取扱いが分かれるような場面で、そういうただのモノとは思えない存在としてのモノがあったときに、法律問題というのは割り切りが必要であるということはわかるのですが、そういう問題提起をいただいた（↓253頁以下）ことが背景にありまして。

米村：ペットに関しては似たような話がありますね。たとえば、最近はペットの医療過誤訴訟も実際に出てきているのですが、そのときの慰謝料請求の額がどれくらいかということについて、裁判官同士が議論しているのを聞いたことがあります。そのとき、ある裁判官は、「ペットの医療過誤の賠償金は、慰謝料を含めたとしても、総額でそのペットの交換価値以上に出したらおかしいでしょう」と言う訳です。

角田：なるほど。すみません、その話、半歩手前から確認させていただきたいのですが、損賠賠償をするのは飼い主さんで、飼い主さんの生命・身体が侵害された場合ではなく、ペットという「財産」つまり「モノ」が侵害された場合に慰謝料が認められるというのは、実はあまり一般的ではないですよね。つまり、原則論からすれば、モノの財産的損害の塡補によってもなお回復し得ない精神的苦痛が生じていると認めるべき特段の事情が必要であると。でも、昨今は、ペットは家族と同様な愛情を持って養育されていることを踏まえて、ペットの死亡による慰謝料については、特段の事情があるかとかを特に問題にしないで慰謝料が認められるようになってきているというのがまずひとつあります[*10]。それで、その慰謝料、交換価値以上出したらおかしいですか。

米村：それはひとつの考え方で、ペットを完全に「モノ」として理解すればそうなります。それに対して、他の裁判官は、いやいやそれはおかしいでしょう、一応治療費としてかかった額もあるし、それにプラスして愛着があったのなら慰謝料もとれないのはおかしいし、交換価値で賠償金が上限を画されるというのは明らかにおかしくて、人間と同等とまでは言わないけれど、人間の医療過誤でも死亡慰謝料を家族がとれるのだから、それと同じように一定の慰謝料は認めるべきでしょう、という意見でした。裁判官同士が、意見が違っている現場を目撃したのです。そして、実務の動向としては、後者の考え方がとられる傾向にあります。ペットの医療過誤は、それも医療過誤だからということで、東京、大阪などの大都市の地方裁判所では医療集中部で扱うことになっているのですが、医療集中部の運用では、基本的には人間の医療過誤と同じように慰謝料請求は認めています。まあ、額は少なくて、数万円から数十万円のレベルですけれど[*11]。

角田：ちょっとズレますけれど、ペットではなくて盲導犬が交通事故で亡くなったという事案だったと思いますが、盲導犬の損害を260万円と算定した裁判例というのもありまして、ちょっと興味深いと思ってまして[*12]。というのも、これは、盲導犬の生命が奪われたということは「モノ」の毀損ですが、盲導犬が果たしている機能とか、その社会的価値に着目しているんです。つまり、「視覚障害者の単なる歩行補助具ではなく、目の代わりとなり、また、精神的な支えともなって、障害者が社会の一員として社会生活に積極的に参加し、ひいては自立を目指すことをも可能にする点で、白杖等とは明らかに異なる社会的価値」があると。これは、人の機能の一部を支援するだけにとどまらない、人とモノの関係というかコミュニケーションに対して、愛着の利益というのとはまた違った形で法的評価をした例といえないでしょうか。もちろん、その評価は、道路交通法や社会福祉法などの法制度が整備されていること、さらには、身体障害者補助犬法の成立によって盲導犬を同伴しての社会生活が一般的により認知、受容されるようになったことを前提としての評価ということではある訳ですが。で、その社会的価値の毀損をどうやって算定したかというと、1頭当たりの盲導犬育成にかかる費用を算出し、そこに盲導犬としての技能向上を考慮しつつ、事故で奪われた稼働期間分を「損害」だと。

米村：それは、基本的には財産的損害として認定したものであると思います。「社会的価値」というと広く聞こえますが、実際の賠償額算定は、盲導犬育成にかかった費用や盲導犬の技能水準をベースにしていますので、これは従来型の財産的価値の認定です。

科学技術社会論（STS）とは？

米村：先ほどおっしゃったロボット法というものは、具体的にはどのようなものを想定しているのでしょうか。

角田：いや、まだ、どうと言えるほど固まったものではないのです。ただ、法制としても多方面で考える必要はあろうかと。たとえば、AI研究者が中心になってでしたでしょうか、ロボット開発者の倫理コードみたいなものが提案されています。また、EUでは、仕事をロボットがどんどん奪っていくのであれば、ロボットの所有者にがっぽり課税をしようというプランが欧州議会にかけられたところ、それはそのロボット開発をしたい業界団体の大反対にあって、むしろロボットにきちんと社会的地位を明確化しろ、ということで、ロボット法構想というものがどうもEU議会で議論が始まっているそうなんですね。どうやらEUで行われているのはだいぶ経済的活動寄りの話のようなのですが、日本はコミュニケーション・ロボットの研究がどうも盛んなそうなので、ペット法とかいろいろなそういった市民社会密着型のコミュニケーション・ロボットにも何らかの適切な法的地位を考えてもいいのではないか、ということが、我々の議論の中で出てきたのです。

米村：以前、アマミノクロウサギ事件[*13]というのがありましたけれど、この事件では、環境破壊をもたらす行政処分に対する取消訴訟の原告適格を自然環境の中に生きている動物にも与えようという主張がなされました。これは一種の運動論だとは思いますが、そういう考え方があった位で、人間でないものにも何かしらの法的な地位を与えて保護すべきだというのは、いろいろな場面で出てき得る議論じゃないかと思います。

それは、法律の問題としてはとても重要で、建前論で人間だけがすべてというのはもちろん維持できないと思うので、完全に人間と同等に扱うべきかは別にしても、ある程度の法的地位ないし法的保護を与えるということは、考えてもいいように思います。それこそ、さっきのペットの慰謝料の問題もある訳ですし。ただ、無理矢理、先ほどの死の話にひきつけて言うと、ロボットの法的地位を肯定する場合にも、社会的承認のようなものがどうしても必要で、それは、やっぱりロボットというものをどのようにこの社会が受け止めるか、ということとのかかわりで決まってくるのだろうと思います。そこに入っていくと、実は法律というのはとても無力で、法律は既存の価値観を援用して条文化することはできても、価値観を作り出すことはできないように思います。

角田：あるいは、法律を作ってしまえば、社会がついてくるというパターンはないのでしょうか。

米村：ありますけれど、それは法律家がやる仕事なのか、と言われると、ちょっと私は自信がないです。法律を作るのは、本来は法律家ではなく、民主的に構成された議会なので、法律は国民世論や社会一般の意識の反映であると思います。そこで国民世論がどのように形成されるのかを考えたり、国民の中に議論を喚起したりするというのは、法律家の本来の仕事ではないと思います。

この辺りの話に関連して、少し、私が最近やっている研究の話をさせていただければと思います。ここ数年、私は、科学技術社会論（ＳＴＳ）という分野の専門家と共同研究を行っています。ＳＴＳというのは、もともと、科学史・科学哲学とか科学社会学と言われている分野が、関連する他領域を巻き込んで発展したものなのですが、科学と社会の関係性を考えて、場合によっては科学技術政策の内容につき一定の提言をし、あるいは政策決定のための議論の進め方、科学コミュニケーションのあり方のようなマクロの問題について検討を行う一方で、場合によっては、原発の安全性評価や災害対策、ＤＮＡ鑑定のような、科学と社会的決定が相関する場面、ミクロの意思決定プロセスの問題についても、一定のサジェスチョンを与えるという分野です。

ＳＴＳにはいくつかの略がありまして、一定しないのですが。Science and technology studiesやScience, technology and societyの略ですが、Social studies of science and technologyと言うこともあります。ただし、それだとＳＳＳＴなんですけれど。いくつかの呼称があって、それぞれで扱う内容が微妙に異なるとの理解もあるようなのですが、基本的な問題意識はすべて共通しています。

このＳＴＳの研究というのは、私から見ると非常におもしろいのですが、科学というものが、人々の間である種の誤解を受けて発展してきていて、今でも多くの点で誤解されている、ということを盛んに強調します。よくある科学観として、科学は絶対であって当然１つの答えが導き出せるものだとか、全知全能で間違いの起こらないものだとか、あるいは、事実をひたすら探究していけば必ず唯一の真理に達することができるものだとか、そういう一般人が漠然と抱いている科学観というものがある訳です。科学を実際に研究している研究者ですら、そう思い込んでいる場合もあるのですが、しかし、今までの科学のありよう、現時点で存在している科学の諸分野の特性を通観して見たときに、とてもそんなことは言えない、というのがＳＴＳ研究の共通の出発点です。科学は不完全で、過去に正しいとされていたことが誤りとされる場合もあります。また、１つの確実な答えが導けるのはごく限られた分野で、多くは常に不確実・不確定な部分が残ります。そういった科学の限界を正確に理解した上で、適切な形で社会の中に取り込んでいく取組みが必要だとされています。法的判断においても、そのような科学の限界を知った上で利用しなければならず、訴訟の場で、鑑定により専門家が書面を出してきたら、科学的な真実はこれであると思い込んで、それを前提に判決を書くなどというのはとんでもない話だというのが、基本的にＳＴＳの人たちの意見なのです。

私は、とても刺激も受けましたし、基本的な着想は正しいと思っています。医学などというのは、まさに不確実性のかたまりのような分野で、１人の専門家の意見を表面的に理解して鵜呑みにしてはいけませんし、現在の知見では、どこまでが確実に言えることなのか、ということを常に意識して理解しようと努力することが必要です。科学に対する変な誤解や幻想をまずはなくしていかなければなりませんし、社会の中で科学が適正な形で機能し、社会全体にとって有益なものになり得るようにするということは、これから先の科学の発展にとっても大事なことではないかと思うんですね。

ロボットを人間社会の中にどのように位置づけていくかという問題は、まさに、ＳＴＳの研究者などはとても興味を持つテーマだと思います。私の考えでは、それを決めるのは法律家ではなくて、本来的には社会の構成員たる国民ひとりひとりだと思います。その人たちが社会の中で意思決定を行う際の議論の仕方、情報提供のあり方などについては、ある程度の分析や提言・助言があるべきだと思いますが、それは、ＳＴＳの人をはじめとして、それを専門とする分野の人たちがやることではないか、という気がしています。もちろん、それは分野が違うだけで、人として違うと言っている訳ではないので、我々自身も、法律家としてではなく、そういう新たな分野の専門家としてコミットしていくという可能性は十分あり得ると思います。私自身は、そうありたいと思っていて、そのような考えもあってＳＴＳのみなさんと一緒に研究を進めているところです。

（２０１７年４月19日収録）

＊1　Ryan A. Beasley, Medical Robots : Current Systems and Research Directions, Journal of Robotics, Vol. 2012（2012）, pp.1-14.

＊2　IEEE International Conference on Robotics and Automations（ICRA）と IEEE/RSJ International Conference on Intelligent Robots and Systems（IROS）。

＊3　一例として、鍋嶌厚太・山海嘉之「ロボットスーツ HAL® の安全認証」日本ロボット学会誌 32 巻 10 号（2014 年）863 ～ 865 頁。

＊4　原田香奈子・鎮西清行「TOPICS 医療機器の薬事審査と法改正」日本機械学会誌 118 巻 1154 号（2015 年）46 頁。

＊5　「日本の『ロボット革命』、規制緩和がカギ」http://jp.mobile.reuters.com/article/amp/idJPKCN0J507Y20141121

＊6　電気通信大学大学院情報理工学研究科教授。「人工知能で思い通りに動く『筋電義手』一軽量で低コスト、人間の脳と機械の融合でバリアフリー実現へ」http://www.mugendai-web.jp/archives/6323

＊7　日本ロボット学会誌 34 巻 4 号（2016 年）227 ～ 259 頁。

＊8　「自動ブレーキ作動せず事故　日産販売店長ら書類送検　千葉県警、全国初」千葉日報オンライン 2017 年 4 月 14 日。https://www.chibanippo.co.jp/news/national/401244

＊9　米村滋人『医事法講義』（日本評論社・2016 年）197 ～ 205 頁参照。

＊10　慰謝料の裁判実務については、交通事故事案に関するものではあるが、日本弁護士連合会交通事故相談センター東京支部編『民事交通事故訴訟 損害賠償額算定基準』（いわゆる「赤い本」）平成 27 年度版 225 頁以下が参考になる。

＊11　医療過誤事案ではないが、ペットの死亡事故で慰謝料（18 万円）が認められた近時の裁判例として、大阪地判平成 27 年 2 月 6 日 LIC 判例番号 L07050060 参照。

＊12　盲導犬が交通事故で死亡した事案で、財産的価値を 260 万円（残余活動期間 5 年余）と算定した裁判例として、名古屋地判平成 22 年 3 月 5 日判時 2079 号 83 頁参照。

＊13　鹿児島地判平成 13 年 1 月 22 日裁判所ウェブサイト。関根孝道・環境判例百選 172 頁、同・環境判例百選〔第 2 版〕184 頁。

● 参考文献

米村滋人『医事法講義』（日本評論社・2016 年）

米村滋人「製造物に関する事故」窪田充見編『新注釈民法』（有斐閣・2017 年）612 ～ 677 頁。

福島真人「第 8 章 科学・技術と社会？—STS 研究、課題と展望」伊東泰信編『ラボラトリー＝スタディーズをひらくために—日本における実験系研究室を対象とした社会科学研究の試みと課題』JAIST Press（2009 年）92 ～ 108 頁。

シーラ・ジャサノフ（渡辺千原・吉良貴之訳）『法廷に立つ科学—「法と科学」入門』（勁草書房・2015 年（原著 1995 年））

同書評：米村滋人・年報医事法学 32 号（2017 年）180 ～ 185 頁

後日談

角田：米村先生には、「医療介護ロボットと法」というテーマでお話をいただきました。

特に、医療・介護ロボット利用に関する法的課題ということで、ロボットの企画／製造／販売／使用という4段階で人間が関与していることを前提に、❶「テレ・オペレーション」の責任と、❷AIによる判断が介在した場合の責任の2つの主要シーン毎に、各当事者の法的責任の有無を決するラインを具体的にしていただいたところがポイントだと思います。この分析ですけれども、❶「テレ・オペレーション」の責任は、後半の鼎談では自動運転の事故とか、ロボットスーツの問題にも展開させましたが基本的に「事故型」、❷「AIによる判断の介在」は、人間の「意思」形成にAIが介在しているという意味で「取引型」に応用可能ではないかと思いました。

ただ、医療分野特有の事情として、米村先生のプレゼンテーションの後半で取り上げていただいたロボットの研究開発から実装、利用に至るまでを厳格に規律する法制度の役割も大きいということでした。「医療機器」として厚生労働大臣の「承認」が必要であると。逆に、こういった規律があることが、前半の法的責任を考えるうえでどう関係しているかも、注目ポイントのひとつだと思います。

あと、鼎談の冒頭で工藤先生にもロボット業界における医療・介護ロボット研究の動向をレポートいただいたことで、この分野のロボットをめぐる状況が相当明らかになりました。

それから、意見交換を通して、米村先生が医療とか介護現場で使われているロボットというものに対して、どういうお考えをお持ちなのかということがある程度明らかになったと思います。その辺のちょっと感想なり、工藤先生のお考えも聞きたいのですが。

工藤：そうですね。医療が特別だという話ではなくて、医療自体はやっていることが難しいから自動化が難しいかもしれないけれど、自動運転車だって命は預かっているのだから根本的なところは変わらないという話もあった位で、非常にニュートラルだなと感じました。

角田：自動化の話にしても、技術の発展のスピードの違いだと整理されましたものね。

次に、法律論の方で気になった点を少し確認したいと思うのですが、法律論の中で、過失責任と製造物責任について明解にお話いただいたのですが、ただ一点、その欠陥責任……、製造物責任は欠陥責任になる訳なのですが、過失責任であれば損害の発生が具体的に予見可能でなければならないところ、欠陥の場合は危険性があればいいというお話がありました。その中で、AIが可変的なアルゴリズムを通じて独自の判断を加えて動作を行う結果、重大な損害が発生する危険性があれば、それは欠陥が肯定されるかもしれない、という指摘をなさったんですね。それは非常に大事な指摘だと思いますし、おそらく読者の中にもこの点には非常にコンシャスになる方もおられるのではないかと思います。ただその一方で、私が鼎談の方で聞かせていただいたのですが、提供したデータに問題があった場合に、ディープラーニングとか大量のデータを学習してどんどん変わっていって、で、何かおかしな動作を作動したときに、その問題は誰の責任なのかということを意識して聞いたところ、それは基本的にユーザーの問題だというご回答があったと思うのですが。そもそも、そのディープラーニングのAIが、どのように売られているかとか、その辺のことをちょっと教えていただけますか。

工藤：ディープラーニングに限らず機械学習全般になんですけれども、いくつか形があって、典型的なもののひとつは、出荷する前にプログラムを作る、製造する人がいろいろなデータを与えて学習させて、その結果できた学習器と言いますけれど、ブラックボックスをユーザーに対して提供すると。で、ユーザーはいくら使い込んでもそのブラックボックス自体は変化する訳ではない、というようなパターンです。もうひとつは、ユーザーにプログラムを提供した後で、ユーザーが使い込んでいくとそれに応じて、たとえばユーザーの好みや癖を学習するというように、プログラム自体の動作が出荷された後に変わっていくというタイプというもので、これは仮名漢字変換などがユーザーの癖を学習して変換するというような、ああいうイメージです。大きくは、その2つの売られ方というか、使われ方があると思います。

角田：欠陥になり得るような可変的なアルゴリズムを経て独自の判断を、というのは、じゃあ、出荷の後に、ということでしょうか。

工藤：出荷の後に動作を変えるような、という意味でおっしゃっているのかな、と私は理解しました。

角田：ちゃんと普通に使っていたのに、何かおかしな動作をしてしまう、という話でしょうか。

工藤：そういう意味だと思います。

角田：そうすると逆に言えば、出荷前に大量のデータを提供して、で、フィックスされた状態でユーザーが使っていたらおかしな動作をしたというのは、それはじゃあ、データを部品として供給したものに問題があったという、それが問題になることもあり得るということでしょうか。

工藤：そうですね。具体的にどのプロセスが問題にされるかは、いろいろな法律的な議論があるのでしょうから私にはわからないのですが、出荷した時点ですでにおかしな動作をするのであれば、作った側の誰かに責任があるということになると思います。それは、通常の製品と考え方は変わりないと思います。

角田：売られ方としては、何ですか、ユーザーの使い方によってどんどん学習を積んでいくというものの方が多いとか、両方ありというような状態なのでしょうか。

工藤：どっちもあると思います。あるいはユーザーの使い方によって動作を変えるにしても、もともと学習させた学習器自体が更新されるのではなくて、それとは別の仕組みとしてユーザーの好みに合わせるような仕組みが付いているパターンもあると思いますし、それはどれが多いとかという話ではなくて、目的に応じていろいろな形があるということだと思います。

角田：自動運転の話も出てまいりました。自動運転の話の中で、たまたまその鼎談の前日に報道されたのが、本当はブレーキを踏みたくなるところを、「ここは我慢してくださいね」と試乗していたときに、運転していた人はもちろんのこと、横に乗っていた営業マンがそんなことを言ったものですから共犯として、後はお店の人が同じように責任を負うことになった、という話でした。逆に、製造物責任の問題が出てきそうなケースというので、本当はブレーキを踏むべきでないのにシステムが誤って急な坂を障害物と認識してブレーキをかけてしまうという、そういう話はあり得るんじゃないか、そういうまとめになりましたけれども。急な坂を障害物と認識してしまうようなシステム、これは早晩システムの更新等で対応ができていそうですけれども、何かそれだけではないのではないかなという宿題を、実は新井先生の方からいただきまして。人間であるということを自動運転車が判別できなくて、それで誤作動が起き得るのではないかと、そういう問題提起でした。

状況としては、これはトロッコ問題と言われる問題で、事故は不可避なんだけれども、右側に避けるのか左側に避けるのか、両方障害物があると。で、高齢者と子どもが出てきてどちらかに避けないといけないときに、子どもの方が将来の失われる命の値段は高いからというので高齢者をひいていいのかどうか、その、そういう判断をするAIは倫理的に問題があるのではないか、というのが、いわゆるトロッコ問題と言われるものなんですけれど。それ以外の問題として、❶ゆるキャラとゆるキャラの中に人が入っているかどうかの区別、これがAIは適切にはできないのではないか、と。それから❷ハロウィーンのような変装した状態で歩行者が車道に出てきた場合という、そういう例では、AIは人間がそこにいるんだということを適切に判別できないために、変な判断をしてしまうのではないか、と。そういう宿題だったのですけれども、何でしょう、ゆるキャラがそこにドボンと置かれているのか、中に人間が入っているかというのは、画像で認識をすることは難しいとしても、たとえば画像だけでなく、サーモグラフィーでしたっけ、体温についても認識するシステムをフェイルセーフのような形で組み合わせることによって、誤作動のリスクを減らせるんじゃないかと素人的には思うのですが、いかがですかね、工藤先生。

工藤：確かに、ゆるキャラの中に人が入っているかどうかを区別するというだけの話であれば、そういう手段もあるかもしれないです。もっとも、中でモーターが動いていて熱くなっているかもしれないので、サーモグラフィーが最適かどうかはわからないですけれども。いずれにしても、個別のケースが出てきて、それに対して何か対策をしたいということであれば、もちろんいろいろなやり方はあると思います。しかし、おそらくここで重要なのは、一般論として人間だったら簡単に区別ができる人とモノとの見分けというものが、AIにとっては難しい場合があると。で、今回は2つの例を挙げていただきましたが、他にも類似の例というのはいっぱいあるはずで、それに対してすべてきちんと判断がくだせるようなシステムを作るということは、現実問題としては不可能だというときに、そのAIで判断して車を運転させていいか悪いかという問題です。だから個別ですと、いろいろと考えられるとは思いますが、本当の問題はそこではないのではという気がします。

角田：なるほど。そもそも、確率論的に認識している損害を回避するために、フェイルセーフを導入する義務があるかどうかも論点だということですね。確かに、設計上の回避可能性がない場合に「欠陥」になるかは、結論は出ていない問題であったと思われます。これから検討していかないといけない課題ですね。

あと、❷ハロウィーンの変装した人というのは、なんか素人的にはですね、変装パターンみたいなものをどんどんどんどんAIに学習させれば、人間よりよっぽど上手に、「ああ、あれは人間だ」「人間ではない」ということを判別できそうにも思えたのですが、この点の感触はやっぱり素人だからおかしく思うのでしょうか。

工藤：機械学習の話題が取り上げられるときには、すごくうまくできたという話ばかりが紹介されます。人間の顔を識別するような学習器を作りました、そうすると今まで見たことのない人であっても人間だと理解できますとか、そういう例ばかり見せられるので、そういうふうに見たことないものでも類推して判断できるのが機械学習じゃないかというような、そういう印象を持たれるんだと思いますが、実際には、それはどんな場合にでもうまくいくとは限らないのです。❷の場合というのは、ハロウィーンで（もともとの意味から転じて）最近は奇抜な変装をして楽しもうとしているので、今までにはないパターンで扮装しようと趣向をこらしている訳です。ですから、もちろんAIのシステムを騙そうという意図ではないにしても、結果としてはAIの裏をかくというか、そのような今までにないパターンをきちんと判断することはとても難しい訳です。

角田：なるほど。楽しみたいという人間の欲求が、かえってAIにとっては盲点を突いているという、そちらに努力しているんだというのはあまり考えたことがなかったので、今の話は大変興味深かったです。

あとですね、この問題は法学の観点から見ますと、もう少し根本的な問題提起も含まれているように思われます。つまり、トロッコ問題に直面した場面で「人」「モノ」間の優劣をどのようにプログラミングすべきか、言い換えますと、「人」と「モノ」とを同じ平面で計算問題としてよいのかという問題です。「モノ」が毀損されたときの損害賠償額というのは、ご承知の通り、交換価値で計算されます。では「人」の命の値段をどう算定すべきか――これは古くから議論があります。現在の裁判実務では、「所得を算出する機械」のように捉えており、奪われた余命で稼げたはずの所得を「逸失利益」とし、亡くなった本人の財産的利益の損害賠償請求権を相続人が相続すると構成するのが一般的です。これに対する批判も古くからあり、命の値段にそろばん勘定を持ち込むことに反対して定額賠償にすべきという有力説もあり、公害などの広域被害などでは一部導入されている状況です。さて、この状況で、「モノ」と「人」の賠償額をどう同じ俎上に載せてプログラミングまで落とし込めばよいのか――これはかなり議論が紛糾することが予想されます。

法制度のあり方をどう考えるかという大きな視点から見たときに、そうしますと、森田果先生のお話と米村先生のお話、両方、自動運転のリスクを減らしていくためにどう対応すればいいのかということについて、お二方からお話をうかがったことになるのですが、これはスタンスとしては似てらっしゃる？　ちょっと違うような気がするのですが。

工藤：そうですね。どちらの先生も、AIが完璧ではない、ミスを犯すものだということが前提になっている点では、同じだったと思います。森田先生の場合は、だからそれを使ったときに得られるメリットと、事故を起こす可能性が常にある以上、起こってしまったときのデメリットを比較して、メリットが大きい場合には使う、そうでない場合には使わない、その判断を責任持ってやらなきゃいけないという話だったと思います。それに対して米村先生の場合は、AIは間違える、間違えるからどんなときにどう間違えるかということを、きちんと知って使わなければいけない。だから当面の間は、あるAIを使うには、その癖を理解していますという、そういう認定なり何なり、そういうものを作って。

角田：免許というお話も出ましたね。

工藤：免許とおっしゃっていましたね。きちんと癖を理解している人が使うという形で、そのリスクを最小にしていくというスタンスだったと思います。

角田：そうですね。ダ・ヴィンチの話も出ましたけれども、やっぱりその辺は医療用ロボットの話とパラレルに米村先生はとられているな、という印象がありました。

でもそういう意味では、ちょっと違うけれども、似ていると言えば似ていらっしゃる感じですね。

あと、もうひとつ、法律論との関係では、「筋電」ベースで動くロボットスーツの問題についても意見交換をさせていただきました。これも、新井先生から承った宿題で、そういうロボットスーツを装着しているときに事故を起こしたときの法的責任をどう考えるか、「筋電」を「意思」といっていいのか、というものでした。米村先生は、先生のご議論は、こういった問題の立て方自体が、主観的過失概念を前提とするものではないか、過失が客観化していて行為時の意識等は一切問題とされない今日では、議論する必要がないのではないかというお立場でした。「原因において自由な行為」論のアナロジーを提示されていた森田先生のお考えに対しても、責任能力がない者に「過失」がない、というのも、主観的過失概念の下では成り立つ議論だったのですが、客観的過失を前提とすると、責任能力の有無を問わずに過失が肯定できるとされているので、支持できないということでした。

それからいろいろ、ロボットを人間社会の中で法的にどう位置づけていくべきかを考えていくにあたってのヒントも頂戴しました。ロボットの法的地位を考えるということは、ロボットを単なる「モノ」としては社会が受け止めないことになるということであろうと。そういう、人とモノの境界線が社会的・倫理的に動くような事態を想定するとして、技術の発展が「人とは何か」を改めて問うことになった先例として、人の生死の境界である「死」をめぐる議論についてもお話をうかがいました。死の概念であるとか、死の判定方法、医療現場における「死」など、興味深いお話だったのですが、その中で印象的だったのは、死は社会的なもので、医学的、客観的状態で決まるものではない、みんなが受け入れる環境が整って初めて「死」になる、そして、そういう社会的承認を得ていく中で、実は法律というのはとても無力だという言葉でした。他方で、社会の中で意思決定を行う際の議論の仕方、情報提供のあり方については、分析や提言・助言が大事で、それは専門家がやるべきだとおっしゃっていましたけれど。そして、そういった科学と社会のかかわりを研究しているＳＴＳのお話、私はちょっと知らなかった分野でもありますので、興味深くお話をうかがいました。

と同時に、今回のこの本の企画のために、様々な専門家の先生に来ていただいて、工藤先生はロボット工学、私は民法という法律の分野から、常々思っている素朴な疑問というのをその道の専門家の方にぶつけて、で、自分が持っていたアイデアが段々育っていったり、潰れたアイデアもあったように思うのですが、そういうプロセス自体がＳＴＳで光をあてられラボラトリー・スタディーズ（laboratory studies）という分野があるようなんですけれども、発表された学説がどのような形で社会の支持を得ていくかという、表に出てきているものでないブラックボックス化していたラボラトリーの中で、どういう形でアイデアがぶつけられ、磨かれていっているのかということも含めて、社会学的に観察することが新しい知見をもたらす、この新しい学問分野というのが非常におもしろいと思いました。我々がやってきたこと自体が、ひとつのラボラトリー・スタディーズをこのような形で世に問うようなものになるのではないかな、という印象も持ちました。

エピローグ——アンドロイド弁護士は電気天秤の夢を見るか?

各回の鼎談で得られた知見、関連する話題についての意見交換は、鼎談の後に我々で行った後日談が収録されているので、そちらを見ていただければと思う。ここでは、一連のリレー鼎談を通して我々がたどり着いた、ものの見方を示すことでエピローグに代えることとしたい。

ロボット・AI社会のインフラと法的責任論

1　社会のインフラとプラットフォーム提供者、システム提供者

「インフラ」といった場合に通常、連想するのは、道路、港湾、河川、鉄道、上下水道、病院、そして、情報化社会という文脈では光ファイバーといったものであろう。森田果先生は、そのリストにGNSS(全球測位衛星システム)を加えた。確かにGNSSは、スマートフォン、カーナビといった身近なものから、高頻度取引(HFT)、ドローン、自動運転技術など、あらゆるロボット・AI技術において使われ、なくてはならない存在という意味で、ロボット・AI社会のインフラというに相応しい。

しかし、より重要なことは、このように把握することによって、GNSSの運営主体が——それは

GPSのような国家であることもあれば、日本のみちびきの準天頂衛星サービス株式会社（QZSS）のように民間であることもあるのであるが——全球測位衛星「システム」を「提供」していると同時に、それに準拠した様々なサービスの基盤という意味で「プラットフォーム」でもあるという、「システム提供責任」や「プラットフォーム」という、極めて現代的で、いまだ法的議論が熟していないテーマとの連続性が明らかになるということである。

こういった視点から見ると、「金融商品取引所」は、金融商品取引のインフラであると共に、証券会社などの取引所参加者に対して（取引所での場立ちの取引員がいなくなった昨今では）電子取引システムを提供していて、そして、高度に電子化したプラットフォーム提供者（仲介機能を実現）のフロントランナーということができる。大崎貞和先生にお話しいただいた取引所の度重なる制度改革——公益法人から営利法人へ、そして、ダークプールなどとの「市場間競争」に晒されている現代——は、インフラをどのような法的枠組みとして構築するのが望ましいかをめぐる模索という意味で「法制度間競争」の歴史と理解することができるだろう。

2　森田分析で明らかにされたロボット・AI社会のインフラ責任論

森田先生には、GNSS運用者、受信機器メーカー、機器オーナー、被害者という4当事者がいる中で、事故・損害を最小化できるのは被害者を除いた3当事者で、各々の当事者の注意水準と行為水準を最適化させる法制度をご検討いただいた（→186頁以下）。このロボット・AI社会のインフラを構築する法的ルールの検討は、鼎談でも明らかにされたように、法規範いかんによって当事者の行動が変わり得る点に着目する「機能分析」であり、応用範囲も広いという意味で汎用性も高い一方で、それを法的議論の中にどのように位置づけるかということについては複数の理解が成立可能で、たとえば、実体法規範の解釈論などにいきなり持ち込んで、あれこれ論じるべき性格のものかといえば、そうではない。とはいえ、議論のターゲット、そして、もたらし得るインパクトを明らかにしておくことは大事だろう。

まずは、森田先生自身が、GNSS運用者のポジションに「AI開発者」をあてはめるという形での応用を示していること（→208頁以下）、そしてその際、こういった分析が被害者との間に契約関係がない場合を対象に絞っていることは注目に値するというべきだ。こうすることで、たとえば、ロボアドバイザーで用いられているAIに問題があって投資家に損害が発生した場合の法的責任は、射程外としている。被害者である投資家との間で契約関係があり、主たる問題は予めなされたリスク分配合意、つまり、免責条項の有効性というクラシックな法律問題であって、新規の法律問題ではないというのがその理由だ。とはいえ、投資家が消費者であれば、消費者契約法の適用があり、契約責任でも不法行為責任でも同じ条件のもとで規定内容の有効性が審査されることになるが、消費者契約法の適用範囲外であれば、「責任限度額の定めは……債務不履行に基づく責任についてだけでなく……不法行為に基づく責任についても適用されるものと解するのが当事者の合理的な意思に合致する」とした最判平成10年4月30日（判時1646号162頁）の射程が改めて問われる可能性もあるように思われる。というのも、同判決は、宅配便の免責条項つまり契約上のリスク分配合意を、不法行為責任を主張することで回避することは信義則上許されないというロジックをとっているからだ。そこでは、利用できないはずの貴金属の送付に宅配便という安価なサービスを享受してきた者であることが考慮されている。また、宅配便という定型化したサービス以外でも同じ結論になるかも将来的には検討課題となり得るのではないか、ということだ。

森田分析により「システム提供責任論」と「プラットフォーム提供者責任（仲介・媒介者責任論）」と、インフラ提供者としての「営造物の設置・管理責任」（国家賠償法2条）と、製造物責任の「欠陥」概念（製造物責任法2条2項、3条参照）の連続性が明らかにされたことのインパクトも指摘するに値しよう。考えてみれば、製造物責任法制定時には「土地の工作物の設置又は保存に瑕疵があることによって他人に損害を生じたとき」に「損害の発生を防止するのに必要な注意をした」と言えない限り第一次的には占有者が、占有者が免責される場合には所有者が責任を負うとされている土地工作物責任が参照されていた。そして、インフラすなわち「公の営造物の設置又は管理に瑕疵があったために他人に損害を生じたとき」の国または公共団体が賠償責任を負う営造物責任（国家賠償法2条1項）もまた、土地工作物責任と同根のものである。

　このような連続性を意識すると、ややもすれば、もはや人知の及ぶ範囲を超えていて誰の責任をも問い得ない問題と考えがちな「自然災害」であってもなお、一定の関係を持つ法主体が責任を負う可能性があることも理解しやすい。たとえば、「自然災害」でも道路インフラの管理上の瑕疵（国家賠償法2条）を根拠に国の賠償責任を全額肯定した裁判例もある（未曽有の集中豪雨で国道わきの斜面で土石流が発生、通行中のバスが谷底に転落した事件で、事前に危険を察知して通行止めの措置を講ずれば事故は防止できたとして賠償を命じた。名古屋高判昭和49年11月20日高民集27巻6号395頁）。金融商品取引のインフラである「証券取引所」の電子取引システムにプログラム・ミスがあったために誤発注を取消せず市場に著しい混乱を来した事件において、プログラム・ミスを回避することは容易ではなかったとしつつ、大混乱を来した市場での売買を停止する権限を行使すべき法的義務があったにもかかわらず権限不行使に著しい義務違反があったとして証券取引所に巨額の賠償責任を命じた判決（東京高判平成25年7月24日判時2198号27頁）も、特異なものというよりは、同根のものとして受け止める必要があるだろう。昨今、社会の耳目を集めているフェイクニュースとメディアの責任論、SNSプラットフォーム提供者の責任論との間にも、ゆるやかな共通則を見出した、望月衛氏との鼎談も参照されたい（↓385頁以下）。

　そして、森田分析の対象は、法制度のみならず保険に及んでいることも押さえておきたい（↓211頁以下）。インセンティブを歪めない損害保険の商品設計のあり方、ロボット・AI社会において保険会社に期待される役割と機能といった問題だ。

3　デジタル化社会における個人情報、プライバシー保護のあり方

小向太郎先生にお話しいただいた個人情報保護法制（↓127頁以下）は、平たく言えば、個人データのやり取りにおいて準拠することが求められるルールで、法的インフラ整備そのものといって良いだろう。そして、この分野の法制度が、日本、アメリカ、ヨーロッパ、カナダとで異なるアプローチをとっていることも、デジタル化社会インフラの法制度間で国際競争が展開されているのだと捉えると、課題（解釈論なり立法論なりの）が見えやすくなるように思える。つまり、どちらの制度が先進的とか、議論が遅れているからいまだ問題が出てきていないというのではなく、スタートとなる原理原則が異なっていることを前提に、いずれのルールがより合理的かつ適切に対応ができているのかを競い合っているという訳だ。

その意味では、小向先生が、わが国の今般の個人情報保護法改正について、厳しいコメントを付された点は重要だ（↓130頁以下）。すなわち、同意原則を採用することのないまま——個人情報の第三者提供には本人の同意が必要だが、利用目的は予め定めてそれを守ればよく、また、利用については自由ということになっている。後から利用目的を変えようとなれば面倒だがＩｏＴ・ビッグデータの文脈では相当ユルユル——代わりに、個人情報保護法は匿名加工情報の基準を細かく議論しているというアプローチである。

浮かび上がった問題のひとつに、プライバシー保護法理という事後救済を実現する裁判上の権利救済法理との無調整がある。プライバシー権は裁判上の権利救済法理で、もともとは「そっとしておいてもらう権利」だったのが、「自己情報コントロール権」という考え方が有力化し、この文脈で、個人情報利用に対する同意に一定の法的保護は認められているものの、その効果については法制化されていない。この点は、同意原則を採用するEUの個人情報保護法制には基本権構成という下支えがあるからこそ制度設計が可能になっているのと対照的である。彼の地では、データポータビリティ権やプロファイリングに対する規制——異議を唱える権利、自動処理のみに基づいて重要な決定を下されない権利、透明性の要請という新たな権利が導入されることになっているのである。

もちろん、同意原則と言いつつも万能ではない。様々な問題をはらみつつも有力視されている処方箋が、プライバシー・バイ・デザインで、プライバシー侵害のリスク低減のためにプロアクティヴな対策をすべきで、それも、それをデフォルトで設定すべきだというものだ（デザインの対象は、情報技術、ビジネスモデル、社会基盤と相当広い↓140頁以下）。プライバシー・バイ・デザインという考え方のベースにある「同意」は、望月氏が鼎談で語った行動経済学が大事している「自由意思」に近いと言えるだろう。これが、法律学でいう「同意」とときに緊張関係を生み出すことも十分考えられる（↓397頁）。

統計的手法に依拠したAIと社会

1 統計的手法の特性／限界

リレー鼎談を開始するにあたって、AIの技術的特性にどのような問題があるのかを語っていただいた新井紀子先生は、AIを「統計分類器」と定義した（↓10頁以下）。これは、ロボット・AI社会にとって、AIが依拠している統計的手法の特性ないし限界がきちんと正しく理解されていることが極めて重要であること、そして、このことは、社会の構成員すべてにとっての問題であることを意味する。

真っ先に挙げられるべきは、結果を確定的に予測することはできないこと、そして、未知のデータに対する振る舞いが予想できないことである。2点目は、新井先生が、自動運転車に登載されたAIが、新製品のポテトチップスの袋を人間以上に何か非常に重要なものと判断してしまって、むしろ人間をひくという選択をしてしまう可能性を排除できない、と説明されていたものだ。

忘れてはならないのが、統計学においてやっかいな存在として知られているファットテールの問題である。これについては説明を要しよう。一般論として、統計的な手法では、何かと正規分布を仮定することが多い。それは、計算が容易で解析解が出やすいということもあるが、実際に正規分布に従う（あるいは従うとみなして問題ない）現象が世の中にたくさんあるからである。しかしながら、世の中には正規分布とみなしてはいけないような現象もたくさんあることがわかっている。その1つがファットテールな分布で、大きな外れ値はまず生じないと考えて構わない正規分布と異なり、稀ではあるが大きな外れ値が生じ得るという特徴を持っている。金融の分野などでは、このような分布に従う現象が多くあることがわかって話題になっている。多くの読者は「ブラック・スワン」という言葉を聞いたことがあるだろう。稀ではあるが、巨大な影響をもたらす、大規模で、予測不能で、突発的な事象をいうとされている。例としてしばしば挙げられるのが、金融危機や原発事故である。この言葉の生みの親が「ブラック・スワン問題には、困った一面がある。稀少な事象の確率はずばり計算不能であるということだ」[*]と述べていることも指摘しておく必要はあるだろう。

さらに、統計的手法を社会科学で用いることに対しては、人々が合理的なら、過去のデータを使って予測可能なパターンを見つけ順応するので過去の情報は未来予測に使えなくなるのではないかといった、根本的な問題提起ないし限界があることも知られている。

2 AIの技術的特性／限界——ブラックボックス化するAI

AIの技術にも、看過できない特性ないし限界があることが明らかにされた。AIによる自動運転の車が事故を起こしたとして、同じ失敗を繰り返さないように後から設定条件を加えようにもその方法がないということである。近時盛んに使われているディープラーニングは、膨大なデータを持ってきて、それを統計的に処理し――その際、旧来のシステムでは、人間が指定していた、どの特徴をどう学習するかは機械が自動的に調整し――何らかの入力に対して判断にあたる出力を返す――そして、その出力はX%の精度で正しい――というものであり、そこでなされる計算の意味合いが人間には解釈できないという意味で「ブラックボックス」になっている。だから、AIが誤った判断をしたからといって、個々の事例に関してその判断に至ったロジックをたどって修正することはできない。これを称して、新井先生は「統計にはロジックがない」と述べられた（↓23頁）。このことは、1980年代のAI――たとえば、エキスパートシステムとは対照的である。エキスパートシステムでは、人間が作動のロジックを設計していたので、何か問題が起きた場合にそのロジックを検証して修正することが可能であった。現在のAIでは、それは難しい。精度の低い結果も、何万時間、何十万時間の学習を経て下された統計的判断で、個々の判断を左右するパラメーターは「大海の中の一滴」にすぎないのだ。

関連して、AIシステムごとの「個性」ないし「癖」のようなものが問題になることもある。すでに現在の車の運転アシスト機能でも一部生じている問題であるが、システムごとに判断を誤りやすい状況というのがあり、ユーザーがそれを理解し、問題回避のために適宜スイッチを切る等で対処することが求められる。使い慣れたシステムであればそのような対処も問題なく行えるが、レンタカーやカーシェアリングなどのように同一の機種の使用を前提としない場合の問題は残ることとなる。

3　法的責任論との接合

新井先生は、自動運転技術に、人間のドライバーでは達成できないほどに交通事故の発生率を減らすという効用が認められるとしても、不幸にもAIに未知の事象であったためにひどい事故が発生する可能性をゼロにすることはできない（上記**1**の2点目）――この問題に対して、法律学はどう向き合うのかを問われた。この問題提起に対する本格的な応接はこれからなされていくべきであるが、法律学にも、経済・社会の発展を牽引してきた新しい技術の「社会的有用性」に着目して、科学技術の発展と社会秩序維持のバランスを実現させてきた歴史と伝統があることは押さえておきたい。

AIを開発／製造／販売／使用した者の法的責任は、言うまでもなく、望ましくない結果が発生した後に問題となるが、その責任の有無は、基本的に「過失」があったかどうかの判断で決まる。その「過失」は、そのような結果の発生が予見可能であったことを前提に（予見可能性）、それを回避すべき義務に違反したといえるかどうかで判断されるが（結果回避義務違反）、具体的判断の切り分け基準としてよく知られているのは、ハンドの定式である。損害発生の蓋然性（Possibility）×被侵害利益の重大さ（Loss）＞回避コスト（Burden）であれば「過失あり」、逆に、回避コスト（B）の方が大きいのであれば「過失なし」というものだ。ここで、Bというのは、結果を回避するために必要かつ十分な予防措置を講ずることによる負担を指す。そして、このBの計算にあたっては、新しい技術や機械の「社会的有用性」が活かされなくなる点を考慮することも一般的に承認されている。

最後の点との関連では、刑事責任・民事責任にまたがる法理であるが、高速度交通機関の運行や医療行為の「社会的有用性」を根拠に、一定の条件のもとにその法的責任を否定する「許された危険」という法理も知られている。それらの技術等が内包する法益侵害の危険が発生したとしても、その危険性故にこれらを全面的に禁じたのでは社会生活が機能不全に陥ってしまうことをその根拠とするものだ。このような「社会的有用性」があるが危険を内包する技術を導入した者の法的責任を考えるにあたっては、最判平成2年4月20日（集民159号485頁）が興味深い判断枠組みを示している。「社会、経済の進歩発展のため必要性、有益性が認められるがあるいは危険の可能性を内包するかもしれない機械器具」は禁止ではなく使用を前提に、損害発生を防止するための相当の手段方法を講ずるべきだが、「社会通念に照らし相当と評価される措置を講じたにもかかわらずなお損害の発生をみるに至った場合には、結果回避義務に欠けるものとはいえない」というものだ（結論として責任否定）。**また、「許された危険」がひどい結果を生じさせたとしても、いったん、ある行為が「許された」以上、結果を生じさせたからといって遡及して当該行為を罰することは許されない、との刑法の議論***をどのように評価するのかも問題となるだろう。

新井先生が提起された問題に、ポケモンGOの不法侵入のような正犯が確率的に起こる場合にも共犯の責任を議論することは可能かというものもあった（↓44頁以下）。確かに、確率論で実行される犯罪についての教唆は考えにくいかもしれないが幇助であれば可能性はあるのではないか、とのもとで立論したが、今後の検討が待たれよう。そして、ポケモンGOを配信したナイアンテックにもプラットフォーマーの責任論を適用することも検討に値するだろう（↓144頁以下も参照）。

もうひとつ、米村滋人先生のプレゼンで語られたところであるが、ロボット開発そのものを規定する安全規格・検査の合理化・効率化と共に、法的責任の有無を決するラインとの連携・協働が探られていくことが予想される（↓433頁）。しかしながら、その安全基準の策定を決定づけるリスク管理もまた、統計的手法に依拠していると考えられる。先に指摘した特性――「外れ値」として想定外の事象とされた、甚大な損害をもたらしかねない事態を回避するコストも非統計的に算定し、対応措置を講じておくことも視野に入れるべきであろう――たとえば、「地球上のすべての電力を原子力によって産出すれば地球温暖化のリスクを最小化できる」としても、それが最適なリスク管理かといえば議論の余地は大いにあるだろう。

「機械代替」への法的アプローチ――人の業務の機械化・機械反応

1 もたらすインパクト

人が行ってきた業務が自動化・機械化されていくことによってもたらされる変化、課題と展望については、ドラスティックな変貌を遂げつつある金融業界を対象に、大崎先生に分析いただいた

（➡297頁以下）。そこで語られたのは、金融が数字を扱うことから宿命的に人の業務は『機械との競争』に晒されてきたこと、たとえば、スピード競争のように機械の勝利が明白になると、市場をとりまく風景自体が、関与する人やビジネスの仕方のみならず法制度も含めて一変するということである。もちろん、現在もなお人と機械が競争している業務もあるし、むしろ、人と機械とでハイブリッド・サービスに競争の焦点が移行している業務もある（ロボアドバイザーがそれにあたる）。

違う観点になるが、人が提供している（提供し続けている）業務であっても、その業界においてAIが普及した場合に予想される法解釈の変化として、医師や弁護士、薬剤師といった専門職業人の注意義務のレベルの高度化が起こる可能性が指摘された。つまり、AIを使わなかったために、知らずに質の低いサービスを提供した場合に、責任を問われる可能性も出てくるだろうということだ（➡33頁）。

2　機械の誤作動に対する法的責任の判断基準

機械代替の現場では、誰がどのような場合に法的責任を問われることになるのか。医事法の米村先生には、医療ロボット・AIが使われる場面を①テレ・オペレーションと②判定を出すAIとに分け、責任の当事者と判断基準を明らかにしていただいた（➡426頁以下）。

まず、①テレ・オペレーションに誤作動があった場合、製造者・販売者が機器操作に関する教育・研修等の必要性を告知していたか、教育・研修等で必要な警告を行っていたかがポイントになるだろう。一定の安全対策をとっていればシステムそれ自体の不備は考えにくい。しかし、過去に同様の誤作動があったのに操作法を改めず、誤作動の発生を防止しなかったような場合には過失による責任が負われることになるだろう。

②AI判定も、それがⓐ人間の意思決定の支援ツールなのか、ⓑAIの判定によってそのまま機械が作動する場合とで分けて考える必要がある。前者ⓐでは、一次的には、後から判断した人間が責任を負うが、例外的に、AIの判断が極めて不適切で、それが容易に発見・修正可能なプログラムのミスによる場合は、AIプログラム製作者の過失が問題となる。AIプログラムが「製造物」に該当すれば、不法行為の特別法である製造物責任法の適用の場合となるが、その判断基準はあまり変わらない。

後者ⓑでは、AIを組み込んだ機器の製造者、プログラム開発者の責任が問題になる。シミュレーション等による誤判断の危険性を十分に確認していたかが過失の有無を決するが、ディープラーニングを導入し、AIの判断プロセス自体が可変的で、事前にアルゴリズム化できない場合の確認の十分性は難しい判断が求められることになるだろう。そして、この場面では、「過失」よりも製造物責任の「欠陥」による責任を問われる可能性が高まる。「過失」は損害発生が具体的に予見可能である必要があるが、「欠陥」は危険性が存在すれば肯定されるからだ。

この分析は、医療ロボットの領域を超え、乱暴かもしれないが、①事故による人身損害、②取引的不法行為に展開させていくこともできるだろう。もっとも、アマゾンのおすすめ機能などは、一見すると、②ⓐ意思決定支援ツールというカテゴリーかもしれないが、表意者に「効果意思」はおろか「動機」も形成されていない段階で、過去の履歴から「推知」してなされる「動機」形成に向けた刺激であることから、別途の検討が必要になるだろう。

3　機械代替と法律構成

ある業務を行う主体が人間から機械になったとしても、その業務を規制している監督ルールには同じように服するというのが原則であろう（もちろん、調整が必要になることはあるだろう）。では、その業務の法律構成はどうだろうか。

たとえば、ロボアドバイザーも、金融商品取引業者の営業マンが行っていた場合と同様に投資勧誘・販売業務や投資助言業務の業規制に服している。もちろん、業務が自動化されたことによって大幅なコストダウンが可能となり、従来は大口顧客にしか提供されていなかった投資一任型のサービスに「大衆化」という変化が起きている。ここに、新たに消費者保護的な法律問題が起こってくる可能性は否定できないだろう。だとしても、原則論は、法律構成を揃えることをスタートに、技術の特性などに合わせて展開させるというのが筋と言うべきだろう。

こういった問題のリーディングケースと目されるのが、預金の過誤払いについての最判平成15年4月8日（民集57巻4号337頁）である。これは、従来は対面で、銀行窓口において印鑑照合を経て預金者への預金の払戻しがなされる――そういう流れで行われていた業務がＡＴＭという機械によって代替された場面で、過誤払いが起きた事案だ。最高裁は、①機械代替前の法律構成――準占有者への弁済（民法４７８条）の問題であるとの判断を下した。事件としては、盗まれた自動車のダッシュボードに入れていた預金通帳が悪用されたのだが、暗証番号を車のナンバーと同じにしていたために簡単に見破られ、被害に遭ってしまったことから、預金者にも一定の責任を負担させることが可能な法律構成――債務不履行構成も提案されていたにもかかわらず、である。しかし、②銀行の過失の判断枠組みは機械代替に即して展開させている。つまり、機械が入力された暗証番号が届け出られていたものと一致することをもって払戻しを行うといった正しい作動をしただけでは不十分である。そして、機械払いシステムの設置管理全体について注意を尽くす必要があると。

この最判平成15年との関係で、みずほ証券誤発注事件判決をどう位置づけるべきかは、今後検討が深められるべき問題だと思われる。証券取引所の電子取引システムの障害によって誤発注の取消し処理がうまくいかなかった事件だが、そもそも取引所が証券会社に対して契約上負っている債務とは、取引所が行っている業務は注文の付け合わせという媒介であるとの理解をもとに「出された（取消し）注文を適切に処理すること」ではなく、「売買システムを提供するもの」と判断したからだ。もちろん、そのシステムが適切に処理できるようなコンピュータシステムである必要があり、システム外でフェールセーフ措置を講じる債務も負っているとも判示はしている（上記②）。しかし、従来は取引所の取引員が行っていた注文の付け合わせが電子取引システムに「機械代替」されたことを考えると、上記①との関係をどう考えるべきかが問われよう。

しかし、大崎先生からは、より根源的な問題提起をいただいた。機械反応に故意犯の「意図」を認定することは可能かというものだ（↓320頁以下参照）。AIが自己学習して出てきた結果が、相場操縦としか言えないような発注行動だったというような場合に、相場操縦だと言えるのか。相場操縦は、取引を誘因する、いろいろな人を取引に引き込む意図を持って売買が行われる場合とされているが、取引に引き込まれる相手が人ではなく、誰かが作ったアルゴリズムだった場合はどうなるのか、という問題も指摘された。刑罰規定の解釈は国民の権利を制限する刑事罰の発動にかかわるために厳格さが要求されることから、課徴金という行政処分しか発動できていないという。「機械は錯誤に陥らない」ことから、人間相手の詐欺罪とは別に、電子計算機に虚偽の情報や不正な指令を与えた者を処罰する構成要件（刑法246条の2）を創設した昭和61年刑法改正以来のテーゼを維持するのかが、まさに問われているのではないだろうか。デジタルカルテルという、「合意」のないカルテルへの対応が問題となっていることも、同じ文脈に位置づけることができるだろう。

ロボット・AIとの共存のあり方

1 職場における共存

ロボット・AIという技術は、人間の仕事、あるいは社会をどのように変えていくことになるのか。川口大司先生の分析（↓71頁以下）と望月氏のコラム（↓402頁以下）を併せると、次のようになるだろう。

①川口分析で挙げられていた蒸気船や情報通信技術のインパクトに関する事例研究は、非熟練労働の効率化・機械代替という意味で20世紀型のもので、よく言及されるラッダイト運動とは異質なものである。望月氏が21世紀型の例として挙げた金融機関のトレーディング部門も熟練労働で起きている機械代替という意味で異質であるが、まだそういう分野は多くはない。つまり、今のところ20世紀型の延長線上にいると言って良さそうだ。

②20世紀型の技術革新において、情報通信技術は、スキルの高い非繰り返し型の分析的タスクに代替ではなく補完的に作用することで、効率化と要求されるタスクの内容に変化をもたらした。研究者について言えば、以前は文献蒐集力がモノを言っていたが、今ではそれをどう使うかとクリエイティビティでの勝負が問われるといった具合に。こういった傾向は、パラリーガルも法学部出身者ではな

く法科大学院出身者になるかもしれないなど（↓95頁以下）、熟練／非熟練労働の境界を押し上げている可能性もある。だから、教育はこれからも大きな役割・機能を果たすだろう。21世紀型の機械代替に遭遇するというリスクはあるにしても（↓401頁以下）。

③なくなる仕事の可能性予測は、クリエイティビティや対人能力など上記分析で用いられた軸に基本的に依拠しながらAI代替が難しいと考えられる技能を特定して、それが重点的に使用されている仕事かどうかで計算しているので、その仕事で要求されるタスクの変化までは考慮していないようだ。トレーディング部門で起きてきているような、21世紀型の熟練労働の機械代替の可能性を予測するにあたっては、AIの技術的な特性を踏まえた別の軸を立てるなど、別途、考える必要がありそうだ（↓87頁以下）。

④川口先生は、技術の導入と職場の組織改革は同時にやると効果が高いこと、日本の業務分担の特徴（マルチタスクを引き受けている例が多い）を踏まえ、AIやロボットとの共存を考えていく上で今は日本にとって工夫のやり時だと指摘された（↓83頁以下）。現在日本は、人口減少に直面していて、AIが苦手とする読解力や思考力では世界トップ水準である一方、機械代替が可能な仕事を人間が行っている割合が先進国で最も高い。****まさに日本にとって、この問題は喫緊の課題であろう。

歴史的に見ても技術革新は格差拡大をもたらしてきたが、望月氏のコラムで明らかにされたように、情報技術にはスーパースター経済化、つまり一握りの供給者が大きな超過利益を獲得する効果を促進する効果もあるようだ（↓406頁）。セーフティネットのあり方としてベーシックインカムや給付付き税額控除がより重要性をもって語られるようになってきたのは、そのためだ。

2 コミュニケーション・ロボットと人間社会

人間とロボットの共存と言っても、生産の現場におけるそれにはすでに半世紀近くの歴史があり、労働安全衛生法のように産業ロボットと共に働く人間の安全と衛生の管理について法的ルールが整備されている。これに対して、コミュニケーション・ロボットに人間社会はどう向き合うべきだろうか。

この、人間とコミュニケーションをとる能力がある、あるいはその能力を重視したロボット、これまでのところ、ロボットそれ自体の技術に社会を変えるインパクトがあるかというよりはむしろ、そのコミュニケーションにどのような効果を社会が見出しているかによって、いくつかの文脈があると言えそうだ。ひとつが、平田オリザ先生が取り上げたリハビリや治療・介護におけるコミュニケーション（↓250頁）。しかし、何と言っても真価を発揮するのは、パーソナルな領域にロボットが入っていくことによるそのネットワーク効果であろう。小向先生が指摘した通り、ロボットがネットワークにつながってクラウド側のAIを使うことが可能になったことは、処理能力の向上、そして使える情報も無尽蔵になっただけでなく、自動収集・生成・利用されるデータを等比級数的に増大させている（↓122頁）。そこに大きな価値の源泉があることは言うまでもなく、ロボット技術の普及発展にも大きな意味を持つという訳だ。

では、パーソナルな領域にロボットが入ってくることで、社会にどのような問題がもたらされるであろうか――直ちに思いつくものはプライバシーであろう。そして、同時に、平田先生が挙げられた、わが子そっくりのジェミノイドのように「かけがえのない存在」になる可能性もあるであろう（↓253頁）。そのような「モノ」以上の存在としての処遇を考える必要性が出てくることはあるだろう。しかし、それは、いきなりロボットが「人」のような法的権利主体になることを必ずしも意味しない。それよりも先に考えるべき問題は「かけがえのない存在」を見出している人との関係を法的に保護するのかである。そして、米村先生との鼎談で触れられたように、すでにペットに対する愛着の利益などには一定の法的保護は認められている（↓463頁以下）。

しかし、ネットワーク効果は法分野に及ぶ可能性も否定できないだろう。20世紀の終わり頃から「インターネット法」「サイバー法」なる新しい法領域が形成され、法学界でも（教育現場でも）市民権を獲得しつつあることは、周知の通りである。そして、ネットワークに繋がったロボットが、各家庭に十分に普及したある地点において、インターネットがそうであったように、非常に有用で社会的にインパクトのあるアプリケーションなりサービスが出てきたとき、忘れられる権利やフィルターバブルのような、新たな問題が出現する可能性は否定できないであろう。逆に言えば、将来的に、そういった新しい問題は、コミュニケーション・ロボットで起こる可能性も十分にあると言えるのではないだろうか。考えてみれば、スマートフォン、スマートウォッチといった個人情報端末が「データ」エコノミー論はじめ、有体物ではない「データ」にも所有権を観念できないか、あるいは、無料のアプリケーションでもデータを取得していれば「無償」契約ではなく「有償契約」なのではないかといった議論など、すでにその予兆は始まっていると言うこともできる。

3 ロボット法なる立法（群）を考える必要性・合理性について

平田先生は、もしロボット法を作るとしたら、日本が世界で最初に作らなければならない可能性があると指摘した（→264頁）。それには、いくつかの意味が含まれていた。SF作家アシモフが1950年に提唱したロボット3原則のような倫理コードを現代的に展開させることももちろん重要である。生命工学はその先例とも言えるだろう。しかし、人間社会と人間を守るためには法律が必要であるということだ。例として語られた、ロボットの悪用から人間の安全性をどう守るかという問題ひとつをとっても、たとえば、銃刀法で取り締まるにしても、脱法ロボット、密輸など——技術の進歩のスピード、データ移転の容易性、取締りのあり方、国際ルールなど、規制の実効性をいかに確保していくかを考える必要はあると言えるだろう。また、平田先生の言うロボットに対する日本社会の受け止め方の特異性に思いを馳せたとき——そして、先に指摘したように、コミュニケーション・ロボットが、将来的に、爆発的な発展と共に新しい問題を生じさせるリスクをはらんでいるとすれば、確かに、それは日本になる可能性はあるだろう。

そして、アメリカやEUなど世界に目を向けてみても、ロボット法の制定を見据えた議論、あるいはその要否を含めた検討は急ピッチで進められている。その最大の理由は、人間の「道具」であるロボット・AIが、人間以上に自律的で高度な判断をすることができるようになってきたために、法律の建前（人間による道具の管理・監視）とのギャップが生じていることにあるということができるだろう。それは、誤作動による事故でも取引でも言えることだ。

しかし、どんなに高度な判断ができても機械は言語理解もしない「道具」であることから、人間は倫理的・社会的判断を委ねるべきではなく、人間の権利として留保する必要がある。アメリカの刑事裁判における量刑審理では、被告人の再犯可能性を予測するアルゴリズムが使われてきているようだが、そこで使われたアルゴリズムに不当なバイアスがあったために高リスクの判定が出たとして、有罪決定に対する救済や量刑審理手続のやり直しを求める裁判も起きている。結論としては、アルゴリズムの判定は裁判官の判断にあたっての参考資料にすぎず、適正手続保障に反しないとされた。*****そういう意味では、この原則論を確認した判断とも言えるだろう。あるいは、AI技術の発展で自動運転の可能性に現実味を与えたことで、新井先生が指摘されたトロッコ問題のような新しい倫理的問題にも社会は向き合うことになった（↓474頁以下）。こういった問題を社会がどう受け止めていけばいいのか、それは法律家が決めるのではなく、社会の構成員が考えなければならない問題だ（↓466頁以下）。本書がそのための準備を調えるためにささやかな貢献ができるとすれば――我々としては望外の喜びである。

＊　ナシーム・ニコラス・タレブ（望月衛監訳、千葉敏生訳）『反脆弱性・上』（ダイヤモンド社・２０１７年）28頁。

＊＊　ただし、労災による救済プラスアルファとして使用者の安全配慮義務違反が問われた事案である。事案は、林野庁がチェンソーを操作する作業員に振動障害が発症することが予見可能となった時点以降も使用を継続させ、使用時間短縮措置を講じなかったことの是非が問われた。

＊＊＊　小林憲太郎「許された危険」立教法学69号（２００５年）43頁以下、57頁。「より良い共生社会につながる可能性を秘めた開発者の創造性」を殺がない方向へ、根本的に刑法理論の再構築することを目指して「許されるべき危険」を説く見解も出てきていることは注目に値しよう。稲谷龍彦「技術の道徳性と刑事法規制」松尾陽編『アーキテクチャと法』（弘文堂・２０１７年）93頁以下。

＊＊＊＊　「ロボットと仕事競えますか　日本は5割代替、主要国最大　日経ＦＴ共同調査」日本経済新聞２０１7年4月22日。http://www.nikkei.com/article/DGXMZO15581470R20C17A4SHA000/?n_cid=NMAIL003。「わたしの仕事、ロボットに奪われますか？」日本経済新聞２０１７年４月22日公開https://vdata.nikkei.com/newsgraphics/ft-ai-job/。

＊＊＊＊＊　緑大輔「アルゴリズムにより再犯可能性を予測するシステムの判断結果を考慮して裁判所が量刑判断を行うことが、適正手続保障に反しないとされた事例―アメリカ合衆国ウィスコンシン州最高裁二〇一六年六月一三日判決」判例時報２３４３号１２８頁。

入れている。著書として『わかりあえないことから―コミュニケーション能力とは何か』(講談社・2012年)、『演劇入門』(講談社・1998年)、『下り坂をそろそろと下る』(講談社・2016年)、『演技と演出』(講談社・2004年)など多数。

大崎貞和(おおさき・さだかず)

1963年生まれ。東京大学法学部卒業。野村総合研究所入社後、ロンドン大学法科大学院、エディンバラ大学ヨーロッパ研究所で法学修士取得。専門は証券市場規制・会社法。現在、野村総合研究所未来創発センター主席研究員。東京大学客員教授を兼務、2011年から2017年まで金融庁の金融審議会委員を務めたほか、証券取引所や日本証券業協会の制度改正の検討会にも参加している。著書に『フェア・ディスクロージャー・ルール』(日本経済新聞出版社・2017年)、『解説 金融商品取引法〔第3版〕』(弘文堂・2007年)、『金融構造改革の誤算』(東洋経済新報社・2003年)、『インターネット・ファイナンス―ウォール街は消えるか』(日本経済新聞出版社・1997年)などがある。

望月衛(もちづき・まもる)

京都大学経済学部卒業。コロンビア大学ビジネススクール修了、CFA(CFA協会認定証券アナリスト)、CIIA(国際公認投資アナリスト)。大和証券投資信託委託株式会社リスクマネジメント部で投資信託等のリスク管理やパフォーマンス評価に従事するかたわら、金融・経済・社会学を中心とする著作を翻訳。

米村滋人(よねむら・しげと)

1974年生まれ。東京大学医学部卒業後、同附属病院非常勤医員、公立昭和病院内科レジデントを経た後、東京大学大学院法学政治学研究科にて法学研究に従事し、2004年同修士課程修了。さらに日本赤十字社医療センター第一循環器科医師として務め、2005年より東北大学大学院法学研究科准教授に就任したが、循環器内科医として診療にも従事した。2013年東京大学大学院法学政治学研究科准教授、2017年から同教授として現在に至る。専門は民法・医事法。両分野における幅広い知識と経験を活かし、総合科学技術・イノベーション会議・生命倫理専門調査会専門委員、東北大学病院・臨床研究倫理委員会委員、独立行政法人医薬品医療機器総合機構・倫理審査委員会委員等も務める。医療事故に関連する論文も多数発表しており、主著には『医事法講義』(日本評論社・2016年)、『生殖医療と法』(共編、信山社・2010年)がある。

川口大司（かわぐち・だいじ）

1971年生まれ。早稲田大学政治経済学部経済学科卒業。一橋大学大学院経済学研究科修士課程修了。ミシガン州立大学経済学PhD取得。一橋大学大学院経済学研究科教授を経て、2016年より東京大学大学院経済学研究科教授。専門は労働経済学。2016年には、実証面・政策面で優れた経済学研究に与えられる日本経済学会・第11回石川賞を受賞。内藤久裕らとの共著『日本の外国人労働力』では、2009年、第52回日経・経済図書文化賞受賞。その他の著書に『日本の労働市場―経済学者の視点』（編集、有斐閣・2017年）、『法と経済で読みとく雇用の世界―これからの雇用政策を考える〔新版〕』（共著、有斐閣・2014年）、『最低賃金改革―日本の働き方をいかに変えるか』（共編著、日本評論社・2013年）がある。

小向太郎（こむかい・たろう）

1964年生まれ。早稲田大学政治経済学部卒業。中央大学大学院法学研究科で博士（法学）取得。情報通信総合研究所取締役法制度研究部長、早稲田大学客員准教授等を経て、2016年４月より日本大学危機管理学部教授。1990年代初めから、情報化の進展によってもたらされる法制度の問題をテーマとして研究を続け、その間、情報通信法制に関する内閣官房、総務省、経済産業省、国土交通省、警察庁の検討会やワーキンググループなどにも委員として参加。主著として『情報法入門―デジタル・ネットワークの法律〔第３版〕』（NTT出版・2015年）、『情報通信法制の論点分析』（共著、商事法務・2015年）、『プライバシー・個人情報保護の新課題』（共著、商事法務・2010年）がある。

森田果（もりた・はつる）

1974年生まれ。東京大学法学部卒業。同大学院政治学研究科助手、東北大学大学院法学研究科准教授を経て、2015年より同教授。専門は商法。金融庁金融研究研修センター特別研究員、金融審議会専門委員も歴任。計量経済学やフィールドワークの手法を用いた実証的分析、ルールとしての法と社会の関わり合いなど、法学にとらわれない幅広い分野を専門として、数々の研究を手がけている。著書に『実証分析入門データから「因果関係」を読み解く作法』（日本評論社・2014年）、『金融取引における情報と法』（商事法務・2009年）、『支払決済法―手形小切手から電子マネーまで〔第２版〕』（共著、商事法務・2014年）、『数字でわかる会社法』（共著、有斐閣・2013年）がある。

平田オリザ（ひらた・おりざ）

劇作家、演出家。1962年生まれ。高校を休学し自転車よる世界26か国の放浪旅行を決行。国際基督教大学在学中に結成した劇団「青年団」を主宰。卒業後「こまばアゴラ劇場」支配人。自然な会話のやりとりで進行する現代口語演劇理論の提唱者。2006年モンブラン国際文化賞受賞、2011年フランス芸術文化勲章も叙された。小説としての処女作『幕が上がる』は後に映画化され、本もベストセラーとなった（講談社・2012年）。2006年大阪大学コミュニケーションデザイン・センター教授に就任してロボット演劇を始めたほか、現在は、東京藝術大学アートイノベーションセンター特任教授等も務め、教育活動にも力を

●編著者紹介

角田美穂子（すみだ・みほこ）
1970年生まれ。一橋大学法学部卒業。同大学院法学研究科修了・博士（法学）。横浜国立大学等を経て、2009年より一橋大学大学院法学研究科准教授、2013年より同教授。専攻は民法。経済社会のフロンティアで起こる問題を中心に消費者・市民の権利救済を支える私法理論を研究。著書に『適合性原則と私法理論の交錯』（商事法務・2014年、第2回津谷裕貴消費者法学学術実践賞受賞）、大村敦志・道垣内弘人編著『解説　民法（債権法）改正のポイント』（有斐閣・2017年、共著）ほか論文多数。2011年以来、Prof. Dr. Harald Baum, Dr. Andreas Flecknerと電子化された取引所の法的責任のあり方について共同研究（研究成果はRabels ZeitschriftとNBL誌の独・日双方で近日中に公表予定）。

工藤俊亮（くどう・しゅんすけ）
1977年生まれ。東京大学理学部卒業。同大学院情報理工学系研究科修了・博士（情報理工学）。同大学生産技術研究所・特任助教を経て、現在、電気通信大学大学院情報理工学研究科准教授。専門はロボット工学。ロボットの前で覚えさせたい作業を見せるだけで、いちいちプログラミングをしなくても勝手にロボットが学習してくれるという「見まね学習」に興味を持ち、いろいろな作業をロボットに実行させる研究をしている。これまで、踊り、お絵描き、ペン回し等をロボットに習得させてきたが、最近は、折り紙、ひも結び、風呂敷包み等柔軟物をロボットに操作させる研究に力を入れている。「描く脳―絵を描くロボット」（池内克史との共著）、岩田誠・河村満（編）『脳とアート―感覚と表現の脳科学』（医学書院・2012年）所収ほか、詳しい研究業績については、著者ウェブサイト（http://www.taka.is.uec.ac.jp/ ～ kudoh/）参照。

●鼎談ゲスト紹介（鼎談順）

新井紀子（あらい・のりこ）
1962年生まれ。一橋大学法学部在学中数学の魅力に気づき、数学基礎論で有名なイリノイ大学に留学、同大学大学院数学科修了。博士（理学）。専門は数理論理学。帰国後、一橋大学法学部卒業。2006年より国立情報科学研究所教授。2011年から人工知能のグランドチャレンジ「ロボットは東大に入れるか」プロジェクトを率いる。2017年、産学連携で「読解力」向上をめざして設立された一般社団法人教育のための科学研究所の代表理事・所長に就任。著書に『コンピュータが仕事を奪う』（日本経済新聞出版社・2010年）、『生き抜くための数学入門』（イースト・プレス・2011年）、『ロボットは東大に入れるか』（イースト・プレス・2014年）、『こんどこそ！わかる数学』（岩波書店・2007年）、『ハッピーになれる算数』（理論社・2005年）などがある。

【編著者】
角田美穂子　一橋大学大学院法学研究科教授
工藤　俊亮　電気通信大学大学院情報理工学研究科
准教授

ロボットと生きる社会――法はAIとどう付き合う？

2018（平成30）年1月30日　初版1刷発行

編著者　角田美穂子・工藤俊亮
発行者　鯉 渕 友 南
発行所　株式会社 弘 文 堂　101-0062 東京都千代田区神田駿河台1の7
TEL03(3294)4801　振替00120-6-53909
http://www.koubundou.co.jp

装　幀　大 森 裕 二
印　刷　大 盛 印 刷
製　本　井上製本所

ISBN978-4-335-35718-3